WERNER ZÜHLSDORFF

FLURNAMENATLAS DES SÜDLICHEN SÜDWESTMECKLENBURG

DEUTSCHE AKADEMIE
DER WISSENSCHAFTEN ZU BERLIN

VERÖFFENTLICHUNGEN DES INSTITUTS
FÜR SLAWISTIK

Herausgegeben von

H. H. BIELFELDT

Nr. 45/III

FLURNAMENATLAS DES SÜDLICHEN SÜDWESTMECKLENBURG

von

WERNER ZÜHLSDORFF

Teil III

REGISTER

AKADEMIE-VERLAG · BERLIN
1972

Erschienen im Akademie-Verlag GmbH, 108 Berlin, Leipziger Straße 3–4

Lizenznummer: 202 · 100/73/71
Herstellung: IV/2/14 VEB Druckerei „Gottfried Wilhelm Leibniz“, 445 Gräfenhainichen DDR · 3484
Bestellnummer: 2040/45/III · EDV-Nr. 751 785 9 · ES 7 D + 7 I
48,–

Inhaltsverzeichnis

Ortsnamen 1

Flurnamen 9

Personennamen (Familiennamen) 231

Ortsnamen

Die Zahlen beziehen sich auf die Nummern der Orte nach der fortlaufenden Reihenfolge ihrer Behandlung (vgl. Teil I, S. XV–XVII). Zahlen in Klammern weisen auf die gelegentliche Erwähnung in der historischen Einleitung der unter der jeweiligen Nummer behandelten Orte hin. Kursive Zahlen kennzeichnen die davorstehende Namenform als historische Schreibweise.

A

Alt Bauerkuhl (Wüstung) (88)
Alt Jabel 51
Alt Karstädt 73, (72)
Alt Krenzlin 47
Altona 13

B

Balow 90, (91), (94), (95)
Balowe *90*
Bandekau *60*
Bandekow 60, (64)
Barkow 107
Bauerkuhl (95), 100, (101)
Bauerkuhl, Alt (Wüstung) (88)
Bauerkuhl, Neu (100), 103
Beckentin 4, (87)
Beckentyn *4*
Bekenthin *4*
Bekentyn *4*
Beketin *4*
Bellevue 11
Belsch 62, (64)
Beltz *62*
Beltze *62*
Beltzke *62*
Bentz *53*
Bentzen *53*
Benz *53*, (64)
Berkouw *107*
Berkow *107*
Besendorf (62), (65)
Bliesemsdorff *81*
Blievenstorf 81
Blisemerstorpe *81*
Blysemstorpe *81*
Bockhop *32*
Bockup 32
Boek 13
Boeke *13*
Boke *13*
Bokhop *32*
Bouwerkule, Olden *100*
Bouwkulen, Nyen *103*
Breese (19)
Brenz (81), (88)
Bresegard (Krs. Hagenow) 67
Bresegard (Krs. Ludwigslust) (12), 43
Bresegur *43, 67*
Brezegor *43*
Brezegore *43*
Briest 53
Brisegur *67*
Broda 35
Brode *35*
Brömsenberg 57
Brunow (88), (95), (96), 97, (100), (101), (103)
Brunowe *97*
Brysegur *67*
Buckup *32*
Buke, de *13*

C

Carlshof 93
Carnitze *27*
Castorp *6*
Clenow *75*
Clenowe *75*
Clutze *96*
Colbowe *84*
Conow 28, (42)
Conowe *28*
Crampetze *45*
Cramptze *45*
Cremmyn *87*
Cremyn *87*
Crentzelein, Newen *46*
Crentzelin *47*
Critle *17*
Crone *10*
Curdestorp *65*
Cyrsowe *91*
Czertzow *91*

D

Dadow 9
Dadow *9*
Dadowe *9*
Dambeck (90), 95, (96)
Dambeke *95*
Darzing (64)
Dehms (Wüstung) 81
Demetze *81*
Demitze *81*
Detze Wussen *38*
Domaliz *22*
Domeliz *22*
Domenis *22*
Domenitz(e) *22*
Dömitz 22, (33)
Domitze *22*
Dömitze *22*
Dömnitz *22*
Domnitze *22*
Domnyzze *22*
Draffael *101*
Drefahl (88), (95), 101
Drefahl, Neu 101
Dreual *101*

E

Eichhof 65
Eldena 12, (42), (59), (105)
Eldene *12*

F

Fergelatze (Wüstung) *90*
Fresenbrügge 2
Fresenbrügge, Neu 2
Freßenbrugge *2*
Frysenbrucgh *2*
Frysenbrucghe *2*

G

Gardelist *57*
Garlitz 57
Garlitze *57*
Gartlist *57*
Gartlitz *57*
Gezer *59*
Ghorne *25*
Ghüolen *71*
Glaisin 44
Glesin *44*
Glesinn *44*
Glesyn *44*
Goelen *71*
Göhlen 71, (72)
Göhren 25
Göhren, Neu 25
Golen *71*
Gorlose *7*
Gorlosen 7, (8)
Gorlozen *7*
Görn *25*
Gorne *25*
Gorze, in der *11*
Grabaw *101*
Grabouw *101*
Grabow 1, (72), (73), (94)
Grabow *1*
Grabowe *1*
Grabow, Wendisch (Wüstung) (95), (100), 101
Grantzin *106*
Granzin 106
Grautzen Kramptz *45*
Grebece *42*
Grebs 42
Grebytz *42*
Grepesze *42*
Grepetze *42*
Greptze *42*
Gritele *17*
Gritle *17*
Grittel 17
Groß Krams 63
Groß Laasch (73), (75), 79
Groß Schmölen 20
Groten Schmolen *20*
Groten Schmollen *20*
Grothen Smolen *20*
Groze Krampze *45*
Gudow 56
Gudow, bey der *56*
Güritz 11, (72)
Guritzen, in der *11*
Gurtzen, in der *11*

H

Harmsmoel (Wüstung) 30
Heiddorf 33
Heidhof 34, (35)
Heidthof *34*
Hermens molen *30*
Hermensmollene *30*
Hertesuelde *105*
Hertesvelde *105*
Herzfeld (93), (94), (104), 105
Herzfeld, Neu 105
Hof Wotzmer *37*
Hogen Wotze *39*
Hoge Wussen *39*
Hohen Woos (30), 39
Holsten Krampze *63*
Holtekramtze *63*
Holten Kramptze *63*
Honre Lande *88*
Horn *72*
Hornkaten 72
Hornwald (12), 72
Horst (90), 94, 104
howen, Palatzer *41*
Hühnerland (86), 88, (90), (100)
Hunerland, der halbe (86)
Hunreland *88*
Hunrelant *88*
Hütte, Krenzliner 47

J

Jabel *51*, (64)
Jabel, Alt 51
Jabele *51*
Jabele, tu der *51*
Jabel, Neu 51
Jesar, Probst 59
Jesenitze *55*
Jeser, Probst *59*
Jesnitz *55*
Jessenitz 55, (64)
Jezenitz *55*
Jezer, Prauest *59*

K

Kalenitze *23*
Kaliß 23
Kaliß, Neu 23
Kalitz *23*
Kalnyze *23*
Karenz 27
Karniste *27*
Karniz *27*
Karnizt *27*
Karrenzin (107)
Karstädt, Alt 73, (72)
Karstädt, Neu 73, (72)
Karstede *73*
Karsthede *73*
Kastorf 6
Kavelmoor 41
Kersdorp *6*
Kerststorpe *6*
Klein Krams 45
Klein Laasch 80
Klein Schmölen 21
Klenow *75*
Kleynow *75*
Kloddram (57)
Klüß (95), 96

Klutze *96*
Kolbow 84
Kolpaw *84*
Kramptze *45*
Kramptze, Holten *63*
Kramptz, Grautzen *45*
Krampze, Groze *45*
Krampze, Holsten *63*
Krams, Groß 63
Krams, Klein 45
Kramtze *63*
Kremmin 87
Kremmyn *87*
Krenselyn, Nien *46*
Krentzelin, Olden *47*
Krenzlin (46)
Krenzlin, Alt 47
Krenzliner Hütte 47
Krenzlin, Neu 46, (47)
Kresczelyn *47*
Krohn 10
Krone *10*
Krun *10*
Kuhstorf 65
Kummer 70
Kunow *28*
Kustorf *65*

L

Laasch, Groß 79
Laasch, Klein 80
Laceke *79*
Lassahn (Wüstung) 1
Lassan *1*
Latzeke *79*
Latzke *79*
Laupin 40
Lazeke *79*
Laze, Verch *18*
Leppin (102)
Leussow 41
Lewtken Schmollen *21*
Leysowe *41*
Liepe 16
Löcknitz 103
Loosen 49
Lopin *40*
Lopinn *40*
Losen *48*
Lowpin *40*
Loysowe *41*
Loyzow *41*
Lozen *48*
Lubbelouw *77*
Lubbelow *77*
Lübbendorf 61
Lubbendorpe *61*
Lubbeteen *56*
Lubbeteyne *56*
Lubbtene *56*
Lubelov *77*
Lüblow 77
Lüblow, Neu 77
Lübtheen 56
Ludwigslust 75
Lutken Laetzke *80*
Lutken Smolen *21*
Lype *16*

M

Malcke *26*
Malgast *24*
Malk 26
Malke *26*
Malken *26*
Mallies *24*
Mallietze *24*
Malliß 24
Marienhof 86
Marnitz (102), (103)
Mealke *26*
Meerstorp *102*
Meierstorf (92), 102
Melchist *24*
Melegiz *24*
Melghitze *24*
Melghytz *24*
Melgoz *24*
Mellitz *24*
Menczendorpe *93*
Menkendorf 42
Mensendorpe *93*
Mentin (102)
Mentzendorpe *93*
Menzendorf (92), 93
Molenbecke *93*
Möllenbeck (92), 93, (94), (102)
Muchghowe *83*
Muchow 83, (106)
Muchowe *83*
Muddelmasch *73*
Muddelmay *73*
Myrstorpe *102*

N

Neese 86, (87), (88)
Nese *86*
Neße *86*
Neu Bauerkuhl (Wüstung) (100), 103
Neu-Cahrstaedt *73*
Neu Drefahl 101
Neu Fresenbrügge 2
Neu Göhren 25
Neuhausen (90), (94), (95), (96)
Neu Herzfeld 105
Neuhof (7), 8
Neu Jabel 51
Neu Kaliß 23
Neu Karstädt (72), 73
Neu Krenzlin 46, (47)
Neu Lüblow 77
Neustadt-Glewe (78)
Newdorff *76*
Newen Crentzelein *46*
Newendorpe *30*
Newenhoff *8*
Newen Warlow *69*
Neyedorp *30*
Nezen, to der *86*
Niegendörpe *22*
Niegen Prymere *19*
Niendorf 30, 76
Niendorp (Wüstung) *22*
Nien Krenselyn, dorpstede *46*
Nien Primer (Wüstung) 19
Nien Warlow (Wüstung) 69
Nihendorp *22*
Nyenbouwerkulen *103*
Nyen Bouwkulen *103*
Nyen Warlow *69*

O

Oldenbawerkuhl *100*
Olden Bouwerkule *100*
Olden Krentzelin *47*

P

Pagakes Voltzerode *54*
Pahls (Wüstung) 41
Palatzer howen *41*
Palazer Hoven *41*
Pampin (88), (95), 99
Picher 68
Plaskow (Wüstung) 17
Plaßkow *17*
Platschow 98
Platzekowe *98*
Platzkow *17*
Platzkowe *98*
Polcze *19*
Poltnitz (92)
Poltze *19*
Poltzer howenn *41*
Polz 19
Prauest Jezer *59*
Prignitz (88)
Primer, Nien 19
Prirtzwelke *85*
Prislich 85
Prisualck *85*
Pritzlick *85*
Probst Jesar 59
Probst Jeser *59*
Probst Woos 29
Prymere, Niegen *19*
Pycher *68*
Pychere *68*

Q

Quast (49), 50, (55), (58), (64)
Quaste, tom *50*
Quaste, tu dem *50*

R

Raddenfort 33
Raden fordt, zwm *33*
Ramm 49, (64)
Ramme *49*
Ramme, tu dem *49*
Rebbetzinn *92*
Reckenzin (89)
Reddenuort *33*
Redefin (50), (62), 64, (65)
Redeuine *64*
Redeuyn *64*
Redevin *64*
Redevyn *64*
Repzin *92*, (93)
Robeczin *92*
Robezin *92*
Rosenwinkel (Wüstung) (90), 95
Roßenwinckell *95*
Rüterberg 35

S

Sandfort (Wüstung) 77
Santfort *77*
Schaddelatzeke *80*
Schadelatzke *80*
Schadelazich *80*
Schlesen *31*
Schlesin 31
Schlonsberge 36
Schmolen, Groten *20*
Schmölen, Groß 20
Schmölen, Klein 21
Schmollen, Groten *20*
Schmollen, Lewtken *21*
Semerin *5*
Semmerin 5
Siggelkow (92), (93)
Slate (88)
Sluse (Wüstung) 12
Smolen, Grot(h)en *20*
Smolen, Lutken *21*
Stolpe (106)
Strassen 15
Stratze *15*
Straz *15*
Straze *15*
Stresendorf (94), 104
Stresendorpf *104*
Strezendorpe *104*
Strokercken *66*
Strokerke *66*
Strohkirchen 66
Stuck 14
Stuke *14*
Stuken *14*
Sudenkrug (65)

T

Techentin (72), 74
Teggenthin *74*
Tews Woos (30), 38, (51)
Thechentin *74*
T(h)etzewotze *38*
Toddin (55)
Trebs 58
Trebß *58*
Treptze *58*
Tzeghendorpe *103*
Tziletze *31*
Tzirsowe *91*
Tzylezen *31*

V

Verchlatze *18*
Verch Laze *18*
Vergelatz (Wüstung) 90, (94)
Vergelatze *90*
Verklas (17), 18
Vielang *52*
Vielank 52
Vilancke *52*
Voltzerode, Pagakes *54*
Volzerode *54*
Volzrade 54, (58), (64)
Vylanke *52*

W

Wabel 82
Wabell *82*
Wable *82*
Walrowe *37*
Wantzelitze *3*
Wantzlytz *3*
Wanzlitz 3, (89)

Warlow 69
Warlow, Newen *69*
Warlow, Nien (Wüstung) 69
Warlow, Nyen *69*
Warnow (88), (89)
Wehningen (Land) (11), (72)
Wehningen, Wendisch 35
Wendesschen Wenynghen *35*
Wendisch Grabow (Wüstung) (95), (100), 101
(Wendisch Wehningen) 35
Wendysche Wenyng *35*
Weningh *35*
Wenynghen, Wendesschen *35*
Wenyng, Wendysche *35*
Werle (88), 89, (90), (91)
Weselsdorf 76
Woabel *82*
Wöbbelin 78
Woez *29*
Woezme *36*
Woldersrade *54*
Woos, Hohen 39
Woosmer 36
Woosmerhof 37
Woos, Probst 29
Woos, Tews 38
Wopelin *78*
Wopelyn *78*
Woppelin *78*
Wosemer *36*
Wosz *29*
Wotze *29*
Wotze, Hogen *39*
Wotzmer *37*
Wulfsahl (102)
Wussem *36*
Wussen, Hoge *39*
Wutzen *29*

Z

Zegendorpe *103*
Ziegendorf (88), (100), (101), (102), 103
Zierzow (89), 91
Zyrsowe *91*

Flurnamen

Die Zahlen vor dem Strich (/) beziehen sich auf die Nummern der Orte nach der fortlaufenden Reihenfolge ihrer Behandlung (vgl. Teil I, S. XV – XVII), die Zahlen hinter dem Strich auf die in Teil I verwendeten Begangnummern. Eingeklammerte Zahlen hinter dem Strich kennzeichnen den durch die Nummer gemeinten Namen als abgegangen (vgl. Teil I, S. XI).

A

Aalwehr Busch 2/(27)
Aantendiekwischen 12/2
Aantenfang 90/8
Aantenkolk 69/59
Aantenkuhl 81/13
Aantenmour 1/136
aap. Mul- 91/28
Aaskarre 17/48
Aaskoppel 65/40
Aaskuhl 10/38, 43/17, 62/58, 66/18, 73/(131), 74/80, 77/75
Aaskuhle 10/38, 65/40, 73/(131)
Aaskuhlenbarg 22/41
Aaskuhlenberg 59/(18)
Aaskuhlenberge 22/41
Aaskuhlsche Dannen 74/81
Aaskuhlsche Tannen 43/17
Aaskuhl'sche Tannen 74/81
Aaß-Kuhl 2/(22)
Abbrand 34/19
Abenbarg 94/16, 101/54
abenbarg, Back- 77/59
Abenberg 101/54
aben, Brenn- 28/28
abendswiese, Fastl- 13/(87)
Aben, Glasmaaker 42/(70)
abenslag, Back- 86/48
aben, Sommer- 103/32
aben, Sommr- 103/32
aben, Teer- 50/16, 93/91
Abgebrannte Gründe 50/(9)
achter Backen Hofe 38/(57)
Achterbargen 32/27
achter Bargs Wieße 17/(54)
achter Conow 27/71
achter de Hoew 74/78, 79/72
achter de Katens 69/9
achter dem korten Busche 86/(59)
achter den Graben 74/79
achter den Kohlhoefen 15/(67)
achter den Reith 30/11
achter der Dannen 38/(67)
achter der Goriß 65/(128)
achter der Speckunge 86/27
achter de Wischen 35/50
Achterholt 27/68, 80/7
Achterholtschen Stücken 80/(16)
Achter Holtz 27/68, 56/(90), 80/7, 95/(60)
achter Holtzunger Heide 95/(60)
Achterholz 80/7
Achter Holz 27/68
achter Jancken Hägen 38/(78)
achter Konaw 27/71
Achterkoppel 74/66
achter Korz 35/(54)
achter Langen Rieht 103/(110)
achtern Bergen 14/(46)
achtern Bullsen 58/5
achtern Cordes 35/(54)
achtern Forth 30/(86)
achtern Grafe 74/79
achtern grohten Holtz 103/(95)
achtern großen Heiden 93/(13)
achtern Hof 63/57
achtern Höfen 38/(75)
achtern Howischen 35/44
achtern Klosterberge 26/(57)
achtern Langen Barg 38/(84)
achtern Möhren 87/(7)
achtern Mühlen Barg 38/(87)
achtern Mühlen Beck 63/(152)
achtern ohlen Dieck 70/(156)
achtern Räck 30/(127)
achtern Raeck 30/(127)
achtern Ratge 30/11
achtern runden Busch 65/(154)
achtern Sietlitzer Holt 70/(180)
achtern Tannen 36/(148)
achter Olden Hoff 59/(83)
Achterräd 30/11
achter Rahden 30/11
achter Räth 30/11
achter Rathkstück 30/11
achter Reiht 30/11
achter Reit 30/11
achter Rieht 30/11
Achterroden 22/56
achter Rohden 22/56
Achter Ruhten 22/56
Achter Ruthen 22/56
achter Steffens Hof 54/19
achter Stevens Hof 54/19
Achterst Hof 80/11
Achter Stücken, Hinterste 104/(41)
Achter Stücken, Vorderste 104/(47)
Achterümstieg 105/20
Achter Wise 17/(55)

Acker, alt 44/(129), 101/(57)
Acker, alte Hirten 17/(57)
acker, Bauer- 89/(22), 95/(70)
acker, Baur- 95/(70)
Acker, Bohnen 43/40
acker, Buer- 92/9
Acker, Coßaten 105/(54)
Acker, Fabriquer 23/16
acker, Förster- 17/5, 65/5, 87/20
Acker, Förster 23/32, 44/7
Acker, Geern 81/70
acker, Gilde- 42/(116)
Acker, Heilig(en) Geist(es) 1/(80)
Acker, Heilig Geist 1/(80)
Acker, Herrn 62/50
Acker, hillgen 89/(61)
Acker, Hirten 43/(92), 44/(148), 107/(35)
Acker, Hof 26/14
Acker, Hofe 96/(41)
Acker, Kaht 67/(111)
Äcker Kamp 1/(179)
Acker, Katen 83/(91)
Acker, Kirchen 12/70, 68/25, 81/55, 83/25, 89/(61), 96/48, 102/44
acker, Kirchen- 12/70, 81/55, 83/25, 101/1, 102/44
acker, Koeter- 68/12
Acker, Kohter 97/(55)
acker, Koppel- 106/(17)
Acker, Köster 85/3
acker, Köster- 83/61, 90/32, 97/20, 99/3
Acker, Krug 78/(24)
Acker, Krüger 89/(32)
Acker, Mihl-Wischen- 73/67
Acker, Mühlen 56/89
Acker, Ohle Fruen Hof 86/48
Acker, Pfarr 68/28
acker, Preister- 68/28, 77/86
Acker, Raths 22/5
Acker, Schäfer 84/(39)
acker, Schaul- 77/85, 81/53
Acker, Schmiede 96/(59)
acker, Schol- 87/34
acker, Schul- 23/51, 45/43, 95/(155)
acker, Schulten- 81/57
Acker, Schultz 41/12
Acker, Schultzen 20/23, 28/(55), 33/11, 35/22, 63/60, 104/24, 107/1
acker, Schulzen- 69/67, 105/9
Acker, Schulzen 14/(30), 15/21, 25/93, 44/(174), 47/4, 61/12, 77/76, 83/19, 87/36, 105/9
Ackerwohrden Sandberg 84/(18)
acker, Zehnt- 65/(162)
Acker, Zehnt 65/(162)
Adams Wiese 11/(49)
Adder Ort 3/(33)
Adder Soll 95/(61)
Adebars Horst 75/(35)
Afbrand 34/19
Afgunst 56/43
Afplacht Reh Horst 42/(61)
Agatzenbarg 41/25
Agatzenberg 41/25
Agatzengrund 41/(26)
agter Zielitzer Holtz 70/(180)
Ahlas 44/109
Ahlas Rie(d) 44/118
Ahlas Ried 44/118
Ahlas Rieh 44/118
ahm felde Rosenwinckel 97/(78)
Ahnwende 63/(79)
Ahnwenden 14/(44), 101/(56)
Ahnwendsch Weg 73/56
Ahnwendskoppel 7/16
Ahnwends Stücke 81/(96)
Ahnwendung 21/(56), 81/97
Ahren Schlag, Schwien 101/(80)
Ahren, Schwein 101/(80)
Ahrens Knick 83/45
Ahrens-Nest 79/16
Ahrens Ort 83/(75)
Ahrens Riete 83/35
Ahrensrieth 83/35, 106/(11), 106/20
Ahrensriethe 106/20
Ahrens Wiese 27/(72), 42/(107)
Ahrs-Böh 56/(91)
Ahskuhlberge 33/(38)
A-Kavel 27/8
A-Koppel 81/52
Alas(en) Rieth 44/118
Alaßen 44/109
Alassen Stücken 44/109
Alaß Rithe 44/118
Alast 44/109
Alaun Berg 24/18
Alaun Berge 24/18
Alaunsberg 24/18
Alauns Koppel 64/(90)
Albeke 19/(79)
Älend, Lang 25/60
Allauns-Berge 24/18
Alleestücken 79/38
allee, Buer- 74/53
Alluns Berg 24/18
alt Acker 44/(129), 101/(57)
Alte Bleiche 7/33
alte Buchweitzen Camp 65/(98)
alte Damm 18/(48)
alte Deich 12/55
alte Dorf Stelle 33/19
alte Elde 2/(48)
alte Elle 17/(56)
alte Ellerholz 81/(79)
alte Försterkoppel 9/46
Alte Frauenhof Kamp 86/48
Alte Gehäge 18/9
alte Güritz 11/(2)
alte Heydt Weg 75/(162)
alte Hirten Acker 17/(57)
alte Hoff Koppel 93/(55)
alte Horst 72/(95)

Alte Kavel 50/2
alte Köppel 64/(91)
alte Laak 17/(58)
alte Magd Wiese 75/(163)
Alte Mohr 25/(55)
alte Mühlen Camp 41/(125)
alte Mühlenwall 106/(41)
alten Brücke 7/(55)
alten Damm 63/(80)
alten Deich 70/(156)
Alten Eichen 21/(54)
alten Forth 25/74
alten Gürtz 11/(2)
alten Häusischen Bruch 64/(92)
alten Höfe 73/(94)
alten Kohlhöefen 21/(55)
Alten Kolck 81/(98)
Alten Lande 47/67
alten Lande 51/(78)
alten Lehmkuhlen 68/(89)
alten Möllen Fort 70/(108)
alten Muchow 83/15
alten Mühle 81/(25)
alten Mühlen Kamp 70/(109)
alten Mühl Wiese 70/(157)
alten Pferdekoppel 9/35
Alten Primer 19/(80)
alten Primer bergk 19/(110)
alten Stubben 51/(79)
alten Teich 12/55
Altenteils Sandstücken 9/(12)
Altentheils Damm 76/(50)
Altentheilshof 61/4
Altentheils Hofland 61/4
Altentheils Kabelwiesen 43/(77)
Altentheils Wiesen 75/(164)
alten Viehr 9/9
Alten Wiese 38/10
alte Pferdekoppel 39/(36)
alte Primer Busch 19/(81)
alte Roggenitz 72/11
alte Rögnitz 72/11
alter Stert 79/122
Alter Wall 1/(21)
alte Sahns 77/15
Alte Schäfferey 53/(11)
alte Schulzenkamp 98/(12)
Altes Gehege 18/9
Alte Walstet 36/(35)
Alte Wiesen Koppel 24/3
Alt Fahr 25/74
Altonaer Kamp 64/54
Alt Wische 38/10
Alunsbarg 24/18
Alwenn' 32/2
Amerika 24/37
Amtssandwerder 35/2
Amtswisch 56/84
Amtswischen 65/26
Anaun Tannen 79/49
Anderes Feld 79/51
angel, Dree- 53/55, 64/53
angel, Drei- 64/53
Annaundannen 79/49
Anner Feld 79/51
Anwenden 95/(62)
Anwenden, Langenstückschen 95/(134)
Anwendunge 86/(50)
Apen Wiese 48/72
Apen-Wiesen 48/72
Apen-Wisch 48/72
Äpkenblock 93/38
Apteik 7/49
Arendesnest 79/16, 80/33
Arendsriett 106/20
Arenß Nest 79/16
Arenß Riedtsche Horst 83/(76)
Arfft Land 22/53
Arft Coppel 12/(92)
Arft Coppell 29/(24)
Arftenslag 53/70
Arftland 22/53
Arft Lande 22/53, 42/(109)
Argen Wieße 67/(74)
Arg Graß Koppel 31/(45)
Arme Gründe 50/10
Arm Grünn' 50/10
Arnesnest 79/16, 80/33
Arrestrang 65/(70)
Arts Böhmen 56/(91)
arts, Doven- 36/4
Artzkron 56/(92)
Arwtenstücken 50/21
Asche Kafel 97/(26)
Asch Häven 95/(63)
Aschhöfen 95/(63)
Asch-Höfen 95/(63)
Aschkafel 97/(26)
Aschs Cavellen 97/(26)
Äsel 73/22, 77/77
Äselbarg 83/71, 84/10, 91/25
Asmus Busch 63/(81)
Asmuß Häge 56/(93)
aße, Riek- 74/84
Aßmus Berge 62/(90)
Aßmus Hägen 56/(93)
Aßmus Lande 56/(94)
Audi 50/27
auf, Paß- 64/52
aufskamp, Schnapp- 22/(66)
Aufstalls Stück 97/(94)
Aufstals Stück 97/(94)
aulen Stubben 77/(32)
Aulicks Barg 45/44
Ausgleichungs Koppel 67/40
Außen Schläge 53/(14)
Avenberg 94/16
Aven Berg 94/16
awen, Sommer- 103/32

B

Baack Mühlen 1/(30)
Baack Stroh 63/(82)
Baaken Holtz 64/(93)
Baaken Holtz Wiese 64/(93)
Baaken Ohrtgen 64/12
Baakmüller Bach 1/16
Baal Damm 2/(23), 70/10
Baal-Damm 100/(21)
Baal Wiese 63/73
Baarenkamp 70/49
Baaren Kolck 12/17
Babenbreetstück 32/8
Babenfeld 51/36
baben Graben 1/148

baben Heidenhof 59/(31)
Babenhow 42/81
baben Karkweg 25/(90)
Babenklus 1/61
Baben Saaten 6/25
Babensaten 6/25
Bach, Baakmüller 1/16
bach, Backmühlen- 1/16
Bach, Breite 80/(20)
Bach, faulen 95/(89)
Bach, Fiken 70/51
Bach, Karw 96/4
Bach, Leppel 56/(168)
bach, Moelen- 4/9
bach, Mühlen- 95/26
Bach, Plauer 68/(53)
Bach Stücken 95/20
Backabenbarg 77/59
Backabenslag 86/48
Bäcke 94/1
Backelhof 49/(39)
Backeltrog 69/15
Backen, Heh 96/(38)
Backen Hofe, achter 38/(57)
Backen Horst 64/(94)
Bäcker-Laack-Wiesen 1/9
Bäckerlack-Wiese 1/9
Bäckerlaken 1/9
Bäcke, rode 79/31
Bäcke, Wabelsche- 81/15
Backe, Wabelsche- 81/15
Bäck, Groth 12/(105)
Bäck, Lefelcken 71/(51)
Bäck, Möhlen 97/2
Backmühle 1/(30)
Backmühlenbach 1/16
Backofen 72/(49)
Backofen Horst 12/(23)
Bäck, Schmal 12/(138)
back, Seer- 56/50
Backs Stiege, Mühlen 97/(69)
Bäcks Stücken, Roten 62/(73)
Backstro 63/(82)
Bäckstücken 95/20, 102/(32)
Bäck Stücken 71/14, 93/(22), 95/20
Back Stücken, Kurtze 93/(119)
Bäck Stücken, Langen 93/(120)
Bäckwiese 75/3, 75/43
Bäck Wiesen 71/(13)
Bädelstrang 81/(99)
Baden Berg 27/(73)
Badewiese 54/(22)
Ba(d)ewisch 43/29
Baeck Wiesen 74/49
Baeckwischen 81/63
baek, Pump- 71/(66), 71/67
baekschen Tannen, Großen Pump- 71/(64)
Baekstücken 71/14
Baekwiese 71/(13)
Baeren Kolk 4/(15)
Baer Wiese 1/(68)
Bafen Camp 71/(117)
Bagauren 45/(81)
Bagelsche Heide 54/(32)
Bagen 43/1
Bagenfurth 43/(78)
Bagenhee(d) 44/122
Bagenheide 44/122
Bagenhorst 44/123
Bagenhost 44/123
bagenhorst, Fidel- 72/(39)
Bagens 43/1
bagens Horst, Fiedel- 72/(39)
Bahk 1/16
Bähkende 40/(78)
bahk, Ja- 68/(118)
Bahkmühlen 1/(30)
Bähk Stücken 59/(37)
Bahlbrücken 70/11
Bahl Brücken 70/11
Bahl Brügge 70/11
Bahlbrüggen 70/11
Bahldam 70/10, 71/5, 76/(51), 95/(64)
Bahldam, Kurze 12/(29)
Bahldamm 1/94, 9/39, 10/32, 43/68, 70/10, 71/5 78/70
Bahl(d)ammsrieh 70/9
Bahldamschen Wiesen 71/5
Bahlen 70/(110)
Bahlen Schlag 89/(18)
Bahlen Wiesen 62/16
Bahlen Wischen 62/16
Bahlfohrtscamp 76/(52)
Bahl-Forths-Kamp 76/(52)
Bahlitz 77/60
Bahl Orth 76/53
Bahlstäde 56/(95)
Bahlstroh 63/(83)
Bahl Stroh 48/(93)
Bahl-Weeg 77/94
Bahlweg 36/45, 63/62, 77/94
Bahl Weg 77/94
Bahl-Wege 63/62
Bahlwiese 49/19, 56/(29), 62/16
Bahl Wiese 45/(82), 56/(29)
Bahl Wiesen 45/(82)
Bahlwieße 43/68
Bahlwisch 63/73
Bahlwischen 12/34, 62/16
Bähl Weg 36/45
Bählwege 36/45
Bahlwegs Wiesen 63/73
bahns Heide, Re- 79/11
Bahnwischen 76/34
Bahrckholtz 56/(98)
Bahren 56/(96)
Bahren Camp 70/49
Bahren Ende 76/(54)
Bahren-Heids-Wiese 76/(55)
Bahren Heyde 76/(60)
Bahren Kolck 15/51
Bähren Wiese 1/(68)
Bahr Heids Enden 76/(54)
bahrns Kamp, Bick- 76/22
Bahrs Camp 17/(59)
Bahrts Camp, Buxs 67/(88)
Bäk 5/49, 27/40, 32/1, 33/17, 45/62, 56/60, 66/1, 71/1, 77/21, 79/31, 81/15, 83/(56), 106/38, 107/6

bäk, Borm- 45/20, 63/24
Bäk, Brandsoeler 103/63
Bäken 70/75
Bäkendannen 94/8
Bäkenkavel 57/20
Bäkenkoppel 71/14
Bäker Riet 27/12
bäk, Ficken- 68/32, 70/51
Bäk, Holl 76/20
Bäkjormen 52/64
bäk, Kolk- 97/2
Bäkkoppel 65/28
Bäk, Krumm 67/60
bäk, Mittel- 102/34
bäk, Moelen- 67/61
Bäk'n Tannen 94/8
Bäk, Oll 95/26
bäk, Pump- 46/3, 71/(66), 71/67
bäk, Rie(d)- 97/14, 100/8
Bäk, Rod 62/72
Bäk, Ro(d)e 1/16
bäk'schen Tannen, Großen Pump- 71/(64)
Bäkslag 63/12
Bäk, Stein 69/(52)
Bäkstücken 7/39, 63/48, 81/20, 93/104, 95/20, 99/13
Bäk Stücken 101/(58)
Bäk Wiese 106/30
Bäkwisch 74/49, 106/30
Bäkwischen 65/29, 75/3, 75/43, 81/63
bäk, Zarn- 63/44
bäk, Zorns- 62/71
Balbrück 70/11
Balcken Ohrt 19/(82)
Balen wegck 77/94
balg, Blas- 104/3
balg, Blase- 104/3
Balitz 77/60
Balitzer Kolck 78/16
Balitzer Kork 77/61
Balitzkolk 77/61
Ballergrund 35/19
Balsche Barg 56/12
Balß, witte 77/(139)
baltz, Witten- 77/(139)
balze, Witten- 77/(139)
Banck Bruch 36/31
banck Bruch, Seik- 56/(49)
Bancken 67/(75), 68/6
Banck, Seer 56/50
Bandekauer Kuhl 64/(95)
Bands-Kamp 76/(56)
Banies, Hintersten 16/(46)
Banießen 16/(59)
Bank 31/(46), 36/31
Banken 68/6
bank, Sehr- 56/50
Banneurs Ohrt 55/(31)
Bannewe 73/78
Banniser Wiesen 73/47
Bannradt 81/(100)
Ban(n)sues 10/28
Banscharm 56/(97)
Bans Kahrn 56/(97)
Bans Kamp 76/(56)
Banß Camp 68/(90)
Bantz Karn 56/(97)
Banzelhee(d) 77/53
Banzelheide 77/53
Banzel Heide 77/53
Barchstücke 99/12
Barcken Camp 16/12, 86/(41)
Barcken Hagen 56/(98)
Barcken, Halben 96/(37)
Barcken Orth 66/37
Barcker-Heide 99/(25)
Barck Hölter 3/(3)
Barckhorst 44/(39)
Barck Horst 47/29
Barck, Kruse 62/69
Barck, Kuß 70/99
Barcklahk 81/(101)
Barck Mohr 95/48
Barck Mohr Horst 96/5
Barck Mohrs Wiese 95/48
Barckstücke, Kurtze 93/(11)
Barckstücke, Langen 93/10
Barck Wiese 75/(165)
Barel 53/(77)
Baren Heide 76/(60)
Baren Kamp 68/(91)
Barenkolck 12/17
Baren Kolck 70/(50)
Barenkolder Wiese 4/(15)
Baren Kolk 12/17, 70/(50)
Bärens Heide 52/35
Bärens Holtz 53/(61)
Bären Soll 95/(65)
Bärenwiese 90/39
Baren Wiesen 90/39
Baren Winckel 83/(77)
Bärenwinkel 27/(56)
Barg 5/42, 29/(22), 38/24, 44/96, 93/87
barg, Aaskuhlen- 22/41
barg, Aben- 94/16, 101/54
Barg, achtern Langen 38/(84)
Barg, achtern Mühlen 38/(87)
barg, Agatzen- 41/25
barg, Aluns- 24/18
barg, Äsel- 83/71, 84/10, 91/25
Barg, Aulicks 45/44
barg, Backaben- 77/59
Barg, Balsche 56/12
barg, Bauk- 10/4
barg, Bäuk- 86/49
Barg, Bäukstücker 101/55
Barg, Bentzer 67/(79)
Barg, Benzer 51/8
barg, Binnen- 65/55
barg, Blieschen- 23/49
barg ,Blocks- 12/84, 16/19, 79/84, 102/41, 104/3
Barg, Blöckscher 25/64
barg, Bodder- 30/37, 103/21
barg, Bohnen- 21/49, 41/81. 48/36, 52/77, 62/69, 63/46, 65/48
Barg, Bohn 38/(60)
barg, Bök- 67/1, 70/60, 102/30
barg, Böken- 44/104
Barg, Bolischen 44/(132)
barg, Borm- 44/99
barg, Bottekuhls- 25/15
barg, Botter- 103/21

Barg, Breden 69/80
Barg, Bree(d) 21/40
Barg, Breet 69/80
barg, Bresen- 16/27
barg, Briesen- 46/28, 62/32, 63/77
barg, Bucksboort- 16/2
barg, Bülcken- 63/(95)
barg, Bülken- 68/56
barg, Bullen- 9/2, 59/32, 61/8, 73/(96), 75/107
Barg, Bullen 61/8
barg, Bund- 79/40
Barg Busch 27/10
barg, Dachs- 18/15, 29/19, 49/7
Barg, Dahls 55/(37)
Barg, Dämitzer 42/84
Barg, Damscher 71/43
barg, Dannen- 25/69, 26/30
bargdannen, Blocks-14/12
Barg, Dicksche 62/68
barg, Dieksen- 48/84
barg, Doden- 7/44, 8/11
Barg, Doemzer- 42/84
Barg, Drall 17/(67)
barg, Draußel- 64/79, 67/19
barg, Dreekamps- 58/3
barg, Dreier- 40/60
Barg, Dreifecken 62/(109)
barg, Duben- 101/35
barg, Dumzer- 68/43
barg, Duns- 70/27
Barg, Duntzer 68/43
barg, Düster Ziester- 51/4
barg, Dwas- 78/28
Barge, Blieschen 36/(94)
Barge, Bullen 9/2
barg, Eddelmanns- 35/10
Barge, Domser 68/43
barge, Heid- 47/(103)
barge, Heidt- 26/16
Barge, Hennicken 64/(127)
barg, Eik- 19/52
Barge, Jesegen 48/52
barge, Karck- 25/84
Barge, Koster 9/(59)
Barg, Elverts 63/53
Barge, Mietzer 61/(68)
barg, Emis- 85/21
barge, Mühlen- 56/64
Bargen 33/23
bargen, Achter- 32/27
bargen, Schap- 57/21
Bargen Stücken 41/99
barger Dannen, Kiebitz- 1/164
bargergrund, Bohnen- 33/20
Barger Ohrt 103/57
Barger Ort 103/57
Barger Uhrt 103/57
barg, Esch- 13/62
barge, Spring- 25/86
Bargest 56/(99)
Barge, Stoppen 10/15
barge, Wietten San- 65/(161)
Barg, Fabriker 22/3, 23/14
barg, Fähr- 35/5
Barg, Fehren 62/(112)
Bargfeld 79/90
Bargfelde 79/90
bargfeld, Sand- 79/96
Barg, Fiehr 24/38
barg, Finken- 1/74, 70/64
barg, Fischer- 52/85
barg, Flaß- 5/20, 14/40, 25/88, 27/5, 79/65, 85/27
Barg, Flaß 27/5
barg, Fleesch- 27/1
barg, Floh- 76/41
barg, Freisen- 80/13
Barg, Gaden 61/(36)
barg, Galgen- 1/42, 12/51, 15/17, 31/25, 51/26, 89/24, 95/58
Barg, G(a)liner 13/31
barg, Gaurken- 45/29
barg, Gerichts- 64/31
barg, Gips- 56/64
barg, Glashütten- 95/43
Barg, Gläuhnigen 74/71
barg, Glinsen- 43/39
barg, Gnirr- 101/44
barg, Goll- 42/(87)
Barg, Grabauer 75/127
Barg, Graboer 101/52
Barg, Grabower 101/52
Barg, Grabowsch 75/127
Barg, Grädt 72/(123)
barg, Grebens- 39/33, 41/41 48/29, 58/29
barg, Groet- 51/29
barg, großen Hietz- 75/119
barg, Grot Priemer- 101/30
barg, Grot Snellen- 44/86
barg, Gruner- 74/82
barg, Gulister- 65/30
Barg, Gusnitzer 71/40
barg, Hasen- 31/37, 66/10
barg, Hassel- 42/95, 101/24
barg, Haufiesen- 65/19
barg, Haufisen- 65/19
barg, Hawer- 79/88
Barg, Hecken 42/89
barg, Hee(d)- 52/76, 62/21, 77/96, 79/4, 81/33
barg, Hei- 26/16
barg, Hei(d)- 24/14, 26/16, 28/36
barg, Heidt- 42/(117)
barg, Hell- 15/40
barg, Heu- 1/129
barg, Heuts- 45/73, 62/89
barg, Hietz- 75/119
barg, Hinnen- 93/57
barg, Hitz- 75/119
Barg, Hogen 57/9
barg, Hog Sünnen- 81/82
barg, Hohner- 27/15
barg, Holt- 3/50, 5/7
barg, Honnig- 23/20
barg, Höschen- 35/33
barg, Host- 95/29
Barghowen 42/79
barg, Hühnken- 27/4
barg, Hütt- 67/72
barg, Hütten- 67/72
barg. Ierdkuhls- 42/71
barg, Immen- 50/31
Barg, Jader 48/3
barg, Jäger- 5/25
Barg, Jahnken 38/35

barg, Jäßen- 48/52
barg, Jöhlken- 64/21
Barg, Jölcken 24/(40)
barg, Kahl- 72/22
barg, Kahls- 52/51
Barg, Kahlstäder 62/28
Barg, Kähter 65/49
barg, Kahlzer- 70/14
barg, Kaiser- 16/26, 24/10, 31/22
barg, Kalk- 1/143, 13/32
barg, Kamons- 85/33
barg, Kämpen- 8/6
barg, Kaninken- 77/33
barg, Kar- 25/84
barg, Karen- 16/8, 18/2
barg, Kartüffel- 6/6, 41/9, 45/42
barg, Karussel- 62/84
barg, Kätel- 79/101
barg, Katen- 105/6
barg, Kater- 65/49
barg, Katten- 1/171
barg, Kauh- 40/77, 41/59 48/12, 48/83, 67/31
Barg-Kauh-Koppels 19/13
barg, Keller- 27/66, 42/94, 51/45, 93/54
barg, Kiebitz- 1/154, 103/69
barg, Kiels- 41/27
barg, Kies- 67/53
barg, Kiewitts- 13/2, 22/32, 67/73, 72/20, 103/69
barg, Kimmulken- 38/47
barg, Kirchen- 51/12
barg, Kläsken- 17/23
barg, Klaß- 68/82
Barg, Kläßgen 17/23
barg, Klee- 69/25
barg, Kliester- 67/54
barg, Klinken- 81/46
barg, Klocken- 3/24
barg, Kloeter- 45/58, 79/50
barg, Knaken- 53/4
barg, Koeter- 66/25
barg, Koh- 21/50
Barg, Kolbowsch 84/17
barg, Kolk- 69/88
barg, Königs- 23/42
Bargkoppel 27/10, 29/18, 32/32, 35/34, 44/106, 72/14, 77/116
barg, Koppel- 5/43
Barg, Kopplowsche 50/12
barg, Köster- 51/13
barg, Krähnen- 19/32
barg, Krämer- 95/56
barg, Krauns- 76/12
barg, Krauzen- 56/85
barg, Kreihen- 28/18
barg, Krivitzer- 67/64
Barg, Krivitzer 67/64
barg, Kröger- 101/25
barg, Krons- 1/40, 26/27, 27/7
Barg, Kronß 27/7
Barg, Kruse 62/69
Barg, Krusen 62/(70)
barg, Krüzbeeren- 66/38
barg, Kus- 70/99
Barg, Kuser 35/25
Barg, Langen 20/6, 51/54
Barg, Lanker 40/52
Barg, Läwigen 71/53
barg, Leder- 50/36
Barg, Leder 50/36
barg, Lehm- 8/4
Barg, Lehm Kuhl(en) 32/(47)
barg, Leim- 49/35, 67/4
Barg, Letter 50/36
Barg, Liepsche 72/75
Barg, Liepser 74/19
barg, Linden- 9/27, 93/21
Barg, Linden 9/27
barg, Löper- 26/37
Barg, Lütt 72/21
barg, Lütt Priemer- 101/29
barg, Lütt Snellen- 44/89
Barg, Malließer 23/57
Barg, Mehrs 38/7
barg, Meierz- 38/7
barg, Meun- 6/34, 8/5
Barg, Mevers 38/7
barg, Middags- 63/76
barg, Miesen- 3/29
barg, Militz- 10/34
barg, Moelen- 13/3, 57/72, 60/14, 77/87, 83/44, 95/18, 98/9
barg, Möller- 62/42
barg, Möllers- 19/20
barg, Mön- 17/20
barg, Mönken- 45/71, 48/88, 68/38
barg, Mörder- 1/170, 65/22
barg, Mordkuhlen- 49/33
barg, Morgen- 75/152
barg, Mour- 10/36
Barg, Mucker 62/(155)
barg, Mutten- 71/56
barg, Nägels- 21/52
barg, Naklaß- 103/15
barg, Nie Poppel- 50/11
barg, Norsen- 58/16
Barg, Oewerlandsche 83/41
barg, Öl- 93/93
barg, Oll Poppel- 50/14
barg, Oll Voß- 75/18
barg, Oske(r)- 33/32
barg, Ossen- 43/75, 70/54
barg, Ottern- 10/40
Barg, Pägels 65/50
barg, Pahls- 41/(129)
barg, Päper- 103/6
barg, Paperz- 54/23
barg, Pest- 57/48
barg, Pier- 50/26
barg, Piß- 73/30, 79/61
barg, Plant- 40/24, 75/(191), 80/17
barg, Polzer- 30/30
barg, Pöppel- 58/18
barg, Post- 71/46
barg, Pracher- 16/18
barg, Prackel- 16/18
Barg, Prager 75/(192)
barg, Preester- 7/50, 35/13
barg, Preister- 105/16
barg, Pütt- 44/60
barg, Rämel- 18/13, 41/17, 68/31
Barg, Ratter 40/32
barg, Räuben- 103/5

barg, Räufkoppel- 11/25
barg, Rauh- 21/29
barg, Raur- 41/95
barg, Räwel- 70/66
barg, Reh- 1/137, 14/39, 93/97
barg, Reug- 14/(94)
barg, Rög- 51/25
barg, Rohr- 87/40
barg, Rotten- 19/41
barg, Rugen- 103/40
barg, Ruh- 50/6
Barg, Rumer 40/18
Barg, Run'n 45/60
barg, Sahls- 13/41
barg, Sand- 1/135, 17/1, 66/29, 81/26, 84/(38)
barg, Sannen- 68/48
Barg, Sannen 68/48
Bargs-Camp, Gladden- 31/(27)
barg, Schaul- 31/31
barg, Scheeßel- 25/21
Barg, Schefen 100/15
barg, Scheid- 5/6, 19/51
barg, Scheper- 101/38
Barg, Schew 63/19
Barg, Schewen 26/31, 27/63, 43/37, 100/15
barg, Schiben- 62/43
barg, Schol- 80/10, 107/20
barg, Schoster- 105/25
barg, Schulten- 23/56, 51/15
barg, Seeg- 32/(53)
barg, Seepen- 4/7
bargsgrund, Bresen- 16/28
Bargs Hägen, Gaden 61/(37)
bargs Heegen, Gladden- 31/(28)
barg, Sieracken- 43/27
barg, Slachter- 44/98, 63/50
Bargslag 95/24
barg Slag, Blocks- 102/39
barg, Slons- 36/84
barg, Söhren- 87/28
barg, Speck- 102/33
barg, Speuker- 31/23
barg, Spring- 25/86
Bargs-Schlag, Sand- 84/(37)
barg, Stahl- 93/106
barg, Stäken- 52/53
barg, Stämmen- 26/34
barg, Stapels- 53/74
Barg, Staußecken 62/(57)
barg, Steen- 13/26, 30/33, 32/36, 45/47, 47/64, 48/11
barg, Steener- 5/42
barg, Steffens- 40/34
barg, Stein- 27/19
barg, Steiners- 101/20
barg, Stoeker- 44/100
Barg, Stoerschen 75/139
barg, Stoppen- 10/15
Barg, Streminsche 69/44
Barg, Strieth 16/(29)
Bargstücken 73/53, 99/12
Barg Stücken 93/10, 99/12 101/41, 101/(59)
Barg Stücken, Hog 62/74
barg Stücken, Mieten- 99/(44)
Barg Stücken, Rugen 103/40
barg-Stücken, Snellen- 44/85
bargstücken, Wien- 7/48
barg, Stü(d)e- 46/1
Barg, Stü(d)eschen 75/139
barg, Stüssen- 62/(57)
barg, Sülten- 26/35
barg, Sülwer- 68/27
barg, Sünnen- 81/51
Barg, Swarte 22/14
Barg, Swarten 1/5, 5/14, 16/16, 24/42, 25/1, 32/37, 40/20, 41/20, 43/38, 44/111, 49/1, 68/81, 69/10, 81/14, 89/2, 101/10, 101/23‘ 106/5
barg, Swien- 68/83
barg, Swienkuhlen- 78/39
barg, Swiens- 1/112
bargs Wiese, Heydt- 64/130
Bargs Wiesen, untern 3/34
Bargs Wieße, achter 17/(54)
Bargs Wise, Fehr 17/(71)
barg, Tatern- 10/24
Barg, Tauerschen 101/21
barg, Tegel- 13/19
barg, Teges- 63/39
barg, Tilsen- 103/27
barg, Torf- 11/33
barg, Turm- 21/32
barg, Tweibreids- 10/23
barg, Uhlen- 11/18
barg, Ülken- 19/30
Barg, ünnern 3/34, 25/37
barg, Üren- 30/28
Barg, Vehster 44/62
Barg, Vielanker 51/9
barg, Vier- 2/18, 5/16, 9/9, 24/38, 25/2, 106/1, 107/14
Barg, Vier 24/38
Barg, Vooß 12/68
Barg, Voss 85/16
barg, Voß- 1/72, 7/29, 12/68, 13/70, 19/62, 20/1, 45/77, 47/70, 51/44, 52/45, 56/72, 61/2, 67/25, 68/18, 71/61, 75/20, 81/68, 83/30 85/16, 87/12, 93/100, 106/23
Barg, Voß 24/(41), 48/(158) 68/18
Barg, Wägners 7/34
barg, Wall- 49/30
barg, Wanz- 24/13
barg, Wäwer- 48/26
barg, Weßkuhlen- 81/30
barg, Wien- 7/45, 8/2, 45/37, 51/7
Bargwiese 33/(39)
Barg, Wietten 38/(111)
barg, Windmoelen- 29/3, 75/124, 96/13, 102/19
barg, Winnerwischen- 38/2
barg, Wisch- 91/3
barg, Wisker- 48/17
Barg, Witt 35/37
Barg, Witten 24/11, 52/84, 62/(173), 73/13

barg, Witten Sand- 49/34
barg, Witt Ziester- 51/5
Barg, Wöpliener 76/(105)
barg, Woren- 5/21
barg, Wuls- 52/5
barg, Zieracken- 43/27
Barg, Zirker 27/18
Barg, Zuel 69/(140)
Barg, Zuelcken 69/(140)
Barg, Zwälken 80/4
barg, Zwölken- 80/4
barken, Buer- 86/40
Barkenbusch 5/11
Barkenbüschen 79/127
Barken Büschen 79/127
Barken Büschen Stücken 5/11
Barkendamm 44/14
Barkenhorst 13/73
Barkenhost 41/66, 75/76
Barkenkamp 16/12
Barkenmaur 40/11, 45/17, 48/90
Barkenmoor 25/(43)
Barkenmour 80/36
Barkenöhren 64/12
Barkenschnees 77/108
Barkenstücken 5/40, 33/33, 101/9
Barken Stücken 5/40
Barkenuhrt 66/37
Barkenweg 89/30
Barkhosten 47/29
Barkkoppel 64/15, 95/2
Barkmaur 95/48
Barkmoor 81/(81)
Barkwisch 74/15
Barlitzer-Mohr 65/(73)
Barlitzer-Moor 65/(73)
Barnewschen fuhrt 73/(11)
Barns-Kamp, Bick- 76/22
Barohr 4/14
Barohrsche Eeken 4/14
Barst 67/42
Bartels Camp 62/(53)
Bartels-Kamp 62/(53)
Barten Heyde 48/(94)
bart, Rau- 75/32
Barwinckel 95/(66)
Barwinkelschen Felde 4/(25)
Bascarm 63/(45)
Baschen Camp 77/(44)
Baßel, groth 11/(23)
Baßel, Lütt 73/22
Baßels, Lütke 73/22
Baßuß 12/1
Basues 12/1
Basus 12/1
Basuß 12/1
Basuß Wischen 11/(50)
Basuus 12/1
Battrams Haut 83/45
Battrams Hut 106/(29)
Battrams Huth 106/(29)
Baucken 16/(31)
Baud Wiesen 75/89
Baueracker 89/(22), 95/(70)
Bauercamp 31/19
Bauer-Feld 102/(47)
Bauerfelde 95/(70)
Bauerfeldt 93/(109)
Bauer Heide 103/(62)
Bauer Heyde 103/(62)
Bauerhölten 1/3
Bauer Horst 70/(6)
Bauerkoppel 77/77, 95/(67)
Bauer Koppel 28/(38), 60/(12), 77/77
Bauer Koppeln 68/(5)
Bauer Koppel, vorderste 60/(12)
Bauer Land 8/(13)
Bauerlande 8/(13), 12/67
Bauer-Nacht-Koppel 95/(68)
Bauernheide 68/60
Bauernkoppel 64/68
Bauern Kuhls Bruch 56/45
Bauern Tannen 71/(59)
Bauern Wiese 86/10
Bauern Winckel Lake 2/(41)
Bauerplatz 19/(85)
Bauer Platz 19/(85)
Bauer Orth 66/(51)
Bauers-Camp 73/(95)
Bauer-Schlägen 93/(109)
Bauers Wiesen 59/(38)
Bauert 42/75
Bauer Tannen 71/(59)
Bauertten 42/75
Bauer Wiese 11/(51), 62/(102), 95/(31)
Bauerwiesen 1/2, 103/(72)
Bauer Wiesen 1/2
Bauerwinkelhorst 81/(102)
Bauerwinkels Rieth 81/(105)
Bauer Wische 95/(31)
Bau(e)s 73/66
Baukbarg 10/4
Bäukbarg 86/49
Bäuker Meum 78/32
Baukholt 78/85
Baukhost 43/72
Bäukhost 76/19
Bäukkoppel 81/73
Bäukstücker Barg 101/55
Baum 95/(69)
baum, Beer- 59/(39)
Baum, Behr 59/(39)
Baum, Elends 61/(33)
Bäumen 66/(52)
Bäumen, Dicken 66/(59)
Bäumen, Grund 63/51
Bäumen, Höld 73/(115)
Bäumen, Hölz 73/(115)
Bäumen, Kuhlen 74/81
Bäumen, Sater 6/(22)
bäumen, Stell- 2/(51)
Bäume, Peter 74/90
Bäume, Sieben 78/(95)
Baum, grohten 58/(47)
Baumgrund 23/48
Baum, Hogen 30/(99)
Baum, Ölckers 44/(50)
Baum, Raben 56/(189)
baum, Scheide- 20/(62)
Baum, Scheide 38/(101), 61/7, 62/(167)
baum, Scheiden- 67/15
Baum, Schelcken 1/(188)
Baum, Scheyde 63/(168), 67/15
Baum, Schieleken 1/(188)

baum, Schlag- 69/(132), 77/33
baums Stücken, Behr- 67/(76)
baum, Stall- 2/(51)
baumstelle, Ber- 87/(48)
baum-Stücken, Beer- 99/(26)
Baumstückengrund 41/22
Bäum-Stücken, Sieben 80/(26)
baums Wiesen, Stel- 2/(51)
baum Wiese, Hölt- 79/107
Bäunerdannen 39/9, 40/4, 81/24
Bäunergor(de)n 57/45
Bäunerhoew 19/38
Bäunerkamp 85/34
Bäuner Kamp 85/34
Bäunerkavel 19/60
Bäunerkoppel 28/25, 30/13, 56/36, 78/3, 81/34
Bäunerland 65/12
Bäunerwee(d) 79/18
Bäunerweg 74/43, 105/4
Bäunerwei(d) 23/10, 23/35
Bäunerwisch 42/21, 45/2, 85/11
Bäunerwischen 13/51, 47/19, 63/5, 72/25, 81/35, 87/24, 105/34
Bauracker 95/(70)
Baur Höltzen 1/3
Baur-Kavel 86/11
Baur Stüde 74/96
Baur Wiese 62/(102)
Baur Wiese, Priester 86/(66)
Baur wisch 1/2
Baurwische 62/(102)
Baur Wischen 103/72
Bausen Kampf 63/(89)
Baus, Hog 74/69
Bausken-Camp 63/(89)
Bauskens-Heyde 63/(90)
Bauwerschaft Wendtstükken 41/100
Bauwme, schielcken 1/(188)
baven den Eschen 6/17
baven den Graben 1/148
baven Satgen 6/25
bawen Graben 1/148
Bäwersdörp 90/12
Bäwersen Wiesen 15/3
Bawerwischen 83/2
Bawer Wischen 83/2
Beber Wiese 65/(81)
Beck 48/95, 56/60, 66/1, 71/1, 81/15, 95/26
Beck, achtern Mühlen 63/(152)
beck, Born- 46/3, 63/24
Beck, Born 63/24
Beck, Diecks 63/48
Becke, Buseker 67/(87)
becke, Dawlosche- 69/(99)
Becken, Heh 96/(38)
becken, Lüse- 22/49
Beckentiner Horst 4/20
Beckentinischen Horst 4/20
becker Berg, Damm- 71/43
Becker Camp 75/(110)
Becker Camps Rieh 75/(109)
Beckerkamp 75/(110)
Becker Kolck 75/(108)
Becker-Laacken 1/9
Beckerlaack-Wiese 1/9
becke, Rode- 62/72
Beckers Cämpen 66/(53)
Beckerskamp 75/(110)
Beckers Kamp 75/(110)
Beckers Kolck 75/(108)
Beckers Wiese 12/(93)
Becker Wiese 75/(49)
Becke, Zahren- 62/71
Beck, Ficken 70/51
Beck, Fohrschen 63/(178)
Beck, Fuhl 95/(89), 101/(67)
Beck, Gauesch 56/(118)
beck, Glinzen- 69/(104)
beck, große Fuhl- 95/(98)
Beck, Grot 67/(99)
beck, Haal- 76/20
Beck, Haal 76/20
Beckhorst 25/71
Beckhorsten 25/71
beck, kleinen Fuhl- 95/(123)
beck, Kliesen- 35/(77)
Beck Koppel 31/(44)
beck, Lüs- 22/49, 35/16
beck, Lüse- 22/49
beck, Lütz- 22/49
beck, Mohr- 63/(149)
beck, Mühlen- 63/(152), 67/61
Beck, Mühlen 67/61
beck, Mußen- 56/(179)
Beck, Pahls 41/(130)
Beck, Plauer 67/(126)
Beck, Pump 71/67
Beck, roden 63/12
becks Camp, Born- 63/24
beckschen Stiege, Möllen- 97/(69)
becksche Wiese, Glinzen- 69/(105)
beck, See- 65/61
becks-Horst, Fuhl- 95/(95)
Becks Horst, Fuhl 95/(95)
becks Stiege, Möllen- 97/(69)
becks Stiegen Wiese, Möllen- 97/(69)
beck, Strauß- 51/(104)
Beck, Strauß 39/(12)
Beckstücken 93/104, 95/(20) 99/13
Beck Stücken 99/13
Beckstücker Rieth 99/22
Beckstücker Weg 93/(110)
Becks Wiese 62/(91)
becks Wiese, Fuhl- 95/(89)
Becks-Wiese, Hall- 76/(21)
becks-Wiesen, Fuhl- 95/(89)
becks Wiesen, Möllen- 97/(70)
Beck, Vicken 70/51
Beck, Vors 63/(178)
beck, Voß- 63/(180)
Beck Wiese 74/49, 75/43
beck Wiese; Haal- 76/(21)

Beck-Wiesen 74/49
beck Wiesen, Hal- 76/(21)
Beckwischen 74/49
Bedenz 71/54
beeck, Buhr- 103/(82)
Beeck Camp 31/(44)
Beecke, Rode 62/72
Beeck, Ficken 70/51
Beeck, Fiecken 70/51
Beeck, Hohen 75/(179)
Beeck, Kummer 70/(144)
Beeck, Lögelck 71/(133)
Beeck, Lüüs 22/49
Beeck, Roede 62/72
Beeck, Sahren 62/71
Beeck, Söhren 62/71
Beeckstücken 95/20
Beeck Stücken 99/13
Beeckwiese 75/43, 94/1
Beeck Wiesen 74/49, 81/63
Beek-Hoersten 25/71
Beekhösten 25/71
Beerbaum 59/(39)
Beerbaum-Stücken 99/(26)
Beerböhmschen Stücken 47/(93)
Beerbömlinen 77/89
beerenbarg, Krüz- 66/38
beeren, Drunckel- 16/(37)
beerenhorst, Bick- 72/81
beeren Horst, Bick- 72/81
beerenkoppel, Bick- 36/69
beeren, Land- 91/(34)
beeren Moor, Dunkel- 22/(63)
Beeren Wiese 1/(68)
beerenwisch, Ierd- 90/62
Beer, Land- 2/(10)
beern Horst, Bick- 72/81
Beer Wiese 1/(68)
beer Wiesen, Erd- 90/62
Beesenberg 35/(55)
Beesenbulten 103/24
Beesengrund 42/91
Beesen-Koppel 11/26
Befer Stau 95/(71)
Behck, Ploger 67/(126)
Behck, Rohten 63/12
Behkfelde 79/(128)
Behlies 70/33
Behnken Wisch 75/74
Behr Baum 59/(39)
Behrbaums Stücken 67/(76)
Behrbohm Stücke 99/(26)
Behrböhm Stück 30/(70)
Behrböhm-Stücken 99/(26)
Behren Winckell 27/(56)
Behrlitzer Berg 57/(81)
Behrs Stücken, Drunckel 16/(37)
Beierwege 48/(96)
Beilies 70/33
Beiliß 70/33
Beisenbülten 103/24
Beisenhoew 23/29
Beisenkavel 45/8
Beisenlock 11/26
beke, Al- 19/(79)
Beke, Knöp 75/(42)
Beke, Knöp(s) 75/(42)
beke, Lütze- 22/49, 35/16
beke, Mühlen- 105/31
Bekentinischen horst 4/20
beke, polatzer 41/(130)
Bekerberg 12/(94)
beke, Rohe- 62/72
Bekers Lake 12/(4)
Bekwiese 106/30
Bek Wiesen 75/3
Beleitz 57/(80)
Belilz 70/33
Belitz 70/33
Belißen Busch 70/33
Belscher Ohrt 67/(77)
Bencken 62/(92)
Bencken Mohr 62/(93)
Bendstücken 87/(10)
Bend-Stücken 87/(10)
Bendstücken, manck den 87/(10)
Bendtstücken 87/(10)
Beneiken 25/5
Beneiw 73/78
Beneurs Orth 55/(31)
Benew 73/78
Bengelsdörper Dannen 81/12
Benies 73/47
Benietz 36/(92)
Benietzenstück 36/(92)
Benniser Wiesen 73/47
Bentz 67/(78)
Bentzer Barg 67/(79)
Benzer Barg 51/8
Benzer Maur 52/47
Berbaumstelle 87/(48)
Berchfelde 79/90
Bercken 92/(13), 96/(29)
Bercken, Halben 96/(37)
Berckenmohr 95/48
Bercken Mohr 73/(32)
Bercken Stück 5/40
berck, Kifits- 22/(8)
Berckmor 95/48
berck, witte 21/32
berck, Wußmer- 40/(54)
Berg 5/42, 31/(30), 32/32, 35/34, 35/(56), 57/(82), 77/86, 95/24, 95/(72)
berg, Aaskuhlen- 59/(18)
berg, Aben- 101/54
berg, Ackerwohrden Sand- 84/(18)
berg, Agatzen- 41/25
berg, Alauns- 24/18
Berg, Alluns 24/18
berg, Aven- 94/16
Berg, Aven 94/16
Berg, Baden 27/(73)
Berg, Balsche 56/12
berg, Beesen- 35/(55)
Berg, Behrlitzer 57/(81)
berg, Beker- 12/(94)
berg, Bienen- 59/(20)
Berg, Blanke Waßer 51/(2)
berg, Blocks- 79/84
Berg, Böck 44/104
berg, Boek- 70/60
berg, Böhlken- 68/56
berg, Bohnen- 41/81, 63/46, 65/48
Berg, Bohnen 48/36, 63/46
berg, Bollen- 9/2, 59/(33)
Berg, Bollen 61/8, 73/(96)
berg, Bollens- 59/32
Berg, Breeden 75/1

berg, Breiten- 96/(30)
berg, Bresen- 16/27
Berg, Bresen 16/27
Berg, Brilentsche 19/30
Berg, Brodaer 35/13
Berg, Brods 38/(65)
berg, Buch- 67/1
berg, Buchen- 44/104
berg, Bülcken- 63/(95)
Berg, Bülcken 68/56
berg, Bülken- 68/56
Berg, Bullen 59/32
Berg, Burgundger 60/(19)
Berg, Burgundjer 60/(19)
Berg, Butten 44/60
Berg, Casten 67/(89)
berg, Clee- 69/25
Berg, Cremer 95/56
Berg, Crons 26/27, 27/7, 76/12
berg, Dachs- 29/19, 49/7
Berg, Dahmcken 74/55
Berg, Dammbecker 71/43
Berg, Damsler 71/43
Berg, Drassel 64/79
Berg, Droßell 67/19
Berge 6/6, 33/23, 43/79, 73/53, 77/86
berge, Aaskuhlen- 22/41
berge, achtern Kloster- 26/(57)
berge, Ahskuhl- 33/(38)
Berge, Alaun 24/18
Berge, Allauns 24/18
Berge, Aßmus 62/(90)
berge, Blieschen- 23/49
berge, Böcken- 26/(43)
Berge, Bollbrüggen 25/15
berge, Bollen- 73/(96)
Berge, breiten 96/(30)
Berge, Breiten 96/(30)
berge, Briesen- 46/28
Berge, Briester 51/(50)
berge, Buchweitzen- 93/(111)
Berge, Caruschen 56/85
Berge, Crautschen 56/85
Berge, Crivitzer 67/64
berge, Dachs- 18/15
berg, Edelmanns- 35/10
berge, Eßel- 83/71
berge, fernen Rehe- 1/(180)
berge, Fincken- 1/74
Berge, Finken 1/74
berge, Flachs- 79/65
Berge, Flachs 79/65
Berge, Flaß 57/(87)
Berge, Foß 47/70, 56/72
berge, Galgen- 51/26
Berge, Galgen 64/31
berge, Glienen- 43/39
Berge, Guhnzer 35/25
berge, Grebens- 58/29
berge, Griesten- 43/90
berge, Hä- 58/(21)
berge, Hecken- 42/89
Berge, Heide 64/(131)
berge, Heidt- 64/(131)
Berge, Heinrichs 79/(58)
berge, Heydt- 21/(68)
Berge, hinten dem 23/(59)
berge, hintern Voß- 98/(34)
Berge, Hohen 64/(140)
berge, Honig- 23/20
berge, Holz- 3/50
berge, Hunen- 105/(51)
berge, Hüner- 64/(142)
Berge, Hüner 64/(142)
Berge, Hütten 102/30
berg, Eich- 81/(116)
Berg, Eick 51/28
berge, Ingels- 51/(92)
berge, Isen- 95/(86)
Berg, Eisern 95/(86)
Berge, Jöhlcken 64/21
berge, Jungfern- 40/14
berge, Kain- 105/(52)
Berge, Kallisser 18/(18)
berge, Karb- 25/84
berge, Kiebitz- 1/154
berge, Kies- 30/(107)
Berge, Kievietz 1/154
berge, Kivitz- 1/154
Berge, Kivitz 19/(98)
Berge, Kiwitzs 22/32
berge, Königs- 23/42
Berge, Kopplowsche 50/12
Berge, Krauzen 56/85
Berge, Krons 1/40
berge, Krutschen- 18/(20)
berge, Langen- 10/(60)
berge, Lehm- 8/4
berge, Lersen- 35/(86)
Berge, Mallisser 23/57
berge, Meen- 19/(21)
berge, Meuen- 8/5
berge, Möen- 6/34
Berge, Mörder 1/170
Bergen 13/(83), 17/1, 33/23
Bergen, achtern 14/(46)
bergen, bey den Sandt- 1/135
bergen, Forderst Rau- 14/(56)
Bergen, Foß 87/12
bergen, Fuchs- 87/12
bergen, Hinterst Rau- 14/(69)
Bergen, in den 29/(22), 30/(7)
bergen, Kläsken- 17/23
Bergen, Kurtzen 21/(75)
Bergen, Langen 38/(84)
bergen, Lütt Rau- 14/(86)
bergen, Sand- 1/135
Bergen, Sand 55/(14), 66/29
Bergen, Schmöler 23/3
Bergen, Schultzen 70/(173)
Bergen, schwarzen 49/1
bergen, Voß- 71/61, 87/12
bergen, Wien- 45/37
berge, Pflanz- 80/17
berge, Plan- 40/24
Berge, Pöppel 50/11, 50/14
berge, Pracher- 16/18
Berge, Priester 53/(5)
berger Camp, Witten- 7/(66)
berge, Ree- 1/137
berge, Reh- 1/137
berge, Rehe- 1/137
berge, Remel- 18/13
berge, Resen- 26/(70)
berger Grund, Bollen- 73/(97)
berge, Riet- 97/(77)

Berger Öhr 103/57
Berger Ohrt, Bollen 73/(98)
berger Schlag, Lehm- 8/4
berger Tannen, Kiebitz- 1/164
berger Tannen, Schwarz- 106/5
Berge, Sahlschen 70/(28)
berge, Sand- 21/(93), 81/26
Berge, Sand 1/135
Berge, Sandt 84/(38)
berg, Esch- 13/62
Berge, Schalen 63/(167)
berge, Scheisel- 25/21
berge, Scheven- 43/37
berge, Schreven- 81/(158)
Berge, Schwarten 68/81
berge, Schwartzen- 49/1
Berge, schwartzen 25/1, 62/(169), 68/81
Berge, Schwartzen 18/(57), 22/14, 22/15, 62/(169)
Berge, Schwarzen 25/1
berge, See- 35/(105)
berge, Sierocken- 43/27
Berge, Soraster 59/(91)
berge, Spring- 25/86
berge, Stein- 47/64
berge, Stem- 26/34
Berge, Steußgen 62/(57)
berge, Stüde- 71/(58)
Berge, Togerschen 101/21
Berge, Togeschen 101/21
Berge, unten den 26/(41)
Berge, unterm 25/37
berge, Vos- 68/18
berge, Voß- 1/72, 85/16, 98/(34)
Berge, Voß 68/18, 106/23
berge, Wans- 24/13
Berge, Wanschen 26/(38)
berge, Wantzen- 26/(38)
berge, Wein- 13/(107)
Berge, Weißen 7/(66)
berge, Wien- 7/45
Berge, Wienecken 56/(214)
Berge, Windtmühlen 22/(93)
berge, Witten- 21/32, 30/(141)
Berge, Witten 24/11
berg, Eysen- 95/(86)
berge, Ziegenmoor- 79/(28)
berge, Zietlitz- 77/87
Berge, Zietlitzer 77/87
Berge, Zitlitzer 77/87
Bergfeld 79/90
Berg-Feld 79/90
Bergfelde 79/90
bergfeld, Sand- 79/96
berg- Feld, Sand- 79/96
berg, fernen Reh- 1/(180)
berg, Fernreh- 1/(180)
berg, Fern Reh- 1/(180)
berg, Fier- 106/1
berg, Fincken- 1/74
Berg, Fincken 1/74
berg, Finken- 1/74, 70/64
berg, Flachs- 5/20, 14/40, 25/88, 85/27
Berg, Flachs 5/20
berg, Flass- 14/40
berg, Foss- 75/20
berg, Foß- 12/68
Berg, Foß 68/18
berg, Fresen- 80/13
berg, Fuchs- 1/72, 13/70, 56/72
Berg, Fuchs 81/68
berg, Galgen- 1/42, 31/25, 51/26, 64/31
Berg, Galgen 31/25
berg, Gauercken- 101/(68)
Berg, Gauercken 101/(68)
berg, Gerichts- 89/24
Bergger Öhr 103/57
Berg, Gladden 31/25
Berg, Glaffen 31/25
Berg, Gliens 74/(112)
berg, Glöden- 74/71
berg, Gohrcken- 45/29
Berg, Gohren 67/(3)
Berg, Golcken 24/(40)
Berg, Gold 42/(87)
berg, Goll- 42/(87)
Berg, Grabauer 75/127
berg, Graboer- 101/52
berg, Grät- 1/(25)
berg, Grebens- 41/41
Berg, Großer Schnellen 44/86
berg, Grot Keller- 51/45
berg, grünen Flachs- 14/40
berg, Guhrens- 59/(35)
Berg, Guhrschen 36/(114)
Berg, Gusnitzer 71/40
Berg, Haaf Koster 95/(100)
berg, Hafer- 79/88
berg, Hans- 101/(6)
Berg, Hans 99/(19), 101/(6)
Berg, Hanß 99/(19)
berg, Hasel- 103/(96)
Berg, Hasel 101/24
berg, Hasen- 66/10
berg, Haßel- 101/24
Berg, Hecken 42/89
berg, Heid- 12/(107), 24/14, 26/16, 106/(2)
Berg, Heid 103/(98)
berg, Heit- 5/(51), 103/(98)
Berg, Herrn 37/(2)
berg, Heu- 1/129
berg, Hexen- 56/(83)
Berg, Hexen 60/14
Berg, Heyde 105/(39)
Berg, Heydt 64/(131)
berg, Hirsch- 75/119
berg, Hitz- 75/119
Berg, Hohe 19/(33)
Berg, Hohen 64/(140), 87/28
berg, hohe Sonnen- 81/82
Berg, Holtz 3/50
berg, Hunde- 26/36
Berg, Hüner 64/(142)
Berg, Hütter 95/43, 102/30
Berg, Imen 50/31
Berg, Immen 58/(26), 100/(14)
berg, Immen- 100/(14)

bergischen Felde, Heidt- 4/(34)
berg, Ja- 68/(118)
berg, Jantenkamper- 41/(23)
Berg, Jehser 96/45
berg, Juden- 25/(105)
berg, kahle Sonnen- 81(/80)
berg, Kahls- 52/51
berg, Kaiser- 16/26, 24/10
berg, Kalk- 1/143, 13/32
bergk, alten Primer- 19/(110)
berg Kamp, Gladen- 31/(27)
berg, Karck- 25/84
Berg, Karks 25/84
berg, Karren- 18/2
berg, Kegel- 64/(149)
Berg, Keller 42/94
berg, Ketel- 79/101
bergk, Hasen- 19/(96)
bergk, Höner- 64/(142)
berg, Kiehls- 41/27
berg, Kiel- 30/(7)
Berg, Kiels 41/27
berg, Kies- 30/(107)
Berg, Kievitz 1/154
Berg, Kifits 22/(8)
Berg, Kimcken 38/47
berg, Kimmelken- 38/47
Berg, Kimmelten 38/47
berg, Kirch- 25/84
berg, Kivitz- 1/154, 22/32
Berg, Klauwen 86/9
berg, Kleinen Voß- 69/(118)
Berg, Kleiner Schnellen 44/89
berg, Kley- 45/(96), 69/25
Berg, Klinken 81/46
berg, Kloken- 3/24
Berg, Klocken 3/24
berg, Klump- 76/(78)
bergk, Mollen- 35/(94)
berg, Knappers- 68/(126)
bergk, Primer- 19/(110)
Berg, Kraizen 56/85
Berg, Krensel 55/(16)
berg, Krohns- 1/40
berg, Krons- 1/40, 26/27
Berg, Krons 76/12
Berg, Kronß 1/40
Berg, Krüger 101/25
Bergkstücken 93/10
berg, Kuh- 41/59
berg, Kuhs- 70/99
bergk, Wancze- 26/(38)
bergk, Wanz- 26/(38)
bergk, Windmühlen- 35/(94)
Berg, Lancken 59/(68)
Berg, Lancker 40/52
Bergland 43/(79)
Berg, Lange 50/(35)
Berg, Lauenburger 24/(20)
Berg, Leder 50/36
berg, Lehm- 49/35, 67/4, 68/(138)
Berg, Leim 74/(115)
Berg, Levelken 71/53
berg, Linden- 9/27
Berg, Litthauer 39/(25)
berg, Lucas Wein- 1/(103)
berg, Lukas Wein- 1/(103)
berg, Lukas win- 1/(103)
Berg, Lütten Kieß 30/(120)
berg, Lütten Kley- 69/(124)
berg, Lütt Keller- 51/(46)
Berg, Meihers 38/7
berg, Meuen- 6/34
berg, Moen- 8/5
berg, Moor- 10/36
berg, Mordkuhlen- 49/33, 59/(22)
berg, Mühlen- 57/72, 75/124
Berg, Mühlen 56/64, 59/(80)
Berg, Mutten 71/56
berg, Nacklas- 103/15
berg, Naclas- 103/15
Berg, Naclaß 103/15
berg, Ochsen- 43/75
Berg, Pägels 65/50
berg, Papen- 105/16
berg, Päper- 103/6
berg, Peper- 45/42, 103/6
berg, Peters- 11/(15)
Berg, Pieppen 59/(84)
Berg, Plandt 68/(151)
Berg, Pracher 39/(24), 56/(9)
Berg, Priemer 101/30
berg, Priester- 35/13, 105/16
Berg, Prilentzsche 19/30
berg, Primer- 19/(110)
Berg, Primer 101/30
Berg, Quitzcken 59/(25)
berg, Quitzen- 59/(25)
Berg, Räbel 70/66
Berg, Radensche 83/44
berg, Räfel- 70/66
Berg, Räuen 103/5
berg, Rauh- 21/29
berg, Rebel- 70/66
Berg, Refel 70/66
berg, Reh- 1/137
berg, Remel- 41/17
Berg, Repel 2/(12)
berg, Revel- 70/66
Berg, Revel 2/(12)
Berg, Rögnitz 74/19
berg, Röter- 13/3
Berg, runde 5/(60), 11/(16)
Berg, runden 11/(16)
berg, Saals- 13/41
Berg, Sählen 70/(28)
berg, Sähls- 70/(28)
Berg, Salunien 36/(143)
berg, Sand- 1/135, 13/(11), 65/(161), 69/(131), 81/26, 99/9
Berg, Scheewen 100/15
Berg, Scheid 5/6
berg, Scheitel- 25/21
bergschen Schlage, Lehm- 8/4
Bergschen Stücke, Krohns 1/40
bergsche Tannen, Blocks- 14/12
berg, Scheve- 100/15
Berg, schiefe 100/15
Berg, Schiefe 63/19
Bergschlag 95/24
Berg, Schlag auf dem 95/24
berg, Schleser- 31/(30)
Berg, Schlons 36/84

berg, Schminken- 11/(14)
Berg, Schmöler 22/3
berg, Schnellen- 44/86, 44/89
Berg, Schulten 102/24
Berg, Schultzen 102/24
berg, Schulzen- 14/39
Berg, schwartze 73/(41)
berg, Schwartze- 22/(92)
Berg, Schwartze 5/14, 16/16, 22/14, 51/4, 73/(41)
berg, Schwartzen- 44/111
Berg, schwartzen 5/14, 25/37, 49/1
Berg, Schwartzen 101/23
berg, Schwarz- 25/1, 101/23, 106/(7)
Berg, Schwarze 41/20, 43/38, 49/1, 68/81, 81/14, 101/23
berg, Schwarzen- 68/81, 106/(6)
Berg, Schwarzen 106/(7)
Berg, Schwarzer 5/14, 49/1, 106/5
berg, Schweinkuhlen- 78/39
Berg, Schwemmel 42/(11)
berg, See- 35/(105)
Berg, Sefcken 70/(174)
Berg, Sehlschen 70/(28)
bergsgrund, Bresen- 16/28
bergs Gründen, Karck- 25/(107)
Berg, Sibenitsche 23/43
berg, Silber- 68/27
Berg, Silber 42/(88)
bergslust, Kuh- 56/74
bergsmoor, Sand- 17/26
berg, Söhren- 87/28
Berg, Söhrings 83/(23)
berg, Söhrn- 81/51
Berg, Söhrns 83/(23)
berg, Sonnen- 81/82
berg, Sörings- 83/(23)
berg, Spitz- 49/(64)
berg, Spring- 25/86
bergs Ried, Ochsen- 43/(76)
berg, Stapen- 10/15
berg, Stein- 13/26, 28/4, 45/47, 47/64
Berg, Steu 89/(10)
Berg, Stoben 69/(134)
berg, Stoppen- 10/15
Berg, Stoppen 10/15
Berg, Streit 16/(29)
Berg, Stubben Diecker 64/(185)
Bergstück 32/32, 43/(79), 73/53, 101/41
Bergstücken 101/59
Berg Stücken 74/(88), 99/12, 102/35
Berg Stücken, breden Heidt 103/(76)
Berg Stücken, Heidt 103/(98)
berg Stücken, Mühlen- 56/64
berg-Stücken, Rewels- 2/(12)
berg-Stücken, Sand- 99/9
Berg Stücken, schmahlen Heidt 103/(124)
Berg Stücken, schmahlen Rugen 103/(126)
Berg, Stucker 65/(113)
bergstücke, Wein- 8/2
berg, Süls- 26/35
bergswiese, Crons- 76/15
bergs-Wiese, Iser- 95/(117)
Bergs Wiese, Krons 76/15
Bergs Wiesen, Jeser 96/(46)
Bergs Wiesen, Under 3/34
bergswiese, Sand- 68/48
berg, Tannen- 25/69, 26/30
Berg, Tannen 25/69, 101/(82)
Berg, Tauben 101/35
Berg, Taueschen 101/21
berg, Tauschen- 101/21
Berg, tenst den Jehser 96/(45)
berg, Trappen- 79/(137)
berg, Ueberlands- 83/41
berg, Vier- 5/16, 9/9, 25/2, 106/1
berg, Voß- 51/44, 61/2, 68/18, 69/(138), 71/61, 75/20, 106/23
Berg, Voß 1/72, 72/(115), 93/100
berg, Wahren- 5/21, 5/22
berg, Wall- 49/30
Berg, Wall 49/30
berg, Wasser- 9/(28)
berg, Wein- 7/45, 8/2
Berg, Weis 31/23
Berg, weiße 31/23, 73/13
Berg, Weiße 31/23, 51/5
berg, Weißen Sand- 59/(21)
Berg, Weißer 35/37
berg, Weißer Sand- 49/34
Berg, Werder 35/33
berg Wiese, Besen- 4/(26)
berg, Win- 7/45, 8/2
Berg, Windmühl 28/(37), 29/3
berg, Windmühlen- 29/3
Berg, Windmühlen 36/(151)
Berg, Wind-Mühlen- 96/13
Berg, Wisocken 57/(108)
Berg, Witte 21/32
Berg, Wulffs 57/(109)
Berg, Zaegen 75/(137)
Berg, 10 Ruhten 95/(173)
berg, Ziegel- 13/19
berg, Ziegen- 75/(137)
berg, Zieracken- 43/27
Berg, Ziester 51/5
Berg, Zintsen 59/(97)
Berken 96/(29)
Berken Koppel 89/(29)
Berlings Damm 31/(47)
Berlings Wiese 36/24
Bermkuhl 1/150
Berner Damm 73/77
Bernhope 34/(29)
bern Horst, Bick- 72/81
Bernietz 36/(92)
Berwisch 1/68
Besaus 12/1
Beselhorst 44/(20)

Besenberg Wiese 4/(26)
Besen Grundt 13/(84)
Besen Kamp 12/(78)
Besenkoppel 18/25
Besenwiese 51/(80)
Beßen Ohrt 36/(93)
Besutz 12/1
beucken Camp, Heb- 95/(102)
Beuer Felde 86/29
Beuker Mohr 78/32
Beumen, dreen 43/57
beumen, Fier- 76/(67)
Beumen, Rammer 62/(62)
beumen, Stel- 2/(51)
beumen, Untern- 64/(191)
beutel, Käse- 18/5, 80/14
Beutfüer 46/31
Bevens Julsche Holtz 53/(66)
Bever Laacke 62/10
Beverlack 62/10
Beverstadsche Wiese 95/(71)
Bewer Escken 95/(73)
Beweritzken Horst 73/(24)
Bewer Strug 95/(74)
bey den Sandtbergen 1/135
bey der Dannen 38/(67)
beym Langen Waßer 85/(61)
beym lange Waßer 85/(61)
beym Stebelinschen Wege 54/(46)
beym Zaegen Berg 75/(137)
beym Ziegenberg 75/(137)
Bezoll 25/3
Bickbahrns Kamp 76/22
Bick-Barns-Kamp 76/22
Bickbeerenhorst 72/81
Bickbeeren Horst 72/81
Bickbeerenkoppel 36/69
Bickbeern Horst 72/81
Bickbern Horst 72/81
Bickbornskamp 76/22
Bickowen 30/44
Bielens Mohr 61/9
Biels Moor 61/9
biem Langheidschen Damm 72/16
Bienenberg 59/(20)
Bienenhof 66/7
Bierweg 49/38
biesch, Reh- 78/(92)
Biester Holtz 75/(15)
Bike 30/44
Binden Felde 12/80
Binnenbarg 65/55
Binnenbohms Stücken 1/46
Binnenbom 1/46
Binnenfeld 12/80
Binnen Felde 12/80
Binnen Hacken 35/32
Binnenhaken 35/32
Binnenhof 87/(49)
Binnen Hof 81(103)
Binnenkamp 65/55
Binnenkoppel 85/2, 86/18
binnen Bohms, Stücken 1/46
Binnenkamp, Großen 65/55
Binnenkamp, Lütgen 65/(146)
Binn'g 65/42
Binnow 1/85
Binnung 1/85
Binnunge 1/85
Binn, up'e 65/42
Birckhorst 44/(39)
Birck Koppel 93/5
Birckehorst 44/(39)
Bircken 63/(84)
Bircken Koppel 93/5
Birkenhorst 75/76
Birken Koppel 34/(5)
Birkenwiesen 79/126
Birken, Maucker 77/62
Birken, Mauker 77/62
Birken, Utbrands 77/8
Birken, Utbrans 77/8
Birkhölzer 3/(3)
Birkmoor, Pulvers 72/(32)
Bischofsort 7/24
Bischofsuhrt 7/24
Bise, Gangste 19/53
Bisin 67/(80)
Bissel Wiese 1/(10)
Bißel Wiese 1/(10)
Bißkölken 70/91
B-Kavel 27/9
bläcken, Heyde- 1/58
Bläck, Heide 1/58
Bläck, See 68/50
Blads Wiese, Drey 94/(40)
Blaenkbrücke 71/(116)
Blag 63/25
Blag Eck 49/20
Blag Goos 36/3
Blag Wader 13/6
Bläken Hof 63/(85)
bläk, See- 46/19
bläk, Wis- 87/(73)
Blan Büschen 38/(58)
blancke Mohr 22/(63)
Blancke Mohr 15/55, 26/23
Blancken Camp 57/(83)
Blancken, Gauß 14/(58)
Blancken, Gohs 14/(58)
Blancken Mohr 66/(54)
blancken Sande 49/(29)
Blancken Waßer 51/1
Blanckers Camp 16/(32)
Blanck, Gaus 30/(87)
blanck, Gose- 30/(87)
blanck, Gus- 14/(58)
Blänck, See 68/50
Blanck, Ties 66/(82)
Blanisen 44/119
Blaniser Kamp 44/119
Blanitz 44/119
Blanken 28/30
blanken Camp 57/(83)
Blanken Heegen 63/(86)
blanken Holz 71/(16)
Blanken Kamp 48/10
Blankensande 49/(29)
Blanken Soll 28/(39)
blanken Weg 10/(52)
Blankes Moor 15/55
Blanke Waßer Berg 51/(2)
Blank Maur 13/46, 15/55, 26/23
Blankmoor 13/46, 34/6, 40/11
Blank Noors 66/17
blänk, Sand- 9/(10)

Blänksbrügg 72/3
Blank'sche Graben 54/(1)
Blank Wader 51/1
Blannießen 43/45
Blannis 43/45
Blannißen Hof 43/45
Blannitz 17/60
Blannitze 19/76
blan(n), Se- 17/(96)
blann, Sieß- 17/(96)
Blanntz 19/76
Blans Kamp 68/(92)
Blansen 17/(60)
Blanß Cabell 68/(92)
Blanßenkamp 52/3
Blantz Camp 68/(92)
Blantzeke 68/(92)
Blanzkamp 68/(92)
Blasbalg 104/3
Blasebalg 104/3
Bläßenstücken 40/23
blatt, Drei- 65/41
Blau 36/85
Blaue Ganz 36/3
Blauer Kamp 5/(12)
Blauge Bruch 36/85
Blaumhee(d) 44/26
Blecken, Heyd 1/58
blecken, Heyde- 1/58
Blecken, Heyde 1/58
blecken, Wisch- 87/(73)
bleck, Heid- 1/58
bleck, Scha- 27/38
bleck, Scheven- 43/(113)
bleck, See- 65/61, 68/50
Bleck, Wies 13/59
Bleek 1/90, 22/34, 53/18
Bleek, Oll 7/33
Bleeß Stücken 40/23
Blehmshorst 56/53
Bleiche 1/90, 13/59, 17/(61), 22/34, 65/37, 70/(111), 106/(42)
Bleiche, Alte 7/33
Bleicher Camp 65/37
Bleicher-Wiese 1/90
bleiche, Wiesen- 13/59
Bleichstelle 93/(49)
Bleichstete 64/(96)
Bleich Wiese, Kleine 86/(24)
Bleik 57/50, 65/37
Bleikwischen 13/59
Blemersche Horst 56/53
Blenck 54/(33)
ble(n)ck, Wisch- 22/43
Blenies 44/119
Bleniesken Hörn 69/(96)
Blenießer Host 44/120
Blenis 9/36
Blenischen Wiesen 9/36
Blenisken 69/(97)
Bleniss 44/119
Bleniß 44/119
Blenisser Horst 44/120
Bleníßer Horst 44/120
blenk, Hei(d)- 1/58
blenk, Heide- 1/58
blenk, See- 68/50
blenk, Wisch- 22/43
Blennies 43/(80)
Blentzer Kolck 66/(55)
Blenz 66/30
Blenzer Camp 66/30
Blesus 10/28, 12/1
Blieschen 23/49
Blieschenbarg 23/49
Blieschen Barge 36/(94)
Blieschenberge 23/49
Bli(e)schen Stücken 23/49
Bliescher Mohr 61/(23)
Bliesenhorst 76/32
Blindmoor 82/(4)
blinden Mohr 82/(4)
blink, See- 68/50
Blischer Mohr 61/(23)
Block 16/3, 28/(40), 40/40, 41/(101), 78/15, 87/23
Blöck 87/23, 93/31
block, Äpken- 93/38
Blöcke 33/(40)
block, Eikbom- 93/39
Blöcke, kurtzen 22/46
Blöcke, langen 22/45
Blöcken 14/27, 17/(62), 25/65, 26/(42), 27/14, 28/40, 32/5, 42/110, 63/(87), 103/(73)
Blocken 22/45
Block Enden 23/(60), 38/(59), 61/(24)
Block Enden, Mittel 23/(60)
Blocken Hoefen 33/(41)
Blocken, Korten 22/46
Blöcken, Kurzen 22/46
Blocken, Langen 22/45
Blöcken, Langen 22/45
blockkuhl, Eek- 106/26
Blocksbarg 12/84, 16/19, 79/84, 102/41, 104/3
Blocksbargdannen 14/12
Blocksbarg Slag 102/39
Blocksberg 79/84
Blocksbergsche Tannen 14/12
Blöckscher Barg 25/64
Block Schnese 72/(44)
Block Stücken 29/(25)
Blocksweg 13/(85)
Blohmen Stück 10/11
Blohmheid 44/26, 72/(41)
Blohm Heidische Pford 44/(24)
Blohmheidsche Ford 44/(24)
Blohmheidsch Ford 44/(24)
Blohmheidsch Kolck 72/(42)
Blomenkoppel 10/11
Blomheidscher Kolk 72/(42)
Blüchert Wiesen 61/(25)
Bluhmen Heide 44/26
Blumen Heyde 44/26, 72/(41)
Blumen Heydt Forth 44/(24)
Blum Heyde 44/26
Board 42/75
Bobst Wiese 59/(40)
Böck Berg 44/104
bock, Fiesel- 56/(112)
Böckenberge 26/(43)
bocken, Up- 52/43, 53/31
Böcker Möhm, Große 78/32

Böcker Möhm, Kleine 78/(33)
Böcker Winckel 14/(45)
böcke, Silber- 104/17
Bock, Grot-Silber- 94/3
Bockholt 79/1
Bockhorst 44/(130)
böck Horst, Grot Ha- 72/(37)
böck Horst, Lütt Ha- 72/35
Bock, Lütt-Silber- 94/(49)
Bockorn 45/(83)
bock, Sa- 43/64
bock, Sage- 12/63, 43/64
böckshorst, Lütt Ha- 72/35
Bockstroh 48/59
Böckstücken 101/55
bock, Ub- 53/31
Bockweitens Ford 72/(71)
Bockweitzen Camp 46/(41)
Bockweitzen Mohr 30/(71)
Bockwiese 40/49
Bodderbarg 30/37, 103/21
Bodderdamm 43/43
Bodderkamp 52/39
Bodderkiel 76/44
Bodderkuhl 41/15
Boddermaur 32/19
Bodderstieg 46/11
Bodderuhrt 21/10, 56/37
Bodderwinkel 95/57
Bödeken, Groten 15/4
Bödeken, Lütgen 15/(70)
Bö(de)nerkoppel 33/2, 43/48, 50/20, 75/151, 77/14
Bö(de)nerwei(d) 21/8
Bödenerwiesen 95/11
Bö(de)nerwisch 91/4
Bö(de)nerwischen 76/15, 77/30, 95/11, 99/2
Boden, Mühlen 26/(8)
Bodewischen 76/(57)
Bodewischen-Rien 76/(58)
Boeck 64/(17)
Boecker Camp 9/(50)
Böecker Kamp 78/(86)
Boeck, Fißel 56/(112)
Boeck Horst 81/73
Boehlen Kohlhof 38/(61)
Boekberg 70/60
Boeker Moor 13/12
Boek Horst 42/(58)
Boek, up de 64/(17)
Boem Stücken, Groten 23/48
Boesen-Camp 63/(89)
Boewelst Stück 26/39
Böh, Ahrs 56/(91)
bohck, Wißels- 56/(112)
Bohelande 85/10
Bohland 2/25, 85/10
Bohlande 2/25
Bohlandt 2/25
Bohl Brüken 70/11
Bohldam 1/94, 57/(84)
Bohldamm 1/94
Bohl Damm 9/39
Bohldamm, Hintersten 57/(89)
Bohldamm, Vordersten 57/(106)
Bohlen Lämm 70/9
Bohl Fahrts Camp 65/(115)
Böhlkenberg 68/56
Bohlweg 63/62
Bohlwege 63/62, 77/94
Böhlwege 36/45
Bohlwerk 44/(131)
Böhm, Branden 75/(144)
Bohm, Bummel 63/(88)
böhm, Dree- 43/57
Böhm, Drei 44/1
böhm, Dren- 43/57
böhm, Drey- 44/1
Bohm, Emcken 9/14
Böhmen 9/14
Böhmen, Arts 56/(91)
böhmen, Höll- 79/107
Böhmen, Holt 14/43
Böhmen, Höltje 73/(115)
Böhmen Horst 97/(27)
böhmen Wiesen, Stell- 2/(51)
bohm, Hölckes- 44/(50)
Bohm, Hölckes 44/50
Bohm, Holn 12/(111)
böhm, Höltick- 11/(1)
Bohm Horst 97/(27)
Böhmhörsten 97/(27)
Böhm Kamp, Spill- 24/(34)
Böhm, Kau 95/7
Böhmken, Grund 63/51
Bohmlangstück 19/(83)
Bohm, Ölckers 44/(50)
Böhm, Rammer 62/(62)
Bohms, Buten 1/51
Böhms Camp, Spiel 24/(34)
Bohm, Schelcken 1/(188)
böhmschen Kamp, Drey- 44/1
böhmschen Stücken, Beer- 47/(93)
bohmsche Wiese, Stall- 2/(51)
bohm, Schlag- 77/33
bohms-Ort, Holt- 11/(1)
bohms Stücken, Binnen- 1/46
Bohms, Stücken binnen 1/46
bohms Stücken, Buten- 1/51
Böhms Stücken, Drey 44/1
böhm Stück, Behr- 30/(70)
bohm Stücke, Behr- 99/(26)
Bohmstücken 103/10
Bohm Stücken 5/36
böhm Stücken, Behr- 99/(26)
Bohm Stücken, Grott 23/48
Bohm Stücken, hintersten 104/32
Bohm Stücken, Vordersten 104/(48)
Bohmstück'n, Lendschowschen 104/34
Bohmstück'n, Verwasterowschen 104/(35)
Bohmstück'schen 104/31
Bohn Camp 16/(33)
Bohnen Acker 43/40
Bohnenbarg 21/49, 41/81, 48/36, 52/77, 62/69, 63/46, 65/48

Bohnenbargergrund 33/20
Bohnenberg 41/81, 63/46, 65/48
Bohnen Berg 48/36, 63/46
Bohnen-Camp 65/(99)
Bohnen-Camps-Wiese 95/(75)
Bohnen-Campswiesen 95/(75)
Bohnengrund 43/40, 51/33
Bohnenkamp 97/9
Bohnen Kamp 103/(74)
Bohnen-Kamp 97/9
Bohnenkampsforth 95/(76)
Bohnenkoppel 18/37
Bohnen Koppel 18/37, 31/(35)
Bohnen-Koppel 65/(99)
Bohnenland 46/15
Bohnenmaur 68/13
Bohnenstücken 5/36, 37/6
Bohnen Stücken 5/36, 37/6
Bohnenwiesen 5/36
Bohnern 97/9
Böhneßchen, Hinter 76/(72)
Bohn(n) Barg 38/(60)
Bohnößen 97/(28)
Bohnrade 80/38
Bohnstäde 56/(100)
Bohn Stücken 40/(79)
Bohrcken 59/(41)
Bohrens Wiese 52/34
Bohr Fiest 65/(116)
Bohr Fiesten 70/23
Bohrt 42/75
Böhtführsch Busch 46/31
Boicken Camp 62/(94)
Boitführs Camp 80/(37)
Bökbarg 67/1, 70/60, 102/30
Böke, Hohe 12/(12)
Böken 70/42
Bökenbarg 44/104
böken, Hä- 32/30
böken, Hege- 95/(102)
bök, Ha- 27/64
Bokholt 78/85, 79/1
Bokhost 73/28
Bökhost 89/33
Bokhöst, Hogen 68/70
Bokhöst, Siden 68/69
Bokupp 14/(17)
Bokweitenkamp 33/24
Boland 85/10
Bölben 36/(95)
Bolbrüggen 25/14
Bolbrüggen Stück 25/14
Bolischen Barg 44/(132)
Bolland 85/10
Bollbrüggen 25/14
Bollbrüggen Berge 25/15
Bollenberg 9/2, 59/(33)
Bollen-Berg 61/8, 73/(96)
Bollenberge 73/(96)
Bollenberger Grund 73/(97)
Bollen Berger Ohrt 73/(98)
Bollen Camp 47/53, 67/(81), 77/110
Bollenkamp 13/8
Bollen Kamp 68/(93)
Bollensberg 59/32
Bollenstall 74/(105)
Bollenwiese 1/117, 17/38, 31/(48), 39/(37), 74/(106), 77/19, 78/62, 105/24
Bollen Wiese 1/69, 1/117, 5/(50), 14/10, 17/38, 40/47, 47/48, 52/67, 63/4, 66/32, 68/71, 73/(99), 81/5, 83/16, 85/17, 96/8, 97/4, 99/(27), 105/24, 106/(43), 107/5
Bollenwiesen 10/50
Bollen Wisch 2/43
Bollweges Wiesen 63/73
Bollwerk 12/(49)
Boln Stesatz 65/(79)
Bolten Kamp 64/(97)
Bolten Ohrten 62/(95)
Bolten Öhrten 62/(95)
Boltgen Ohrt 62/(95)
Bölweg 36/45
bom, Binnen- 1/46
bomblock, Eik- 93/39
bom, Buten- 1/51
Böm, Dree 44/1
böm, Drey- 44/1
Bömen 9/14
bömen, Holt- 10/51, 15/45
bömen, Hölt- 79/107
bömen, Koh- 95/7
Bomgrund 23/48
böm, Grund- 63/51
Böm, Hinnelst dree 43/57
böm, Holt- 14/43
Bömken, Grundt 63/51
Bomkoppel 63/67
bömlinen, Beer- 77/89
Bommelswiesen 63/(88)
böm, Pere- 74/90
bom, Schee(d)- 52/88, 61/7
bom, Scheid- 67/15
bomsch Weg, Kröger- 101/37
bom, Slag- 96/15
boms Kämpen, Mei- 66/(71)
Bomstücken 103/10, 104/32
Bomstück'schen (Wischen) 104/31
Böm, Vöddelst dree 43/58
bom, Zägen- 51/55, 52/83
Bonnies 73/47
Bonnrade 80/38
Boock-Horst 68/69
Bööke 64/(17)
Book, Großen Fissel 56/(126)
Bookhorst 56/(101)
Book, Kleinen Fissel 56/(154)
Booms, Stücken buten 1/51
Boomstücken 103/10
Boorcken 59/(41)
Boorswiese 52/(94)
Boort 42/75
boort, Bucks- 74/59
boort, Rug- 75/32
boortsbarg, Bucks- 16/2
boortwischen, Rug- 74/45
Bora(d) 80/38
Borch 1/(178)
Borches Kamp 103/19
Borchwaldt 95/35
Borchwall 11/(52), 95/35

Borck 64/26
Borcke 59/(41)
Borck Wal 7/32
Bor Coppel 75/(166)
Borenkamp 70/49
Borenkolk 12/17, 15/51, 16/7
Borenwisch 90/39
Borg Cämpen, Lütgen 97/(67)
Borg Camp, grothen 97/18
Borgen, hinter den 14/(46)
borger Horst, Müggen- 85/(64)
Börger Kamp 72/(2)
Borges Camp, Wietten 38/(112)
Borgeskamp 103/19
borg, Grot Steen- 27/21
Borgkämpen 97/18
Borg-Kämpen, Kurzen 97/(67)
Borg-Kämpen, Langen 97/18
Borg Kamp, Kleinen 97/(67)
borg, Lütt Steen- 27/19
borg, Muggen- 85/6
borg, Müggen- 85/6
Borgpaul 105/18
Borg, Schwartzen 44/111
borg, Steen- 9/18, 27/20
Borg, Stehen 9/18
borg, Stein- 9/(20), 28/4
Borgstücken 101/41
Borg Stücken 101/41, 102/(35)
Borgwall 7/32, 41/98, 42/1, 44/81, 83/60, 86/(22), 93/76, 95/35, 97/11
Borg Wall 95/35, 97/11
Borgwalls-Wiesen 97/(29)
Borgwischen 103/(75)
Borken 56/70
Borkenholln 64/26
Borkenholt 64/26
Borkerts Horst 65/27
Borkerts Host 65/27
Borkerts Kamp 103/19
Borm 48/25, 62/(96), 67/52, 69/19, 70/67, 77/(99)
Börm 78/81
Bormbäk 45/20, 63/24
Bormbarg 44/99
Bormbusch 69/4
Börme 29/(26)
borm, Eller- 27/26
Borm, Goeß 48/(115)
Bormhorst 27/49
borm, Joet- 28/31
Bormkamp 48/25
Börmkuhl 93/88, 107/18
Börmkuhlkavel 30/18
börm, Sanne- 68/46
Börmschicht 69/49
Bormshof 44/(133)
Börmstä(d) 26/9
Bormstücken 107/13
Borm Wiese 21/17
Born 21/22, 22/1, 35/57, 41/(102), 48/25, 73/59, 77/(99)
Bornbeck 46/3, 63/24
Born Beck 63/24
Bornbecks Camp 63/24
Born Camp 67/(82), 71/24
Borndamm 74/(107)
Born, Düfels 27/70
born, Düwels- 27/70
Born, Düwels 27/70
Börnecken, Lütgen 21/(78)
Born, Eller 27/26
Borne, Sprinck 29/(40)
born, Gäde- 28/31
born, Jät- 28/31
born, Jeh- 28/31
Born, Juden 28/31
Born, Jüden 28/31
Bornkamp 71/24
Bornkämpen 71/24
Born, Köhlen 102/(28)
Bornkolk 15/51
Born Koppel 24/(29)
Bornkuhl 45/19, 73/62
Born Kuhl 73/62
Bornn Stücken 44/99
Bornns Camp 76/(59)
Born, Pagel 68/(148)
börn, Pagel- 68/(148)
Börn, Pagel 68/(148)
Born, Pagels 68/(148)
Born, Pump 46/3
Born, Rothen 106/(56)
Bornsch Koppel 21/15
Bornschnees 41/16
Borns Heide 76/(60)
Borns Höefen, Groten 21/(63)
Borns Höefen, Klein 21/(72)
bornskamp, Bick- 76/22
Bornskolk 52/26
born, Spring- 25/(116)
Borns Stücken 22/1
Bornstrich 73/59
Bornstücken 1/53, 22/1, 44/99, 73/59
Born Stücken 1/53, 67/(83), 73/59
born, Sund- 42/106
born, Sünn'- 42/106
Borns Wiesen 21/15, 30/(72)
Bornswisch 52/34
Bornwiese 21/15, 94/7
Born Wiesen 41/(103)
Bornwisch 94/7
Borsen Heyde 63/(90)
Borßen 32/3
Bort, breiten 42/75
Borwinckels Wiesen 95/(66)
Borwischen 70/(112)
bör Winckel, Vor- 95/(167)
Bosen Camp 63/(89)
Bösengrund 8/(15)
Bosen Heyde 63/(90)
Boser Kamp 73/(100)
Bos-Käling 70/91
Boskulen 70/91
Böteföhrs Busch 46/31
Bötellak 1/110
Bottekuhlsbarg 25/15
Botterbarg 103/21
Botter Wiese 58/(41)

Botter Wiesen 59/(42)
Botter Winckel 95/57
Bott Winckel 95/57
Bouken, up 53/31
Bourken 52/32
Boursen 32/3
Bourviesten 70/23
Böwerst Koppel 57/33
Bowitz 67/(84)
Braach-Stücken, Kurzen 97/24
Braach-Stücken, Langen 97/(62)
Braack 36/19, 56/15, 64/58
Braak, Damm 41/43
Braaken 64/58, 64/(98)
braaks Tannen, Wied- 81/(77)
Braak Wiesen 64/(99)
brachs Kolk, Wier- 83/(8)
brachs Tannen, Wier- 83/(9)
Brack 15/(61), 20/11, 21/(57)
Bracke 56/15
Bracke, Dam 64/16
Bracken 12/(95)
bracken, Dramm- 44/6, 44/7
Brackenwische 12/95
Brack-Kamp 64/58
Brack-Mohrs Horst 96/5
bracks Koppel, Damm- 41/43
Brack-Stück 57/49
brack, Damm- 64/16
brack, Ochsen- 22/48
brack, Ossen- 22/48
Brack Stücken, korthen 97/24
Brack Stücken, langen 97/(62)
Braendten 77/(78)
Brahm 50/19, 51/27
Brahmcamp 15/37
Brahms Camp 17/(63)
Brahmskuhle 35/27
Brahmstücken 13/42
Brahn 51/27
Brak 56/15, 56/51
brak, Damm- 41/43, 64/16
Brake 56/40
brake, Damm- 41/43
Braken 36/19, 62/2
Braken, Dramm 44/6
Brakkamp 64/58
Brakmaur 57/49, 96/3
brak, Preister- 56/61
Brakstücken 97/24
Bramb, Bram 17/31
Brambram 17/31
bram, Bram- 17/31
Bram Bramb 17/31
Bramhorst 36/96
Bramkamp 15/37
Bramken Horst 42/2
bramsmaur, Za- 52/58
Bramstücken 13/42
Branck Mohr 67/(85)
Brand 47/38, 51/(77), 71/(104)
brand, Ab- 34/19
brand, Af- 34/19
Brand Bruch 81/85
Brand Busch 81/(104)
Branddannen 79/27, 81/91,85/37
Brand-Drift 63/(91)
Brande 12/(28), 43/70, 47/38, 62/17, 63/34, 70/89, 75/86, 77/(57), 79/(37), 81/85
Brande Mohr 79/36
Branden 42/(53), 43/70, 47/38, 56/54, 63/34, 67/(13), 70/89, 71/(104), 75/86, 75/(93), 77/56
Branden Böhm 75/(144)
Branden Camp 75/(93)
Branden-Heide 56/54
Brandenhorst 56/(102), 63/(92)
Branden Horst 68/68
Brandenhost 65/80
Branden, Iden 75/87
Branden Kolk 75/83
Branden Koppel 67/(13)
Branden, langheydensche 71/(104)
Branden, Lütten 75/79
Brandensch Kork 77/58
Branden, Tieden 75/87
Brandes Camp 95/(77)
Brandes Kamp 62/(97)
Brandes Koppel, Kahlen 67/(13)
Brandes Stück 62/(98)
Brande, uth dem 77/8
Brandhee(d) 47/68
Brandhei(d) 15/60
Brandheide 18/(46), 47/68
Brand-Heide 18/(46)
Brandholt 78/84
Brand Holz 36/63
Brandhorst 36/52, 68/68, 71/(103), 79/13
Brand Horst 36/52, 63/(92), 79/13
Brandhorst, Grosse 79/13
Brandhorst, Kleine 79/19
Brand Horst, Lüt 36/(125)
Brandhorst, Lütten 36/(125)
Brandhorst Wiese 30/47
Brandhorst 30/47, 83/70
Brandhöst 68/68
Brandhost, Grot 79/13
Brandhost, Lütt 79/19
Brandkoppel 53/26
Brand Koppel 30/(74), 53/26
Brandkuhl 93/67
Brand Kuhl 93/67
Brandkuhlwisch 93/69
Brandläben 22/70, 33/6, 34/1
Brandleben 22/70, 34/1
Brandleber Bruch 22/70, 33/6, 34/1
Brandmaur 13/56, 33/26
Brand Mohr 70/89
Brandmoor 13/56, 34/(35)
Brand Moor 79/36
Brandmour 79/36
Brandsaal 103/38

Brandsahl 103/38
brands-Birken, Ut- 77/8
Brandsche Kolk 75/83
Brandschen Kolk 77/58
Brandseil 53/54
Brandsheide 13/69
Brands Kähling 65/(75)
Brandskhei(d) 13/69
brands Kork, Ut- 77/9
Brandsoeler Bäk 103/63
Brandsoll 103/38
Brand Soll 93/(66)
Brandstücken 30/(74)
Brand Stücken 30/(74)
Brandstück, hinterste 30/(94)
Brand Stück, hinterste 30/(94)
Brandt 77/56
Brandtannen 79/27
Brand-Tannen 81/91
Brandten Hof 46/9
Brandten Horst 67/(86)
Brandten Sumpf 65/(63)
Brandten-Wiese 11/(8)
Brandt Heyde 47/68
Brandthorst 42/(111), 83/70
Brandt Horst 79/13
Brandt Horst, Groten 36/52
Brandt Horst, Lütgen 36/(125)
Brandt Kuhle 43/(81)
Brandt Lack 19/(84)
Brandtleue 22/70, 33/6, 34/1
Brandt Mohr 30/(73)
Brandtstück 30/(74)
Brandtstücke 13/69
Brandtstücken 89/(49)
Brandt Stücken 30/(74), 43/(82)
Brandt-Stück, hinterste 30/(94)
Brandtwiesen 75/79
brand, Ut- 77/8
Brandwiese 56/54, 75/79, 95/47
Brand Wiese 11/(8), 63/34, 88/(3), 93/69, 95/47
Brand-Wiese 76/(61)
Brand-Wiese, Kleine 75/79
Brand Wiesen 63/34, 75/79
Brandwiesen, Kleine 75/79
Brandwiese, Thieden 75/87
Brand-Wiese, Tieden 75/87
Brandwischen 62/17, 81/85
Brann 51/27, 63/34
brans Birken, Ut- 77/8
Brans Camp 62/(81)
Brans Kamp 95/(78)
brans Kolk, Ut- 77/9
Brans, ohl 12/(73)
Bran Strang 62/(99)
Bran Strange 62/(99)
Brant 77/56
brante Brincke 36/(51)
Brante Brincke 36/(51)
Brantische Wiese 36/(34)
Brantleue 22/70, 33/6, 34/1
brantleuen 22/70
Braschen Camp 77/(44)
Brauckfelde 81/58
Braud 48/22
Bräudenkuhl 92/5
Bräuder Busch 64/29
Brauer 15/25, 70/(113)
Brauert Wiese 61/(26)
Brauk 31/12, 82/6
brauk, Dramm- 44/6
Brauken Koppel 36/41
Braukfeld 81/58
brauk, Hütt- 27/50
brauk, Lütt Haid- 72/91
brauk, Moelen- 64/44
brauk, Mörder- 86/2
brauk, Segg'- 21/11
brauk, Specken- 64/61
Braukweg 81/60
Braukwisch, Grot 31/15
Braukwisch, Lütt 31/14
brauk, Wulfs- 64/49
Brausin 73/1
Brawtohr 83/(78)
brede Eiche 13/45
brede, Fatt- 15/32
Brede Heiden 96/24
Bredehorster Wege 47/(94)
Brede, Jancken 40/(87)
Breden 68/51
Breden Barg 69/80
breden Camp 11/(53)
breden Heidt Berg Stücken 103/(76)
Breden, Kleinen Zween 20/(49)
Breden Kolck 75/(95)
Breden Kolk 75/(95)
Breden, Stein 99/(52)
breden Stücke 101/(60)
breden Stücken 79/82, 98/(13), 102/(13), 103/77, 103/(78)
Breden Stücken 23/(61)
breden Wischen 103/(33)
Breden Wischen 103/(33)
Breden, Zwee 20/(68)
Breden, Zween 10/23, 10/25
Brede Wische 84/(13)
bred, Fad- 15/32
Bred-Heyde, Groth 69/(107)
Bred-Heyde, Lütt 69/12
Bredhorst 72/31
Bred Sege 72/30
Bree(d) Barg 21/40
breed drey Rod 1/50
Breede Horst 72/31
Bree(d) Eik 13/45
Breeden 36/57, 68/51
Breeden Berg 75/1
Breeden Caveln 99/(28)
Breeden Dämm 32/26
breeden Heiden 96/24
breeden, Hinner- 15/29
Breeden Kavel 23/4
Breeden Racks 44/74
Breeden Slag 63/11
Breeden Stücken 101/(60)

Breede Stücken, Lange 86/(62)
bree(d), Fack- 15/32
Bree(d) Hee(d)stücken 95/6
Bree(d) Heiden 96/24
Bree(d) Horst 72/31
Bree(d) Säg 72/30
Bree(d) Stück 20/17
Bree(d) Wisch 86/4
Breesgarder Scheide 63/56
Breesgarnsche Wiese 64/(100)
Breeslach, hintere 75/(77)
Breeslach, Hintere 75/(77)
Breeslach, hinterste 75/(77)
Breeslach, vordere 75/(78)
Breeslach, Vordere 75/(78)
Breeslach, vorderste 75/(78)
Breeslags Kolck 75/(97)
Breeslag, vorderst 75/(78)
Breet Barg 69/80
Breet dree Ro(d) 1/50
Breet Hee(d) 69/12
breetstück, Baben- 32/8
Breetstücken 20/17
Breet Stücken 23/(61), 25/96, 79/82
breetstück, Nerden- 32/25
Brehde 68/51
Brehde Wiese 84/(13)
Brehd Heiden 96/24
Brehsschen Kabel 73/(101)
Breicken Horst 78/(74)
Breide 68/51, 76/10
Breiden 39/19, 45/7, 51/69, 73/80
Breidendamm 103/70
Breiden Damm 103/70
Breiden Dämm 83/66
Breiden Kavel 38/50
Bre(i)den Mandag 16/(34)
Breiden Stücken 49/23, 76/10
breider Stücken, Stein- 99/(52)
Brei(d) Riet 81/59
Brei(d) Rukiet 45/45
breidsbarg, Twei- 10/23
Breidschen Kolk 72/78
Breidsch Kolk 72/78
brei(d), Twei- 10/25
Breidwischen 103/(33)
Breier 73/80
Breiersbusch 73/(82)
Breiershorst 73/(81)
Breiers Kuhl 73/(79)
Breigen 2/35
Breisgor(de)nsch Koppel 63/56
Breit Drei Ruten 1/50
Breite 76/10
Breite Bach 80/(20)
Breite Cavellen 17/(64)
breite Heide 96/24
Breite Linden-Stücken 107/(31)
Breiten 14/(47), 68/51, 73/80
Breitenberg 96/(30)
breiten Berge 96/(30)
Breiten Berge 96/(30)
breiten Bort 42/75
breiten Cabel-Wiesen 2/(34)
breiten Dorfstädte 85/(49)
breiten drei Ruthen 1/50
breiten Dreiruthen 1/50
breiten, Hinnen- 15/29
breiten, Sand- 98/(27)
Breitenstück 33/(42)
breiten Stücken 79/82, 90/(64)
Breiten Stücken 66/(56), 79/82, 101/(60)
Breiten, zwey 10/25
Breite, Pichersche 65/(85)
breite Rieth 81/59
Breite Rohr 4/19
breite Sagelaf 25/(97)
Breite Soll-Stücken 107/(32)
Breitestück 101/(60)
Breite Stücken 80/(1)
Breite Wiese 84/(13), 86/4
Breit Hacke 22/(76)
Breit Horst 72/31
Breith Stücke 89/(52)
Breit Kaveln 99/(28)
breit Stücke 89/(52)
Breit Stücke 89/(52)
breitsches Stück, zwei- 10/23
breitsche Wiese, zwey- 10/25
Bremers Wise 26/(12)
Bremskuhl 35/27
Brenier 56/(103)
Brennaben 28/28
Bresegardschen Camp 47/(95)
Bresegarschen Stiege 63/(93)
Bresenbarg 16/27
Bresenbargsgrund 16/28
Bresenberg 16/27
Bresen Berg 16/27
Bresenbergsgrund 16/28
Bresen-Wiesen 73/(101)
Bresien 78/13
Bresin 77/37, 78/13
Bresiner Maur 77/38
Breslach, Hinterste 75/(77)
Breslach, Vorderste 75/(78)
Breslag, hinterste 75/(77)
Breslag, vorderste 75/(78)
Bresnischen Wiesen 77/37
Brestücken Schlag 95/(79)
Bret Cafeln 99/(28)
Brete Stücker Schlag 101/(60)
bret, Fack- 15/32
Bret Stücken 23/(61)
Brettkamp 18/(45)
Breuder Stieg 62/(80)
Breuder Stiegs Heide 62/(80)
Breuels Ort 80/(45)
Breuels Wiese 80/(45)
Breyer 73/80
Breyerfuhr 70/(122)
Breygen 2/35
Brickenhorst 53/(78)
Bricken Lau 53/(79)
Brie 60/17
Brieckenhorst 53/(78)
Bried Mohr 60/(16)
Brieg 36/(97)

Brieg Hoff 60/17
Brieg Hof Wiese 60/17
Brieschen Wießen 20/4
Brieschhorst, Grot 56/(48)
Briescken Ohrt 59/(43)
Briesck Kamp 59/12
Briese 62/(100)
Briese, Grote 55/(42)
Briese, Hohen 62/32
Briese, Lütcke 55/(52)
Briesen 19/35, 20/15, 38/25, 44/53, 46/29, 58/23, 62/(100)
Briesenbarg 46/28, 62/32, 63/77
Briesenberge 46/28
Briesen, großen 46/29
Briesen, Groten 46/29
Briesen Kamp 75/27
Briesen, Lütgen 46/(52)
Briesen, Lütten 46/(52)
Briesen Stücken 19/35
Briesken Wiese 59/12
Brieß 74/(108)
Brieße 38/25
Briеßen 19/35
Briest 48/(97), 59/12
Briester Berge 51/(50)
Briester Horst 53/40
Briester Kamp 53/52
Briester Wiesen, Große 53/(48)
Briest Stücken 101/(8)
Brie Stücken 101/(8)
Brieth Mohr 60/(16)
Brietzer Grundt 101/(8)
Brilentsche Berg 19/30
Brill 78/54
Brinck 45/(84), 95/(80), 103/(79)
Brincke, brante 36/(51)
Brincke, Brante 36/(51)
Brinckenhof 48/37
Brinck, Gänse 71/(120)
brinck, Gooß- 71/(120)
Brinck, Gose 71/(120)
Brinck, großen 105/(49)
Brinckhof 43/42
Brinckhöfen 87/(50)
Brinckhoff 87/(50)
Brinckhörst 44/(47)
Brinckhöven 43/42
brinck, Lien- 49/(56)
Brinck, Lien 95/(138)
Brinck, Mohr 65/(106)
brinck, Stehen- 76/(101)
Brinck Stück 73/(102)
Brinckstücken 73/(102)
Brinck Stücken 3/23, 73/(102)
Brincks Wiese, Stein 76/(101)
Brinck Wiese 57/(51)
brinck, Wiesen- 85/(72)
Brinckwiesen 76/(62), 79/126
Brinck Wisch 92/(14)
Bringhoff 43/42
bring, Flachs- 106/(28)
Bringk 92/(14)
Bringt 44/(134)
Brink 48/37, 66/22, 77/84
Brinke 86/(51)
brink, Flachs- 106/(28)
brink, Gaus- 63/3
Brinkhoew 43/42
Brinkhof 78/48
Brinkkavel 38/45, 73/20
Brinkkoppel 64/14, 77/115, 85/35
Brinkkoppeln 25/50
Brinkkuhl 105/8
Brinkstücken 3/23
Brink Wiese 79/126
Brink Wiesen 79/126
Broch, Deepen 14/22
Brock 38/(62)
Brock, Dam(m) 41/43
Brock, deepen 14/22
Brock, Depen 12/72
brock, Eller- 6/(30)
Bröcken 12/(95)
Brockenhof 38/(63)
Brocken Kolck 72/(96)
Brocks Hören, Düfels 81/(113)
Brock, Suden 57/64, 57/76
Brock, Wiede 83/8
Brodaer Berg 35/13
Brode 15/25
Bro(d)e 15/25
Broderbusch 58/38
Bröderbusch 64/29
Broderbusche 64/29
Bröder Strang 65/(100)
Brodischen Mistwege 35/(58)
Brodische Werder 35/8
Brodkamp 38/(64)
Brods Berg 38/(65)
Brodsche Werder 35/8
Broeck 64/44
Broeck, Lütte Laack 64/(160)
Broer 70/(113)
Broet 48/22, 61/(26)
Broetck(e) 48/22
Broggen 68/(94)
Brognck 68/10
Brojen Kamp, Lütten 69/(123)
Brok 52/13
Brok, Depen 12/72
brok, Eller- 11/11
brok, Lütt Heid- 72/91
brok, Moelen- 75/41
brok, Pulvers Middel- 72/66
brok, Pulvers Middelholt- 72/59
Brok, Zwoulschen 52/7
Brolangck 48/69
Brolank 48/69
Bronnincks Caveln 68/10
Bronnitze 62/10
Brook 64/44
Brook, Großen 64/(120)
Brook, Groten 11/(39)
brook, Segge- 21/11
brook, Specken- 64/61
Brook, Vorcks 64/(192)
Brosih 12/(16), 73/1
Brosinghorst 72/(90)
Brosings Kolk 73/(2)
Brosinsch Kolck 73/(2)
Brosinscher Kolck 73/(2)
Brotkoppel 45/24

Brotschapp 40/41
Brouden 69/68
brou(d) Maur, Ut- 52/69
Brouken, up 52/43
Brower, Jeßen 70/(131)
Brownyn 68/10
Bruch 31/12
Bruch, alten Häusischen 64/(92)
Bruch, Banck 36/31
Bruch, Bauern Kuhls 56/45
Bruch, Blauge 36/85
Bruch, Brand 81/85
Bruch, Brandleber 22/70, 33/6, 34/1
Bruch, Cavel-Holtz- 106/(46)
Bruch, Eller Holtz 81/74
Bruch, Els 17/(29). 52/13, 55/27
Bruch, Fahren 64/(108)
bruch, Fett- 82/(8)
bruch, Fischer- 11/(5)
Bruch, Garzer 55/(33)
Bruch, große 42/26
Bruch, Haaf Koster 95/45
Bruch, Haff Koster 95/45
Bruch, Holtz 105/23
Bruch, Hütt 27/50
Bruch, Hütter 95/(44)
Bruch, Kagen 60/3
bruch, Kreuz- 75/57
bruch, Kuh- 54/(29)
Bruch, Kummersche 75/62
Bruch, Lange Theils 56/2
bruch, Mühlen- 64/44, 75/41
Bruch, Mühlen 75/41
Bruch, Neuen Stiegs 22/(58)
Bruch, Pals 41/(32)
bruch, Pulvers Mittel- 72/66
Bruch, Pulvers Mittelholz 72/59
Bruch, Radt 61/(74)
Brüchritswische 105/(41)
bruch, Schäfer- 11/17
Bruch, Schmalhorst 72/(63)
bruch, See Horst- 83/(22)
bruch, Segge- 21/11, 22/(73)
Bruch, Seikbanck 56/(49)
Bruch, Sprinck 3/51
bruchs Wiese, Hütt- 27/50
bruch, Tief- 14/22
bruch, Wolfs- 64/49
bruch, Wulfs- 64/49
Bruck 63/(94)
Brück 64/(101)
brück, Bal- 70/11
Brücke 7/33
Brücke, alten 7/(55)
brücke, Blaenk- 71/(116)
Brücke, Füllen 81/(119)
Brücke, Göhlensch 72/3
Brücke, Göhlsche 72/3
brücke, Heben- 72/(15)
Brücke, Kleine 72/(15)
Brücke, Kleinen 1/(159), 85/(59)
Brücke, Lütchen 1/(159)
Brücke, Lütken 1/(159)
Brücken 44/92
brücken, Bahl- 70/11
Brücken, Bahl 70/11
Brücken, bey der 55/(36)
Brückencoppel, Kleine 82/(11)
Brückendamm 44/92
Brückenhof 65/(117)
Brücken-Kolck 76/(63)
brücken, Schaf- 95/(151)
Brücken Stücken, neue 14/(35)
Brückenwerder 75/(167)
Brückenwieden 70/3
Brückerkamp 65/91
Brücke, Schaaf 24/(8)
Brücke, Schäfer 11/(69)
brücke, Serrahn- 12/48
Brücke, Zerrahn 1/92
Brücke, Zerran 1/92
Brück, forderste 11/(59)
Brückwiese 68/(96)
bruck, Wit- 81/(77)
Brüder Busche 64/29
Brügdamm 38/33
Brügen 65/(118)
Brügen Hof 104/(37)
Brügen Möören 68/(95)
Brügen Stücken 65/(119,) 105/(42)
Brügen Wiesch 68/(96)
Brügen Wiese 59/(44), 75/113
Brügen Wiese, kleine 75/(116)
Brügen Wiesen 68/(96)
Brügen Wießen 38/33
Brüger Camp 65/91
Brüger Stücken 65/(119)
brüge, Weste- 25/(123)
Brüge Wießen 38/33
Brügewischen 68/(96)
Brüg, Fall 41/(108)
brügg, Blänks- 72/3
Brügge 26/25
Brügge, Bahl 70/11
Brüggelwisch 30/51, 40/74
Brüggen 27/(44), 54/(16), 107/22
brüggen, Bahl- 70/11
brüggen, Bol- 25/14
brüggen, Boll- 25/14
brüggen Berge, Boll- 25/15
Brüggen Caveln 68/(96)
Brüggendämm 32/23
Brüggen, Haasen 42/(74)
brüggen, Nien- 14/(35)
Brüggenstück 33/(43)
brüggen Stück, Bol- 25/14
Brüggen-Stücken 107/22
Bruggen, Wensch 25/(123)
Brüggenwieden 70/3
Brüggen Wiese 54/(15)
Brüggenwisch 45/(85)
Brüggerhof 5/33
brügger Middags Sted, Fresen- 72/(92)
brügg, Grotsteiner- 103/14
Brügg, Grotsteiner 103/14
Brüggmanns Wisch 63/69
brügg, Mudels- 36/88
Brügg, Ro(d)e 69/79
brügg, Schap- 78/68, 81/94

brügg, Veh- 26/25
Brüggwiesen 75/113
Brüggwisch 75/113
Brüggwischerdamm 75/114
Brüg, Heben 72/(15)
Brüg Holz 68/(47)
Brügke, Goelensche 72/3
Brüg, Nie 72/(8)
Brügrith 105/(43)
brügs Camp, Neu- 76/(70)
brüg, Schap- 78/68
Brüg, Scheper 73/(88)
brügs Stücken, Neu- 76/(71)
Brügs Wiesen, nie 41/(128)
Brügwiese 75/113
Brügwiese, große 75/113
Brug Wiese, große 75/113
Brüg Wiese, große 75/113
Brug Wiese, Kleine 75/(116)
Brügwiese, Kleine 75/(116)
Brüg Wiese, Kleine 75/(116)
Brüg Wiese, Lütge 75/(116)
Brüg Wiese, Sarncken 75/(117)
brug Wiese, Zarn- 75/(117)
Brüg Wiße 44/92
Brühland 48/(98)
Brühstücken 44/79
Brühwischen 44/80
Brüken, Bohl 70/11
Brumck 68/10
Brum Hägen 48/(99)
Brummel 92/(15)
Brummel-Camp 93/48
Brummelhorst 52/8
Brummel Horst 55/(4)
Brummelkamp 93/48, 94/18
Brummel-Koppel 60/(26)
Brümmelkopp 46/27
Brümmel Stücken 103/(80)
Brummenbusch 64/20
Brummen Kolck 68/(97)
Brunck Wiesen 68/10
Brun Horst 68/65
Brunhöst 68/65
Brüning-Ratsack 10/10
Brünings Kamp 12/(96)
Brünings Wiese 4/(27)
Brunken 68/10
Brunlang 48/(100)
Brunnendannen 23/13
Brunnenkoppel 18/28
Brun, Nie 19/(106)
Brunowsch Kuhl 103/46
Brutwagen 107/8
Buarriet 103/64
Bubelheide 77/(40)
Buchberg 67/1
Büche, Hohe 12/(12)
Buche, Krüße 64/(17)
Buchenberg 44/104
büchen, Ha- 95/(102)
Buchenkoppel 81/73
Buchen, Schöne 78/(94)
Büch, hog 12/(12)
Buchhorst 68/69, 73/28, 75/(168), 76/19, 82/(16), 89/33
Buch Horst 68/69
Buchkoppel 81/73
Büchsenschinken 22/10
Buchs-Horst, Schöne- 76/(98)
Buchte 36/(98)
Buchten Kamp 62/(101)
Buchtkoppel 21/1
bucht, Ochsen- 72/68
bucht, Ossen- 72/68
bucht, Swien- 63/22
Buchweitzenberge 93/(111)
Buchweitzen Camp 31/(21)
Buchweitzen Camp, alte 65/(98)
Buchweitzenkamp 31/(21)
Buchweitzen Kamp 73/(103)
Buchweitzen Orth 72/(97)
buck, Sa- 43/64
buck, Sag- 12/63
buck, Sage- 43/64
Bucksboort 74/59
Bucksboortbarg 16/2
Bücksenschinken 12/39, 22/10
Bücks, Leddern 36/79
buck, Sülver- 94/3, 104/17
Buckwisch 40/49, 78/76
Büdel Cavel 52/25
büdel, Kees- 10/47, 18/5, 80/14
Büdelstücken 25/4
Büdelwischen 52/25
Büden 48/(101)
Büdener Wiesen 23/35, 104/(38)
Büdener-Wiesen 65/(82)
Budenwiese 75/89
Buden Wiesen 75/89
Budenwischen 75/89
Büdner Hoefen 35/(59)
Büdner-Tannen 81/24
Büdnerwiesen 13/51, 85/11
Büdner Wiesen 65/(82), 97/(30), 99/2
Büdner-Wiesen 103/(81)
Bueracker 92/9
Buerallee 74/53
Buerbarken 86/40
Buerdämm 47/80
Buerdannen 47/49, 103/4
Buergaw 48/62
Buerhaken 35/28
Buerhölten 1/3, 83/5
Buerkamp 31/19, 49/28
Buer Kamp 49/28
Buerkavel 23/15
Buerkoppel 57/32, 76/36
Buerland 12/67
Buermaschen 90/14
Buerndamm 20/9, 21/37
Buerndannen 9/5
Buernhee(d) 68/60
Buernkoppel 14/5, 64/68
Buernkuhl 56/45
Buernwee(d) 79/15
Buerplatz 19/(85)
Buerwinkel 81/72
Buerwisch 58/31, 86/10
Buerwischen 1/2, 14/1, 56/31, 105/30
Buet Stücken 23/(62)

Bühlers Kamp 69/(98)
Buhl Wiese 77/(40)
Buhrbeeck 103/(82)
Buhren Holtz 77/121
Buhrenholz 77/121
Buhrhölten 1/3, 83/5
Bühringshof 64/(3)
Buhrlande 12/67
Buhr Lande 17/(65), 70/(114)
Buhrlandt 6/(35)
Buhrohrt 4/(28)
Buhr Wiese 58/31
Buhr Wießen 12/(97)
Buhrwinckel 105/(44)
Buhr Winckel 95/(81)
Buhrwinckell 81/72
Buhrwinckels Rieht 81/(105)
Buhrwinkel 83/(79)
Buhr Wisch 58/31
Buknechtsort 44/121
Buknechtsuhrt 44/121
Bukoppel 13/20
Bülchow 48/(102)
Bülckenbarg 63/(95)
Bülckenberg 63/(95)
Bülcken Berg 68/56
Bulga 48/(102)
Bulisch Hafen 48/(103)
Bülkenbarg 68/56
Bülkenberg 68/56
Bullenbarg 9/2, 59/32, 61/8, 73/(96), 75/107
Bullen Barg 61/8
Bullen Barge 9/2
Bullen Berg 59/32
Bullen Camp 47/53, 70/100
Bullen Camp, Groser 78/52
Bullenecken 10/50
Bullenkamp 13/8, 13/33, 45/69, 47/53, 47/83, 48/48, 66/12, 69/14, 70/100, 77/110, 78/52
Bullenkavel 42/16
Bullenkolk 43/8, 44/77
Bullenkoppel 96/8, 102/22
Bullen Mohr 66/12
Bullen Ohrte 89/40
Bullen Ort 89/40
Bullenort, Kleinen 89/(67)
Bullenuhrt 89/40
Bullenwiese 51/68
Bullen Wiese 1/69, 22/(77), 51/68, 61/1
Bullen Wiesen 52/67, 69/(98), 85/17
Bullen Wieße 12/43, 26/(44)
Bullenwisch 1/69, 1/117, 2/43, 12/43, 14/10, 17/38, 19/17, 19/77, 23/9, 38/4, 40/47, 44/124, 45/6, 47/48, 48/27, 51/68, 52/67, 57/27, 61/1, 63/4, 66/32, 67/20, 68/71, 71/80, 75/23, 77/19, 78/62, 81/5, 83/16, 85/17, 85/44, 86/26, 90/42, 93/27, 97/4, 103/26, 105/24, 107/5
Bullenwische 12/43, 13/8
Bullenwisch, Grot 30/69
Bullenwisch, Lütt 30/66
Buller Platz 14/(48)
Bullsen, achtern 58/5
Bülsch Karw 96/(31)
bulten, Beesen- 103/24
bülten, Beisen- 103/24
Bülten Camp 23/(63)
Bülten Mohr 25/75
Bülten Moor 1/145
Bültenmour 1/145, 51/52
Bültenwiese 87/(51)
Bülten Wiese 84/(14)
Bült Kabel 9/(51)
Bült Kabel Wiese 9/(51)
Bültmaur 13/7, 25/75, 48/89
Bültmohr 44/68
Bültmoor 13/7, 25/75, 68/(99)
Bültsoll 106/34
Bült Wiese 17/(66)
Bült-Wiese 68/(100)
Bültwisch 44/68, 68/(100), 106/(44)
Bummel Bohm 63/(88)
Bumskeller 74/18
bum, Stall- 2/(51)
bunck, Ter- 55/(2)
Bundbarg 79/40
Bündel 11/(44)
Bundland 13/35
Bundsahl 85/38
Büneschen, Hinter 76/(72)
Bünger 1/109, 79/109
Bünger Wiese 79/109
Bunk, Ter 55/(2)
Bunk, Terr 55/(2)
Bunk, Ter(r) 55/(2)
Bunten Stücken 41/37
Bunzel Wiese 55/(35)
Bünzel Wiese 55/(35)
bur Busch, Haug- 77/(131)
Burchwall 93/76
Burfen Graben 21/(36)
Bürfen Graben 21/(36)
burger Berg, Lauen- 24/(20)
Bürgerwischen 72/(98)
Bürger Wischen 22/(44)
Burg, Friede 93/(52)
Burggraben 105/18
burg, Müggen- 85/6
Burg, Stein 27/20, 28/4
burg, Trotzen- 1/104
Burgwall 83/60, 95/35
Burgwallsmoor 83/(59)
Burgundger Berg 60/(19)
Burgundjer Berg 60/(19)
Buriet 103/64
Burlandt 12/67
Burort 4/(28)
Burorter Schlag 4/(28)
Burrwinkel 81/72
Burwinckel 81/72, 83/(79), 95/(81)
Burwinckel, Stollen 95/(162)
Burwinckel Wiesen 95/(81)
burwisch 1/2
Burwische 58/31, 62/(102)
Busch 38/(66), 46/(42), 48/(104), 51/(81), 52/48
Busch, Aalwehr 2/(27)
Busch, achtern runden 65/(154)
Busch, alte Primer 19/(81)

Busch, Asmus 63/(81)
Busch, Barg 27/10
busch, Barken- 5/11
Busch, Belißen 70/33
Busch, bey denn Fleder 36/(107)
Busch, Böhtführsch 46/31
busch, Borm- 69/4
Busch, Böteföhrs 46/31
Busch, Brand 81/(104)
Busch, Bräuder 64/29
busch, Breiers- 73/(82)
busch, Broder- 58/38
busch, Bröder- 64/29
busch, Brummen- 64/20
Busch, Colbowschen 1/(29)
busch, Dämm- 98/(14)
busch, Dans- 98/11
Busch, Deipen 70/58
Busch, Depen 70/58
Busch, Dicke 106/27
Busch, dicken 13/29, 64/(105)
Busch, Dicken 64/(105), 69/(100)
busch, Dorn- 30/(79), 35/(65), 83/(83)
Busch, Dorn 103/(90)
busch, Dübel- 69/7
Busch, Dublasche 69/7
Busch, Duhlschen 70/(118)
Busch, Dulschen 70/(118)
Busch, Duren 71/32
Busch, Durgen 71/32
busch, Durn- 93/85
Busche, achter dem korten 86/(59)
busche, Broder- 64/29
Busche, Brüder 64/29
Busche, Ellern 79/80
Busche, Jägers 1/155
busche, Jeger- 1/155
busche, kolboweschen 1/(29)
Busche, Kolbowischen 1/(29)
Busche, Kurtzen 86/(59)
busch, Eller- 6/(30), 61/(34), 64/34, 75/138, 79/80, 87/53, 105/3
Busch, Eller 79/80
busch, Ellern- 1/167
Büschen 80/(27)
büschen, Barken- 79/127
Büschen, Barken 79/127
Büschen, Blan 38/(58)
Buschen Camp 63/(96)
Büschen, Deepen 70/58
büschen, Depen- 70/58
büschen, Dicken- 68/85
Büschen, Dicken 68/85
Büschen, Fleeder 42/41
Buschen Fohrt 77/82
Büschenfort 77/82
Büschen Fort 77/82
Büschen Furt, hindern 77/(120)
Büschen-Graben 72/(5)
Büschen, Haßel 42/40
Buschenkamp 50/13, 66/4
Büschen, Kreeck 42/(86)
Büschen Stücken 9/(52)
Büschen Stücken, Barken 5/11
Büschen, Trun 103/20
busch, Erlen- 79/80
Büsche, Wägners 83/67
büschen, Wiet-105/(62)
Büschen, Wulfs 80/(25)
busch, Felgen- 95/52
busch, Fill- 70/26
Busch, Fischer 11/(5)
busch, Fleder- 38/(70)
busch, Fleit- 3/37
Busch, Forthsken 59/(45)
busch, Gänse- 100/2
Busch, Gänse 56/81, 100/2
busch, Gaus- 56/81
Busch, Gläschen 58/30
Busch, Glehen 63/40
busch, Gleis- 58/30
Busch, Gleyen 63/40
busch, Goos- 41/93, 100/2
Busch, Gooß 41/93
Busch, Grabower 71/(19)
Busch, Gran 52/41
busch, großen Kieck- 25/(47)
busch, Guden- 38/44
busch, Guhren- 53/(82)
busch, Hasen- 94/15
busch, Hassel- 1/149, 90/35
busch, Haßel- 1/149
busch, Hassels- 1/149
Busch, Haugbur 77/(131)
busch, Hauhner- 96/2
busch Heide, groot Kiek- 25/38
buschheide, kleine Kieck- 25/(41)
Busch, Hof 37/4
busch, Hüls- 45/55
Busch, Hunde 63/(125)
Busch, Hunden 63/(125)
busch, Hütter- 95/(44)
Busch, Hütter 95/(44)
busch, Im- 69/19
Busch, Immen 24/(39), 69/19
Busch, Jaeckenitzer 103/7
busch, Jäger- 1/155
busch, Jägers- 1/155
Busch, Jägers 1/155
Busch, Jecknizer 103/7
Busch, Jeersken 59/(59)
busch, Juncker- 21/(71)
Busch, Juncker 21/(71)
Busch, Junckers 52/(38)
Busch Kählen 70/115
Buschkavel 35/6
busch, Kieck- 25/42
busch, Kiek- 25/42
Busch, kleinen 85/(60)
busch, kleinen Kieck- 25/(40)
Busch, Klußen 70/(137)
Busch, Klußer 70/(137)
busch, Knick- 12/(115)
busch, Kolboweschen 1/(29)
Busch, Kolbowschen 1/(29)
Buschkoppel 11/36, 18/33, 49/13, 66/27, 100/9
Busch Koppel 31/(33), 34/(11), 49/13, 57/61, 100/9

busch-Koppel, Eller- 18/(26)
Busch-Koppell 106/(45)
Busch-Koppel-Land 31/(43)
buschkoppel, Mile- 33/60
Buschkoppel-Stücken 18/(35)
busch, Köster- 43/(97)
Busch, Köster 28/(48)
Busch, Köstewischen 25/(36)
busch, Krie(g)- 95/32
Busch, Krieg 95/32
Busch, Krig 95/32
busch, Kritz- 75/140
Busch, Kritz 75/140
busch, Krüz- 75/57
Buschkuhl 27/67
Busch, Kukucks 27/(58)
busch, Kukuks- 27/(58)
busch, Kuller- 12/38
Busch, Kummersch 75/62
Busch, Lang Stückschen 96/(53)
Busch, Lehm 70/62
busch, Lehmkuhlen- 95/(137)
busch, Leim- 70/62
Busch, Lieper 15/59
busch, Lunten- 66/48
Busch, Machels 62/(151)
Busch, Meyen 5/34
busch, Middel- 63/(148), 79/(23)
Busch, Middel 31/(4)
busch, Miler- 33/(60)
Busch, Miler 62/(26)
busch, Mittel- 79/(23)
Busch, Mittel 63/(148), 79/(23), 95/(139)
busch, Moen- 5/34
busch Mohr, Im- 69/(112)
Busch, Muerken 71/(30)
busch, Nettel- 46/(55)
busch, Niewischen- 32/(50)
Busch, Pastoren 41/(87)
Busch, Picherschen 47/(114)
Busch, Pielcken 49/17
Busch, Pietsker 77/109
busch, Pilcken- 49/17
busch, Pinken- 49/17
Busch, Platten 62/23
busch, Plücker- 78/1
busch, Plüggen- 77/126, 78/1
Busch, Pohlmannschen 105/(57)
Busch, Rahde 18/(55)
Busch, Rähncke 72/(82)
Busch, Raß 96/(10)
busch, Räu- 103/(115)
busch, Reh- 38/(96)
busch, Ritz- 75/140
Busch, Röelken 8/25
busch, Rohr- 77/34
Busch, Rosch 96/(10)
busch, Rosen- 22/37
Busch, Roß 96/(10)
Busch, Rückell 56/(191)
Busch, runden 103/(119)
Buschs 12/(98)
Busch, Schaumanns 52/71
busch, Schee(d)- 1/43
Busch, Scheide 1/43
Busch, Scheiter 4/(50)
Busch, Schied 1/43
Busch, Schiet 56/(196)
Busch, Schultzen 56/(198)
Buschs, Grittelschen 17/(74)
busch, Snaks- 13/72
Buschs, Reh 38/(96)
Buschs, Röster 24/37
busch, Stangel- 12/37
Buschstrang 63/(97)
Busch Strange 63/(97)
Busch, Strocken 59/(92)
Busch, Stroocken 59/(92)
Buschstücken 45/49
Busch Stücken 77/(111)
Busch Stücken, Dicken 103/(88)
Busch, Tans 98/11, 99/(53)
busch, Tater- 1/127, 18/40, 89/3
Busch, Teertschen 47/(125)
Busch, Terschen 47/(125)
busch, Tritt- 12/6
busch, Tunner- 73/50
busch, Uhlen- 11/(42)
busch, Vier- 96/(61)
Buschwarder 22/38, 35/7
busch, Wäwer- 47/50
Buschwerder 22/38, 35/7
Busch Wiese 86/(52)
Buschwiesen 44/(135)
Busch, Winckel 63/(183)
Busch, wüsten 41/(142)
busch, Zarren- 55/(74)
Busch, Zielitzer 101/(84)
Busch, Zitlitzer 66/23
Busecker Becke 67/(87)
Bußen Stücken 95/(82)
Büßkenwischen 79/125
Busstrang 63/(97)
Bustrehtze 12/(99)
Buten Bohms 1/51
Butenbohms Stücken 1/51
Butenbom 1/51
buten Booms, Stücken 1/51
Butenkoppel 85/15, 86/32
Buten Koppel 85/15
Butenslag 86/29, 89/21, 105/14
Buten Stücken 23/(62)
Büten Stücken 25/4
Butt Camp 65/(120)
Büttels Stück 64/(102)
Butten Berg 44/60
Butterkuhl 41/15
Butter Ohrt 81/(106)
Butterort 21/10
Butter Wiese Heide 93/(18)
Butterwiesen 59/(42)
Buxs-Bahrts Camp 67/(88)
by deme Klußdämme 87/(25)
bystrow 1/61

C

Caarstedten Horst 95/(30)
Caarstedter Tannen 1/175
Cabel, Freyholts 69/47
Cabell, Blanß 68/(92)

Cabeln, Hopf 1/24
Cabeln, Landreuter 105/(55)
Cabeln Wiesen, Neue 1/7
Cabel Wiese 97/(33)
Cabelwiesen 43/28
Cabel Wiesen 2/(34)
Cabel-Wiesen, breiten 2/(34)
Cabel-Wiesen, Hofen 12/3
Cafel 104/(39)
Cafel, Dwehr 79/(52)
Cafeln 99/(29)
Cafeln, Bret 99/(28)
Cafeln, Rohtsohlsche 99/6
Cafeln, Wick 99/(56)
Cählers Orth 68/66
Cahrstaedter Middags Sted 72/89
Cahtenlande 79/89
Calazen Kolck 73/(104)
Calcken Camp 62/(55)
Calcken Cämpcken 62/(55)
Calcken Mohr 62/(56)
Caließ 73/26
Calіß 74/(109)
Cambser Horst 54/(26)
Cambs Horst 54/(26)
Camentzen Hof 43/(83)
Cam(me)lau 48/(105)
Cämmerihen, Lütten 64/(161)
Camp 11/54, 44/87, 57/29, 58/(42), 68/(101), 73/84, 73/(105), 97/31, 101/(61)
Camp, alte Buchweitzen 65/(98)
Camp, alte Mühlen 41/(125)
Camp, Bafen 71/(117)
camp, Bahlfohrts- 76/(52)
Camp, Bahren 70/49
Camp, Bahrs 17/(59)
Camp, Banß 68/(90)
Camp, Barcken 16/12, 86/(41)
Camp, Bartels 62/(53)
Camp, Baschen 77/(44)
camp, Bauer- 31/19
Camp, Bauers 73/(95)
Camp, Bausken 63/(89)
Camp, Becker 75/(110)
Camp, Beeck 31/(44)
Camp, Blancken 57/(83)
Camp, Blanckers 16/(32)
Camp, blanken 57/(83)
Camp, Blantz 68/92
Camp, Bleicher 65/37
Camp, Blenzer 66/30
Camp, Bockweitzen 46/(41)
Camp, Boecker 9/(50)
Camp, Boesen 63/(89)
Camp, Bohl Fahrts 65/(115)
Camp, Bohn 16/(33)
Camp, Bohnen 65/(99)
Camp, Boicken 62/(94)
Camp, Boitführs 80/(37)
Camp, Bollen 47/53, 67/(81), 77/110
Camp, Born 67/(82), 71/24
Camp, Bornbecks 63/24
Camp, Bornns 76/(59)
Camp, Bosen 63/(89)
camp, Brahm- 15/37
Camp, Brahms 17/(63)
Camp, Branden 75/(93)
Camp, Brandes 95/(77)
Camp, Brans 62/(81)
Camp, Braschen 77/(44)
Camp, breden 11/(53)
Camp, Bresegardschen 47/(95)
Camp, Brüger 65/91
Camp, Brummel 93/48
Camp, Buchweitzen 31/(21)
Camp, Bullen 47/53, 70/100
Camp, Bülten 23/(63)
Camp, Buschen 63/(96)
Camp, Butt 65/(120)
Camp, Buxs-Bahrts- 67/(88)
Camp, Calcken 62/(55)
Camp, Carl Höhns 11/46
Camp, Cauln 48/(106)
Camp, Chulsen 43/60
Cämpcken, Calcken 62/(55)
Camp, Crans 41/(104)
Camp, Cranß 103/34
Camp, Crantz 63/(99)
Camp, Crantzen 63/(99)
Camp, Creutz 36/(100)
Camp, Crohns 103/34
Camp, Cronischen 9/43
Camp, Cronnen 41/(104)
Camp, Cubis 44/(136)
Camp, Cuenßer 43/21
Camp, Dadowschen 13/(86)
Camp, Dannen 11/(55), 56/(107), 63/(100)
Camp, Dicken 76/(64)
Camp, Diebers 48/(112)
Camp, Dieck 70/(117)
Camp, Diecks 48/78
Camp, Dienen 43/87
Camp, Dießel 24/(33)
Camp, Dießell 12/(101)
camp, Dodemanns Heid- 44/(115)
Camp, Drießen 41/(106)
Camp, Düden 71/(21)
Camp, Dummer 101/(2)
Camp, Dunß 70/27
Camp, Duntzen 70/27
Camp, Eggers 41/(107)
Cämpe, Hoff 64/(139)
Campei 70/(106)
Camp, Elden 12/(103)
Camp, Eller 97/17
Campen 39/10, 40/62, 51/(93), 66/57
Cämpen 65/(121)
Cämpen, Beckers 66/(53)
Cämpen, Clas 98/5
Cämpen, Hintersten 64/(136)
Campen, Hof 26/(50)
Cämpen, Loecken 71/62
Campen, Lüt 81/(145)
Cämpen, Lüt 81/(145)
Cämpen, lütgen Borg 97/(67)
Cämpen, Lütt 81/(145)
Cämpen, Möller 67/63
Cämpen, Speck 77/26
Cämpen, Vicken 66/(85)
Campen Wiese 41/(73)
Cämpen, Zanders 66/(87)

Camp, Eschen 30/(80)
Camp, Espen 30/(81)
Camp, Fahren 75/(101)
Camp, Fahrens 62/(63)
Camp, Faule 100/(19)
Camp, Fehren 62/(113)
Camp, Fichten 44/(113)
Camp, Fiescher 11/(58)
Camp, Fintzen 63/(107)
Camp, Fitzen 56/(113)
Camp, Flemmen 47/(100)
Camp, Flitz 63/(108)
Camp, Flitzen 47/(101), 63/(108)
Camp, Förster 68/11
Campf, Pfuhlen 81/83
Camp, Freesen 77/55
Camp, fuhlen 100/(19)
Camp, Fürstlicher 1/(22)
Camp, Gähten 63/9
Camp, Gätgen 63/9
Camp, Gersten 25/67
Camp, Gilt 79/46
Camp, Gladden-Bargs 31/(27)
Camp, Gödecken 63/9
Camp, Goese 46/(112)
Camp, Grafschen 57/(88)
Camp, Greven 63/(112)
Camp, Grevens 63/(112)
Camp, Griesen 56/(123)
Camp, Groht Wösten 63/(117)
camp, Groser Bullen- 78/52
Camp, große 11/(61), 75/(136)
Camp, großen 75/(136)
Camp, große Heydt 65/(103)
Camp, große Kähls 63/(113)
Camp, Großen 23/28, 25/(101), 68/(111)
Camp, Großen Mihlcken 63/(114)
camp, Großer Jäger- 23/26
Camp, große Siedel Strohms 69/56
Camp, Große Walck-Mühls- 63/(116)
Camp, Große Wüste 63/(117)
Camp, groten 7/56, 15/(7)
Camp, groten Caß 63/(115)
Camp, Groth 37/(17)
Camp, grothen 11/(61)
Camp, grothen Borg 97/18
Camp, Grot Wösten 63/(117)
Camp, Gullitzer 41/78, 44/103
Camp, Haasen 101/(70)
Camp, Haber 75/92
Camp, Hagen 68/45
Camp, Hagenower 65/15
Camp, Hahn 65/(7)
Camp, Hahnen 47/79, 81/65
Camp, Hanen 26/(47)
Camp, Harloffs 77/117
Camp, Hasen 56/(139), 101/(70)
Camp, Haßel 37/(16)
Camp, Hauner 56/(141)
Camp, Hebbeucken 95/(102)
Camp Heide, Lütgen 41/97, 75/(184)
Camp, Heiden 62/(124)
Camp, Heidt 16/9, 29/(2)
Camp, Heiligen- 79/97
Camp, Hencken 23/(75)
Camp, Henncken 25/(102)
Camp, Herren 64/(128)
Camp, Heyd-Stücken- 2/3
Camp, Heydt 64/(132)
Camp, Hienst 12/(109)
Camp, Hilgen 1/141, 7/4, 93/(115)
Camp, hillgen 79/97, 93/(115)
Camp, Hinn 63/(121)
Camp, Hinnen 65/2
Camp, Hinter 63/(121), 70/35
Camp, Hinterdiks 82/(2)
Camp, Hinterohrts 35/(73)
Camp, Hintersten 57/(90)
Camp, Hinterwissen 80/(2)
Camp, Hohen 73/84
Camp, Holt 59/(56)
Camp, Honer 12/(112)
Camp, Honner 41/83
Camp, Hunde 1/97, 80/(19)
Camp, Hunden 103/(104)
Camp, Hundes 16/24, 41/31
Camp, Hüner 3/(8), 9/22, 56/(141), 63/49
Camp, Huts Plater 48/(119)
Camp, Hütten 23/(84)
Camp, Hütter 23/(84), 65/(137)
Camp, Jaders 48/(121)
Camp, Jancken 43/66
Camp, Jasterams 12/(113)
Camp, Jesefinschen 47/16
Camp, Johrten 48/(122)
Camp, Juncker 46/(50)
Camp, Jürgens 93/(26)
Camp, Kahl 65/(104)
Camp, Kähles 63/(126)
Camp, Kähls 63/(126)
Camp, Kaht 65/(138)
Camp, Kahten 48/20
Camp, Kaßen 69/(116)
Camp, Katen 79/89
Camp, Kaucken 71/(128)
Cämpken 51/(93)
Camp, Kiewietz 12/(114)
Camp, Klefer 11/(63)
Camp, Klehrsen 71/(129)
Camp, kleine Heydt 65/(9)
Camp, kleine Kähls 63/(129)
Camp, Kleinen Caß 63/(130)
camp, Kleiner Jäger- 23/44
Camp, Kleine Walck-Mühls- 63/(131)
Camp, Kleine Wüste 63/(132)
Camp, Klein Wösten 63/(132)
Camp, Klewien 95/(124)
Camp Knick 71/8
Camp, Kobck 48/(126)

Camp, Kochen 68/(127)
Camp, Koeter 93/95
Camp, Kohlen 11/(64)
Camp, Koks 57/(95)
Camp, Korten 77/91
Camp, korthen Cluß 97/(56)
Camp, korthen Cluuß 97/(56)
Camp, Kot 36/(120)
Camp, Krantz 62/(140)
Camp, Kraum 59/(66)
Camp, Krieg 9/(3), 62/75, 69/(29)
Camp, Krig 77/(39)
Camp, Kristien 65/(140)
Camp, Kröger 7/(61)
camp, Krons- 103/34
Camp, Krontz 61/(57)
Camp, Kruch 13/(95)
Camp, Krug 3/(13)
Camp, Krüger 65/(141)
Camp, Krummen 15/43, 63/(138), 68/(134)
Camp, Kummer 71/(15)
Camp Kuhlen 47/(96)
Camp, Kurtzer 59/(67)
Camp, Laaßen 41/50
Camp, Labischen 77/31
Camp, Lang 63/(141)
Camp, lange 68/63
Camp, Lange 63/(141)
Camp, langen- 70/87, 75/156
Camp, Langen 63/(141), 65/(143), 68/63, 70/87
Camp, langen Cluß 97/(61)
Camp, langen Cluuß 97/(61)
Camp, Langer 80/(18)
Camp, Lasen 56/(165)
Camplau 47/91
Camp, Lauschen 56/(166)
Camp, Ledder 51/(99)
Camp, Lefelcken 71/53
Camp, Lehm Kuhlen 33/22
Camp, Len(n)itzer 41/(120)
Camp, Liebser 82/(5)
Camp, Loen 48/(131)
Camp, Lüders 67/(117)
Camp, Lühten 63/(144)
Camp, lütgen 15/(5)
Camp, Lütgen 36/(126), 63/(144)
Camp, Lütgen Eschen 30/(117)
Camp, Lütten 70/(150)
Camp, Lütt Kähls 63/(129)
Camp, Lütt Wösten- 63/(132)
Camp, Melmans 6/(46)
Camp, Meutel 7/(63)
Camp, Meyers 36/(131)
Camp, Miettel 12/(121), 24/(30)
Camp, Mihlcken 63/(147)
Camp, Milcken 63/(147)
Camp, Milken 63/(147)
Camp, Mohr 7/6, 67/(119), 68/(143)
camp, Mohr- 15/(72)
Camp, Möhrcken 65/(4)
Camp-Moor, Rüter 65/(77)
Camp, Mosten 59/(79)
Camp, Müeßer 66/15
Camp, Mühlen 46/(54), 71/55
Camp, Mulsoer 70/85
Camp, Muschen 56/(177)
Camp, Mußiehlschen 71/76
Cämp, Muttel 93/(124)
Camp, Nedder 62/(157)
Camp, Neesche 87/37
Camp, Neeser 87/37
Camp, Neubrügs 76/(70)
Camp, Neu Kleinauer 75/152
Camp, Nieder 62/(157)
Camp, Niewischen 69/17
Camp, Nohrts 48/(133)
Camp, olden Heidt 65/(151)
Camp, Paapen 31/2
Camp, Pagels 56/(180)
Camp, Pandtfohrts 65/(152)
Camp, Panfohrts 65/(152)
Camp, Papen 75/128
Camp, Pareir 58/(52)
Camp, Plockauer 68/(153)
Camp, Plügers 68/(154)
Camp, Priester 1/(23)
Camp, Pubeys 48/53
Camp, Rabenß 96/(57)
Camp, Rade 29/(35)
Camp, Raden 43/(111), 63/28
Camp, Raths 22/5
Camp, Rats 22/5
Camp, Rencken 67/(130)
Camp, Rendten 67/(131)
Camp, Reper 68/(157)
Camp, Retsch 48/(139)
Camp, Riet 43/63
Camp, Ritzmans 56/(190)
Camp, Röfe 97/(79)
Camp, Röhpens 67/33
Camp, Ruchel 71/85
Camp, Ru(e)cks 35/36
Camp, runden 12/83
Camp, Runden 57/(101)
Camp, Safahnens 76/(97)
Camp, Sahlschen 63/(164)
Camp, Salschen 63/(164)
Camp, Sand 47/(118), 62/(165)
Camp, Sandforts 70/(170)
Camp, Sandkuhls 70/96
Camp, Sandt 67/67, 93/(126), 100/20
Camp, Sant 62/(165)
Camp, Saspel 48/(145)
Camp, Saßen 48/(146)
Camp, Schäfer 18/44, 29/21, 100/6
Camp, Scheeper 31/41
Camp, Schellschen 71/(144)
Campschen Cavel, hogen 73/84
Camp, Schepers 6/15
Camp, Schuer 47/22
Camp, Schulten 32/7
Camp, Schultz 36/14, 40/38
camp, Schulzen- 13/23

Camp, Schultzen 6/48, 10/26, 14/(30), 26/17, 38/28, 39/11, 42/100, 43/41, 47/4, 48/43, 59/28, 63/60, 68/9, 73/14, 81/57, 99/15, 103/67
Camp, Schulzen 36/14, 101/(79)
camp, Schweden- 23/46
Camp, Schwein-Caven- 66/46
Camp, Sehlschen 71/(145)
Camp, Semmerinsche 6/(49)
Camp, Sengels 76/(99)
Camp, Siehlsen 43/50
Camp, Siel 66/33
Camp, Sielitzer 43/50
Camp, Siemcken 56/(199)
Camps Kipl, Pareir 58/(53)
Camp, Specken 12/66
Camp, Spiel Böhms 24/(34)
Camp, Spohnn 11/(72)
Camp, Sprinck 100/(34)
Camps Rieh, Becker 75/(109)
Camps Stücken, Rüben 97/(79)
Camp, Stahl 67/(138)
camp, Stämmen- 18/6
Camp, Stein 48/11
Camp, Stemm 18/6
Camp, Streit 51/(82)
Camp, Stremins 69/44
Camp, Stroh 100/(18)
Camp, Stubben 100/10
Camp, Stuben 100/10
Camp Stück 21/(58)
Campstücken 96/(47)
Camp Stücken, Langen 21/(76)
Camp (Stücken), Lütgen 21/(79)
Camp Stücken Wiesen 21/(59)
Camp, Stucker 12/85
Campstück, Wiedowen 13/(108)
Camp, Stüde 71/(58)
Camps-Wiese, Bohnen 95/(75)
Campswiesen, Bohnen 95/(75)
Camps Wieße, Dicken 67/(91)
Campswisch, Fahren 55/(8)
camp, Tannen- 18/11
Camp, Tannen 63/(100), 101/48, 107/(30)
Camp, Teßen 79/(135)
Camp, Thent 48/(156)
Camp, Timmen 26/(72)
Camp, todten 68/(170)
Camp, Toggerschen 57/38
Camp, Tön(n)ß 44/(180).
Camp, Trien 68/(171)
Camp, Vitzen 57/28
Camp, Vordersten 57/(107)
Camp Wadel 36/77
Camp, Walckmühler 23/(100)
Camp, Wantzlitzer 9/(68)
Camp Wege, vordersten 36/(150)
Camp, Wehr 69/(18)
Campweide 36/77
Camp, Wentzel 63/(182)
Camp, Widow 13/(108)
Camp, Wiedowen 13/(108)
campwiese, Hagen- 75/(176)
campwiese, Mühlen- 75/19
Camp Wiese, Mühlen 75/19
Camp Wiesen 81/56
Camp, Wietten Borges 38/(112)
Camp, Windterfelds 86/(44)
Camp, Witten 49/12
Camp, Wittenberger 7/(66)
Camp, Zencken 67/(151)
Camp, Ziegen 13/54, 16/(68)
camp, Ziester- 51/(6)
Camp, Zoll 57/(110)
Camp, Zöpens 67/(152)
Caninchen Koppel 93/43
Cant 45/(86)
Cantzell, Drey 20/(38)
Capasel 48/68
Capelle 89/(45)
Capellen Land 25/(98)
Capelle, sogenante 89/(45)
Capell Wiese 89/46
Caprinshorst 75/(50)
Caprins Horst 75/(50)
Carckstiege, Dömitzer 35/(63)
Carl Höhns Camp 11/(46)
Carock 56/(104)
Cars Fahr 99/23
Cars-Fahr-Stücken 99/23
Carstädter Wiesen 2/(50)
Carstaedter Wiesen 2/(50)
Carstatische Horst 95/(30)
Carsteden 95/(30)
Caruschen Berge 56/85
Caß Camp, groten 63/(115)
Caß Camp, Kleinen 63/(130)
Casten Berg 67/(89)
Castenlange 43/(84)
Catrien Im Hof 81/(107)
Cauln Camp 48/(106)
Cavel 103/(83)
Cavel, Büdel 52/25
Cavelcken 103/(84)
Cavelcken, Kleinen 99/(39)
Cavel, Dobenholz 66/40
Cavel, Fryholz 69/47
Cavel, Große 33/(47)
Cavel, großen 34/2
Cavel, Heidt 62/(123)
Cavel, hogen Campschen 73/84
Cavel, Holtz 101/(62)
Cavel-Holtz-Bruch 106/(46)
Cavel Holz 103/(61)
Cavel, Kleine 33/(52)
Cavel, Kurtze 69/(41)
Cavell 103/(83)
Cavellanden 102/(16)
Cavel, Lang 68/(4), 87/20
Cavel, Lange 30/(115)
Cavel, langen 87/20
Cavell, Duwark 27/(76)
Cavellen 97/(32)

Cavellen, Aschs 97/(26)
Cavellen, Breite 17/(64)
Cavellen, korthen Dwer 97/(57)
Cavellen, langen Dwer 97/(64)
Cavellen, Nien Up Stall 97/(73)
Cavell, Hinterste 30/(95)
Cavell, Holtz 81/(130)
Cavelln 32/14, 103/(84)
Cavelln, Klenen 32/(46)
Cavelln, Korthen 27/(87)
Cavelln Wiesen 63/(98)
Cavell, Reit 62/(162)
Cavell, Stücken 101/63
Cavellwiesen 75/102, 97/(33)
Cavel(l)wiesen Hofen 30/(75)
Cavel Mohr 41/2
Caveln 25/(99), 35/(60), 48/(107), 67/(90), 93/(59), 99/(29), 101/(1), 103/(84), 107/29
Caveln, Breeden 99/(28)
Caveln, Bronnincks 68/10
Caveln, Brüggen 68/(96)
Caveln, Corten 26/(45)
Caveln, Dwer 79/(52)
Caveln, Fläth 68/3
Caveln, Große 25/(57)
Caveln, großen 22/65
Caveln, Groten Holtz 99/(33)
Caveln, Grothols 99/(33)
Caveln, Heulings 68/20
caveln, Holz- 22/68
Caveln, Kerken 9/(57)
Caveln, Korte 87/5
Caveln, Korten 40/58, 81/(139)
Caveln, Kurtze 69/(41)
Caveln, Lange 68/(4), 87/20
Caveln, Langen 69/46, 81/(141)
Caveln Stücken 35/(61)
Caveln, Tannen 21/30
Caveln, Wirck 99/(56)
Caveln, Witt 99/(56)
Caveln, Zegen 69/42
Cavel Rieth 101/32
Cavel, runde 33/(63)
Cavel, Siefer 9/47
Cavel, Stämm 105/(60)
Cavel Stücken 41/(3)
Cavel Stücken, Witt 99/(56)
Cavelwiese 10/(53)
Cavel Wiese 30/17, 75/102, 99/(30)
Cavelwiesen 10/(53), 75/102
Cavel Wiesen 30/17, 33/3, .103/(105)
Cavel, wüsten Hufen 11/(48),12/3
Caven-Camp, Schwein- 66/46
Caven-Stücken, Schwein- 66/(78)
Caweln, Schmiede 104/(45)
charm, Bans- 56/(97)
Chausseekoppel 63/68
Chausseestücken 64/5, 70/94
Chaussee, Lenzer 1/78
Chor Stück 23/24
Christinen-Holt 53/42
Christinen-Slag 53/43
Chrons Wiese 76/15
Chrosten 74/93
Chulsen Camp 43/60
Ciehl 24/(43)
Cieler Heid 9/24
Cielist 65/33
Claans-Wiese 95/(122)
Claas Kohlhoff 86/(53)
Claas, schmalen 23/(94)
Clare Horst 89/50
Clarens Wiese 63/37
Clas Cämpen 98/5
Clasen, Sankt 1/82
Claß 68/82
Clas Schulten Horst 44/(30)
Claß ohrt 43/(85)
Clas Weg 68/(102)
Clatz 40/33
Clatz, Groten 40/(83)
Clatz, Po(h)r 56/(67)
Claußwische 104/10
Clavens Wiesen 63/37
Cleeberg 69/25
Clementzen Hof 43/(86)
Clenz Mohr 12/40
Cleven 101/15
Cley, Große 68/(112)
Clock Thur 101/(64)
Cluß Camp, korthen 97/(56)
Cluß Camp, langen 97/(61)
Clüß, Feldt 97/1
Clus Wiese 1/56
Cluuß Camp, korthen 97/(56)
Cluuß Camp, langen 97/(61)
Cohlhöfe 75/118
Cohten Cuhl Stücken 75/(169)
Cohte, Schäfer 29/9
Colbatz Wiesen 41/53
Colbauer Heide 84/(20)
Colbauschen Felde 85/1
Colbowschen Busch 1/(29)
Colbowschen Felde 85/1
Colck, Hartigs 68/(113)
Commanz Wieße 19/(86)
Compey 64/18
Conow, achter 27/71
Conower Hegen 42/(112)
Conow, hinter 27/71
Consteern 47/66
Coppel 11/(65), 30/(76), 96/(32)
Coppel, Arft 12/92
Coppel, Bor 75/(166)
Coppel, Dieck 75/(172)
coppel, Dorf- 83/(82)
coppel, Dorfstellen- 82/(7)
Coppel, große 75/(174)
Coppel, Grün Stiegs 12/89
Coppel, Hafer 75/(13)
Coppel, Hauß 24/(45)
Coppel, Hinter 46/32
Coppel, Hof 46/(48)
Coppel, Kiewitz 89/(23)

Coppel, Klefer 11/(62)
coppel, Kleine Brücken- 82/(11)
Coppel, Kleinen 100/(28)
Coppel Kolck 74/38
Coppel, Kuhl 24/(46)
Coppel, Lancken 56/(162)
Coppell, Arft 29/(24)
Coppell, Drift 86/(34)
Coppell, Hin Haefsche 86/(19)
Coppell, Meuen 86/35
Coppell, Schäfer 24/(22)
Coppell, Schäffer 12/32
Coppell, Secken 24/(23)
Coppell, Wieße 29/(41)
Coppel, Lütgen 46/(53)
Coppel, Mohr 12/(125)
Coppel, Nefcken 64/(168)
Coppel, Oster 42/(122)
Coppel, Pferde 46/(56)
Coppel, Pour Klatzen 56/(184)
Coppel, Reeh 95/23
Coppel, Rütter 71/(143)
Coppel, Saelen 86/15
Coppel, Schäfer 75/(194)
Coppel, Secken 75/(196)
Coppel, Sietlitzer 75/(197)
Coppel, Stücken 75/(198)
Coppel, Stücken Diecks 89/(25)
Coppel, Thieden 63/(175)
Coppel, Wiesch 75/(202)
Coppel Wiese 1/32
Coppel-Wiese 95/(127)
Coppel Wiesen 1/32
Coppel Wieße 12/(116)
Cordes, achtern 35/(54)
Cordes Stücken 23/24
Cordititsche Wiese 34/33
Corditsche Wiesen 34/33, 35/(49)
Cords Hägde 58/(43)
Cords Wiese 23/(64)
Cordtitsche Wiese 34/33
Cornehls Moor 35/18
Cornehls Mour 35/18
Cors Stücken 23/24
Cor Stücken 23/24
Cors Wiesen 23/(64)
Corswießen 23/(64)
Corten Caveln 26/(45)
Corts 35/(54)
cort Sietlitz 103/(85)
Cort Stück 23/24
Coßaten Acker 105/(54)
Coßaten Hoefe 19/38
Cossaten Wiesen 103/(86)
Coßater Hoff 48/(108)
Cosserend 90/(17)
Coßer Enden 90/(17)
Coßer Land 100/1
Coßern 97/(34)
Cosserorth 90/15
Coßer Rodcken 96/(33)
Coßer Röhten 96/(33)
Coßer-Wiese 95/(83)
Coßer Wische 95/(83)
Coßföhrden 99/23
Coß Fohrden 99/23
Coste End 90/(17)
Coster Wiesen 103/71
Coster Wiße 44/82
Crahen-Stücken 96/18
Crahnstücken 96/18
Crahn-Stücken 96/18
Crambeer Soll 95/(14)
Cramber Mohr 5/3
Cramber Soll 95/(14)
Cramßer Fort 68/(130)
Cramtz 10/(54)
Cramtzer Fohrt 68/(130)
Cranitz 61/(27)
Crans Camp 41/(104)
Cranß Camp 103/34
Crantz Camp 63/(99)
Crantzen-Camp 63/(99)
Cranzen Horst 64/(103)
Crasnitz 71/48
Crautschen Berge 56/85
Cremer Berg 95/56
Crentzeliner Pialken 68/(103)
Creutz 18/(17), 36/(99), 56/80
Creutz Camp 36/(100)
Creutzenforde 37/(5)
Creutzer furt 37/(5)
Creutz Fohrt 56/(105)
Creutzkampff 51/(82)
Creutz Stücken 96/(50)
Creutz-Wiesen 94/(39)
Creuzstück 93/(118)
Creuzstücken 96/(50)
Cribitz 53/37
Cribitz Wiese 23/(65)
Crivitz 54/10
Crivitzer Berge 67/64
Crivitz Wiesen 61/54
Crivnitzen 103/41
Criwitt 36/48
Criwitz 53/37, 54/10
Criwitzer Weide 54/10
Crohns Camp 103/34
Crohns Mohr 76/11, 81/67
Crohns Wische 76/15
Cronischen Camp 9/43
Cronnen Camp 41/(104)
Crons Berg 26/27, 27/7
Crons-Berg 76/12
Cronsbergswiese 76/15
Cron Stücken 3/6
Cronswinckel 15/(62)
cruce, Jacobes- 68/(119)
Crullen Graben 75/159
Crullen Höbbel 30/(77)
crumme Riehete 12/(13)
Crütz Kampf 36/(100)
crütz, Jabs- 68/(119)
Crütz, Jabst 68/(119)
Crütz, Jacobst 68/(119)
Cubis Camp 44/(136)
Cuenßer Camp 43/21
Cuhl Mohr 75/(170)
Cuhl Stücken, Cohten 75/(169)
Cuhl, Vooß 103/37
Cuhrwiesen 68/(104)
Cummerer Kamp 71/(15)
Cummer Lieps 74/19
Cummersche Holtz 70/44
Cummers Wiese 65/(122)
Cumpars 16/(35)
Cumper 64/18
Curdische Wiese 22/(51), 34/33

Curdische Wiesen 35/(49)
Currwiesen 68/(104)
Cusist 68/24
Cußer Mohr 75/(171)
Cuß, Mohr 75/(171)

D

Daamk 74/52
Daarie 41/45, 48/109
Daasen Heide 103/(53)
Daaskenforth 77/(97)
Daaßen 44/17
Dachsbarg 18/15, 29/19, 49/7
Dachsberg 29/19, 49/7
Dachsberge 18/15
Dachskopf 78/(34)
Dadowschen Camp 13/(86)
Daeck 73/(106)
Daersten Kamp 69/73
dag, Bre(i)den Man- 16/(34)
Daglöhnerwee(d) 70/98, 79/24
Daglöhnerwei(d) 23/1, 43/35, 51/67
Daglöhnerwisch 91/5, 97/12
Daglöhnerwischen 14/4
Dahen 48/(110)
Dahjen Stück 41/45
Dahkswisch 55/22
Dahlck 71/115
Dahlcks Wiese 55/22
Dahlckswische 55/22
Dahlckwisch, Grot 55/41
Dahlckwisch, Lütcke 55/(53)
Dählen 71/115
Dahlenhof 44/137
Dahlen-Mohr 65/(123)
dahlen, Streh- 103/48
Dahlens Wiesen 23/(66)
Dahlenswieße 23/(66)
Dahlk 71/115
Dahlkamp 47/90
Dahlken 71/115
Dahls Barg 55/(37)
dahl, schmal Strei- 103/(129)
dahl, Strei- 103/48
dahl, Stri- 103/48
Dahl, Streh 103/48
Dahmcken 74/52
Dahmcken Berg 74/55
Dahms Stücken 55/(38)
Dahren 65/38, 73/49
Dahren Holtz 73/(107)
Dahrn 65/38
dahr, Vor- 73/49
Dahse 103/51
Dahßen 103/51
Dalck Wiese 55/22
dalen, Streu- 103/48
Dalen Wiesen 23/(66)
Dalk Wiese 55/22
dal, Lik- 32/17
Dam 68/(105), 101/(65)
dam, Bahl- 70/10, 71/5, 76/(51), 95/(64)
Dambecker, Oll 95/59
dam, Bohl- 1/94, 57/(84)
Dam Bracke 64/16
Damerow 101/(2)
Dämitzer Barg 42/84
dam, Goos- 22/12
Dam, Holtz 41/71
Damk 74/52
Dam, Kitzer 1/106
dam, Kohl- 95/21
däm, Kohl- 93/(117), 97/19
Dam Koppel 60/(7)
Dam Koste 76/(24)
Dam Köste 76/(24)
Dam Kosten 76/(24)
dam, Krie- 52/23
Dam Kuhl 28/15
dam, Kurze Bahl- 12/(29)
Damlang 75/115
Damlangs Horst 75/(105)
Damlentz 19/(87)
Damm 62/44, 64/9, 81/16
Dämm 28/15, 63/61, 85/45, 91/11
Damm, alte 18/(48)
Damm, alten 63/(80)
Damm, Altentheils 76/(50)
Damman 20/16
Dammanstück 20/16
Dammaschen 33/31
Dammaschen Mohr 33/31
Dammaße 33/31
Damm, Baal 2/(23), 70/10, 100/(21)
damm, Bahl- 1/94, 9/39, 10/32, 43/68, 70/10, 71/5, 78/70
damm, Barken- 44/14
Dammbecker Berg 71/43
Damm, Berlings 31/(47)
Damm, Berner 73/77
Damm, biem Langheidschen 72/16
damm, Bodder- 43/43
damm, Bohl- 1/94
Damm, Bohl 9/39
damm, Born- 74/(107)
Damm Braak 41/43
Dammbrack 64/16
Dammbracks Koppel 41/43
Dammbrak 41/43, 64/16
Dammbrake 41/43
Dämm, Breeden 32/26
damm, Breiden- 103/70
Damm, Breiden 103/70
Dämm, Breiden 83/66
damm, Brücken- 44/92
damm, Brüg- 38/33
damm, Brüggwischer- 75/114
Dam(m) Brock 41/43
dämm, Brüggen- 32/23
dämm, Buer- 47/80
damm, Buern- 20/9, 21/37
Dämmbusch 98/(14)
Dammcken Stücken 71/44
Damm, Doemzer 23/30
Damm, Dreviester 74/61
dämme, by deme Kluß- 87/(25)
Dämme, Kohl 16/(49)
Damme, Kurtzen 1/(186)
damme, kytzer 1/106
Damme, Kytzer 1/106
Dämme, lange 73/(121)
dämme, Menken- 1/(187)

dämme, Milken- 43/46
Damme, neuen 18/(52)
damme, Rohr- 52/(103)
damme, Schaf- 35/51
damme, Stein- 1/101
Dämmen 65/(72)
Dämmen, Hopfen 41/(116)
Dämmens 5/47
dämmen, Stäg- 95/22
Dammern 20/16
Dammert 32/10
Dammet 32/10
Dammetshäfen 32/(39)
Dämme, Wiltzinschen Hoppen 40/56
Dammfin Moor 70/(36)
Damm, Gadower 78/27
Damm, Gohren 73/(93)
Damm, Gohrnsche 73/(93)
damm, Goos- 22/12
damm, Goose- 22/12
damm, Groben- 65/(131)
Dämm, Groten 71/34
damm, Hei(d)- 25/10
damm, Heid- 42/101
damm, Herzogs- 75/80
damm, Hiller- 64/(133)
damm, Hintersten Bohl- 57/(89)
damm, Hof- 12/59
Damm, Hogen 42/98
damm, Hoppen- 40/56, 74/60
Damm Horst 83/(26)
Damm, Hunde 82/(23)
damm, Jagd- 80/42
Damm Kauschen 76/(24)
damm, Kießer- 1/106
Damm, Kießer 1/106
damm, Kietzer- 1/106
Damm, Kietzer 1/106
damm, Klocken- 79/78
Damm, Knacken 94/13, 103/(106)
damm, Knaken- 94/13
Damm, Knaken 94/13
damm, Kohl- 16/(49)
Damm Koppel 60/(7)
Dam(m) Koppel 60/(7)
dämm, Koppel- 34/9
Dammlang 75/115
Damm Lang 75/115
Damm, Langheidschen 72/16
Dammlang Horst 75/(105)
Dammlang, Lütt 75/(112)
Dämm, Langs 32/24
Dammlang Wiese 75/(111)
dämm, Maur- 81/38
damm, Moelen- 38/40
damm, Moor- 3/43
Damm, Nee 29/5
damm, Nie- 29/5
Dämm, Nien 81/29, 91/20
Dämm, Oll 32/22, 81/16, 85/30
Damm, Olln 27/24, 103/18
Damm, Oll'n 11/29
damm, Ossen- 53/32
damm, Pappel- 35/1
damm, Peters- 31/(55)
damm, Post- 38/41, 59/14
Damm, Post 52/(78)
dämm, Riet- 107/15
Damm, Rohr 52/(103)
damm, Schaaf- 95/17
Damm, Schaaf 95/17
damm, Schaf- 35/51
Damm, Schaff 35/51
damm, Schap- 35/51, 95/17
Dämmsche Horst 64/66
dammschen Hofe, Roth- 52/(105)
Dämmsch Host 64/66
damm, Schro- 30/14
damm, Separations- 72/51
Damm, Separations 72/51
damms Holt, Hoppen- 74/60
dammslag, Reirzen- 53/68
Dämm, Smallen 83/69
Damm, Smalln 27/23, 103/13
(d)ammsrieh, Bahl- 70/9
Dammß Stücken 71/44
damm, Steen- 1/101
damm, Stein- 1/101
Damm, Stein 1/101, 41/(139)
Damm, Stoerschen 44/56
Damm, Stöhrschen 44/56
Damm, Störsche 44/56
damm, Strö- 85/29
dämm, Stroi- 85/29
Dämm, Struker 74/70
Dam(m)stück 35/(62)
Dammstücken 41/38, 45/34, 66/45, 101/(66)
Damm Stücken 41/38
Damms Wiese, Schaaf 95/16
damm, Teich- 64/(190)
Dam, Mühlen 12/(126)
damm, Vordersten Bohl- 57/(106)
damm, Water- 65/(159)
Damm, Wichel 53/32
damm, Wiechel- 36/38
Dammwiese 61/(28)
Damm Wiese 55/(39), 60/(22), 61/(28), 64/(104), 65/(67), 86/5
Dam(m) Wiese 60/(22)
Damm Wiese, Große 64/(116)
Damm Wiese, Kleine 64/(152)
Damm, Wilfßen 30/(140)
damm, Winckel- 12/59
Dammwisch 86/5, 104/11
dämm, Wischen- 107/21
Dämm, Wischer 85/12
damm, Zägen- 21/23
damm, Zuckel- 79/78
dam, Ne- 29/5
Dampel 51/35, 66/(58)
Dampel 51/35
Dampwisch 104/11
Damschen 71/44
damschen Stücken, Sa- 71/45
damschen Wiesen, Bahl- 71/5
Damscher Barg 71/43
Dam, Schlüßen 12/(137)
Damsken Stücken 45/34

Damsler Berg 71/43
Damstücke 41/38
Dam Stücken 101/(66)
Damtz 56/(106)
Damvien Stücken 70/(36)
Dam, Volschen 44/(183)
Dam Wiese 60/(22), 64/(104), 68/(105), 77/(41), 77/(42)
Dam Wiesen 61/(28)
Dannen 26/(71), 38/67, 44/61
Dannen, Aaskuhlsche 74/81
Dannen, achter de 62/1
Dannen, achter der 38/(67)
dannen, Annaun- 79/49
dannen, Bäken- 94/8
Dannenbarg 25/69, 26/30
dannen, Bäuner- 39/9, 40/4, 81/24
Dannen, Bengelsdörper 81/12
Dannen, bey der 38/(67)
dannen, Blocksbarg- 14/12
dannen, Brand- 79/27, 81/91, 85/37
dannen, Brunnen- 23/13
dannen, Buer- 47/49, 103/4
dannen, Buern- 9/5
Dannen Camp 11/(55), 56/(107), 63/(100)
Dannen, Dolsche 74/103
Dannendrift 21/3
dannen, Foren- 74/99
Dannen, Glaashoster 64/77
Dannen, Gohrker 68/77
Dannengoren 56/71
Dannen, Grievnitzer 103/41
dannen, Grote Schap- 41/29
Dannen Guhren 56/71
Dannen, Gür(it)zer 73/34
Dannen, Heiligen Geistes 1/177
dannen, Herren- 64/78
Dannenhof 93/84
dannen, Hof- 94/28
Dannen, Hogen 23/(79)
Dannen, Hogenfelder 70/65
dannen, Hogentuns- 10/43
dannen, Höhner- 9/21, 36/17
dannen, Holt- 85/43
dannen, Holtfest- 85/13
Dannen Holtz 85/43
Dannen, Hufen 32/(44)
Dannenkamp 18/11, 40/5, 44/58, 49/26, 101/48, 103/17
Dannenkamp, Drögen 66/20
Dannen-Kampf 38/(67), 63/(100)
Dannenkamp, Grot 85/19
Dannenkamp, Lütt 85/20
Dannen Kauhkoppel 19/13
Dannenkavel 5/18, 10/6, 21/30, 23/18, 27/43, 30/58, 41/84
Dannen, Kiebitzbarger 1/164
dannen, Kirchen- 1/177
Dannen, Kolker 30/46
Dannenkoppel 25/53, 46/30, 57/23, 74/17, 87/37, 93/12, 95/4
Dannenkopp, Middelst 94/32
Dannen, Korstäder 1/175
dannen, Kreiden- 12/74, 93/35
Dannen, Krievnitzer 103/41
dannen, Krohn- 79/54
Dannen, Krusen 70/56
Dannen, Mareinsche 56/46
Dannen, Mauker 77/62
Dannen, Moelenstücker 1/35
Dannen Mohr 62/13
dannen, Mour- 74/100, 79/57
Dannen, Orter 40/22
Dannen, Parchimer 1/11
dannen, Rens- 52/31
Dannen, Rötkuhlsche 71/74
dannen, Ruchel- 71/84
Dannen, Rukschen 14/20
dannen, Sackel- 14/36
dannen, Sahl- 13/43
Dannen, Schweriner 71/114
dannen, See- 93/98
Dannen, Siefer 13/9
dannen, Siever- 13/9
Dannen, Slüser 14/25
Dannen Stücke 74/57
Dannenstücken 74/57, 91/10, 98/6
Dannen Stücken 102/(4)
Dannenstücken, Grot 48/31
Dannen, Techentiner 79/60
Dannen, Tegelschünsche 1/115
dannen, Trummel- 49/6
Dannen, Tuckhuder 78/31
Dannen, Vietgester 93/107
Dannen, Wanzlitzer 1/64
Dannen, Welziner 43/52
Dannen, Zierken 14/19
Dannkopp, Mittelst 94/32
Dansbusch 98/11
Darchen 44/(138)
Darcken 44/(138)
Darie 41/45
Darje 41/45
darn, Hin- 73/51
Darnitz 89/34
Darn(it)z 89/34
Darntz 89/34
Darr 51/17
Darrentien 51/22
Dartien 51/20, 51/22
Dartin 51/20, 51/22
Dartinischen Wege 51/18
Dartinsch Weg 51/18
Dartz 56/(108)
Daschen 2/39
Dasen 103/51
Dasen Heide 103/(53)

Daskenfort 77/(97)
Dassen 44/17
Dassen Wiesen 44/17
Daßen Wiesen 44/17
Daßer Wiesen 2/39
Dathienen 51/22
Daucken 14/38
Daucken Kamp 61/(29)
Daucks-Kamp 71/(93)
Dauck Stroh 61/(30)
Daufs Lanck 48/(111)
Daugken 14/38
Daugs Kamp 71/(93)
Dauken 14/38
Daukens 52/60
Dauknitz 62/(45)
Daukuhl 28/8
Dau Kuhl 24/(28)
Daukuhlen 28/8
Dau Kuhlen 28/8
Dau Kuhls Koppel 24/(28)
Daul 56/(109)
Daulck 74/104
Daul, hintersten 61/(31)
Daun 3/31
Dauwken Wiese 57/(85)
Davids Sump 65/66
Davids-Sumpf 65/66
Davidsumpf 65/66
Dawlosche becke 69/(99)
Deboischen Wege 7/12
Debsaler Stücken 103/(56)
deck, Ver- 12/62
Deelen 44/91
Deelkantz 20/(38)
Deel, Korten 56/3
Deel, Langen 56/2
Deel, Runn' 1/173, 5/10
deelsgrünn' Ollen- 61/4
deelskoppel, Ollen- 78/2
deelsland, Ollen- 5/22
Deels-Stücken 1/59
deelswisch, Ollen- 85/14
Deelungslag 63/10
Deemitz 81/71
Deempzer Kirchoff 83/(80)
Deenshost 30/32
Deenstgor(de)n 95/5
Deepe Grund 49/32
Deepen Broch 14/22
deepen Brock 14/22
Deepen Büschen 70/58
Deepen Maur 68/29
Deepen Sump 64/88
Deep Maur 39/34
Deep Sahler Stücken 103/(56)
Deep Wischen 32/18
degen, Stiek- 14/(104)
Dehl-Holtze 67/(5)
Dehlkantz 20/(38)
Dehl Kanzelstück 20/(38)
dehlen, Mohr- 71/(139)
Dehllen 44/91
Dehlsstücken 1/59
Dehls Stücken 1/59
Dehlung 44/91
Dehms 81/71
Dehmser Feld 81/71
Dehmser Horst 81/(109), 83/(81)
Dehms-Horst 81/(109)
Dehmßer Mohr 81/(108)
Deibowsch-Wegkoppel 7/12
Deich 44/52, 81/88
Deich, alte 12/55
Deich, alten 70/(156)
Deiche, Groten 36/15
Deiche, Lütgen 36/(127)
Deich, Enten 12/2
Deich, großen 36/15
Deich, Hencken 63/(120)
Deichhorst Wiese 75/(71)
Deich, Krantz 62/(141)
Deich, Loschen 63/(146)
Deich, rauhen 1/63
Deich Stücken 41/46
Deichwiese, Hinterste 30/(96)
Deichwiesen 1/38
Deichwischen 33/(44)
Deilen 62/15
Deilengraben 62/14
Deilgenwiesen 71/6
Deilholt 66/41
Deilholtz 36/63
Deil Holz 66/41
Deilhorst 36/(101)
Deilken 44/91, 71/6
Deil, Langen 61/(62)
Deil(l)en 62/15
deil, Run'n- 75/55
deilskoppel, Ollen- 78/2
deilslock, Ollen- 21/34
Deipen Busch 70/58
deipen Wiesen 103/(87)
Deip-Kuhl-Stücken 80/(23)
De(i)weiten 90/44
Delge 48/60
Delgen 48/60
del, Ron- 5/10
Delung 62/15
Demitze 81/71
Demitzer Felde 81/71
Demitzer Horst 81/(109), 83/(81)
Demmer 63/(101)
Dener Wisch 71/(107)
Denser Heyde 78/(87)
Depe Kolck 75/83
Depe Kolk 75/83
Depen Brock 12/72
Depen Brok 12/72
Depen Busch 70/58
Depenbüschen 70/58
Depen Mohr 62/(103)
Depe Rieht 27/74
Deppen Fohrde 65/(124)
Deppen Wiesen 20/(36)
deßt, Sa- 98/(26)
Detens 78/38
Dewei Stücken 90/44
dhamme, Klueß- 87/(25)
dick 48/82
Dick 62/(33), 68/(149), 106/27
Dickälwiese 63/(102)
Dicke 62/(33)
Dicke Busch 106/27
Dicke Kamp 76/(64)
Dicke Mohr 15/47
Dicken Bäumen 66/(59)
dicken Busch 13/29, 64/(105)
Dicken Busch 64/(105), 69/(100)

Dickenbüschen 68/85
Dicken Büschen 68/85
Dicken Busch Stücken 103/(88)
Dicken Camp 76/(64)
Dicken Camps Wieße 67/(91)
Dicken Holde 19/31
Dicken Hol(l) 19/31
Dicken 'Holl'n 19/31
Dicken Holtz 19/31
Dicken horst 36/(102)
Dicken Kamp 76/(64)
dicken Kolk 75/(73)
dicken Mohr 15/47
Dicke Ratt 52/90
Dicke Soll 106/47
Dicketut 36/(28)
Dickhof 82/(17)
Dickhorst 54/(34)
Dick, Horster 94/25
Dick Kähling 70/(116)
Dick Kählungs Wiesen 63/(102)
Dick-Kamps-Wiese 76/(65)
Dickköhlen Wießo 63/(102)
Dickkoppel 82/(12)
Dickloch, Heidhöfer 34/21
Dicklock 34/21
Dick Lock 31/20
Dick Maur 13/29, 15/47
Dick Moor 15/47
dick, Ru- 48/(142)
Dicksche Barg 62/68
dickschen Hoven 7/14, 7/15
Dick, Schweriners 77/4
Dick, Schwerinsche 77/4
dick, Stau- 68/22
Dickstück 41/46
Dickt 77/95, 106/27
Dickte 77/95
Dickt, Pulvers 72/58
Dickt, Pulverschen 72/58
Dickt, Schröders 79/(53)
Dickt, Schwerinsche 77/4
Dickt, Verklaser 18/(10)
Dickt, Zarns 72/(55)
Dickwischen 78/80
Diebers Camp 48/(112)
Diebwische 95/(84)
Dieck 7/54, 44/52, 62/(104), 64/(11), 81/88, 88/7, 89/6
Dieck, achtern ohlen 70/(156)
Dieck Camp 70/(117)
Dieck Coppel 75/(172)
Diecke 12/55, 64/(11)
Diecker Berg, Stubben 64/(185)
Dieck, Gähsen 62/(117)
Dieck, Gehsen 62/(117)
Dieck, großen 36/15
Dieck, Heers 45/(91)
Dieckhof 70/29
Dieck-Käling 70/(116)
Dieck Kamp 70/(117)
Dieck Koppel 24/25, 53/33
Dieck, Klarfken 68/(122)
Dieck, Krebs 70/(141)
Dieck, Krögers 48/(129)
Diecklande 81/(110)
Dieck, Lange 89/37
Dieck, Lassansche 1/38
Dieck, Lütgen 62/(79)
Dieck, ohlen 70/156
Dieck, Pagels 68/(149)
Dieck, Pegels 68/(149)
Dieck, Rohr 89/39
Dieck, rugen 1/36
Diecks Beck 63/48
Diecks Camp 48/78
Diecks-Coppel, Stücken- 89/(25)
Diecks Horst 89/(5)
Diecks Kamp 48/78
Diecks Koppel 89/(14)
Diecks Schlag 89/(14)
dieck, Stau- 68/22
Dieck, Stoh 68/22
Dieck, Stubben 64/(184)
Dieckstück 44/(65)
Dieckstücken 44/(65)
Dieck Stücken 41/46
Dieck, Stücken 89/(26)
Dieck Stück, Fiesch 12/87
Diecks Wiese 48/76
Diecks Wiesen 62/(88)
Diecks Wießen 44/64
Dieck, Wall 89/(38)
Dieck Wiese 30/(78), 62/88
Dieckwiese 51/83
Dieckwiesen 30/(78), 33/(44)
Dieck Wiesen 1/38, 15/14, 44/64
dieck-Wiese, Reth- 36/(28)
Dieckwische 1/(178)
Dieck Wischen 44/64, 85/48
Diehnshorst 44/(21)
Diehns Wisch 67/68
Diek 44/52, 48/82, 77/95, 81/88, 89/6
Dieke 64/(11)
dieke, Hin- 64/(134)
Dieken 37/15, 38/5
Diekenkamp 75/(172)
Dieken Rieh 64/(7)
diek, Fisch- 12/87, 25/(19)
diek, Flaß- 93/56
Diek, Groten 36/15
Diekhoew 7/54, 70/29
diek, Juden- 75/17
diek, Katen- 93/60
Diekkavel 12/55
Diekkavels 48/81
diek, Kirchen- 75/11
Diekkoppel 53/33
Diekkoppels 48/87
Diek, Kort En'n 81/90
diek, Krutschen- 75/12
Dieklache 12/(100)
diek, Land- 7/53, 8/1
Diek, Langen 89/37
Diek, Lang En'n 81/21
diek, Moelen- 4/11, 67/59
diek, Moiden- 86/36
Diekmoor 13/29
Diek Loch, Niendorfer 31/20
Diek, Lüttig 62/(79)
diek, Poggen- 75/14
diek, Rohr- 89/39
Diek, Rugen 1/36, 86/37

diek, Schap- 94/23
diek, Scheper- 8/9
diek, Schloß- 35/9
diek, Schulten- 90/30
Dieksenbarg 48/84
Dieksenkamp 48/78
diek, Stubben- 64/(184)
Diekstück 41/46
Diekstücken 41/46
Diekwisch 15/14, 86/20, 104/12
Diekwischen 1/38, 44/64, 48/76, 85/48
diekwischen, Aanten- 12/2
diek, Zoll- 86/38
Dienen Camp 43/(87)
Diener Wiese 71/(107)
Diens Holt 44/(22)
Diens Hörst 44/(21)
Diercks Ohrt 62/(105)
Dierckswiese 58/(44)
Dieres 40/67
Dieritz 40/67
Diers 40/67
Dies, Reh 48/21
Dießel Camp 24/(33)
Diesselkamp 50/17
Dießell Camp 12/(101)
Diestelgrund 8/17, 9/8
Diestelgrund-Schlag 8/(17)
Diestelhorst 54/(4)
Diestel Horst 54/(4)
Diestelkamp 12/(101), 50/17
Diestel Kamp 24/(33), 62/(106)
Diestell Stücken 40/(80)
Diestel Stücken 64/(106)
Dihns Holt 44/(22)
Dihns Hörst 44/(21)
Dike 85/48
diks Camp, Hinter- 82/(2)
Dikwiesen 33/(44)
dinck, Stau- 68/22
ding, Stau- 68/22
ding, Stov- 68/22
Discher Wisch 41/(58)
Ditten Felde 89/(53)
Dobbelang 63/(174)
Dobbellande 65/(125)
Dobbel-Lande 65/(125)
Dobblande 65/(125)
Dobblau 68/88
Doben Dreschen 33/(45)
Dobenholdt 66/40
Doben Holtz 41/77
Dobenholz-Cavel 66/40
Doben Lande 65/(125)
Doben Nartz 36/4
Dobenorts 36/4
Doblang 67/(92)
Doblau 68/88
Doblauß 69/1
Doblauß Hörn 69/(101)
Dockstrof 61/(30)
Dodemannheide Kamp 44/(115)
Dodemanns Heidcamp 44/(115)
Dodemanns Heidkamp 44/(115)
doden Mann 79/94
Dodenbarg 7/44, 8/11
Doden Grund 105/21
Doden Lande 81/(172)
Doden Mann 1/140, 79/94
Doden-Manns-Stücken 79/(93)
Dodenmour 6/3, 8/12
Dodenweg 19/55, 39/7, 62/64, 64/40, 67/71
Doden Weg 19/55
Doemcke 73/(108)
Doemzer Barg 42/84
Doemzer Damm 23/30
Doerpstell 25/16
Dofen Holtz 41/77
Dofen Holtze 41/77
Dofen Lande 67/(93)
Dohien 41/(105)
Dohl 61/(31), 66/16
Dohlen 71/(118), 74/104
dohl, große Kam- 58/24
dohl, Grot Kam- 58/24
dohl, kleine Kam- 58/20
dohl, Lut Kam- 58/20
dohl, Lütt Kam- 58/20
Dohl'sche Tannen 74/103
Dohl Stücken 56/(109)
Dohm, Vieß 85/(25)
Dohren 24/(44), 62/(107), 65/38, 73/49
Dohr, Fehlken 103/(93)
Dohrke 44/(138)
Dohr Stücken, Fehlken 103/(93)
Dohr, up de 56/58
Dohrwiese 1/17
Dohr Wiesen 1/17
Dohx-Kamp 71/(93)
Dolen 74/104
Dollwatz 41/42
Dolsche Dannen 74/103
Dömitzer Carckstiege 35/(63)
Dömitzer Graben 42/113
Dömitzer Weg 36/(103)
Dömitzer Wege 36/(103)
Domizer Graben 42/(113)
domsche Wiesen, Vis- 85/(25)
Domser Barge 68/43
Doolen 74/104
dool, Faus- 18/(4)
dool, Faus(t)- 18/(4)
Doplahs 68/88
Dörchforthskoppel 41/42
Dorck 44/(138)
Doren Land 81/(111)
Dorentien 51/22
Dorf 64/(107), 67/(94), 68/(106), 85/(50), 107/(33)
Dorfcoppel 83/(82)
Dorfe 47/(97), 48/1
Dorfenden 98/(15)
Dorfes Freyheit 90/(65)
Dorff 48/1
Dorffe 63/(103)
Dorffstede nie primer 19/20
dorf, San- 28/(52)
Dorfs Stück 23/(67)
Dorfstäde 25/16
Dorf Städe 27/(75)
Dorfstadt 95/(85)
Dorf Städt 32/38, 68/37
Dorfstädte 20/(37), 64/32,

68/37, 87/(45), 93/80
Dorf-Städte 63/59, 85/(52), 92/1
Dorfstädte, breiten 85/(49)
Dorfstädten 1/44, 25/16
Dorf Städten 20/(37), 21/(60), 23/(67), 33/19, 63/59, 95/(85)
Dorfstädter Hof 63/66
Dorfstäte 68/37
Dorf Stäte 63/59, 64/32, 82/(7)
Dorfstäten Stücken 85/(51)
Dorf Stätsche Wiese 64/32
Dorfstede 32/38, 79/69
Dorfstede zum Nien Priemer 19/20
Dorfstedte 79/69, 87/(45)
Dorf Stedte 41/33
Dorfstedten 25/16, 87/(45)
Dorfstelle 33/19, 63/59, 79/69, 92/1
Dorf Stelle 1/44, 64/32, 68/37
Dorf Stelle, alte 32/38, 33/19
Dorfstellencoppel 82/(7)
Dorfstellenkoppel 50/30
Dorfstesche Koppel 82/(7)
Dorf Stück 71/25
Dorfstücken 23/(67), 71/25, 78/(88), 103/(89)
Dorf Stücken 23/(67), 35/(64)
Dorf-Stücken 79/69
Dorfwisch 103/25
Dork 44/(138)
Dorn 65/38, 73/49
Dornbusch 30/(79), 35/(65), 83/(83)
Dorn Busch 103/(90)
Dornen Hägen 62/(108)
Dorn-Hägde 62/(108)
Dorn Hägen 46/(43)
Dorn Hegde 62/(108)
dorn, Hin- 73/51
dorn, Hin'n- 73/51
Dorn, Hinn 73/51
Dorn, Hinten 73/51
Dornhorst 19/(88)
Dornkamp 1/(87)
Dorn Kamp 1/(87)
Dorn Länder 83/(24)
Dorn, Lischen 35/(87)
Dorn, Schle 3/25
dorn, Schlee- 3/25
dorn, Slöh- 3/25
Dorn, Vähr 73/49
dorn, Vör- 73/49
Dörp 48/1
dörp, Bäwers- 90/12
dörp, Fleiten- 23/7
Dörpkavel 10/41
dörp, Musen- 25/25
Dorpspaul 103/31
Dörpstä(d) 25/16, 33/19, 41/33, 50/30, 63/59, 64/32, 68/37, 79/69, 92/1
Dörp-Städe 102/(37)
Dörpstäden 32/38, 87/(45), 93/80
Dorpstädt 1/44
Dorpstädte 85/(52)
Dorpsted 32/38
Dörpsted 68/37
Dorpsteden 105/(45)
Dörpstell 1/44
Dörpsteten Horst 92/(16)
Dörpstück 71/25
Dörpstücken 3/32, 15/33
Dorp-Stücken 23/67
Dörp-Stücken 3/32
Dorren 73/49
Dorren Holtz 73/(107)
Dörrwatz 41/42
Dorschen Kamp 69/73
Dorsen 3/55
Dorßen 3/55
Dorwisch 1/17
Dotläger 52/37
Dot-leger 52/37
douen holte 41/77
Douenholze 74/(48)
Doul 66/16
doul, Grot Kam- 58/24
doul, Lütt Kam- 58/20
Douren 65/38
dour(en)sch Weg, Hee(d)- 65/89
Dourt 41/45
Dove Elbe 22/39
Dove Elde 22/29
Dove Holtz 74/(48)
Dove Land 36/(104)
Dovenarts 36/4
Dovenholtsche Weg 19/(10)
Doven Holtz 66/40
Doven Holz 66/40
Doven Holze 74/(48)
Doven Landt Stücken 35/(66)
Doven Rie 56/(110)
Dow Ell 22/29
Dow Elw 22/39
Dowen Holt 66/40
Dow Grund 32/34
Dow Holt 41/77
Dow Kuhlen 28/8
Dradstück 30/16
Drad'weg 26/11
Drall Barg 17/(67)
Drall Laack 2/(49), 11/(56)
Drambrau, Groten 23/(73)
Drambrau, Lütgen 23/(88)
Drambrow Stücken, Grott 23/(73)
Drambrow Stücken, Lütt 23/(88)
Dramm 31/16, 36/18
Drammbracken 44/6, 44/7
Dramm Braken 44/6
Drammbrauk 44/6
Drassel Berg 64/79
Draußelbarg 64/79, 67/19
Drawalsch Holt 69/77
Dreeangel 53/55, 64/53
Dreeböhm 43/57
Dree Böm 44/1
dree Böm, Hinnelst 43/57
dree Böm, Vöddelst 43/58
Dree Eiken 75/134
Dree Flagen 104/18
Dreekampsbarg 58/3
Dreekampswischen 58/4

dreen Beumen 43/57
dree Ro(d), Breet 1/50
dree Ro(d), Small 1/49
Dreesch Koppel 57/69
Dreesch, Kramßer 47/81
Drefiensten Stücken 48/55
Dreiangel 64/53
Dreiblatt 65/41
Drei Böhm 44/1
drei Eichen 75/134
3en Eichen 9/19
Dreien Enden 44/(139)
Dreierbarg 40/60
Dreifecken Barg 62/(109)
Dreiflagen 104/18
Dreifleischen 98/(16)
Dreihost 12/33
drei(h), Schoster- 1/15
dreikantige Orth 1/(20)
Dreinck 58/(45)
Drei Ruten, Breit 1/50
Drei-Ruten, schmalen 1/49
3 Ruthen 97/(35)
Dreiruthen, breiten 1/50
drei Ruthen, breiten 1/50
3 Ruthen, Kurzen 97/(60)
3 Ruthen, Langen 97/(63)
3 Ruthen, schmahlen 1/49
drei Ruthen, schmalen 1/49
Dreischemel 5/27
Dreischen 14/41, 37/4
Dreischen, Ewig 53/76
Dreischstücken 49/10
3 Schwaden Wiesen 81/(112)
Dreitimp 94/27
Dreiwiesen 74/(62)
Drellak 14/(49)
Drenböhm 43/57
Dren Roden 96/(34)
Dreschen, Doben 33/(45)
Dresch Koppel 57/69
Dreschs Stücken, Grohten 16/(42)
Dreschs Stücken, Lütgen 16/(54)
Dreviest 48/55, 73/(76)
Dreviester Damm 74/61
Drevister Wiesen 74/(62)
Drewiest 73/(76)
Drewißer Wiesen 74/(62)
Drey Blads Wiese 94/(40)
Dreyböhm 44/1
Dreyböhmschen Kamp 44/1
Drey Böhms Stücken 44/1
Dreyböm 44/1
Drey Cantzell 20/(38)
dreyen Gründen 14/(50)
Dreyen Gründen 14/(50)
dreyen Schwaden 14/(51)
Dreyer Enden 63/(104)
Dreyer Horst 64/89, 80/35
Dreyerhost 64/89
Dreyers Horst 56/(111)
Dreyfeische 98/(16)
Dreylach 14/(49)
Dreylack 14/(49)
Drey Miet 44/(140)
drey Rod, breed 1/50
drey Rohden 96/(34)
Drey Ruten 96/(34)
drey Ruthen-Stücken 97/(35)
Drey-Ruthen Wiese 96/(35)
Dreyschwaden 14/(51)
Drey Schwaden 14/(51)
Drieben 35/35
Driesen Kamp 45/52, 75/27
Drießen Camp 41/(106)
Drieven 35/35
Driewing 35/35
Drift 14/31, 19/39, 21/3, 22/52, 36/13, 46/(44), 51/47, 67/9, 74/68, 89/(54), 103/30, 105/(46)
Drift, Brand 63/(91)
Drift Coppell 86/(34)
drift, Dannen- 21/3
Drifthof 45/35
Drift, Holtz 41/(115)
Driftkamp 15/56, 70/95
Drift Kamp 15/56, 70/95
Drift, Lang 23/25
Drift, Liepser 79/66
drift, Schap- 18/14, 74/86
driftslag, Kauh- 63/8
drift, Swien- 74/67
Driftstück 62/(110)
Drift Stück 29/(27)
Driftstücken 47/11
Drift Stücken 14/31, 40/(81), 42/(114)
Driftwisch 66/28
Drinne Horst 24/7
drög Düwelskuhl 28/32
Dröge 68/(107)
dröge Flach 105/(47)
Drögelstäden 69/48
Drögen Dannenkamp 66/20
drögen, Hei- 2/38, 6/32
drögen, Heu- 10/16, 15/19
drögen Riet 90/(29)
Drögen Riethe 90/(29)
Drögen See 81/95, 82/13
Drögen Sump 67/7
Drogen Weg 19/3
drögen Weg 19/3
Drögen Wege 19/3
Dröge Rieh 90/(29)
Dröge See 81/95, 82/13
Drög Hunn'koetel 23/5
Drog Staur 71/(119)
Drög Weg 19/3
Droßell-Berg 67/19
Druchhost 12/30
Drüdd'Slag 76/2
drumm, Mittel- 74/(116)
drummsche Weg, Middel- 74/63
Drunckelbeeren 16/(37)
Drunckel Behrs Stücken 16/(37)
Drunkelbeeren Moor 22/(63)
Drusenhorst 75/27
Drustrau 71/(119)
Düb 63/(105)
Dubbellaasch 68/88, 69/1
Dubbelaascher Weg 69/2
Dübelbusch 69/7
Dubenbarg 101/35

Dublasche Busch 69/7
Ducks-Kamp 71/(93)
Düden Camp 71/(21)
Düden Kamp 71/(21)
Düding Grothhost 72/(23)
duern, Haag- 42/(57)
Düfels Born 27/70
Düfels Brocks Hören 81/(113)
Duhl 17/(68)
Duhlschen 70/39
Duhlschen Busch 70/(118)
Duhlschen Stücken 73/57
Duhlsen 70/39
Duhlszen 70/39
Duhren 71/32
Duhrken 71/32
Dulist, Lütgen 39/26
Dulitz 39/26
Dullenwisch 101/26
Dullwisch 103/59
Dullwischenholz 103/(91)
Du(l)sch 73/57
Dulsche 73/57
Dulschen Busch 70/(118)
Dul Wische 103/59
Dulwischen Holz 103/(91)
Dummer Camp 101/(2)
Dummerow 101/(2)
Dümmerow 101/(2)
Dümpel 25/23, 47/34‘ 89/(7)
dump, Rohr- 61/(79)
Dums 103/65
Dums Kamp 70/27
Dumzerbarg 68/43
Dunpel Holtz 14/(52)
Dunsbarg 70/27
Dunshorst 44/(27)
Duns Horst 44(27)
Dunß Camp 70/27
Duntzen Camp 70/27
Duntzer Barg 68/43
Düp 106/(40)
Düpe 47/(98), 63/(105)
Düpen 9/(32), 19/46, 57/37
Düppe 9/(32)
Düpsch Weg 19/45
Düp'sch Weg 19/45
Duren Busch 71/32
Duren Wiese 71/32
Durgen Busch 71/32
Dur, Hambörger 47/57
Durnbusch 93/85
düschen Rehm, Ho- 83/(88)
Düscher Wenen 81/47
dus, Piek- 33/9
Dußcke 70/(119)
Duster Ellern Holts 82/(18)
Duster Fohrt 81/(114)
Düsterfortsche Weg 99/16
Düsterhorst 64/56
Düster Host 64/65
Dustern Furt 81/(114)
Düstern Winckel 12/20
Düster Orth 12/20
düster Winckel 12/20
düster Winkel 12/20
Düster Winkel 12/20
Düster Ziesterbarg 51/4
Dütschauer Wendung 81/47
dutt, Kakel- 76/30
Düüp 77/(123)
Duurnhost 66/26
Düvel Stüd 3/53
Duwark Cavell 27/(76)
Düwelsborn 27/70
Düwels Born 27/70
Düwels Ell' 83/(6)
Düwelshörn 37/1
Düwels Horst 93/105
Düwelshost 93/105
Düwelskanzel 53/9
Düwelskopp 53/39
Düwelskuhl 27/69, 28/32, 28/33
Düwelskuhl, drög 28/32
Düwelskuhl, natt 28/33
Düwelsort 58/34
Düwel Stüd 3/53
Düwelstü(d)e 3/53
Düwelsuhrt 58/34
Düwelsweg 81/49
Düwelswisch 67/26
Duwen Lande 48/(111)
Duwenorz 36/4
Du(w)ock 43/47
Duwock 74/8
Duwulk 74/8
Dwarchkavel 27/13
Dwars Enden 12/(81)
Dwasbarg 78/28
Dwas Ende 35/(67)
Dwas Enden 47/(99), 87/(14)
Dwas Horst 92/(17)
Dwas Kamp 12/(81), 24/(32)
Dwas Stück 102/(6)
Dwasstücke 58/(46)
Dwasstücken 101/40
Dweer Kabeln, Kurzen 97/(57)
Dweer-Kabeln, Langen 97/(64)
Dwehr Cafel 79/(52)
Dwehrkafel 79/(52)
Dwehrkaveln 106/(9)
Dwehrlande 79/81
Dwer Cavellen, korthen 97/(57)
Dwer Cavellen, langen 97/(64)
Dwer Caveln 79/(52)
Dwerkabel 97/(64)
Dwerkabeln 106/(9)
Dwerkavel 81/(115)
Dwerkaveln 75/(173)
Dwerland 25/73, 80/24
Dwer Lande 25/73
Dwer Strang 62/(29)
Dwer Stück 24/(32)
Dwer Stücken 29/(28), 65/(126)
Dwör Stücken 61/(32)
Dyckholte 87/(52)
Dyke 1/38

E

Ebelsueringe 89/(55)
Eck, Blag 49/20
Eckelkoppel 68/86

ecke, Moorwiesen- 17/47
ecken, Bullen- 10/50
ecken, Gaus- 10/49
ecken, Lütgen Börn- 21/(78)
Ecken, Pun 101/19
ecken, Sand- 96/11
ecken, Snieder- 28/5
Ecken, Wen 25/5
Eckerhorst 36/61
Eckerkamp 45/21, 48/7, 53/46, 85/(53)
Ecker-Kamp 1/(179), 34/(27), 85/(53)
Ecker Kampf 1/(179)
Eckernkamp 1/(179)
Eckerswisch 87/31
eck, Hawersacks- 7/43
eck, Hinnen- 57/43
Eck Horst 36/61
eck, Kliesen- 76/38
eck, Kloster- 64/33
eck, Krawall- 94/34
eck, Maurwischen- 17/47
eck, Puen- 101/19
Eck, Schleser 29/23
Eck, Sleser 29/23, 30/1
Ecks Stücken 14/(53)
Eck Stücken 101/(46)
Eck, Stucker 13/64
Eddelmannsbarg 35/10
Eddelmannswarder 35/8
Edelmannsberg 35/10
E(e)ck Stuve 26/(46)
Eekblockkuhl 106/26
Eeken, Barohrsche 4/14
Eekenkoppel 22/47
Eekkoppel 1/66, 55/27
Eekstücken 98/3
Eekstüdenstück 19/(89)
Efken Wiesen 64/(167)
Eggers Camp 41/(107)
Egger-Wiese 87/31
Ehck, Kruhs 63/(140)
Ehmck 44/18
Ehmk 44/18
Ehmkenhorst 77/124
Ehmkenhost 77/124
Ehmken Koppel 49/(31)
Eichberg 81/(116)
Eiche 51/28
Eiche, brede 13/45
Eiche, Krausen 63/(140)
Eiche, Krusen 63/(140)
Eichen 51/28
Eichen, Alten 21/(54)
Eichen, bei den 25/5
Eichen, drei 75/134
Eichen, 3en 9/19
Eichenkamp 12/(102), 95/1
eichen, Kielerheide Reig- 9/19
Eichenkoppel 34/(27)
Eichen Koppel 75/131
Eichen-Koppel 60/(27)
Eichen, Puhn 101/19
Eichen, Sieben 19/52
Eichen, 7 19/52
Eichen, Wehn 25/5
Eichenzuschlag 1/66
Eich Holtz 34/26
Eich Holtze 4/(29), 86/(16)
Eich-Holtz-Koppell 86/(16)
Eichhöltzschen 49/2
Eichholz 94/14
Eichkamp 94/(41)
Eichkoppel 1/66, 4/29, 68/86
Eich Schlag, Kraus 89/(16)
Eichstrang 49/2
Eichstück 101/(46)
Eich Stück 101/(46)
Eich-Stücken 101/(46)
Eichstüden 19/(89), 22/47
Eich Wiese 64/45
Eich Wiese, Große 64/45
Eick Berg 51/28
eicken, Wenn- 25/5
Eickstücken 14/(53)
Eick Wiese 64/45
Eier Mohr 60/(15)
Eier Wall 41/74
Eik 51/28
Eikbarg 19/52
Eikbomblock 93/39
Eik, Breed 13/45
eiken, Ben- 25/5
Eiken, Dree 75/134
Eikenkoppel 31/40
Eiken, Reich 9/19
eiken, Reig- 9/19
Eikenweg 57/56
Eikhoewer Wischen 65/11
Eikholt 94/14
Eikkoppel 70/55, 75/131, 93/43, 95/1, 101/16
Eikstrang 49/2
Eikstrangschnees 48/91
Eikstück 50/24
Eikwisch 64/45
Eisenmoor 8/(18)
Eisern Berg 95/(86)
Eiskeller-Köpfe 82/(15)
Ejerwisch 41/74
Eken, Wenn 25/5
Elb 22/23
Elbe, Dove 22/39
Elb Gärten 22/27
Elb Strohm 22/23
Elda 1/1
Elde 1/1, 7/26
Elde, alte 2/(48)
Elde, Dove 22/29
Elde, Gr. 21/41
Elde Höfe 22/20
Elde Flus 19/78
Elden 19/78, 21/41
Eldena 1/1
Eldenaisch Middags Sted 12/14
Elden Camp 12/(103)
Eldene 1/1
Eldenhof 22/20
Elden Hoff 22/20
Elden, oll 2/48
Eldenrieh, Kort 14/(78)
Eldenrieth, Lang 14/(81)
Elden Ufer 10/(70), 17/43
Eldenwiesen 83/2
Elde Wiesen 81/1
Eldia 1/1
Eldisch Wischen 21/42
Elenden Hester 75/143
Elends-Baum 61/(33)
Elendshester 75/143
Elendshestern 75/143

Elfraden 25/(100)
Elfsraden 25/(100)
Ell 1/1
Ell, Dow 22/29
Ell', Düwels 83/(6)
Elle, alte 17/(56)
Ell(e)n Hof 22/20
Ellen Öfer 17/43
Ellen Stücken 14/(54)
Ellen Wisen 17/(69)
Ellerborm 27/26
Eller Born 27/26
Ellerbrock 6/(30)
Ellerbrok 11/11
Ellerbusch 6/(30), 61/(34), 64/34, 75/138, 79/80, 87/(53), 105/3
Eller-Busch 79/80
Ellerbusch-Koppel 18/(26)
Eller Camp 97/17
Ellergraben 31/6
Ellergrund 50/5
Eller-Grund 50/5
Ellerholt 66/47, 68/8, 81/74
Ellerholtwisch 70/86
Ellerholtwischen 13/63
Ellerholtz 47/45
Eller Holtz 66/47
Eller Holtz Bruch 81/74
Ellerholtze 1/167
Ellerholz, alte 81/(79)
Ellerkamp 7/28, 97/17, 100/11
Ellerkämp 92/2
Eller Kamps Wiesen 97/17
Eller Koppel, hinterste 89/44
Eller Koppel, mittelste 89/43
Eller Koppel, vorderste 89/42
Ellerkuhl 93/16, 93/37
Ellerlock 40/6
Ellermour 1/167
Ellern 89/(41)
Ellernbusch 1/167
Ellern Busche 79/80
Ellern, großen 81/74
Ellern, Hohen 30/(100), 99/(18)
Ellern Holts 83/(84)
Ellern Holts, Duster 82/(18)
Ellernholtz 47/45, 81/(79)
Ellern Holz 13/63
Ellern Kamp 7/28
Ellernkopp 86/45
Ellernkoppel, Hinnelst 89/44
Ellernkoppel, Middelst 89/43
Ellernkoppel, Vöddelst 89/42
Ellernmoor 1/167
Ellern, Neewischen 30/35
Ellern, Schäferey 93/83
Ell, Nie 14/23
Elln Wise 14/(55)
Ell, Oll 7/26, 13/1, 79/122
Ellöwer 17/43
Ellwischen 21/42, 81/1, 83/2
Els Bruch 17/(29), 52/13, 55/27
Elschen Wiesen 21/42
Elsraden 25/(100)
Elvers Horst 65/(127)
Elverts Barg 63/53
Elverts Koelken 67/24
Elw 22/23
Elw, Dow 22/39
Emcken Bohm 9/14
Emisbarg 85/21
Emken Horst 77/124
end, Cosser- 90/(17)
End, Coste 90/(17)
ende, Bähk- 40/(78)
Ende, Bahren 76/(54)
Ende, Dwas 35/(67)
Ende, Fullen 16/(41)
Ende, Giebel 67/(97)
Ende, Graben 15/(63)
ende, groten 4/(33)
Ende, Heydt 95/(105)
Endeken 6/(36)
Ende, Kluhß 95/(125)
Ende, Korthen 14/(79)
Ende, kurtzen 2/9
Ende, Kurtzen 38/(83), 56/(161)
Ende, Kusell 67/(115)
Ende, Lang 99/(41)
Ende, Langen 98/(21), 99/(41)
Enden, Bahr Heids 76/(54)
Enden, Block 23/(60), 38/(59), 61/(24)
Enden, Coßer 90/(17)
enden, Dorf- 98/(15)
Enden, Dreien 44/(139)
Enden, Dreyer 63/(104)
Enden, Dwars 12/(81)
Enden, Dwas 47/(99), 87/(14)
enden, Haagen- 25/95
Enden, Haaßen 97/(45)
Enden, Hogen 23/(80), 70/(126)
Enden, Klee 48/44
Enden, Kluß 95/(125)
Enden, Korten 14/(79), 71/(130)
Enden, Kossen 90/(17)
Enden, Kriech 95/(129)
enden, Krieg- 25/(61)
Enden, Krieg 95/(129)
Enden, Kuhl 40/66
Enden, Kurtze 38/(83)
Enden, kurtzen 6/(44)
Enden, Kurtzen 30/(113), 38/(83), 56/(161), 76/9, 94/21
Enden, Lange 99/(41)
Enden, Langen 99/(41)
Enden, Mittel Block 23/(60)
Enden, Mohr 3/42, 9/41
enden, Moor- 9/41
Enden, Nieder 68/(146)
Enden, Quehr 2/(21)
Enden, Quer 63/(158)
Enden, Reeter 66/(73)
Enden, Riet 40/28
Enden, Sieben 95/(158)
enden, Stremme- 69/(43)
Enden Stücken, 6 64/(181)
Enden, Vier 56/(209), 61/(85), 95/(166)

Enden, Voß 48/(159)
Enden, Wenn 25/(122)
Enden, Winckel · 87/(72)
Ende, Otten 35/(99)
Ende, Ottens 35/(99)
Ende, Papen 9/(64)
Ende, Quer 29/(34), 103/(114)
Ende, Sieben 95/(158)
ende, Sperlings- 66/44
Ende, Twelen 51/30
Ende, Vohr 10/(71)
Engelschen Gor(de)n 69/69
engen Weg 38/(68)
En'n Diek, Kort 81/90
En'n Diek, Lang 81/21
En'n, Klee 48/44
En'n, Korten 76/9, 94/21, 96/23
Enn, Kort'n 94/21
En'n, Langen 96/25
enn', Lor- 51/19
enn', Mour- 3/42
enn', Riet- 40/28
enn', Sand- 40/26
Enn's, Korten 58/39
en'n, Sparlings- 66/44
Enten Deich 12/2
Entenmoor 1/136
Enten Polck 77/(127)
Enten Pool 11/(57)
Ententeich 12/2
Erbsen-Lande 42/(109)
Erbß Lande 22/53
Erdbeer Wiesen 90/62
Erde, Kump 64/18
Erlenbusch 79/80
1. Rietweg 69/40
Eschbarg 13/62
Eschberg 13/62
Eschen 9/16
Eschen, baven den 6/17
Eschen Camp 30/(80)
Eschen Camp, Lütgen 30/(117)
Eschenkamp 30/(80), 69/92
Eschen Kampf 30/(80)
Eschen, Kemrei 77/20
Eschenkoppel 10/19
Eschen Stücken 10/19, 23/(68)
Eschholt 13/67, 72/(40)
Esch Holtz 83/(85)
Eschkholt 13/67
Escken, Bewer 95/(73)
Esckholt 72/(40)
Espen Camp 30/(81)
Espen Stück 23/(69)
Espen Stücken 23/(69)
Eßelberge 83/(71)
Ever Kamp 95/(87)
Everurt 78/11
Eversuhrt 78/11
Ewig Dreischen 53/76
Eyckholte 4/(29)
Eysenberg 95/(86)

F

Fabriker Barg 22/3, 23/14
Fabriquer Acker 23/16
Fackbree(d) 15/32
Fackbret 15/32
Fadbred 15/32
Fadenholz 95/(88)
Fagelsohr Stück 19/(90)
Fagnitzer Heyde 48/(113)
Fagnitz Kamp 48/63
Fahlenkoppel 13/65, 15/18, 53/60
Fahlenwischen 79/9
Fahlkamp 73/39
Fahlt 100/(22)
Fähr 12/46
Fahr, Alt 25/74
Fährbarg 35/5
Fahr, Cars 99/23
Fähre 12/46
Fahren 62/(63)
Fahren-Bruch 64/(108)
Fahren Camp 75/(101)
Fahren Campswisch 55/(8)
Fahren, Freier 70/(122)
Fahrenheide 13/14
Fahren Höfel 65/(13)
Fahrenhorst 4/(30), 43/30, 75/(100)
Fahren Horst 4/30, 26/22, 43/30
Fahren Horst, große 75/(100)
Fahren Kamp 51/(84), 55/(8)
Fahren, Koster 97/(58)
Fahren Platz 19/(91)
Fahrens 62/(63)
Fahrens Camp 62/(63)
Fahrensien 62/(111)
Fahrens Koppel 67/(11)
Fahren Stück 41/92
Fahrenstücke 41/92
Fahrenstücken 41/92
Fahren Stücken 41/92
Fahrenstück'n 41/92
Fahren Tannen 74/99
Fahrentz Horst 36/(105)
Fahren, Water 93/1
fahren, Water- 93/1
Fahren Wiesen 38/9
Fähr Höffen 17/(70)
Fahrhorst 75/(100)
Fahring 103/(92)
Fahr Lanck 67/(11)
Fahrn Kämp 65/57
Fahrnser Stücken 74/99
Fahrnßer Stücken 74/99
Fahr-Stücken, Cars- 99/(23)
Fahrt, Lehm 72/(107)
Fahrts Camp, Bohl 65/(115)
Fahrt, Stanck 72/(114)
Fahr Weges Stücken 16/(37)
Fahrwische 16/(38)
Falche, Fule 49/(44)
Falg, Fuhl 49/(44)
Fall Brüg 41/(108)
Fall, Fuhlen 62/(65)
falsch Koppel, Ful- 49/(45)
falsch Mohr, Fuhl- 62/(65)
fang, Aanten- 90/8
Fangel 39/15
Fangelis Wiese 30/39
Fangell 51/38
Fangel(l) 39/15
Fangell, Meertz 36/(130)

Fangels 36/(106), 51/38
Fangel Stücken 36/(106)
Fangelswisch 30/39
Fangens 43/55, 93/92
Fangenst 48/63
Fangk, Hinnen 43/55
Fangnis 93/92
Fängnis 93/92
fang, Otter- 93/46
Fangs 43/55, 74/(110)
Fangsen 43/55
Fangsten 43/55
Fanneckenwiese 71/72
Fannecken Wiesen 71/72
Fannerck Wiese 71/72
Fannermaur 45/16
Fannicken 71/72
Fanxzietlitz 48/67
Fanzel 20/(39
Farren Horst 4/(30)
Farrenkamp 65/57
Faßstroh 67/(145)
Fasteras 17/28
Fasteras, Grothen 17/(75)
Fasteras, lütgen 17/(85)
Faster Lande 38/(69)
Fastlabendswiese 13/(87)
Fastraschen 17/28
Fastrow 17/28
fatsche Mohr, Fuhl- 49/(42)
Fattbrede 15/32
Fauckeln 44/15
Faule Camp 100/(19)
faule Fohrtt 76/(66)
Faule Grundt 35/(69)
Faule Kamp 24/19
Faule Koppel 37/13
faulen Bach 95/(89)
Faulen-Riehe 65/(101)
faulen Sehe 21/(61)
faulen See 21/(61)
Faul Grund 36/(108)
Faulkamp 100/(19)
Faus 67/70
Fausdool 18/(4)
Faußck 67/70
Faus(t)dool 18/(4)
Faust-Schlage 67/70
faut, Kauh- 77/5
Feern, Land 68/75
Fehlken Dohr 103/(93)
Fehlken Dohr Stücken 103/(93)
Fehr 13/(88)
Fehr Bargs Wise 17/(71)
Fehrde 57/(86)
Fehren Barg 62/(112)
Fehren Camp 62/(113)
Fehrenstücken 30/2
Fehren Stücken 30/2
Fehrm Stück 30/2
Fehrn Lande 31/(49)
Fehrtwieße 16/(39)
Fehrwiesen 13/(89)
Fehr Wieße 12/46
Feilcken Thor 103/(93)
Feilitzen Stücken 70/(120)
Feilkenkamp 83/37
Feilken Kamp 83/37
Feite, Wild 40/13
felaff, Saha- 48/(148)
felaff, Scha- 48/(148)
Felcken Tohr 103/(93)
Feld, Anderes 79/51
Feld, Anner 79/51
feld, Baben- 51/36
feld, Barg- 79/90
Feld, Bauer 102/(47)
feld, Berg- 79/90
Feld, Berg 79/90
feld, Binnen- 12/80
feld, Brauk- 81/58
Feld, Dehmser 81/71
felde, Barg- 79/90
Felde, Barwinkelschen 4/(25)
felde, Bauer- 95/(70)
felde, Behk- 79/(128)
felde, Berch- 79/90
felde, Berg- 79/90
Felde, Beuer 86/29
Felde, Binden 12/80
Felde, Binnen 12/80
felde, Brauck- 81/58
Felde, Colbauschen 85/1
Felde, Colbowschen 85/1
Felde, Demitzer 81/71
Felde, Ditten 89/(53)
Felde, großen 97/(41)
Felde, Heidtbergischen 4/(34)
Felde, Hern 95/(103)
Felde, Herren 95/(103)
Felde, Hinten 33/27
felde, Hinter- 33/27
felde, Hogen- 7/46
Felde, Hogen 67/(107), 68/(117)
felde, Hohen- 7/46, 26/(53), 78/26
Felde, hohen 67/(107)
Felde, Hohen 7/46, 27/2, 46/(49), 68/(117)
Felde, Kolbowischen 86/29
Felde, lang 26/(62)
felde, Langen- 26/(62)
Felde, langen 97/(65)
Felde, Langen 4/(42), 26/(62)
felde, Lassanischem 1/45
felde Lassann, Stadt- 1/45
felde, Lindt- 79/62
Felde, Mahlen 98/(24)
Felde, Middel 3/41
felde, Mittel- 33/35, 73/55, 85/(63), 89/(70)
Felde, Mittel 42/(121), 33/35
Felde, Mühlen 99/1
felde, Nedder- 83/42, 89/31, 91/(35)
felde, Oster- 42/97
Felde, Oster 42/97
felder Dannen, Hogen- 70/65
felde, Rieht- 81/42
feldern, Nieder- 89/31
felde, Roggen- 22/13
Felde, Rogken 22/13
felde Rosenwinckel, ahm 97/(78)
felder Tannen, Hohen- 70/65
Felde, Rue(h)m- 30/(130)
Felde, ruhm 30/(130)
Felde, runden 97/(82)
felde, Sand- 60/(30)

felde, Streit- 81/48
Felde, Teens 43/36
felde tho Klütze 97/1
felde, Wend- 81/84
Feld, Grebser 28/21
feld, Hinnen- 33/27
Feldhoew 85/9
feld, Hof- 26/14
Feld, Hog 7/46, 9/29, 17/14
feld, Hoge- 26/(53)
feld, Hogen- 78/26
Feld, Hogen 27/2, 78/26, 99/17
Feld, Hohe 9/29
Feld Klüß 97/1
Feld, Kolbowsch 85/1
feld, Kuh- 18/(12)
feld, Lend- 79/62
Feld, Lend 79/62
Feld, Lendh 79/62
feld, Lind- 79/62
Feld, Lind 79/62
Feldmarck Plaßkow, wüst 17/50
feld, Middel- 3/41, 9/17, 33/35, 73/55
feld, Mittel- 3/41, 9/17
Feld, Mittel 86/(33)
feld, Moelen- 99/1
feld, Nadder- 83/42
feld, Näden- 89/31
feld, Nedde- 83/42
feld, Nedder- 31/(42)
Feld, Nedder 31/(42)
feld, Nerden- 42/76
Feld, Nerder 42/76
feld, Nieder- 9/(40), 83/42
Feld, Ober 89/(72)
feld, Oster- 42/97
Feld, Oster 42/97
feld Peßelow 17/(88)
feld, Roggen- 22/13
Feld, Roggen 22/13
fold, Sandbarg- 79/96
feld, Sandberg- 79/96
Feld, Sandberg 79/96
felds Camp, Windter- 86/(44)
Feldscheide 78/(40)
felds Kamp, Winter- 86/(44)
feld, Steen- 50/4
feld, Striet- 81/48
Feldtannen, Hohen 70/65
feldt, Bauer- 93/(109)
Feldt Clüß 97/1
feld, Teens- 43/36
Feld, Tenst 43/36
feldt, Hohe- 69/(110)
feldt, Lange- 26/(62)
Feldtmarck zu Nien Primer 19/5
Feldtmarke Lassanne 1/45
Feldt, Middel- 73/55
feldt, Mittel- 73/55
Feldt, Mühlen 99/1
feldt, Nieder- 83/42
feldt, Ober- 89/(72)
Feldt Plaskow 17/50
Feldtscheide 78/(40)
feldt, Stein- 50/4
feldt tho Niegen Prymere 19/5
feld, Vör- 73/61
Feldwegen 30/(82)
feld, Wend- 81/84
feld, Wendt- 81/84
feldwiese, Groß- 79/(129)
Feld, Witt 35/30
Felgen 95/52
Felgenbusch 95/52
Felgenslag 95/53
Felgen-Stücken 97/(36)
fellde, Wendt- 81/84
fellde, Went- 81/84
Felligen 95/52
felt, Wendt- 81/84
Fenzahms Wiese 63/(106)
Fenzons Wiese 63/(106)
fernen Rehberg 1/(180)
fernen Reheberge 1/(180)
Fernrehberg 1/(180)
Fern-Rehberg 1/(180)
Fersche Mohr 38/14
Fertagen-Stücken 97/(97)
Fesch(c)k 44/63
festdannen, Holt- 85/13
Fettbruch 82/(8)
Fettkoppel 7/47, 11/30, 18/21, 50/23, 54/7, 67/12
Fett Land 67/12
Fettlock 27/35
Feymer Plast 23/(70)
Feyner Plast 23/(70)
Fichten-Camp 44/(113)
Fichten Kamp 5/9, 44/(113)
Fichtenkoppel 93/5
Fichten-Koppel 93/5
Fichtenstieg 93/50
Fickenbäk 68/32, 70/51
Ficken Beck 70/51
Ficken Beeck 70/51
Ficken Kamp Horst 78/(66)
Ficken Ort 68/(108)
Fidelbagenhorst 72/39
Fiecken Beeck 70/51
Fiecken-Käling 70/(121)
Fiedelbagens Horst 72/(39)
Fiehr Barg 24/38
Fiekenlan'n 74/34
Fielanck 56/55
Fienschen Fort 72/(99)
Fierberg 106/1
Fierbeumen 76/(67)
fier Mohr 6/(53)
fiern, Groten Land- 68/75
fiern, Lütten Land- 68/73
Fiernstücken 30/2
Fier-Stücken 106/(3)
Fiesch Dieck Stück 12/87
Fiescher Camp 11/(58)
Fieselbock 56/(112)
Fiest 18/(22)
Fiest, Bohr 65/(116)
Fiesten, Bohr 70/23
Fiest, hinterste 18/(50)
Fiest, langen 18/25
Fiest, mittelsten 18/(51)
Fiest, vorderste 18/(58)
Fiet, Zwantz 27/16
Fiken Bach 70/51
Filancker Holtz 52/14
Fillbusch 70/26
Fill Kuhl 69/(102)

Finckenberg 1/74
Fincken Berg 1/74
Finckenberge 1/74
Finckenhagen 3/56
Fincken Holtz 41/(75)
Fincken Hütte 70/63
Fincken Hütten 70/63
findes Horst, Nie- 72/(110)
Findörpen Koppel 59/10
Finkenbarg 1/74, 70/64
Finkenberg 1/74, 70/64
Finken Berge 1/74
Finkenhagen 3/56
Finkenherd 7/11
Finkenhoew 22/69
Finkenhöfe 22/69
Finkenhofskamp 7/11
Finkenhofs Kamp 7/11
Finkenhüllen 70/63
Finkenhütten 70/63
Finns 85/31
Finß 85/31
Fintzen Camp 63/(107)
Finz 85/31
Finzier 33/5
Fischdiek 12/87, 25/(19)
Fisch Horst 64/65
Fischhost 64/65
Fischkuhl 106/24
Fischerbarg 52/85
Fischerbruch 11/(5)
Fischer Busch 11/(5)
Fischerkiel 19/70
Fischer Korb 22/(78)
Fischer Orth 60/(2)
Fischs Kuhl 67/(95)
Fißel Boeck 56/(112)
Fissel Book, Großen 56/(126)
Fissel Book, Kleinen 56/(154)
Fist 18/(22)
Fistel Horst, Große 75/(45)
Fistel Horst, Hohe 75/(44)
Fistel Wiese, grosse 75/46
Fistel Wiese, große 75/46
Fist, lange 18/25
Fitzen Camp 56/(113)
Fiw Ro(d) 1/47
fiw Ro(d), Unecht 1/39
Flaack 12/24
Flaage 39/30
Flaak 12/24, 42/37, 44/(141)
Flaak Horst 42/(66)
Flaas, große 95/97
Flach, dröge 105/(47)
Flachsberg 5/20, 14/40, 25/88, 85/27
Flachs Berg 5/20
Flachsberge 79/65
Flachs Berge 79/65
Flachsberg, grünen 14/40
Flachsbring 106/(28)
Flachsbrink 106/(28)
Flachs Stück 28/(41)
Flachsstücken 28/(41)
Flachßwinckel 95/(90)
Flachß Winckel 95/(90)
Flachs-Wiesen 90/(7)
Flack 12/24
Flacken Wiesen 30/(83)
Flag 39/30
Flage 56/(114), 93/(40)
Flage, Heydt 56/(143)
Flage, Hintersten 57/(91)
Flagen 39/30, 90/59, 93/(36)
Flagen, Dree 104/18
flagen, Drei- 104/18
Flagen, Horst 90/(67)
Flagensoll 90/58
Flagen Soll 90/58
flagen, Wisch- 95/(172)
Flager Holtz 93/(36)
Flaggen 93/(40)
Flagischen Wege 93/(112)
Flähte 68/3
Fläkenkoppel 45/79
Flas 65/51
Flasch 65/51
Flasche 65/51
Flaschen, Holtz 90/(6)
Flaschenhorst 70/1
Flaschen Horst 70/1
Fläschen Horst 70/1
Flaschenhorst, Große 75/(100)
Flaschen Horst, Gr. 75/(100)
Flaschhorst 95/(91)
Flasch Wiesen 95/(97)
Flase Horst 95/(91)
Flaßbarg 5/20, 14/40, 25/88, 27/5, 79/65, 85/27
Flaß Barg 27/5
Flassberg 14/40
Flaß Berge 57/(87)
Flaßdiek 93/56
Flaßen 90/9
Flassenhorst 70/1
Flaßer Horst 95/(91)
Flaßsprei(d) 10/42
Flaß Wiese, Grott 95/(97)
Flaß Wiese, Schmal 95/(152)
Flas Wiesen 90/(7)
Flatenhörst 72/25
Flaten Hörst 76/(25)
Flaten Horste 76/(25)
Flaten Hörst, Fleten 12/(22)
Flatenkolk 72/(26)
Fläth Caveln 68/3
Flathen Horst 12/(22)
Flaut 83/49
Flautwischen 83/47
flecken, Heid- 1/58
Fleckenschlag 49/(40)
Flederbusch 38/(70)
Fleder Busch, bey denn 36/(107)
Fledermus 62/12
Fleder Stück 30/(84)
Fleeder Büschen 42/(41)
Fleencken 20/(40)
Fleencken Höefen 20/(40)
Fleenen 47/24
Fle(e)ns Wieße 47/24
Fleenten 20/25
Fleeschbarg 27/1
Fle(h)rsen 20/(41)
Fleitbusch 3/37
Fleitendörp 23/7
Flemmen Camp 47/(100)
Flemming 47/(100)
Flenck 47/(100)

Flenten Hof 20/25
Fleten Flaten Hörst 12/(22)
Flete Teich 37/15, 38/5
Fleut, Ro(d)e 34/8
Flicker Wisch, Höllen 72/(105)
Fliederhorst 85/(54)
Fliederstück 30/(84)
Flieder Stücken 30/(84)
Flitz-Camp 63/(108)
Flitzen Camp 47/(101), 63/(108)
Flitzen Mohr 47/32
Flitzmaur 47/32
Flitzmoor 47/32
Flodt 83/49
Floet 68/3
Floetweges Stücken 23/(70)
Floezhoew 78/8
Flohbarg 76/41
Floht 91/(32)
Floßgraben 22/16
Flot 83/49
Floten Fohrt 56/(115)
Floth 83/49
Flothwege 22/16
Floth Wiesen 78/(89), 83/47
Flotten Fohrt 56/(115)
Flottfort 17/52
Flottforth 17/52
Flottfurth 17/52
Flottgraben 21/9, 22/16
flott, Schors- 77/(100)
Flottwege 22/16
Flotwege 22/16
Flotwegs Stücken 23/(71)
Flot-Wiesen 83/47
Fluet 89/(56)
Flügelstieg 51/51
Flügels Weg 51/51
Flus, Elde 19/78
Flus, Mogen 5/2
Flut 83/49
Fock 67/(96)
Foerden 62/13
foer den ollen Foohrt 25/74
Foert 62/(86), 77/82
Foert, Kleinoer 77/(48)
Fogaust 35/(68)
Fohlenwiesen 79/9
Fohlten Wiesen 77/(128)
Fohr 47/51
Fohrde 62/(86)
Fohrde, Deppen 65/(124)
Fohrde, Köhlschen 65/(139)
Föhrden 65/64
Fohrden, Coß 99/23
föhrden, Coß- 99/23
Föhrden, Kni(e)ß 44/(155)
föhrde, Rocks- 71/(109)
Fohrd, Mielwischer 73/(68)
Fohrdt 47/51
Fohren 26/18
Föhren 22/50, 47/51, 65/64
Fohrenhorst 13/14
Fohrenkamp 65/57
fohren, Kaß- 99/23
Föhren, Möllers 68/(144), 71/(106)
Föhren, Roocken 71/(109)
Föhrensche Wiese 49/(41)
fohren, Wader- 93/1
Föhren Wiese, Kleine 79/105
föhrenwisch, Lütt- 79/105
Föhrn 65/64
Fohrschen Beck 63/(178)
Fohrwischen, Grot 79/(104)
Fohrwischen, Lütt 79/105
Fohrt 32/13, 47/51, 56/(116)
Fohrt, Buschen 77/82
Fohrt, Cramtzer 68/(130)
Fohrt, Creutz 56/(105)
Fohrt, Duster 81/(114)
Fohrten 90/(66)
Fohrt, Floten 56/(115)
Fohrt, Flotten 56/(115)
Fohrt, Fuhlen 62/(116)
Fohrt, groben 64/(115)
fohrt, Hechts- 1/4
Fohrt, Jancken 40/(88)
Fohrt, Josersehen 56/(150)
Fohrt, Kleinower- 77/(48)
fohrt, Kley- 44/(24)
fohrt, Kliesings- 12/(26)
Fohrt, Krütz 38/(82)
Fohrt, lütgen 19/(101)
Fohrt, Mahlen 70/(151)
Fohrt, Mahlker 26/(65)
fohrt, Mauker- 77/69
Fohrt, Pampen 36/(139)
fohrt, Racks- 44/(36)
Fohrt, Redewinschen 61/(77)
fohrt, Rockens- 71/(109)
Fohrt, Rohte 64/51
fohrt, Sand- 56/(194)
fohrt, Sandt- 65/88
fohrtscamp, Bahl- 76/(52)
fohrts Camp, Pan- 65/(152)
fohrts Camp, Pandt- 65/(152)
fohrt, Schwein- 79/(134)
fohrt, Stadt- 77/(119)
Fohrt Stücken 81/(117), 97/(37), 104/(40)
Fohrtt, faule 76/(66)
Fohrt Wiese 41/(109), 62/(114)
Fo(h)rt Wiese 48/(114)
Fohrt Wiesen 97/(38)
Fohrt Wieße 44/(142)
Fohrtwiße 16/(40)
Fohrt, Zapelschen 48/56
Foitien 43/(88)
Fokeln 44/15
Fölswarck 30/(85)
Foohrt, foer den ollen 25/74
Forckshofe 64/(193)
Ford, Blohmheidsch 44/(24)
Ford, Blohmheidsche 44/(24)
Ford, Bockweitens 72/(71)
forde, Creutzen- 37/(5)
forde, Hex- 1/4
Förden 22/50, 62/13
För(d)en 62/13
Förden, Möllers 71/(106)
Förden, Rocks 71/(109)
förde, Rocken- 71/(109)
forderste Brück 11/(59)
fordersten Heid Kamp 64/(109)
forderste Voß Horst 62/8
Forderste Wisen 17/(73)

Forderst Raubergen 14/(56)
förde, Zarns- 72/(54)
Förde, Zarnsche 72/(54)
ford, Klies- 12/(26)
Ford, Mielwischer 73/(68)
Förd, Möllers 71/(106)
Ford, Muchinsche 72/(62)
Ford, Pulvers 72/(38)
Ford, Ramphiensche 44/(45)
fords Wischen, Klies- 12/(25)
Fordt, Hüttehorst 72/(29)
Ford, Tiefen 81/(171)
Fordt, Lütt Heidsch 73/(11)
Fordt, Lütt Heidscher 73/(11)
Fordt, Ramphiensche 44/(45)
Ford, Zarnser 72/(54)
Forendannen 74/99
Försteracker 17/5, 65/5, 87/20
Förster Acker 23/32, 44/7
Förster Camp 68/11
Försterhäfen 94/19
Försterkamp 44/7, 64/10, 68/11
Förster Kamp 52/(95)
Försterkavel 65/56
Försterkoppel 9/46, 65/(39), 69/65
Försterkoppel, alte 9/46
Försterkoppel, Lütt 56/17
Försterkoppel, Oll 9/46
Försterland 41/50, 56/69, 57/39
Försterstücken 94/(42)
Förster Wiese 65/(102)
Förster Wiesen 97/(39)
Försterwisch 45/15, 49/19, 52/17, 56/63, 62/9, 75/5, 87/30
Forstkoppel 11/20, 23/32, 34/10
Fort 56/(116)
Fort, alten Möllen 70/(108)
fort, Büschen- 77/82
Fort, Büschen 77/82
Fort, Cramßer 68/(130)
fort, Dasken- 77/(97)
Fort, Fienschen 72/(99)
fort, Flott- 17/52
Fort, Großen 62/(118)
Forth 62/(48), 62/(86), 66/60, 90/55, 106/(48)
Forth, achtern 30/(86)
fort, Häkt- 1/4
Forth, alten 25/74
Forth, Blumen Heydt 44/(24)
forth, Bohnenkamps- 95/(76)
forth, Daasken- 77/(97)
fort, Hechts- 1/4
Forthe, Reckenzienschen 89/(73)
forth, Flott- 17/52
Forth, Glaßhütten 72/(100)
Forth, groten 19/(95)
forth, Hechts- 1/4
Forth, Hechts 84/(3)
Forth, Hintersten 101/51
forth, Hütings- 95/(115)
Forthhof 87/(54)
Forth, Kleinower 77/(48)
forth, Kley- 44/(24)
forth, Klies- 44/(154)
forth, Klizinger- 12/(26)
Forth, Kösken 65/(83)
Forth, Kriechhorst 44/32
Forth, Lübtheener 59/(75)
Forth, Mielwischer 73/(68)
Forth, Möllers 71/(106)
Forth, Mookerschen 77/69
Forthoff 87/(54)
fort, Hoster- 77/73
Forth, Rampfinische 44/(45)
forth, Sand- 9/(42), 75/160, 76/17
forth, Sandt- 75/160
Forths-Kamp, Bahl- 76/(52)
forths Kamp, Sand- 78/(93)
Forthsken Busch 59/(45)
forthskoppel, Dörch- 41/42
Forth Stücken 97/(37)
Forths Wiese 59/(46)
Forths Wiesen 45/(87)
Forth, Tonnen 66/(83)
Forth-Wiese 95/(92)
Forth Wische 95/(92)
Forth, Zegenstädter 70/(186)
fort, Kließings- 12/(26)
fort, Kos- 99/23
Fort, Mauker 77/69
Fort, Mühlen 70/(151)
Fort, Olln 25/74
fort, Omel- 70/12
fort, Paleßer- 40/(68)
Fort, Plier 70/(160)
fort, Roden- 64/51
Fort, Samels 73/(68)
Fort, Samschen 73/(68)
Fort, Samwitzschen 73/(68)
fort, Sand- 65/88, 70/(169), 75/160, 76/17, 77/125
fort, Sant- 75/160, 76/17
forts Camp, Sand- 70/(170)
fortsche Weg, Düster- 99/16
Fort, Stancke 72/(114)
Fortstücken 101/51
fort Stück, Über- 12/60
fortswiese, Sand- 76/17
Fortt Mohr 66/(5)
Fortwiese 16/(40), 97/(38)
Fortwische 95/(92)
Fortwischen 90/55, 101/50
fort, Zwissen- 52/66
Fossberg 75/20
Foßberg 12/68
Foß Berg 68/18
Foß Berge 47/70, 56/72
Foß Bergen 87/12
Foß Horst 62/4
Foß-Kuhl 30/(139)
Foß Ohrt 64/19
Four 32/13
Frachtweg 17/27, 100/13, 106/(49)
Franken Koppel 73/18

Franken Uhrt 5/29
Franß Kampf 95/(93)
Frantzen Wiesen 61/(35)
Frantz-Wiese 61/(35)
Franzosengrund 75/126
Franzosengrunde 75/126
Franzosenhaut 101/39
Fra Örtgen 38/(71)
Frauenhof Kamp, Alte 86/48
Frauen Horst, Große 64/27
Frauen Horst, Kleine 64/22
Frauen Lande, Lieben 41/(121)
Frauen Landt, Lieben 41/(121)
Frauwen Wiese 62/(115)
Frawen Lacke 64/(110)
Freer Laasen 71/38
Freesen Camp 77/55
Freesenkamp 77/55
Freier Fahren 70/(122)
Freiheit 20/2, 46/(45), 53/80
Freiheit, Stad 22/22
Freisenbarg 80/13
frei, Sorgen- 23/(27)
Frerderck 56/(117)
Fresenberg 80/13
Fresenbrügger Middags Sted 72/(92)
Fresenholz 38/(72)
Fresenkamp 77/55
Fresen Stücken 17/(72)
Freßen 17/(72)
Freßen Horst 38/(72)
Freyheit 1/(181), 46/(45), 51/(85), 54/35, 55/(40), 81/(118), 91/(33), 93/(113), 95/(94), 98/(17)
Freyheit, Dorfes 90/(65)
Freyheits Wiese 46/(46)
Freyholts Cabel 69/47
Frey Kolck 68/64
Frey Lande 27/(77)
Freylandt 1/(181)
Frey Wische 27/(78)
Frey Wiße 42/(115)
Friede Burg 93/(52)
Friedhof, Juden 90/57
Frieheit 3/30, 22/24, 35/17
Frieholdt 69/47
Frieholt 36/78, 69/47
Friehölter 69/47
Friehölter, vör de 69/55
Frieholt, Hindelst 36/78
Frieholt, Voerderst 36/79
Frie Holtz 69/47
Frie-Holz 70/(123)
Friekolk 68/64
Frielenhus 41/18
Frielenhüschen 41/18
Frielen Kamp 41/18
Friese 74/(111)
Frisch 40/(82)
Fritzels Horst 72/(85)
Fritzenkoppel 73/32
Fritzhorst 72/(85)
Fritz Horst 72/(85)
Frouwen landt, leuen 41/(121)
Fruen Hof Acker, Ohle 86/48
Fruenhost, Grot 64/27
Fruenhost, Lütt 64/22
Fruenswisch 86/46
Fruns 68/(76)
Fryholz Cavel 69/47
Fuchsberg 1/72, 13/70, 56/72
Fuchs-Berg 81/68
Fuchsbergen 87/12
Fuchsgrube 103/37
Fuchskamp 4/(1)
Fuchskule 76/(68)
Fuchsstuß 18/(3)
Füchtenkamp 5/9
Füchtenkopp 53/40
Füchtenriet 42/99
Fuert, Stadt 77/(119)
Fuhl Beck 95/(89), 101/(67)
Fuhlbeck, große 95/(98)
Fuhlbeck, kleinen 95/(123)
Fuhlbecks-Horst 95/(95)
Fuhl Becks Horst 95/(95)
Fuhlbecks Wiese 95/(89)
Fuhlbecks-Wiesen 95/(89)
fuhlen Camp 100/(19)
Fuhlen Fall 62/(65)
Fuhlen Fohrt 62/(116)
Fuhlen Grundt 35/(69), 36/(108)
Fuhlen Kolck 44/(143), 71/(96)
Fuhl Falg 49/(44)
Fuhlfalsch Mohr 62/(65)
Fuhlfatsche Mohr 49/(42)
Fuhlkamp 24/19
Fuhl Kamp 24/19, 100/(19)
Fuhrweg 80/(28)
Fuhrwege 49/(43)
fuhr, Breyer- 70/(122)
fuhr, Oewer- 12/60
fuhrt, Barnewschen 73/(11)
Furth, Kramser 68/(130)
fuhrt, Horsten- 77/73
fuhrt, Horster- 77/73
fuhrt, Mauker- 77/69
Fuhrt, Muchinsche 72/(62)
Fuhrt, Prignitzer 42/108
Fuhrt, rothe 64/51
fuhrt, Sand- 72/(9)
Fuhrtwiese 97/(38)
Fuhrt Wiesen 51/(86)
Fule Falche 49/(44)
Fule Kamp 102/(10)
Fulfalsch Koppel 49/(45)
Ful Kamp 24/19, 81/83
Füllen Brücke 81/(119)
Fullen Ende 16/(41)
Füllen Koppel 8/(19), 77/47
Fünf Ortstück 95/(96)
5 Ort, upn 95/(96)
Fünf Rode 1/47
Fünf Ruten 1/47
Fünf Ruten, unecht 1/39
Fünfruthen 106/(14)
fünf Ruthen 1/47
5 Ruthen 97/(40)
5 Ruthen Stücke 105/(48)
fünf Ruthen Stücken 1/47

Fünf Ruthen-Stücken 97/(40)
5 Ruthen, unechten 1/39
Fünf Stücken 87/(47)
5 Stücken 64/(111)
furd, Szant- 77/125
furm Ise 73/60
Fürstlicher Camp 1/(22)
furt, Creutzer- 37/(5)
Furt, Dustern 81/(114)
furth, Bagen- 43/(78)
furth, Flott- 17/52
furt, Hechts- 81/(124)
Furth, Hütings 95/(115)
Furt, hindern Büschen 77/(120)
furth, Sand- 75/160
Furth, Sand 3/(11)
Furth Wiesen 95/(92)
Furt, Klitzings 12/(26)
furt, Sand- 77/125
Furt, Sand 77/125
furt, Schier- 65/23
furtt, Lüttken schmöler 21/(82)
furtt, Plaskower- 19/(108)
furtt, Platen- 19/(108)

G

Gaaden Hääbel 31/(50)
Gaarzer Wiese 55/32
Gäbelländen 67/(97)
Gäbell-Länden 67/(97)
Gäde 75/2
Gädeborn 28/31
Gaden Barg 61/(36)
Gaden Bargs Hägen 61/(37)
Gadenholtz 35/(12)
Gaden Kamp 34/(25)
Gadower Damm 78/27
Gaedeken Kolck 47/(102)
Gaemensker Wiesen 77/45
Gaenschen Rade 77/(107)
Gaenscher Radt 77/104
Gähde 75/2
Gahren Stücken 14/57
Gährnitz 65/44
Gahrts Wisch 55/32
Gähsen Dieck 62/(117)
Gähten Camp 63/9
Gähten Grund 63/(109)
Galere, weißen 67/(149)
Gälers Uhrt 103/35
Galgenbarg 1/42, 12/51, 15/17, 31/25, 51/26, 89/24, 95/58
Galgenberg 1/42, 31/25, 51/26, 64/31
Galgen Berg 31/25
Galgenberge 51/26
Galgen Berge 64/31
Galiencken Weg 19/(9)
Galies 78/65
G(a)lin 13/30
Galincken 19/(93)
G(a)liner Barg 13/31
G(a)liner Weg 13/34
Galinigken 19/(93)
Galinken Weg 19/(9)
Galis 78/65
Gallin 56/(119)
Galliniken Weg 19/(9)
Gallins Grund 39/27, 40/12
Gangste Bise 19/53
Gänschenräde 77/(107)
Gänschen Rade 77/(107)
Gänse-Brinck 71/(120)
Gänsebusch 100/2
Gänse Busch 56/81, 100/2
Gänsehals 7/23
Gänse Kamp 64/(112)
Gänse Kampf 38/26
Ganselau 15/35
Gänse Orth 1/(93)
Gänseweide 21/(62), 22/28
Gänse Wiese 11/(60)
Gansieten, Hinnelst 19/76
Gansieten, Vörr(e)st 19/72
Ganslau 15/35
Ganterhals 81/2
Ganz, Blaue 36/3
Ganzenmaur 48/64
Ganzlau 15/35
Garnerswisch 71/110
Garn Stücken 21/51
Gärten, Elb 22/27
gärten, Heid- 75/142
Garten, Hiß 69/(109)
Garten, Hopfen 95/(113) 100/(27)
Garten, Hoppen 60/(29)
garten, Kamp- 1/(91)
Gärten, neuen 17/42
Gärten, Ro(o)dt 22/30
garten, Rosen- 26/1, 65/18
Garten, Rott 22/30
garten, Schloß- 42/7
Garten, Schul 59/15
Gartenstück 21/51
Gartenstücken 14/15, 21/51
Garten, Waggeleitschen 25/(120)
garten, Zucker- 79/75
garthen, Thier- 14/(106)
Gärtners Wiese 71/110
Gartten, Küchen 12/91, 84/(28)
Gartten, Teichs 84/(43)
Gartz 55/32
Gartzer See 22/(79)
Gartz See 22/(79)
Gartz Sehe 22/(79)
Garz 55/32
Garzer Bruch 55/(33)
Gastengrund 5/15
Gast Grund 29/(29)
Gastkamp 25/67
Gastram 9/49, 19/71
Gätgen-Camp 63/9
Gatken Kolk 75/(25)
Gatken Wiese, Groß 75/(26)
Gatk Wiese, grohten 75/(26)
Gaucken Wische 54/(36)
Gaudas 73/52
Gauden 45/22
Gauerck 59/(49)
Gauerckenberg 101/(68)
Gauercken Berg 101/(68)
Gauerns Mohr 59/(47)
Gauesch Beck 56/(118)
Gaugelsche Wiese 68/74

Gaugelsen Moor 77/12
Gaugelsen Ort 77/11
Gaugel Wiese 77/7
Gaugelwisch 68/74
Gaulk 68/62
Gaulken 19/23
Gaurck 19/23
Gauren 59/(35), 67/(3)
gauren, Ba- 45/(81)
G(a)uren Hegen 45/22
Gaurk 17/36
Gaurken 19/23
Gaurkenbarg 45/29
Gaurnitz 65/44
Gaus Blanck 30/(87)
Gausbrink 63/3
Gausbusch 56/81
Gausecken 10/49
Gausharcken 14/29
Gaushost 86/13
Gauskuhl 25/85
Gausmaur 78/29
Gausort 40/44
Gaußarcken 14/29
Gauß Blancken 14/(58)
Gaußharken 14/29
Gauswisch 67/57
gaw, Buer- 48/62
Gäwerts Hof 76/37
Geeren 25/(30)
Geern Acker 81/70
Gehäge, Alte 18/9
Gehäge, Neue 18/7
Geheegen 51/(87)
Gehege, Altes 18/9
Gehege, Neues 18/7
Gehls Ort 103/35
Gehmens 77/45
Gehnckenrad 77/104
Gehnsckrad 77/104
Gehren 81/70, 83/29, 85/55, 102/(36)
Gehr(e)n 12/(104)
Gehrenland 75/99
Gehren Land 75/99
Gehrenlande 83/29
Gehren Lande 75/99
Gehrken-Kolk 94/2
Gehrken Uhrt 94/2
Gehrlanden 75/99
Gehrlan'n 75/99
Gehrn 45/(88)
Gehsen Dieck 62/(117)
Geiersken 71/87
Geist 46/35
Geist Acker, Heilig 1/(80)
Geist(es) Acker, Heilig(en) 1/(80)
Geistes Dannen, Heiligen 1/177
Geist-Tannen, Heilige- 1/177
Geist Tannen, Heylig 1/177
gelaf, breite Sa- 25/(97)
gelaff, Sa- 67/(135)
g(e)laff, Sa- 17/(94)
Geland 33/37
gelappen, Langen Sa- 70/48
Geld Kuhle 76/(69)
gelehr, Witt- 67/(149)
Gelers 38/39
Gelersch 39/(38)
Gelersch, Lütgen 67/(118)
gelhoff, Sa- 56/(193)
Geliehen 65/92
Geliehn 41/11
Gelihn 39/27
Gelin 59/(60)
Gelinsen Stücken 43/25
Gellihn 61/(38)
geloff, Sa- 71/(57)
geloof, Sa- 55/(65)
Gemeine Wisch 83/(86)
Gemielsch 67/(98)
Gensen Kampf 38/26
Gentzenradt 77/104
Genzken 47/8
Gepasel 48/68
Gericht 1/79, 31/(26), 64/31
Gerichte 1/79, 22/(92), 89/24
Gerichtsbarg 64/31
Gerichtsberg 89/24
Gerichts Platz 12/51, 88/(4)
Gerichtsstücken 1/79
Gerke 10/39
Gersten Camp 25/67
Gerstenkamp 25/67
Gersten Koppel 34/(12)
Gersten Ort 49/(46)
Gerstkamp 25/67
Gerst Kamp 25/67
Geschen Land 63/(110)
Geßefien 47/16
gester Dannen, Viet- 93/107
gester Tannen, Viet- 93/107
gestüde, Rammer 49/8
Gevers-Kamp 76/37
Ghuren 56/71
Giebel Ende 67/(97)
Giehncken Wiese 77/(129)
Gielchensteen 75/56
Gielchen Steinen 75/56
Giern 25/(30)
Gießnitz 19/(92)
Gießwitz 19/(92)
gift, Tau- 48/80, 81/11
Gildeacker 42/(116)
Gilde Kämpe 1/(37)
Gilden Wiese 42/69
Gilden Wießen 42/69
Gildlandt 14/(59), 27/(79)
Gildtstücke 32/(40)
Gillandsmohr 14/(60)
Gille Wiese 42/69
Gillkamp 87/26
Gill Kamp 87/26
Gill-Landt 99/(31)
Gillwiesen 28/(42)
Gillwisch 42/69
Gill Wiese 42/69
Gilt Camp 79/46
Gipsbarg 56/64
Glaashorst 64/76
Glaashorster Tannen 64/77
Glaashost 64/76
Glaashoster Dannen 64/77
Gladden-Bargs-Camp 31/(27)
Gladdenbargs Heegen 31/(28)

Gladden Berg 31/25
Gladenberg Kamp 31/(27)
Glaffen Berg 31/25
glaff, Sa- 45/36, 71/(57)
glaf(f), Sa- 16/(63)
glaf, Saa- 48/(148)
glaft, Sa- 71/(57)
Glaisin 45/(89)
Glambeck 35/29
Glambecke 35/29
glappen, Langen Sa- 70/48
glappen, Langsa- 70/48
Gläschen Busch 58/30
Glashüttenbarg 95/43
Glashütten Heide 97/(15), 103/(55)
Glashüttenhorst 75/(75)
Glashütten Kolck 75/(81)
Glashütter Heide 97/(15)
Gläskenort 77/72
Gläskenorth 77/72
Gläskenuhrt 77/72
Glasmaake(r) Aben 42/(70)
Glaß Hütten 103/(55)
Glasshütten Kolck 75/(81)
Glaßhütten Forth 72/(100)
Glaßhütten Heyde 97/(15)
Glaßhütten Horst 75/(75)
Glaßhüttsche Heyde 103/(55)
Glaß Lande 70/(124)
Glaßwege 6/(37)
Gläuhnigen Barg 74/71
Gläviner Strange 13/(90)
Gleers 38/39
Glehen Busch 63/40
Gleien Mohr 63/(111)
Gleiers 38/39
Gleierz 38/39
Gleisbusch 58/30
Gleise 38/39
Gleisen, große 38/39
gleiß, Nagel- 38/(88)
gler, Witt- 67/(149)
Gleyen Busch 63/40
Gleyen Mohr 63/(111)
Gliehn 13/30
Gliehns Wiese 61/(38)
Gliehns Wiesen 59/(60)
gliekung, Ut- 103/23
Glien 13/30, 43/25, 56/(119), 65/92
Gliencke 19/(93)
Glien(e)cken 19/(93)
Glienen 40/12, 56/(119)
Glienenberge 43/39
Gliener Maur 65/94
Glienischen 43/25
Gliens 41/11
Gliens Berg 74/(112)
Gliensgrund 39/27, 40/12
Gliens, Großen 41/13
Gliens, Groten 41/13
Gliens, Kleinen 41/14
Gliens, Lütten 41/14
Glienschen 73/(109)
Glienschen Strange 13/(91)
Glienschen Stücken 69/(103)
Gliensckcn Stücken 73/(109)
Glienzen 43/25
Glincke 19/(93)
Glinsch 77/80
Glinsenbarg 43/39
Glintz 71/52
Glintz-Häfen 71/(121)
Glinz 71/52
Glinzen 71/52
Glinzenbeck 69/(104)
Glinzenbecksche Wiese 69/(105)
Glirtz Wiese 38/39
Glitzen 14/(61)
Glödenberg 74/71
Gniels 67/(98)
Gnirrbarg 101/44
Gobbel 67/21
Gobel 67/21
Gobell 67/21
Gobelsch Maur 67/16
Gocken Wiese, grothen 75/91
Gödecken Camp 63/9
Godemsche Grund 102/(38)
Godemser Weg 107/27
Goden 73/89
Godower Wische 56/31
Goe(d) 75/2
Goelensche Brügke 72/3
Goerck, Großen 35/(70)
Goese Camp 64/(112)
Goese-Koppel 102/(48)
Goeß Borm 48/(115)
Goeßelhorst 86/13
Gogelmaur 77/12
Gogelschen Ort 77/11
Gogeluhrt 77/11
Gogel-Wiesen 77/7
Gogelwisch 77/7
Gohlck 68/62
Gohlcke 68/62
Gohleke 68/62
Göhlensch Brücke 72/3
Göhlensche Ruchel 71/81
Göhlsche Brücke 72/3
Gohl Stroh 68/(109)
Gohraßen 73/52
Gohrckenberg 45/29
Gohren 67/(3), 74/(3)
Göhren 25/(30), 73/89
Gohren Berg 67/(3)
Gohren Damm 73/(93)
Gohren, Groten 56/(128)
Gohren Hold 73/(90)
Gohren Kolck 74/(5)
Gohrensche Kolck 74/(5)
Göhrensche Kolk 74/(5)
göhren, Vor- 65/(158)
Göhren Wiesen 59/(48)
Gohren Wischen 73/89
Göhren Wise, Hinster 17/(80)
Gohr, Groth 35/(70)
Gohrken-Kamp 17/36
Gohrker Dannen 68/77
Gohrker Tannen 68/77
Gohrnsche Damm 73/(93)
Gohrnsche Kolck 74/(5)
Gohs Blancken 14/(58)
Gohsel 61/6

Gohßhahrcken 14/29
Golcke 68/62
Golcken Berg 24/(40)
Gold Berg 42/(87)
Gollbarg 42/(87)
Gollberg 42/(87)
Golocke 77/(130)
Gönsiten, Hinterste 19/76
Gönsiten, Vörderste 19/72
Goorcken 35/42
Goos, Blag 36/3
Goosbusch 41/93, 100/2
Goosdam 22/12
Goosdamm 22/12
Goosedamm 22/12
Goose-Stücken 87/(29)
Gooshals 7/23, 57/77
Gooskamp 38/26
Gooskoppel 80/9
Gooskuhlen 54/(28)
Goos, Maehl 74/29
Goosmoor 78/29
Gooßbrinck 71/(120)
Gooß Busch 41/93
Goosstücken 87/(29)
Goosuhrt 13/58
Goosweid 22/28
Gooswisch 87/44, 93/51
Goraß 73/52
Goraßen 73/52
Gorck 17/36, 19/23, 35/42
Gorcke 59/(49)
Gorck, Langen 35/(70)
gorck, Vör- 35/42
gor(de)n, Bäuner- 57/45
gor(de)n, Deenst- 95/5
Gor(de)n, Engelschen 69/69
gor(de)n, Hei(d)- 75/142
gor(de)n, Irr- 104/5
gor(de)n, Koeken- 12/91, 29/8
Gor(de)nkoppel 7/31
Gor(de)nland 83/65
gor(de)n, Lust- 56/57
gor(de)n, Rausen- 65/18
gor(de)n, Rosen- 62/85, 100/12
Gor(de)ns 11/34, 107/25
gor(de)nsch Koppel, Breis- 63/56
gor(de)n, Schol- 107/17
gor(de)n, Schützen- 1/108
gor(de)ns, Klei- 22/27
gor(de)ns, Köster- 7/14
Gor(de)ns, Nien 7/37
Gor(de)ns, Oll 7/15
gor(de)ns, Rott- 22/30
Gor(de)nstücken 14/15, 21/51
goren, Dannen- 56/71
Gören'sche Kolk 74/(5)
Goriß, achter der 65/(128)
Gorißck 65/(128)
Gorloser Grund 9/6
Gorloser Hoew 13/52
Gorloser Höfe 13/52
Gorlosischen Höfen 13/52
gorn, Irr- 104/5
Gornitz 65/44
Gorn Kölck 13/81
Gorn, Papen 54/23
gorn, Rausen- 65/18
Goroßen 73/52
Gorsch 38/42, 39/1
Gorzen 55/32
Goseblank 30/(87)
Gose-Brinck 71/(120)
Gose Kolck 71/(98)
Gose ohrt 1/(93)
Gose Ohrt 13/58
Gose Ort 1/(93)
Gosestücken 87/(29)
Goshals 57/77
Gosharken 14/29
Goßel 60/(8)
Gösselwisch 65/24
Goßen 61/6
Gotams Wiese 64/(113)
Götken Kamp 63/9
Götken Koppel 63/65
Gousel 61/6
Gouselsche Weg 60/10
Graagen Kamp 64/(114)
Graaken Kolck 75/(33)
Graaken Kolk 75/(33)
Graak Kolk 75/(97)
Grabauer Barg 75/127
Grabauer Berg 75/127
Grabauschen Lanck 70/74
Grabauschen Langck 70/74
Grabbenitz 85/41
Graben 87/(13)
Gräben 1/156, 36/60
Graben, achter den 74/79
Graben, baben 1/148
Graben, baven den 1/148
Graben, bawen 1/148
Graben, Blank'sche 54/1
Graben, Burfen 21/(36)
Graben, Bürfen 21/(36)
graben, Burg- 105/18
Graben, Büschen 72/(5)
Graben, Crullen 75/159
graben, Deilen- 62/14
Graben, Dömitzer 42/113
Graben, Domizer 42/(113)
graben, Eller- 31/6
Graben Ende 15/(63)
graben, Floß- 22/16
graben, Flott- 21/9, 22/16
graben, Höllen- 27/62
graben, Holt- 72/77, 85/41
graben, Ise- 74/35
graben, Johannes- 22/35
graben, Kahn- 106/36
graben, Kammer- 75/96
Graben, Klocken 63/(133)
graben, Klump- 75/96
graben, Koeken- 60/20
graben, Kollan'n- 81/32
Graben, Krollen 43/16
graben, Krullen- 43/16, 44/49, 71/99, 72/12, 75/159, 78/71
Graben, Krullen 44/49, 71/99, 72/12
Graben, Krumm 75/60
graben, Lak- 85/4
graben, Lepitz- 22/(88)
graben, lips- 22/(88)
graben, Lop- 17/4
graben, Lou- 53/45
Graben, Mayen 5/2
Graben, Meien 87/1
graben, Menken- 64/62

graben, Middel- 86/7, 87/32
graben, Mittel- 81/(146), 86/7
Graben, Mittel 81/(146), 86/7
graben, Moelen- 7/52, 13/50
graben, Mühlen- 7/52, 13/50
Graben, narren den 1/157
Graben, nedden 1/157
Graben, nedden den 1/157
Graben, Neue 44/49, 71/99, 72/(6)
Graben, neuwe 71/99
Graben, newe 71/99
graben, Post- 27/22
Graben, Rütings 103/(121)
Graben, Schütt 12/(139)
Grabens, Nien 68/67
graben, Soelen- 104/16
graben, Sömer- 56/1
graben, Stadt- 22/(4)
Graben, Stat 22/(4)
graben, Strichel- 44/51
Grabenstücken 15/(63)
Graben Stücken 23/(72), 33/(46), 61/(39)
Graben-Stücken 87/(13)
graben, Swienmaur- 81/36
Graben, Teerriet 43/12
Graben, tüschen 1/156
Gräben, unter den 1/157
Graben, vierischen 89/(77)
Graben, Vierşche 25/8
Graben, Welt 93/(25)
graben, Wieden- 27/65
Graben, Witt 53/49
Grabniß 85/41
Grabnitz 85/41
Graboer Barg 101/52
Graboerberg 101/52
Graboer Höfen 101/(69)
Graboer Ohrt 100/(23)
Grabouschen Stiege 89/(57)
Grabower Barg 101/52
Grabower Busch 71/(19)
Grabowerhöben 101/(69)
Grabower Höfen 101/69
Grabower Kamp 4/31, 71/(122), 75/127
Grabowerlanken 70/74
Grabower Lanken 70/74
Grabower Stägen 79/71
Grabowsch Barg 75/127
Grabowschen Orte 100/(23)
Grabowschen Stücken 80/(15)
Grabowsch Lanken 70/74
Grabowsch Möörken 6/2
Grabows Kamp 38/17
Gracken Wiese 65/(129)
grade, Krahm- 75/(106)
grade, Kröhm- 75/(106)
Grädt Barg 71/(123)
Gräfck 103/(94)
Grafe, achtern 74/79
grafe, Wit- 58/(58)
Grafiehn 71/(124)
Gräfingskamp 49/(4)
Gräfken 103/(94)
Gräfnitz 85/41
Grafschen Camp 57/(88)
Gragen Kamp 64/(114)
Grage Wiese 49/(47), 62/30
Grage Wische 62/30
Gra(g) Wisch 62/30
Graken Kamp 73/92
Grammen-Horst 87/42
Grammhorst 87/42
Gramm Horst 87/42
Grammhost 87/42
Gran Busch 52/41
Grand 43/19
Grann'hoew 43/19
gräsen, Heyd- 83/(87)
gräsen, Kleinen Heid- 106/(25)
gräsen, Kleinen Heit- 106/(25)
gräsen, Middelsten Heid- 106/(22)
gräsen, Mittel Heit- 106/(22)
Gräsing 15/12
gräsing, Großen Heid- 106/(22)
gräsing, Kleinen Heid- 106/(25)
Gräßel, Heid 81/(126)
Graß Höfen 23/29
Graß Höven 23/29
Gräßing 14/(62)
Graß Koppel, Arg 31/(45)
Gräßung 14/(62)
Graß Weg 56/(120)
Graßwege 56/(120)
Gräsung, Groth 11/(40)
Gräswischen 12/45, 25/31
Grätberg 1/(25)
Gräthkuhl 75/125
Graub 68/40
Grauel 19/54
grauen Kamp 64/(114)
Grauen Wiese 43/(89)
Grauen Wiesen 36/(109)
grauen Wisch 49/(47)
Grauenwisch 15/(64)
Grauland 38/30, 56/82
Graun, Kraun 75/(106)
Graup 68/40
Grausch 19/54
Grau Wiese 49/(47), 62/30
Grau Wieße 32/(41)
Grauwisch 35/24
Grauwischen Kafeln 35/24
Grau Wischs 32/(41)
Graven 74/79
Graven Wiese 53/(81)
Graven Wische 36/(109)
Gravische Wiesen 56/(121)
Gräwing 36/60
Grawe Wiesen 35/24
Graw Wiese 30/38
Grawwisch 30/38
Greben Hoeppel 42/(59)
Grebensbarg 39/33, 41/41, 48/29, 58/29
Grebensberg 41/41
Grebensberge 58/29
Grebenskamp 39/35
Grebens Kamp 69/(106)
Grebser Feld 28/21

Grebtzer Hägen 28/(44)
Gredentzer Kamp 78/(90)
Green 55/26
grehn, Pudde- 56/(185)
Grehten Ohrde 65/(130)
Greien Heid 55/26
Greien Holtz 55/(28)
Greiner Heide 55/26
Grein, Pour 56/(185)
Grelle Horst 103/(54)
Grellen Hörst 103/(54)
Grensck Heide 62/(77)
Grentzwische 93/(114)
Grenz Lake 57/75
Grenzmal, Ölckers 44/(50)
Greschen, Groten 59/(51)
Greschen, Lütgen 59/(76)
greste, Pude- 56/(186)
Grethen-Ort 65/(130)
Gretten Ohrde 65/(130)
Greunhe 104/4
Grevekuhl 47/21
Greven Camp 63/(112)
Greven, Lütt 39/(43)
Greven Ohrt 36/60
Grevens-Camp 63/(112)
Grevenshorst 9/(53)
Grevenskamp 39/35
Greven theil 55/(28)
greven, Zahr- 55/(28)
Grevien 71/(124)
Griembcken 56/(122)
Griemck 56/(122)
Grie Mohr 1/153
Griemohr 1/153
Griemoor 1/153
Griemour 1/153
Gri(e)mpen 56/(122)
Griene mohr 1/153
Grienmohr 1/153
Griescken 43/54
Griesen 43/(26), 47/27
Griesen Camp 56/(123)
Grieß 47/27
Grießen 43/54
Griesten 43/54
Griestenberge 43/(90)
Grievnitzer Dannen 103/41
Grimohr 1/153
Grinemohr 73/(110)
Grisen Holtz 86/2
Grisenholtz 86/2
Grist 23/(54)
Grittelschen Buschs 17/(74)
Grittelschen Schmahlen 14/(63)
Grittelsche-Schmalen, Groth- 14/(63)
Grittelsche-Schmalen, Lütt- 14/(84)
Grobendamm 65/(131)
groben Fohrt 64/(115)
Groetbarg 51/29
Groetkuhl 75/125, 93/70
Groetwisch 86/21
grohten Baum 58/(47)
Grohten Dreschs Stücken 16/(42)
Grohten Fasteras 17/(75)
grohten Gatk Wiese 75/(26)
grohten Holtz, achtern 103/(95)
Grohten Steußen 14/24
grohte Wiesen 85/(56)
Groht Walk-Mähl 63/(116)
Groht Wösten Camp 63/(117)
Grönen Stieg 1/100
gronen Stiege 1/100
gröne wech 4/(32)
Grön Grund 24/25
Grön Hei(d) 104/4
Grönland 57/64
Grön Weg 20/18, 23/8, 42/80, 53/19
Groot Horst 54/3
groot Kiekbusch Heide 25/38
Groot Maur 85/22
Groot Schwart Mohr 31/18
G(r)oroß 41/(110)
Grors 41/(110)
Groser Bullen Camp 78/52
Groß(ck)en Hoefen 19/(94)
Große Böcker Möhm 78/32
Grosse Brandhorst 79/13
Große Briester Wiesen 53/(48)
große Bruch 42/26
große Brügwiese 75/113
große Brüg Wiese 75/113
große Brug Wiese 75/113
große Camp 11/(61), 75/(136)
Große Cavel 33/(47)
Große Caveln 25/(57)
Große Cley 68/(112)
große Coppel 75/(174)
Große Damm Wiese 64/(116)
Große Eich Wiese 64/45
Gr. Elde 21/41
große Fahren Horst 75/(100)
Große Fistel Horst 75/(45)
grosse Fistel Wiese 75/46
große Fistel Wiese 75/46
große Flaas 95/97
Große Flaschenhorst 75/(100)
Gr. Flaschen Horst 75/(100)
Große Frauen Horst 64/27
große Fuhlbeck 95/(98)
große Gleisen 38/39
Große Hagen Wiese 64/41
Große Hahn Mohr 5/4
grosse Heide 83/(13)
Große Heide 68/59
große Heidt-Stücken 35/53
Grosse Heyde 85/36
große Heydt Camp 65/(103)
große Hohe Horst 68/(110)
gr. Höhmkenkamp 75/4
große Holtz 99/14
Große Holtz 99/14
grosse Horst 75/54, 75/149
große Horst 9/(33), 75/8
Große Horst 54/3, 64/83, 75/8, 86/8

Große Hülse Horst 72/52
Große Hülshorst 72/52
Große Kafel 22/65
Große Kähling 64/(117)
große Kähls-Camp 63/(113)
Große Kählung 64/(117)
große Kamdohl 58/24
grosse Kamp 75/(136)
große Kamp 34/16, 53/24
Grosse Kamp 75/(136)
Große Kamp 64/(118)
große Kapellen Wische 89/46
große Kappelwische 89/46
Große Kaven Horst 56/(25)
Große Kolck 84/(21)
große Koppel 29/(16), 30/5, 31/(32), 82/(19), 94/17
Große Koppel 18/24, 31/(32)
Große Kuhlwiese 56/(124)
Große Küsterwiese 64/69
Große Labischt 77/31
große Leierscke 59/(52)
Große Liep 75/61
grosse Lieps 75/61
große Lieps 75/61
Große Lieps 75/61
Grosse Lipse 81/8
Große Loth Heide 56/(125)
große Mohr 9/(54), 36/(110), 93/14
Grosse Mohr 12/(64), 59/36, 85/22
Große Mohr 2/(20), 3/(44), 9/(54), 10/14, 12/(64), 13/(18), 31/12, 43/(74), 56/78, 64/(119), 66/8, 81/28, 87/4
Große Moor 3/(44)
Großen Binnenkamp 65/55
großen Briesen 46/29
großen Brinck 105/(49)
Großen Brook 64/(120)
großen Camp 75/(136)
Großen Camp 23/28, 25/(101), 68/(111)
großen Cavel 34/2
großen Caveln 22/65
großen Deich 36/15
großen Dieck 36/15
großen Ellern 81/74
großen Felde 97/(41)
Großen Fissel Book 56/(126)
Großen Fort 62/(118)
Großen Gliens 41/13
Großen Goerck 35/(70)
Großen Gurck 35/(70)
Großen Heide 83/(13)
großen Heidelaage 42/54
großen Heiden 93/(17), 93/65
Großen Heiden 93/(17)
großen Heiden, achtern- 93/(13)
Großen Heidgräsing 106/(22)
großen Hietzbarg 75/119
großen Hof 36/(111)
Großen Holtz 86/(54)
großen Holtz Wiesen 99/(32)
Großen Jährs 59/(50)
grossen Kamp 15/(7)
großen Kamp 15/(7)
Großen Kamp 25/(101)
Großen Kampe 89/(58)
grossen Kampfe 89/(58)
Großen Kaveln 34/2
Großen Kaweln 22/65
großen Kieckbusch 25/(47)
großen Kley 68/(112)
Großen Kley 68/(112)
Großen Klincken 25/68
großen Kohlhöfen 14/(65)
großen Koppel 82/(19)
Großen Lancken 20/13
großen Lande 89/(59)
Großen Lanken 20/13
Großen-Mihlcken-Camp 63/(114)
großen Mohnkenwiese 75/(69)
großen Mohr 61/(40)
Großen Mohr 33/36, 56/(78), 60/13, 61/(40)
Großenmoor 87/4
grossen oder hohen Tannen 83/21
Großen Poack 56/(127)
Großen Poackschen Heide 56/(127)
großen Podentzen 71/54
Großen Pumpbaekschen Tannen 71/(64)
Großen Pumpbäk'schen Tannen 71/(64)
großen Reidt Wiese 64/(121)
großen Rumen Wische 95/(99)
großen Sand 68/80
großen Stemm-Wiesen 97/(91)
großen Strang 63/27
großen Stücken 2/(30), 97/(44)
Großen Stücken 2/(30), 101/9
Großen Tannen 79/(48)
großen Teich 82/(21)
großen Torfmoor 31/(51)
großen Wiese 85/(56), 87/24
Großen Wiese 81/(120), 82/(20)
großen Wiesen 97/(42)
Großen Wiesen 3/18
Großen Wische 81/(120)
Große Postena 19/(73)
große Primer 17/53, 18/(47), 19/(1)
Große Reuter Laack 19/(25)
großer Höhmkenkamp 75/(4)
Gr(oße) Ridewege 69/40
Großer Jägercamp 23/26
Großer Kamp 34/16
große Rögnitz Wiese 74/22

Großer Schnellen Berg 44/86
Grosser Thomskolk 79/22
Großer Tramm 31/(17)
Grosse Ruhmsegen 83/52
Große Sahns 77/14
Große Sanitz 77/14
Große Schäfer-Koppel 100/6
Große Schaftannen 41/29
große Schierhorst 43/2
Große Schluem 19/(68)
Großes Hahnenmoor 5/4
Großes Hüttmoor 64/47
große Siedel Strohms Camp 69/56
Große Söhrings Strang 81/(162)
große Stein-Wiese 11/(13)
Grosse Stemm Wiese 84/(8)
Große Stemm-Wiese 84/(8)
Große Stemmwische 84/(8)
Große Streittannen 79/(34)
große Stubben Wiese 64/(186)
Grosse Tannen 79/(68)
Grosse Torff Mohr 45/75, 47/71
Große Ufer 19/(75)
große Vehrings Wiesen 79/104
Große Walck-Mühls-Camp 63/(116)
große Warlow 69/27
große Wiese 11/(43), 27/(80), 73/(69), 93/(75), 100/(24), 104/1, 105/(50)
Grosse Wiese 37/4
Gros(s)e Wiese 31/5
Große Wiese 60/(18), 73/(69), 82/(20), 84/(22), 87/24, 90/28
Gr. Wiesen Moor 3/17
Große Wisch 87/24
große Wische 11/(43)
Große Wische 14/(64)
Große Wisch Mohr 3/17
große Wohl-Koppel 89/2
Grosse Wulfshorst 79/14
Große Wüste-Camp 63/(117)
Großfeldwiese 79/(129)
Groß Gatken Wiese 75/(26)
groß Heide Stücken 87/(11)
Groß-Jäßen 36/50
gross Muchower Mor 83/(28)
groß Poppelmohr 33/30
Gross Rohrmoor 83/(11)
Großstück 97/(44)
Groß Wiesen 19/24
Groot Schwart Mohr 31/18
Grot Beck 67/(99)
Grot Brandhost 79/13
Grot Braukwisch 31/15
Grot Brieschhorst 56/(48)
Grot Bullenwisch 30/69
Grot Dahlckwisch 55/(41)
Grot Dannenkamp 85/19
Grot Dannenstücken 48/31
Grote Briese 55/(42)
Grote Horst 30/(88)
Grote Kaveln 22/65
Groten Bödeken 15/4
Groten Boem Stücken 23/48
Groten Borns Höefen 21/(63)
Groten Brandt Horst 36/52
Groten Briesen 46/29
Groten Brook 11/(39)
groten Camp 7/56, 15/(7)
groten Caß Camp 63/(115)
Groten Clatz 40/(83)
Groten Dämm 71/34
Groten Deiche 36/15
Groten Diek 36/15
Groten Drambrau 23/(73)
groten ondo 4/(33)
groten Forth 19/(95)
groten Hoefen 15/(65)
Groten Gliens 41/13
Groten Gohren 56/(128)
Groten Greschen 59/(51)
Groten Guhren 56/(128)
Groten Guhrn 59/(35)
Groten Hoew 57/4
Groten Hof 11/32
Groten Holtz Caveln 99/(33)
Groten Kamp 9/(55)
Groten Kriwitz 36/48
Groten Lancken 20/13
Groten Landfiern 68/75
Groten Larsche 59/(52)
Groten Levien 35/(71)
Groten Macronen 21/(64)
groten Mohr 2/(20), 59/36
Groten Mohr 59/36
Groten Ohrt 62/(119)
Groten Orth 66/(61)
Groten Pallesten 21/(65)
Groten Sand 68/80
Groten Siepen 33/(48)
Groten Sotschlag 53/58
Groten Strang 63/27
Groten Stücken 76/43
Groten Walck Mühle 63/(116)
groten Waßer Pölcken 21/66
Grote Renßwiese 56/(129)
Grote Schapdannen 41/29
Grote Wiese 59/(53)
Grote Wiesen 20/(42)
Grote Wisch 37/4
Grote Wische 67/38
Grot Fohrwischen 79/104
Grot Fruenhost 64/27
Grot Guhlskamp 53/72
Grot Guhren 56/(128)
Grot Haböck Horst 72/(37)
Groth Bäck 12/(105)
groth Baßel 11/(23)
Groth Bred-Heyde 69/(107)
Groth Camp 37/(17)
grothe Mühlen Wieße 71/69
grothen Borg Camp 97/18
grothen Camp 11/(61)

grothen Gocken Wiese 75/91
grothen Holtz, achtern 103/45
grothen Riedwegen 69/40
grothen Roden Stücken 97/(43)
grothen Sager 29/(30)
Grothen Stücken 97/(44)
grothen Weser Orth 69/(108)
grothe Stehn Wiese 11/(13)
grothe Wiese 11/(43)
Groth Gohr 35/(70)
Groth Gräsung 11/(40)
Groth-Grittelsche-Schmalen 14/(63)
Grot Hee(d) 68/59
Grot Hei(d) Lag 42/54
Groth Horst 77/52
Grothhost, Düding 72/(23)
Groth Immenhorst 75/(85)
Groth Kohlhäfen 14/(65)
Groth Kuhl Wieße 12/(106)
Grothlank 20/13
Groth Mollenwisch 11/(35)
Grothols-Caveln 99/(33)
Grot Holt 99/14
Grot Hömken Kamp 75/(4)
Grot Horst 42/(68)
Grothorst, Zwiß 52/4
Grot Host 54/3, 64/83, 75/(8), 77/52, 86/8
Groth Papenhorst 75/68
Groth Sackelaunen 14/36
Groth Stackwisch 11/34
groth Stäußen 14/24
Groth Steinwisch 11/(13)
Grot Hülshorst 72/52
groth Wiesen 103/28
Grothwisch 3/18
Groth Wisch 11/(43), 73/(69)
Grothwischen 45/10
Grot Immen Kamp 75/(85)
Grot Jägerkamp 23/26
Grot Kamdohl 58/24
Grot Kamdoul 58/24
Grot Kamp 34/16, 53/(24)
Grot Kellerberg 51/45
Grot Kolk 42/28
Grotkoppel 103/1
Grot Koppel 10/12, 17/21, 18/24, 26/19, 30/5, 47/56, 56/34, 59/7, 76/42, 78/4, 83/33, 90/20, 91/24, 94/17, 102/24, 103/1
Grot Koppels 16/1, 105/33
Grot Kuhl 28/6
Grot Labiest 78/58
Grot Lanken 20/13
Grot-Levin 35/(71)
Grot Lieps 75/61
Grötlitz 56/(130)
Grot Maur 66/8
Grot Menken Horst 42/10
Grot Mohr 58/(12), 60/13
Grot Mour 3/44, 85/22, 93/14
Grot Plan 96/12
Grot Priemerbarg 101/30
Grot Pulve Kuhl 72/(57)
Grot Röggens 74/22
Grot-Rögnitz 74/22
Grot Rumsägen 83/52
Grot Schäferkamp 100/6
Grot Schnakenhorst 72/(93)
Grot Schultenkamp 30/9
Grot Schwart Moor 31/18
Grot Sehlschen 44/107
Grot Sehlschen Stücken 44/107
Grot-Silber-Bock 94/3
Grot Snellenbarg 44/86
Grot Soll 95/41
Grot Sot 105/11
Grot Steenborg 27/21
Grotsteinerbrügg 103/14
Grotsteiner Brügg 103/14
Grot Stücken 21/24, 107/9
Grott Bohm Stücken 23/48
Grott Drambrow Stücken 23/(73)
Grot Teiren Wisch 55/(24)
Grotten Wiesen 10/30
Grott Flaß Wiese 95/(97)
Grot Vier 107/2
Grot Voßhost 62/3
Grot Wee(d)koppel 78/60
Grot Weedkoppels 78/60
Grot Wiedenkuhl 93/41
Grotwisch 103/28
Grot Wisch 3/18, 10/30, 19/24, 43/31, 45/10, 56/38, 61/17, 63/72, 67/38, 74/42, 76/33, 78/57, 90/28, 93/28, 104/1
Grot Wischen 10/30, 36/89, 57/7, 57/36, 65/52, 103/28
Grotwischen Slag 104/2
Grot Wischenstück 40/27
Grot Wischen Stücken 40/27
Grot Wischerhof 3/17
Grotwischer Slag 104/2
Grot Wösten Camp 63/(117)
Grot Wulfshost 79/14
Grot Zaegen Horst 42/(67)
Grube 38/(73)
grube, Fuchs- 103/37
grube, Lehm- 42/90
Grugusch 19/54
grühnen Steige 1/100
Grund 21/47, 30/89, 81/(121)
grund, Agatzen- 41/(26)
Grund, baben de 30/(89)
grund, Baller- 35/19
grund, Baum- 23/48
Grund-Bäumen 63/51
grund, Baumstücken- 41/22
grund, Beesen- 42/91
Grund Böhmken 63/51
grund, Bohnen- 43/40, 51/33
grund, Bohnenbarger- 33/20

Grund, Bollenberger 73/(97)
grund, Bom- 23/48
Grundböm 63/51
grund, Bösen- 8/(15)
grund, Bresenbargs- 16/28
grund, Bresenbergs- 16/28
Grund, Deepe 49/32
grund, Diestel- 8/17, 9/8
Grund, Doden 105/21
Grund, Dow 32/34
Gründe, Abgebrannte 50/(9)
Gründe, Arme 50/10
grunde, Franzosen- 75/126
Gründe, Immen 1/139
gründe, Kriech- 15/(36)
grund, Eller- 50/5
Grund, Eller 50/5
Gründen 25/89, 63/(118), 65/(132)
Gründen, dreyen 14/(50)
Gründen, Dreyen 14/(50)
Gründen, Jacobs 51/(90)
Gründen, Karckbergs 25/(107)
Gründen, Pagell 38/(91)
Gründen, Sandt 36/(144)
gründen, Schmahl- 21/(96)
Gründen-Stücken 2/(19)
Gründen, Stuwaßen 15/1
Gründen, vordersten 59/(19)
Gründen, Voß 20/(65)
gründer Wiest, Liggen- 54/(25)
Grunde, steilen 13/(102)
Grund, Faul 36/(108)
grund, Franzosen- 75/126
Grund, Gähten 63/(109)
Grund, Gallins 39/27, 40/12
Grund, Gast 29/(29)
grund, Gasten- 5/15
grund, Glions- 39/27, 40/12
Grund, Godemsche 102/(38)
Grund, Gorloser 9/6
Grund, Grön 24/25
Grund, Grüner 24/25
grund, Hecken- 42/77
Grund, Hecken 42/77
grund, Heydt- 6/(38)
Grund, Hinsen 62/67
grund, Hinzen- 62/67
Grund Höfen 28/(45)
Grund, in de 30/(89)
grund, Ise- 74/37
Grund, Jäger- 79/47
grund, Kamer- 18/8
grund, Kammer- 18/8
grund, Katen- 86/(57)
grund, Kühl- 35/40
Grund, lang 36/10
Grund, Lang 51/10
Grund, lange 36/10
Grund, Langen 36/10, 51/10
grund, Langen Heid- 24/12
grund, Langheid- 24/12
grund, Lanns- 68/33
grund, Lansch- 68/33
grund, Most- 62/(154)
grund, Ochsen- 39/4
grund, Ossen- 39/4
grund, Pest- 79/17
Grund, Pest 79/17
Grund, Porten 39/(28)
grund, Rocken- 63/52
Grund, Roder 59/(87)
Grund, Rohcken 63/52
Grund, Rohken 63/52
Grund, rohten 19/(113)
Grund, Roken 63/52
Grund, Rote 40/(15)
Grund, Rothe 62/(61)
grund, Sand- 105/(59)
Grund, Saschen 63/47
grund, Sassen- 48/92, 63/47
Grund, Sassen 48/92
Grund, Saßischen 63/47
grund-Schlag, Diestel- 8/(17)
Grund, schwarten 5/(58)
Grund, Schwein 31/24
Grund, Seute 39/21
grund, Steen- 13/27, 40/16
Grund, Steffens 47/(124)
Grund, Steilen 13/(102)
grund, Stein- 13/27, 40/16, 79/(67)
grund, Striet- 5/(57)
Grundstück 30/(89)
Grund-Stücken 101/(4)
Grundstück, vorderste 30/(89)
Grund, Süße 39/21
Grunds Wiese, Liggen 54/(25)
grund, Tater- 39/6
Grundt, Besen 13/(84)
Grundt Bömken 63/51
Grundt, Brietzer 101/(8)
Grundt, Faule 35/(69)
Grundt, Fuhlen 35/(69), 36/(108)
Grund, Thater 5/(59)
grundt, Hecken- 42/77
Grundt, Hintzen 62/67
grundt, Hinzen- 62/67
Grundt, Horten 39/(28)
Grund, Tiefe 41/19, 49/32
Grundt, Langen 36/10, 38/(85), 51/10
Grund, Tohten 59/(94)
Grundt, Rocken 63/52
Grundt, Rode 59/(87), 62/(61)
Grundt, Roten 62/(61)
Grundt, Rothe 19/(113)
Grundt, Sachsen 63/47
grundt, Schmahl- 21/(96)
Grundt, Steyl 13/(102)
Grundt Stück 101/(4)
Grundt, Wehde 68/(175)
Grund, Voß 20/(64)
grund, Wader- 33/34
grund, Wasser- 49/(37)
grund, Waßer- 33/34
Grund, Zegendorper 102/(5)
grüne Heide 104/4
grünen Flachsberg 14/40
grünen Steig 1/100

grünen Stieg 1/100
grünen Wege 20/18, 42/80
Grunerbarg 74/82
Grüner Grund 24/25
Grüne Stigen Koppel 12/89
grüne Weg 20/18, 96/(36)
Grünn' 25/89
Grünn', Arm 50/10
grünn', Immen- 1/139
grünn', Kiel- 80/21
grünn', Ollendecls- 61/4
Grün Stiegs Coppel 12/89
grunt, Heyt- 3/(59)
Grüttwiese 3/(20)
Gruve 56/(131)
Gudausche Wiesen 56/31
Gudenbusch 38/44
Gudowschen Wischen 56/31
Güesmer 30/25, 42/26
Gueßmers 56/(132)
Guhlcke 75/72
Guhlcks 67/(100)
Gühlenholt 62/87, 64/2
Gühlen Holtz 62/87, 64/2
Gühlen Holtze 64/2
Guhlen Kolk 44/125
Guhlischen Holtze 53/(66)
Guhlitz 48/38, 65/31
Guhlk 75/72
Gühlken Kamp 25/(18)
Guhls 44/127
Guhlsch 58/7, 67/8
Guhlschen Kamp 41/78
Guhlschen Kohlhöfen 41/(111)
Guhlschen Wischen 44/127
Guhlsche Wiese 67/(101)
Guhlsen Kamp 44/103
Guhlser Kamp 44/103
Guhlskamp, Grot 53/72
Guhlskamp, Lütt 53/71
Guhls Kölck 44/125
Guhls Koppel 67/8
Guhls-Mohr 67/(102)
Guhls Wiese 44/127
Guhls Wiesen 44/127
Guhlswisch 53/75
Guhnzer Berge 35/25
Guhr 39/8
Guhrcke 16/(43)
Guhreisen 52/62
Guhrenbusch 53/(82)
Guhren, Dannen 56/71
Guhren, Grot 56/(128)
Guhren, Groten 56/(128)
Guhren, Hoch 39/8
Guhren, Hogen 39/8
Guhrensberg 59/(35)
Guhrlas 103/(36)
Guhrken 14/(66)
Guhrn, Groten 59/(35)
Guhrschen Berg 36/(114)
Gulcken Stemm 75/56
Güldenströer Horst 44/(144)
Gulecke 77/(130)
Gulenhorst 40/(84)
Gulische Heide 53/42, 53/43
Gulist 65/31
Gulisterbarg 65/30
Gulitz 41/78, 44/127, 48/38, 65/31, 68/7
Gulitze 41/78
Gulitzer 44/103
Gulitzer Camp 44/103
Guliz 65/31
Gullitzer Camp 41/78
Gulschen Kamp 41/78
Gulser Kamp 44/103
Guls -Moor 67/(102)
Gulutze 68/7
gunde, Övel- 64/(169)
gunst, Af- 56/43
Günthers Lust 79/(98)
Gurcken Horst 36/(112)
Gurcken Lande 68/77
Gurck, Großen 35/(70)
Gurck, Lütgen 35/(88)
Gurie 56/(133)
Güritz, alte 11/(2)
Güritzer Kamp 11/(22)
Güritzer Kirchsteig 1/176
Güritzer Middags Sted 72/(50)
Güritzer Mohr 2/13
Gür(it)zer Dannen 73/34
Güritzer Tannen 73/34
Güritz, Oll 11/(2)
Gurlaß 103/(36)
Gurnitz 65/44
Gürtz, alten 11/(2)
Gursch 36/(113)
Gürtzer Kirchstieg 1/176
Gusblanck 14/(58)
Guskamp 44/66
Güsmar 42/26
Gusmer 56/(132)
Güsmer 40/71, 42/26
Gusnitz 71/42
Gusnitzen 71/42
Gusnitzer Barg 71/40
Gusnitzer Berg 71/40
Güßmer 42/26
Güßmerkamp 40/(85)
Gußnitz 71/42
Güstens 56/(134)
Gustiden-Lande 67/(103)
Güstmarische Riete 30/(90)
Gustmaur 67/44
guten Liebsen 79/(63)
Gutschens 56/(135)

H

Haaben 106/(35)
Hääbel, Gaaden 31/(50)
Haacken Horst 44/(145)
Haacken, lange 1/(125)
Haacken, Lange 1/(125)
Haaf Koster Berg 95/(100)
Haaf Koster Bruch 95/45
Haaf Stücken 96/(41)
Haagduern 42/(57)
Haagenenden 25/95
Haagen Höven 55/(43)
Haagenwiesen 25/94
Haalbeck 76/20
Haal-Beck 76/20
Haalbeck Wiese 76/(21)
Haar Struven 87/(55)
Haartzen Hof 56/(136)
Haasen Brüggen 42/(74)
Haasen-Camp 101/(70)
Haasenhof 42/(73)
Haasenhorst 72/(101)

Haaskamp 43/13
Haaßen Enden 97/(45)
Haber-Camp 75/92
Häberge 58/(21)
Haberkampff 75/92
Haber Koppel 18/(49), 75/(13)
Haber Mohr 93/86, 93/99
Haber Stück, Lang 33/(54)
Haber Wiese 75/66
Habesacksschlag 8/(3)
Habichtshorst 44/(42), 75/67
Habigshorst 75/67
Habitt Horst 75/67
Haböck Horst, Grot 72/(37)
Haböck Horst, Lütt 72/35
Haböckshorst, Lütt 72/35
Habök 27/64
Häböken 32/30
Habüchen 95/(102)
Hacke, Breit 22/(76)
Hacke, Kleine 22/(83)
Hacken 22/(80), 35/28
Hacken, Binnen 35/32
Hacken, Kurtzen 22/(84)
Hacken, Lange 1/(125)
Hacken, Langen 22/(86), 35/(83)
Haefsche Coppell, Hin 86/(19)
Haege Holtz 90/10, 101/34
Haege Tannen 79/(48)
Haege, Taxus 42/83
Haf 21/21
Hafen 21/21
Häfen 107/25
Hafen, Bulisch 48/(103)
häfen, Dammets- 32/(39)
häfen, Förster- 94/19
Häfen, Glintz 71/(121)
häfen, Groth Kohl- 14/(65)
häfen, Hopfen- 32/9
Häfen, Horster 94/19
häfen, Korken- 35/43
häfen, Lang- 14/13
häfen, Lütt Kohl- 14/(85)
Häfen, Ratten 36/9
Häfen, Schulten 70/38
häfen, Wüsten- 32/(57)
Häfen, Zietlitzer 30/(143)
Haferberg 79/88
Hafer Coppel 75/(13)
Haferkamp 75/92
Hafer Kamp 75/92
Hafermoor 93/99
Hafern Stücken 20/(43)
hafer, Sand- 39/17
Haferwiese 75/66
Hafer-Wiese 75/66
Haff Koster Bruch 95/45
Hafkhorst 44/(42)
häf, Pagels Imm- 44/106
häf, Pagels Immen- 44/106
hafsch Stück, schmahl- 103/(128)
Haf Stücken 96/(41)
Hägde, Cords 58/(43)
Hägde, Dorn 62/(108)
Hägde, Hinrichs 64/(135)
Hägden 62/(120)
Hägde, Tater 58/(33)
Häge 67/(104)
Häge, Asmuß 56/(93)
Hagen 6/8, 56/(137), 64/(122), 68/45, 75/(175), 81/50
Hägen 28/(44), 45/78
Hägen, achter Jancken 38/(78)
Hägen, Aßmus 56/(93)
Hagen, Barcken 56/(98)
Hägen, Brum 48/(99)
Hagen Camp 68/45
Hagencampwiese 75/(176)
Hägen, Dorn 46/(43)
Hägen, Dornen 62/(108)
hagen, Fincken- 3/56
hagen, Finken- 3/56
Hägen, Gaden Bargs 61/(37)
Hägen, Grebtzer 28/(44)
Hagen, Hasen 56/(140)
hagenheide, Reh- 79/8
Hagen Hoefen 2/(5)
Hagen Holtz 45/(90)
Hägen, Jahrns 38/43
Hägen, Jahrs 38/43
Hagen Kamp 68/45
hägen, Kleh- 68/(123)
Hägen, Korten 61/(52)
Hägen, Kraunschen 45/28
Hägen, Kurtzen 73/(120)
hagen, Kurtzen Schweine- 76/(83)
Hagen, Lange 22/(87)
Hagen, Lütgen 48/(132)
Hagenower Camp 65/15
Hagenower Kamp 65/15
hagen, Pferde- 66/31
Hagen, Pferde 66/31
hagen, Pier- 66/31
Hägen, Pigatschen 48/34
hagen, Re- 3/48
hagen, Ree- 71/68
hagen, Reh- 3/48, 5/(8), 19/(112), 48/49, 71/68
hagen, Rehe- 19/(112)
Hagenriet 74/9
Hagenschen Stücken 83/38
hagensche Stück, Schwein- 81/(163)
Hagen, Schwein- 76/28
Hagenskampwiese 64/41
Hagens Stücken 99/10
Hagenstück 25/95, 97/(46)
Hagenstücken 25/95, 83/38, 97/(46), 99/10
Hagen Stücken 97/(46), 99/10
Hagen Stücken, kurzen 83/38
Hagenstücken, Lange 83/39
Hagenstücken, Langen 83/39
Hagen Stücken, langen 83/39
Hägen, Sturchen 46/(62)
hagen, Swien- 76/28
Hagens Wiese 62/121
Hagens Wiese, Lütge 64/(159)
Hagens Wiesen 48/(116)
Hagens Wische 67/36

Hagenwiese 1/96
Hagen Wiese 99/(34)
Hagen Wiese, Große 64/41
Hagen Wiese, Kleine 64/(159)
Hagen Wiesen 1/96
Hagenwisch 1/96, 64/41
Hagenwische 1/96
Hagenwischen 1/96, 25/94
Hägen, Zwänck 61/(87)
Hägen, Zwenck 61/(87)
Häge Stücken 47/10
Hägholt 35/39, 87/43, 90/10, 101/34, 103/50
Häg Horst 97/8
Häghost 93/2, 97/8
Hägmaur 47/10
Hägstücken 49/16
Hä(g)wischen 67/36
Häg, Nie 18/7
Häg, Oll 18/9
häg, Taxen- 42/83
Hahlrethstück 95/(111)
Hahlrieth 95/(111)
Hahn-Camp 65/(7)
Hähnck 73/85
Hahnen Camp 47/79, 81/65
Hahnenhorst 81/65
Hahnenkamp 47/79, 81/65, 105/(13)
Hahnen Kamp 65/(7)
Hahnenmoor, Großes 5/4
Hahnenmoor, Kleines 5/5
Hahnenmour 5/4
Hahn-Kamp 47/79
Hahn Mohr, Große 5/4
Hahnmohr Stücken 5/4
hahrcken, Gohß- 14/29
Haidbrauk, Lütt 72/91
Haide 71/63
Haide, Nachbars 1/138
Haidkolk, Lütt 72/88
Haid, lütt 72/87
Haidtwiese, kleine 58/(49)
Hake, Jastrams 20/(45)
haken, Binnen- 35/32
haken, Buer- 35/28
Haken, Heit 17/(77)
haken, Hösten- 65/1
Häktfort 1/4
Häktkuhl 74/25
Halaß Kamp 77/117
Halbeck Wiesen 76/(21)
halbe Halbwiese 20/5
Halbe Hufe 86/(55)
halbe Mond, Stern und 71/(105)
Halben Barcken 96/(37)
Halben Bercken 96/(37)
Halben Huefe 81/(122)
halben Stücken 79/86
Halben Stücken 56/(138), 81/(123)
Halben-Stücken 79/86
Halben Stücken, Schwein 81/(164)
halbe Stücken 79/86
halbe Wiese 20/5
Halb Kaveln 106/(50)
Halbmond, Stern und 71/(105)
Halbpflichter Wiese 1/14
Halbpflichter Wiesen 1/14
Halb-Pflichter-Wiesen 1/14
Halbpflichter Wische 1/14
Halbplichter Wiese 1/14
halb Roden, Vier- 25/(119)
Halb Siede 64/(123)
Halbstück 79/86, 89/(60)
Halb Stücken 40/30, 56/(138)
Halbwiese, halbe 20/5
Halb Wiesen 20/5
Hälften Städen 32/(42)
Häling 5/45
Hall-Becks-Wiese 76/(21)
Hallmans Wiese 81/4
Halms Kamp 45/41
Hals 48/58, 97/10
Halse 62/(122)
hals, Gänse- 7/23
hals, Ganter- 81/2
hals, Goos- 7/23, 57/77
hals, Gos- 57/77
Hals, Langen 53/50
hals, Pezollen- 25/(6)
Halß 14/(67)
Hals, Schmalen 68/(162)
Halß Mohr, Rohten 81/(156)
Halß, Rohten 81/(155)
Halß, Schmahle 68/(162)
Halß, Schmahlen 68/(162)
Halß Wisch 92/(18)
Hals Wiese 4/(21)
Halswiese, Schmalen 4/(21)
Halwplichter Wischen 1/14
Halwstücken 40/30
Halw Stücken 79/86
Hamborger Dur 47/57
Hambow Horst 95/(101)
Hambow Wiese 95/(39)
Hämelken 59/(24)
Hamelklies 53/35
Hamelstiert 38/38
Hampower Wische 95/(39)
Hampowisch 95/(39)
Häncke Horst 73/85
Hääncken Wiese 55/(3)
Handwiser 63/36
Hanen Camp 26/(47)
Hanen Mohr 72/(102)
Hanen Kampe 81/65
Hanen Möre 72/(102)
Hannohn 79/49
Hannon 79/49
Hannonn 79/49
hann, Strauck- 75/158
hann, Struck- 75/158
Hansberg 101/(6)
Hans Berg 99/(19), 101(6)
Hanß-Berg 99/(19)
Harbeus 27/64
harcken, Gaus- 14/29
Härden Stück 79/(130)
Harden Wiese 64/(124)
Harde Wiese 64/(124)
Hare Stuve 13/51
harken, Gauß- 14/29
harken, Gos- 14/29
Harloffs Camp 77/117
Harms Kamp 45/41
Harmsmoel 30/67

Harms Mühl 30/67, 38/(74)
Harnaun 79/51
Harnische Horst 30/(91)
Harnische Riete 30/(92)
Harr Wiese 64/(124)
Harsland 94/9
Hars Länder 94/9
Hart Henck 48/(117)
Hartigs Colck 68/(113)
Hartzhoff 56/(136)
Harwischen 20/5
Haselberg 103/(96)
Hasel Berg 101/24
Haselhorst 44/(37), 72/(103)
Hasel Horst 72/(103)
Hasell Horst 26/(48), 86/12
Hasellkampf 36/(115)
Hasenbarg 31/37, 66/10
Hasenberg 66/10
Hasenbergk 19/(96)
Hasenbusch 94/15
Hasen Camp 56/(139), 101/(70)
Hasen Hagen 56/(140)
Hasenhei(d) 34/4
Hasenkamp 46/24, 47/7, 48/9
Hasenkoppel 5/30
Hasen Koppel 34/(13)
Hasenmohr 79/35
Hasenmohrschen Tannen 80/(32)
Hasen Moor 79/35
Hasenmour 79/35
Hasen Stämm Wiese 97/13
Hasen Tringen 103/(97)
Hasenwinkel 40/45
Hasenwisch 97/13
Hasselbarg 42/95, 101/24
Haßelberg 101/24
Hasselbusch 1/149, 90/35
Haßelbusch 1/149
Haßel Büschen 42/(40)
Haßel Camp 37/(16)
Hasselhege 84/(16)
Hasselhei(d) 64/57
Hasselheide 64/57
Hassel Heide, Schön 64/63
haßel-Heide, Schön- 64 63
Hasselhei(d), Schön 64/63
Hasselhorst 52/10
Hassel-Kolck 84/(15)
Haßel Kolck 84/(15)
Hasselkolk 44/16
Hassel Kolk 84/(15)
Haßell Stücken 12/(9)
Hasselsbusch 1/149
Haßel Sprinck 3/52
Haßelstücken 12/(9)
Hassel Stücken 12/(9)
Haßelwiesen 79/113
Haßel Wiesen 79/113
Haßel Wießen 30/(93)
Hasselwisch 79/113
Haßen Ohrt 39/(39)
Hauben 12/8, 83/20
Haubenkavel 12/3
Haubenwischen 81/6
Hauer Schlag 84/(23)
Haufiesenbarg 65/19
Haufisenbarg 65/19
Haugbur Busch 77/(131)
Hauhnerbusch 96/2
Häuhnerhof 47/14
Hauhnerkamp 41/83, 63/49
Häuhnerkavel 69/64
Hauhnerwisch 62/19
Hauhnerwischen 65/21
Hauk 9/45
Hauner Camp 56/(141)
Haunerkamp 41/83
Hause, bey dem Hohen 64/38
Hause, Kamp beim 7/50
hause, Schieß- 1/108
Hause, Schieß 1/108
Häusischen Bruch, alten 64/(92)
Hauß Coppel 24/(45)
Hauswiesen 14/(70)
Haut 66/21
Haut, Battrams 83/45
haut, Eranzosen- 101/39
haut, Soldaten- 27/61, 29/14, 42/18
haut, Zucker- 103/68
Hauw 43/6
Hävelingk 47/28
Häven, Asch 95/(63)
häven, Ni- 19/49
Häven, Schulten 70/38
Haver Wiese 75/66
Hävestücken 59/(13)
Havstücken 59/(13)
Häwammenwisch 42/23, 57/24, 70/80, 91/7
Häwammswisch 30/20
häwe, Kohl- 38/(81)
Hawerbarg 79/88
Hawerkamp 75/92
Hawerkoppel 10/3
Hawermour 93/99
Hawersackseck 7/43
hawer, Sand- 39/17
Hawerwisch 75/66
Hawkhost 75/67, 95/45
Hawt 21/21
Hebbeucken Camp 95/(102)
Hebenbrücke 72/(15)
Heben Brüg 72/(15)
Hecht Horst 42/6
Hechtsfohrt 1/4
Hechtsfort 1/4
Hechtsforth 1/4
Hechts Forth 84/(3)
Hechtsfurt 81/(124)
Hecken Barg 42/(89)
Hecken Berg 42/(89)
Heckenberge 42/(89)
Heckengrund 42/77
Hecken-Grund 42/77
Heckengrundt 42/77
hecken, Twei- 74/21
heck, Zwiß- 52/2
Hee(d) 69/37
hee(d), Bagen- 44/122
heed, Banzel- 77/53
Hee(d)barg 52/76, 62/21, 77/96, 79/4, 81/33
hee(d), Blaum- 44/26
hee(d), Brand- 47/68
Hee(d), Breet 69/12
Heed, Breet 69/12

hee(d), Buern- 68/60
Hee(d)dour(en)sch Weg 65/89
Hee(d), Grot- 68/59
Hee(d)hoew, Tauchnitzer- 78/21
Hee(d)host 49/25
Hee(d)kamp 56/76, 69/16
hee(d), Kampen- 41/97
Hee(d)kavels 77/18
Hee(d)koppel 41/8, 47/17, 47/77, 63/20, 67/17, 71/73, 77/15, 77/114, 78/82, 79/6
Hee(d), Langen- 68/58
Hee(d), Lünenborger 47/46
Hee(d), Lütten 68/57
hee(d), Nabers- 79/103
Hee(d), Nie 77/102
Hee(d), Oll 77/105
heed, Porpen- 48/75
hee(d) Pumpel- 77/51
Hee(d)ratt 47/36
hee(d), Ro(de)lands- 52/56
Hee(d)slag 63/13
Hee(d)stieg 45/38
Hee(d)strang 89/28
Hee(d)stück 48/5
Hee(d)stücken 45/53, 52/81, 76/3, 76/47, 79/41, 107/12
Hee(d)stücken, Bree(d)- 95/6
hee(d), Wäsel- 75/161, 76/1, 78/83, 79/12
heed, Wäsel- 78/83
Hee(d)wisch 45/1, 89/35
hee(d), Zielanz- 52/61
Heege Holtz 70/(125)
Heegen 11/(47), 12/(7), 68/(114)
Heegen, Blanken 63/(86)
Heegen, Gladdenbargs 31/(28)
Heegen, Jesarschen 61/(46)
Heegen, Korten 61/(52)
Heegen, Krohnschen 45/28
Heegen, Kurtze 73/(120)
Heege Stücken 47/10, 49/16
Heeg-Holtz, Lütt- 96/(1)
Heelradt 47/36
Heerde Kahte 44/(146)
Heerde Kohten, hinter 17/(76)
Heerd, Vogel 93/(90)
Heer Land 42/(38)
Heers Dieck 45/(91)
Heers Lande 10/18
Heerwege 63/(119)
Heer Wege 73/111
Heetenhof 59/30
Hegde, Dorn 62/(108)
Hegeböken 95/(102)
hegede, Pfingst- 90/(69)
hege, Hassel- 84/(16)
Hege Holtz 35/39, 87/43, 101/34
Hegeholz 70/(125), 87/43
Hege Holz 12/(82), 90/10, 103/50
Hege Holz, Lütt 96/(1)
Hege Horst 93/2
Hegen 12/(7), 28/(44)
Hegen, Conower 42/(112)
Hegen, G(a)uren 45/22
Hegen Holt 70/(125)
Hegen, Krievser 45/25
Hegen, Priester 53/(6)
Hegen, Sagerinschen 70/(168)
Hegen Stücken 47/10
Hegen, Sturen 46/(62)
Hegen Tannen 32/(43)
Hegen, Warlower 68/(174)
hege, Pfingst- 98/(25)
heger Mohr, Hel- 25/(56)
Hege, Scharpen 56/(195)
Hege-Stücken 49/16
Hege, Tater 58/(33)
Heg Holtz 35/39
he, Greun- 104/4
Heh Backen 96/(38)
Heh Becken 96/(38)
Hehle 104/13
Hehnken Hof 45/68
Heide 1/(168), 24/(16), 60/1, 66/34, 71/63, 77/102
Heibarg 26/16
Heid 24/(16)
Heidbarg 24/14, 26/16, 28/36
Heidbarge 47/(103)
Heidberg 12/(107), 24/14, 26/16, 106/(2)
Heid Berg 103/(98)
Heidberger Mohr 64/(125)
Heidbleck 1/58
Hei(d)blenk 1/58
heid, Blohm- 44/26, 72/(41)
hei(d), Brand- 15/60
hei(d), Brandsk- 13/69
Heidbrok, Lütt 72/91
Heidcamp, Dodemanns 44/(115)
Heid, Cieler 9/24
Heiddamm 42/101
Hei(d)damm 25/10
Heide, achter Holtzunger 95/(60)
Heide, Bagelsche 54/(32)
heide, Bagen- 44/122
heide, Banzel- 77/53
Heide, Banzel 77/53
Heide, Barcker 99/(25)
Heide, Baren 76/(60)
Heide, Bärens 52/35
Heide, Bauer 103/(62)
heide, Bauern- 68/60
Heide Berge 64/(131)
Heide Bläck 1/58
Heideblenk 1/58
Heide, Bluhmen 44/26
Heide, Borns 76/(60)
heide, Brand- 18/(46), 47/68
Heide, Brand 18/(46)
Heide, Branden 56/54
heide, Brands- 13/69
Heide, breite 96/24
Heide, Breuder Stiegs 62/(80)
heide, Bubel- 77/(40)
Heide, Butter Wiese 93/(18)

Heide, Colbauer 84/(20)
Heide, Daasen 103/(53)
Heide, Dasen 103/(53)
heide, Fahren- 13/14
Heide, Glashütten 97/(15), 103/(55)
Heide, Glashütter 97/(15)
Heide, Greiner 55/26
Heide, Grensck 62/(77)
Heide, groot Kiekbusch 25/38
Heide, grosse 83/(13)
Heide, Große 68/59
Heide, Große Loth 56/(125)
Heide, Großen 83/(13)
Heide, Großen Poackschen 56/(127)
Heide, grüne 104/4
Heide, Gulische 53/42, 53/43
heide, Hassel- 64/57
heide, Heidmanns- 69/37
Heidehorst, kleine 73/(6)
Heide, Julsche 53/42, 53/43
Heide, Kamp 59/(62)
heide Kamp, Dodemann- 44/(115)
heide Kamp, Stroer- 78/(97)
Heide, Kieler 9/24
Heide, Kleine 68/57
heide, kleine Kieckbusch- 25/(41)
Heide, kleine Loth 56/(153)
Heide, Kleinen Poackschen 56/(155)
Heide, Kloster 12/69
heide, Königs- 34/(24)
Heide, Königs 34/(24)
Heidekoppel 43/(91)
Heide Koppel 41/8, 60/(5)
Heidekoppeln 13/17, 08/00
Heide, Krug 5/(54)
heide, Krus- 5/41
Heide, Kuhlser 43/61
Heidelaage, großen 42/54
Heide, Lackt 56/21
Heide, Lanck 56/8
heide, Lang- 68/58, 94/36
Heide, Lang 68/58
heide, Lange- 68/58
Heide, lange 71/(102)
Heide, Lange 68/58, 71/(102), 72/27, 103/(58)
Heide, Lietzer 72/(108)
Heide, Lornsk 62/(82)
Heide, Lütgen Camp 41/97, 75/(184)
Heide, Lütt 72/87
Heide, Magnitzer 49/27
Heide, Mereetzer 56/35
Heide, Mittel Loth 56/(173)
heide, Mohr- 94/33
heide, Moor- 94/33
Heide, Nabers 1/138, 79/(85), 79/103
Heide, Nachbars 79/103
Heiden, achtern großen 93/(13)
Heiden, Brede 96/24
Heiden, Bree(d) 96/24
Heiden, breeden 96/24
Heiden, Brehd 96/24
Heiden Camp 62/(124)
Heiden, großen 93/(17), 93/65
Heiden, Großen 93/(17)
Heiden, Heitmanns 69/37
Heiden Hof 59/30
Heidenhof, baben 59/(31)
Heidenholts Wiesen 87/(56)
heidenmaur, Kloster- 12/69
Heiden Schulten Land 73/(29)
Heidensmaur 36/6
Heiden Stranck 89/28
Heidenstrangk 89/28
Heidenstücke, Kloster 12/69
Heide, Ohlhofs 59/(82)
heide, Oster- 42/102
Heide, Oster 27/53
heide, Papers- 54/23
heide, Post- 64/73
heide, Pumpel- 77/51
Heide, Rad 59/(86)
Heide, Radt 61/(75)
Heide, Rebahns 79/(11)
heide, Rehhagen- 79/(8)
heide Reigeichen, Kieler- 9/19
heide, roderocks 12/(21)
Heide, Roderocks 12/(21)
Heide. Rodrocks 44/(172)
Heiderwiesen 64/67
Hei(d)erwisch 64/67
Heide, Schön Hassel 64/63
Heide, Schönhaßel 64/63
heide, Strangs- 25/(45)
Heide, Streit 28/7
Heide, Strohkircher 65/(157)
Heide-Stück 94/35
Heidestücken 1/(172)
Heide Stücken 23/(76), 81/(125)
Heide-Stücken 2/(1), 97/(47)
Heide Stücken am Postweg 23/12
Heide Stücken, groß 87/(11)
Heidestücken, Kurze 35/52
Heidestücken, Lange 35/53
Heide, Tauers 56/(204)
Heide, Taugnitzer 78/21
heide, Trien- 75/98
Heide, Trohn 104/(6)
Heide, Vielancks 56/55
Heide, Vietzen 56/(210)
Heide, Voernsch 62/12
Heide, Wehsel 75/161, 76/1
heide, Wesel- 78/83, 79/12
Heide, Wesel 76/1
Heide, Wesell 75/161, 76/1
heide, Weßel- 78/83

Heide Wiesen 90/(53)
heide Wiesen, Trien- 75/(103)
Heide, Zare Wehsel 78/80
Heide, Zwischen Langen 23/(104)
Heidflecken 1/58
Heidgärten 75/142
Hei(d)gor(de)n 75/142
Heidgräsen, Kleinen 106/(25)
Heidgräsen, Middelsten 106/(22)
Heidgräsing, Großen 106/(22)
Heidgräsing Kleinen 106/(25)
Heid-Gräßel 81/(126)
Heid, Greien 55/26
Hei(d), Grön 104/4
heidgrund, Lang- 24/12
Hei(d)grund, Langen 24/12
hei(d), Hasen- 34/4
hei(d), Hassel- 64/57
Heidhof 59/30
Heidhöfer Dickloch 34/21
Heid Hörens Wiese 4/(12)
Heid Horst 59/(54)
Heidische Pford, Blohm 44/(24)
Heidkamp 12/(108), 56/76
Heid Kamp 29/(2)
Heidkamp, Dodemanns 44/(115)
Heid Kamp, fordersten 64/(109)
Heid Kamp, hintersten 64/(137)
heid Kamp, Kieler- 9/25
Heid Kamp, Lütt 65/(9)
Heid Kamp, mittelsten 64/(165)
Heid Kavelln 45/1
hei(d), Kieler- 9/24
Heidkolk, Lütt 72/88
Heid', Kollbohts 41/(4)
Heidkoppel 85/36
Hei(d)koppel 5/34, 13/17, 25/38, 32/21, 36/49, 46/26, 50/29, 66/34, 73/33, 85/36
heid, Krüs- 5/41
Hei(d) Lag, Grot 42/54
Hei(d), Lang 94/36
Hei(d), Langen 72/27
Hei(d), Lütt 72/87
hei(d), Mahl- 104/7
Heidmannsheide 69/37
Heidmohr 64/(126)
Heidmoor, Kloster 12/69
hei(d), Mour- 94/33
Hei(d), Nabers 1/138
hei(d), Oster- 27/53, 42/102
hei(d), Post- 64/73
Heidrögen 2/38, 6/32
heidsche Ford, Blohm- 44/(24)
heidschen Damm, biem Lang- 72/16
Heidschen Kolck, Lütt 72/88
Heidschen-Rien, Wesel- 76/(104)
Heidscher Fordt, Lütt 73/(11)
heidscher Kolk, Blom- 72/(42)
heidsch Ford, Blohm- 44/(24)
Heidsch Fordt, Lütt 73/(11)
Heidsch Horst, Lütt 73/(6)
heidsch Kolck, Blohm- 72/(42)
heidsch Kolck, Lang- 72/(19)
heidsch Kolck, Lütt- 72/88
hei(d), Schön Hassel- 64/63
Heids Enden, Bahr 76/(54)
hei(d), Striet- 28/7
Heid, Striet 24/(35)
Hei(d)stück 94/35
Heidstücke 1/(172), 2/(1)
Heidstücken 18/39
Hei(d)stücken 3/47, 16/9, 18/39, 73/23
Heid Stücken 1/(172)
Hei(d)stücken, Korten 35/52
Heidstücken, Langen 35/53
Hei(d)stücken, Langen 35/53
Heidstücken, öbersten 35/52
Heids-Wiese, Bahren- 76/(55)
Heidtbarg 42/(117)
Heidtbarge 26/16
Heidtbergischen Felde 4/(34)
Heidt Berg Stücken 103/(98)
Heidt Berg Stücken, breden 103/(76)
Heidt Berg Stücken, schmahlen 103/(124)
Heidt Camp 16/9, 29/(2)
Heidt Camp, olden 65/(151)
Heidt Cavel 62/(123)
Heidtland 36/49
Heidt Ohrde 65/(133)
hei(d), Trien- 75/98
heid, Trun- 103/20
Heidt Stück 61/(41)
Heidtstücken 1/(172), 2/(1), 47/17, 62/(127), 73/42, 97/(47)
Heidt Stücken 12/(108)
Heidt-Stücken, große 35/53
Heidt Stücken, Lüttgen 93/(121)
heidts Wiesen, Trien- 75/(103)
heidt, Trin- 75/98
Heidtwiesen 89/35
Heidt Wieße 16/(44)
Heid Wiese, Lütg 41/(122)
Heidwiesen 89/35
Heidwische 89/35

Heier Kolck 77/(43)
Heier Laag, Lütt 42/(44)
Heilig Geist Acker 1/(80)
Heilige Geist-Tannen 1/177
Heilige Land 81/55
Heiligen-Camp 79/97
Heilig(en) Geist(es) Acker 1/(80)
Heiligen Geistes Dannen 1/177
Heiligen Kampf 79/97
Heiligen Lande 99/21
Heiligen Rades Mohr 105/22
Heiligen Stücken 86/30
Heiliger Kamp 1/141, 7/4
Heilkolk 66/13
Heinckel Wise 14/(68)
Hein Hof 59/30
Hein Holtz 86/(16)
Heinrichs Berge 79/(58)
heister, Kopp- 76/6
Heitberg 5/(51), 103/(98)
Heitgräsen, Kleinen 106/(25)
Heitgräsen, Mittel 106/(22)
Heit-Haken 17/(77)
Heithöfts Wiese 4/(12)
Heitmanns Heiden 69/37
Heitmanns Heyde 69/37
Heitsenhof 69/5
heitstück 1/(172)
Heiwisch 63/14
Heldorfs Hoff 1/(163)
Helenen, Sanct 70/2
Helenen, Sankt 70/2
Heler 104/13
Helft(e) 23/(74)
Helften 10/(55)
Helheger Mohr 25/(56)
Hell 36/5
Hellbarg 15/40
Helldörps Hoff 1/(163)
Hellenrade 47/36
Heller 64/38, 93/61
Helms Kamp 49/(48)
Helms Maur 47/82
Helms Mohr 62/(125)
Helsechen 41/(112)
helsekenn 41/(112)
Helßken Wiese 41/(112)
Heltdorfs Hoff 1/(163)
he, Mahl- 104/7
Hempfstücken 26/28
Hempstä(d) 26/28
Hencken Camp 23/(75)
Hencken Deich 63/(120)
Hencken Kamp 45/68
Henck, Hart 48/(117)
Henck Wiese 55/(3)
Hengstenkoppel 8/(20)
Hengst Koppel 8/(20)
Henken Kamp 64/42
Henkenwischen 62/6
Henncken Camp 25/(102)
Hennecken Wiese 62/6
Hennicken Barge 64/(127)
Hennken Kamp 64/42
Hennken Wiese 62/6
herd, Finken- 7/11
Her Horst 36/(116)
Hern Felde 95/(103)
Hern See 22/7
Hern Wische 21/(67)
Herren Camp 64/(128)
Herrendannen 64/78
Herren-Felde 95/(103)
Herrenkamp 1/22
Herren Kamp 1/22, 64/(128)
Herren Kampe 64/(128)
Herren Kampf 62/(126)
Herren Lande 35/(72)
Herren Schmiede Wiese 1/(182)
Herrensee 22/7
Herren See 22/7
Herren Tannen 64/78
Herrenwiese 56/(142)
Herren Wiese 1/19, 72/4
Herrenwiesen 79/111
herren Wiesen, Viertels- 1/(86)
Herrenwisch 1/19, 57/26, 72//4, 79/111
Herren Wische 22/(81)
Herrn Acker 62/50
Herrn Berg 37/(2)
Herrn See 22/7
Herrn Wiese 64/(129)
Herrn Wische 95/(104)
herrnwisch, Rats- 1/121
Herrse Stücke, Olden 16/(57)
Herse -Land 94/9
Herzogsdamm 75/80
Heßern, Schniettel 68/(163)
Heßland 10/18
Hesterhosten 45/63
Hester, Elenden 75/143
hester, Elends- 75/143
Hestern 45/48
hestern, Elends- 75/143
Heubarg 1/129
Heuberg 1/129
Heudrögen 10/16, 15/19
Heuer Lande 84/(23)
Heuers Wiesen 42/(30)
Heuers Wisch 42/(30)
Heugling 66/(62)
Heukavel 38/46
Heukenhorst 70/105
Heukenhorster Kolk 70/(103)
Heukoppel 15/4, 15/22
Heuling 65/34
Heulings Caveln 68/20
Heuschen 62/27
Heustacken-Horst 81/(127)
Heu Stacken Horst 81/(127)
Heu Trocknen 6/32
Heutsbarg 45/73, 62/81
Heutsland 48/14
Heutswisch 20/3
Heuweg 28/22
Heu Weg 81/18
Heuwege 29/(31)
Heuwegstück 30/19
Hewstaken Horst 81/(127)
Hexenberg 56/(83)
Hexen Berg 60/14
Hexenkuhl 90/56
Hexen-Kuhle 90/56

Hexen Pahl 56/(83)
Hexenpfahl 56/(83)
Hexforde 1/4
Heyd Blecken 1/58
Heyde 1/168, 23/(76), 71/63, 85/36
Heyde, Bahren 76/(60)
Heyde, Barten 48/(94)
Heyde, Bauer 103/(62)
Heyde, Bauskens 63/90
Heyde Berg 105/(39)
Heydebläcken 1/58
Heydeblecken 1/58
Heyde Blecken 1/58
Heyde, Blum 44/26
Heyde, Blumen 44/26, 72/41
Heyde, Borsen 63/(90)
Heyde, Bosen 63/(90)
Heyde, Brandt 47/68
Heyde, Denser 78/(87)
Heyde, Fagnitzer 48/(113)
Heyde, Glaßhütten 97/(15)
Heyde, Glaßhüttsche 103/(55)
Heyde, Grosse 85/36
Heyde, Groth Bred 69/(107)
Heyde, Heitmanns 69/37
Heyde, Kloster 26/(58)
Heyde, Königs 34/(24), 35/(81)
Heyde, lange 72/27
Heyde, Lange 66/(68), 71/(102), 103/(58)
Heyde, Langen 68/58
Heyde, Lüneburger 47/46
Heyde, Lütgen 56/(171), 72/87
Heyde, Lütt Bred 69/12
Heyde, lütte 72/87
Heyde, Mareien 56/46
Heyde, Mühlen 104/7
Heyde, Nabers 1/138
heydensche Branden, lang- 71/(104)
Heyde, Oster 27/53, 42/102
Heyde, raume 1/12
heyde, Roderockest 12/(21)
Heyde, Rodrocks 12/(21)
Heyde, Rothrocks 12/(15)
Heyde, Roth Rocks 12/(21)
Heyde, Wehsel 79/12
Heydgräsen 83/(87)
Heyd Horst 66/(63)
Heyd Kamp 69/16
Heyd-Kamp, mittelsten 64/(165)
Heyd Mohr 31/(52)
Heydschen Horst, Lütgen 73/(6)
Heyd Stück 71/73
Heydstücke 43/(91)
Heydstücken 71/73
Heyd-Stücken 1/(172), 2/(1)
Heyd-Stücken-Camp 2/3
Heydtbargs Wiese 64/(130)
Heydt-Berg 64/(131)
Heydtberge 21/(68), 64/(131)
Heydt-Camp 64/(132)
Heydt Camp, große 65/(103)
Heydt Camp, kleine 65/(9)
Heydt Ende 95/(105)
Heydt Flage 56/(143)
Heydtgrund 6/(38)
Heydt Forth, Blumen 44/(24)
Heydthof 33/(49)
Heydtkampf, Hintersten 64/(137)
Heydt-Kampf, Kleinen 65/(9)
Heydtstücke 26/49
Heydtstücken 12/(108)
Heydt Stücken 23/(76), 62/(127), 100/(25)
Heydt Weg, alte 75/(162)
Heydt Wiesen 103/(99)
Heyers Wiese 42/(30)
Heyligen-Kamp 1/141
heyligen Stücken 89/(61)
Heylig Geist Tannen 1/177
Heylingk 47/28
Heytgrunt 3/(59)
Hienen Höffen 17/(78)
Hienen Wißen 17/(79)
Hien Kampf 63/(121)
Hienst Camp 12/(109)
Hierer Wisch 41/(6)
Hietzbarg 75/119
Hietzbarg, großen 75/119
Hildkamp 79/46
Hilgen Camp 1/141, 7/4, 93/(115)
Hilgenhorst 90/(61)
Hilgenkamp 79/97
Hilgen Kamp 1/141, 7/4, 79/97
Hilgen Land 99/21
Hilgensohl 90/(60)
Hilgen Soll 90/(60)
Hillerdamm 64/(133)
hillgen Acker 89/(61)
hillgen Camp 79/97, 93/(115)
Hilligen Radesmoor 105/22
Hilligen Wischen 87/(57)
Hill Rad Wiesen 47/36
Hillrögen 105/22
Hillwischen 25/28
Himmel 15/3
Him (!) Wiesen 20/29
Hinauts 48/24
Hincken Wiese 20/(44)
Hindarn 73/51
Hindelsten Wischen 3/2
Hindelst Frieholt 36/78
Hinden Wischen 95/(106)
hinder de Hofe 53/(20)
hinder der Hoefe 53/(20)
hindern Büschen Furt 77/(120)
Hindersten Ohrt 16/(45)
Hinde-Wiese 95/(106)
Hindieke 64/(134)
Hindorn 73/51
Hinelst Koppel 46/32, 47/86, 74/26
Hingsten Koppel 67/(105)
Hingst Wiesen 2/(52)

Hin Haefsche Coppell 86/(19)
Hin Model 6/28
Hin Ohr 62/(78)
Hin Wiese 41/(113), 95/(106)
Hinwiesen Hoefen 15/(66)
Hinwisch 5/1
Hinn-Camp 63/(121)
Hin'ndorn 73/51
Hinn-Dorn 73/51
Hinnels Koppel 85/23
Hinnelst dree Böm 43/57
Hinnelst Ellernkoppel 89/44
Hinnelst Gansieten 19/76
Hinnelst Koppel 5/1, 43/14, 45/57, 63/26, 69/33, 74/26, 85/23, 87/4, 90/13, 91/29, 107/4
Hinnelst Maur 107/10
Hinnelst Mörsken 44/(147)
Hinnelst Ort 69/31
Hinnelst Stroier 44/71
Hinnelst Wisch 80/5, 93/79
Hinnenbarg 93/57
Hinnenbreiten 15/29
Hinnen Camp 65/2
Hinneneck 57/43
Hinnen Fangk 43/55
Hinnenfeld 33/27
Hinnen Höfen 62/51
Hinnen Höffen 17/(78)
Hinnen Holtz 83/(57)
Hinnenhost 41/67
Hinnenkamp 65/2, 70/35
Hinnenkavel 23/38, 38/52, 62/38
Hinnen Motell 6/28
Hinnen Ohrt 62/(78)
Hinnen Stücken 23/38, 40/(86), 102/26
Hinnen Wiese 43/14, 62/38
Hinnen Wiesen 20/29, 23/(77)
Hinnenwießen 23/(77)
Hinnenwisch 89/36
Hinnenwischen 51/73
Hinnen Wischen 42/(103)
Hinnenwisch, lange 89/36
Hinnerbreeden 15/29
Hinnerhoew 71/23
Hinnerst Koppel 7/2, 10/1, 27/36, 36/71, 38/56, 57/12
Hinnerst Langen 36/25
Hinnerst Wisch 15/15, 40/43
Hinnerst Wischen 38/3
hinne Soehrland 42/(39)
Hinn'hoew 48/40
Hinnicks Horst 44/(30)
Hinn-Karw 96/(39)
Hinn'model 6/28
Hin'nstücken 102/26
Hinn Stücken 23/38
Hinnst Wiesen 2/(52)
Hinn Wiese 95/(106)
Hinnwiesen 98/(18)
Hinn'wischen 20/29
Hinrichen Lande 56/(144)
Hinrichs Hägde 64/(135)
Hinrichs Horst 44/(30)
Hinsen Grund 62/67
Hinsen Wiese 61/(42)
Hinster Göhren Wise 17/(80)
hinten dem Berge 23/(59)
Hinten-Dorn 73/51
Hinten Felde 33/27
Hinten Kampf 64/(136)
Hintenmohr 6/(39)
Hinten Stück 62/(128)
Hinten Stücken 23/38
Hintenwiese 42/(103)
Hinten Wische 89/36
Hinter Böhneßchen 76/(72)
Hinter Büneschen 76/(72)
Hinter Camp 63/(121), 70/35
Hinter Coppel 46/32
hinter den Borgen 14/(46)
hinter den Höfen 63/57, 74/78, 86/(19)
hinter der Horst 87/(59)
Hinterdiks Camp 82/(2)
hintere Breeslach 75/(77)
Hintere Breeslach 75/(77)
hinteres Postmohr 72/(104)
Hinterfelde 33/27
hinter Heerde Kohten 17/(76)
Hinterholz 83/(57)
Hinterkoppel 5/1
Hinter Koppel 82/(22)
Hinterlaack 1/(18)
Hinter Model 6/28
hinterm Strange 77/(66)
hintern Hofen 71/23
hintern Höfen 26/5, 71/23, 74/78
Hintern Höfen 27/(81)
hintern ollen Höfen 73/(94)
hintern Voßberge 98/(34)
Hintern Wiesen 42/(103)
Hinterohrts Camp 35/(73)
Hinterste Achter Stücken 104/(41)
hinterste Brandstück 30/(94)
hinterste Brand Stück 30/(94)
hinterste Brandt-Stück 30/(94)
hinterste Breeslach 75/(77)
Hinterste Breslach 75/(77)
hinterste Breslag 75/(77)
Hinterste Cavell 30/(95)
Hinterste Deichwiese 30/(96)
hinterste Eller Koppel 89/44
hinterste Fiest 18/50
Hinterste Gönsiten 19/76
Hinterste Horst 83/(55)
Hinterste Kamp 64/(136)
Hinterste Koppel 84/(24)
Hinterste-Langehorst 75/(34)
hinterste Langenstücken 68/55
Hinterste Lang Horst 75/(34)
hinterste Moor 7/2
Hintersten Banies 16/(46)

Hintersten Bohldamm 57/(89)
hintersten Bohm Stücken 104/32
Hintersten Camp 57/(90)
Hintersten Cämpen 64/(136)
hintersten Daul 61/(31)
Hintersten Flage 57/(91)
Hintersten Forth 101/51
hintersten Heid Kamp 64/(137)
Hintersten Heydtkampf 64/(137)
Hintersten Orth 69/31
hintersten Plaskaw 17/51
hintersten Wiesen 2/(52), 3/2
Hintersten Wiesen 3/2
Hinterste Soll-Stücken 107/(34)
Hinterste Voß Horst 62/3
Hinterste Wiese 42/(103), 52/96
Hinterste Wieße 67/(106)
Hinterst Raubergen 14/(69)
Hinterstücken 23/38
Hinter Wiese 95/(106), 99/(35)
Hinterwiesen 73/(112)
Hinter-Wiesen 2/52, 42/(103), 73/(112), 80/5
Hinterwissen Camp 80/(2)
Hintzen 46/(47)
Hintzen Grundt 62/67
Hintzen Wiese 95/(107)
Hintzen Wiesen 95/(107)
Hinzengrund 62/67
Hinzengrundt 62/67
Hirschberg 75/119
Hirschkolk 64/84
Hirsch Kolk 64/84
Hirschkopf 74/101, 78/30
Hirschkopp 74/101, 78/30
Hirschkuhle 34/(22)
Hirten Acker 43/(92), 44/148, 107/(35)
Hirten Acker, alte 17/(57)
Hirten Kamp 76/(73)
Hirtenwiese 75/(154), 81/(128), 106/(19)
Hirten Wiese 1/119, 3/37, 64/(138), 66/(64), 75/(154), 77/(132), 85/(57), 93/(63), 95/(108), 96/(40), 99/(36), 106/19, 107/(36)
Hirten-Wiese 103/(100)
hirten Wiese, Ku- 23/(87)
hirten Wiese, Kuh- 1/119
Hirten Wiese Kuh, 54/12
Hirten Wiesen 1/119
Hirten Wisch 73/(113)
Hirthen Wiese 76/(74), 97/(48)
Hiß-Garten 69/(109)
Hitzbarg 75/119
Hitzberg 75/119
Höbbel 40/55
Höbbel, Crullen 30/(77)
Höbbeling 68/20
Höbbel, Jauchen 30/(104)
hobbel, Kapriens- 75/(51)
Höbbel, Kleine 1/(123)
Hobbeln 25/(103)
Hobbeln, korten 15/54
Hobbel, Schilf 75/(9)
hobbel, Steen- 28/26
Hobbelstück 15/54
höbbel, Weiden- 1/(132)
Höbbel, Wieden 1/(132)
Hobeling 68/20
Hobeln, Steen 28/26
Höbel, Weiden 1/(132)
Höbel, Weyden 1/(132)
höben, Grabower- 101/69
Hoben, Lassahner 1/45
Hobenmour 1/34
Hobenmour, haben 1/28
Hoch Guhren 39/8
Hochstegen 70/104
Hochtwiesen 35/44
Höcken 41/(114)
Höcken Horst 70/105
Hocken Ohrt, Knir 42/20
höderwisch, Koh- 1/119
Hodüschen Rehm 83/(88)
Hoeben, Horster 94/19
Hoefe, Coßaten 19/38
Hoefe, hinder der 53/(20)
Hoefen 51/(88), 62/(129), 106/(35)
Höefen 21/21, 43/18, 62/(129)
hoefen, achter den Kohl- 15/(67)
höefen, alten Kohl- 21/(55)
Hoefen, Blocken 33/(41)
Hoefen, Büdner 35/(59)
Höefen, Fleencken 20/(40)
Höefen, Groß(ck)en 19/(94)
Hoefen, groten 15/(65)
Höefen, Groten Borns 21/(63)
Hoefen, Hagen 2/(5)
Hoefen, Hinwiesen 15/(66)
Hoefen, Hopfen 85/(58)
Höefen, Hoppen 43/(94)
Hoefen, Husten 61/(45)
hoefen, Kabel- 1/(88)
Höefen, Kiel 20/(48)
Höefen, Klein Borns 21/(72)
hoefen, Kohl- 15/(67), 16/(50), 35/(79), 47/(107), 62/51
höefen, Kohl- 20/(50)
Hoefen, Langen 35/(84)
Höefen, Langen 20/(52)
Höefen, Malcronischen 21/(84)
hoefen, Mohr- 21/53
Hoefen, Röersch 30/(128)
Hoefen, Roerschen 30/(128)
hoefen, Sahr- 85/7
Hoefen, Specks 19/(117)
Hoefen-Stücken 2/(5)
hoefen, Wisch- 85/12
Hoefes Stücken, Hoppen 48/(118)
Hoefe, wüesten 64/(196)
Hoeffen, hinter den 51/(88), 55/(44)
hoef Stücken, Spriet- 25/22

hoefs Wiesen, Kohl- 10/33
hoeft, Vor- 6/(7)
hoef, Wisch- 42/(42)
hoegel, Hunn'- 26/36
Hoener Stücken 42/(36)
Hoeppel, Greben 42/(59)
Hoeppel, Raben 42/(48)
Hoeren 63/7
Hoersten, Beek 25/71
Hoesten 62/27
Hoeveling 47/28
hoeven, Vos- 25/81
Hoeve, Priester 28/19
Hoev, Hogen 78/7
Hoevken 86/23
Hoev, Taugenisser 78/21
hoev, Wörtel- 78/23
Hoew 14/7, 20/21, 35/21, 44/76, 46/13, 57/31, 63/66, 65/35, 67/62
Hoew, achter de 74/78, 79/72
hoew, Bäuner- 19/38
hoew, Beisen- 23/29
hoew, Brink- 43/42
hoew, Diek- 7/54, 70/29
hoewel, Voß- 25/81
hoewen, Höpp- 32/9
hoewen, Kohl- 28/10
hoewenstücken, Spliet- 25/22
hoewen, Wisch- 32/6
hoewer Wischen, Eik- 65/11
hoew, Feld- 85/9
hoew, Finken- 22/69
hoew, Floez- 78/8
Hoew, Gorloser 13/52
hoew, Grann'- 43/19
Hoew, Groten 57/4
hoew, Hinn'- 48/40
hoew, Hinner- 71/23
Hoew, Hogen 73/64, 78/7
hoew, Hohwischen- 35/44
hoew, Host- 21/18
hoew, Hus- 17/40, 19/50, 33/16, 47/61, 69/81, 71/26, 77/79, 103/29
hoew, Kiewitts- 30/60
hoew, Kirch- 42/24
hoew, Klens- 12/40
hoew, Kloster- 12/90
hoew, Knick- 13/57
hoew, Kohl- 10/33, 12/79, 14/28, 23/33, 62/51, 75/118, 77/88, 91/19, 95/21
Hoew, Kornzer 43/21
Hoew, Langen 14/13
hoew, Loerken- 15/8
Hoew, Lütten 57/5
hoew, Mäur- 79/79
hoew, Militz- 10/35
hoew, Mour- 3/43
hoew, Mudels- 36/87
Hoew, Nei 17/42, 19/49
Hoew, Nielser 67/37
Hoew, Nien 40/35, 79/76
Hoew, Oll 77/17
Hoew, Ollen 38/31, 79/70
Hoew, Olln 43/22
Hoew, Sahnzer 77/23
hoew, Sand- 15/20
hoew, Schulten- 70/38
hoew, Stroh- 77/93
Hoewstücken 103/47
hoew, Tauchnitzer Hee(d)- 78/21
hoew, Vör- 5/46
Hoe(w)wisch 103/52
hoew, Wörtel- 78/23
hoew, Zucker- 79/75
Hof 43/18
Hof, achtern 63/57
Hof, Achterst 80/11
Hof, achter Steffens 54/19
Hof, achter Stevens 54/19
Hof Acker 26/14
Hof Acker, Ohle Fruen 86/48
hof, Altentheils- 61/4
hof, baben Heiden- 59/(31)
hof, Backel- 49/(39)
hof, Bienen- 66/7
hof, Binnen- 87/(49)
Hof, Binnen 81/(103)
Hof, Bläken 63/(85)
Hof, Blannißen 43/45
hof, Boehlen Kohl- 38/(61)
hof, Borms- 44/(133)
Hof, Brandten 46/9
hof, Brinck- 43/42
hof, Brincken- 48/37
hof, Brink- 78/48
hof, Brocken- 38/(63)
hof, Brücken- 65/(117)
Hof, Brügen 104/(37)
hof, Brügger- 5/33
hof, Bührings- 64/(3)
Hof Busch 37/4
Hof, Camentzen 43/(83)
Hof Campen 26/(50)
Hof, Catrien Im 81/(107)
Hof, Clementzen 43/(86)
Hof Coppel 46/(48)
hof, Dahlen- 44/(137)
Hofdamm 12/59
Hofdannen 94/28
hof, Dannen- 93/84
hof, Dick- 82/(17)
hof, Dieck- 70/29
Hof, Dorfstädter 63/66
hof, Drift- 45/35
Hofe 62/(129)
Hofe, achter Backen 38/(57)
Hofe-Acker 96/(41)
Höfe, alten 73/(94)
höfe, Cohl- 75/118
Höfe, Elde 22/20
höfe, Finken- 22/69
hofe, Forcks- 64/(193)
Höfe, Gorloser 13/52
Hofe, hinder de 53/(20)
Hofe, Hoggen 70/(127)
höfe, Hopfen- 2/28
Hofe, Hopfen 67/(109)
höfe, Kohl- 79/70
Hofe, Kohl 70/(140)
Höfe, Kurzenhöfer Kohl 35/(82)
Hofe, Laascher 62/(146)
hof, Elden- 22/20
Höfel, Fahren 65/(13)
Hof, Ell(e)n 22/20
Höfell, Söten 42/(124)

höfel, Süßen- 42/(124)
Hofen 71/23
Höfen 43/18, 44/(149), 71/23, 75/(177), 79/72, 85/5, 95/(109), 103/29, 103/(101)
Höfen, achtern 38/(75)
höfen, Asch- 95/(63)
Höfen, Asch 95/(63)
höfen, Brinck- 87/(50)
Hofen-Cabel-Wiesen 12/3
Hofen, Cavel(l)wiesen 30/(75)
Höfe, Neuen 19/49
Höfen, Gorlosischen 13/52
Höfen, Graboer 101/(69)
Höfen, Grabower 101/(69)
Höfen, Graß 23/29
höfen, großen Kohl- 14/(65)
Höfen, Grund 28/(45)
höfen, Guhlschen Kohl- 41/(111)
Höfen, Hinnen 62/51
Höfen, hinter den 43/18, 63/57, 74/78, 85/5, 86/19, 103/29
Höfen, hintern 26/5, 71/23, 74/78
Höfen, Hintern 27/(81)
Höfen, hintern ollen 73/(94)
höfen, Holtz- 1/174
höfen, Holz- 1/174
höfen, Hop- 32/9
höfen, Hopfen- 85/58
Höfen, Hoppen 16/(47), 63/(124)
hofen, Kafel- 1/(88)
hofen, kavelen 1/(88)
höfen, Kavelen- 1/(88)
Hofen, Kitzer 1/(185)
Höfen, Klenß 12/40
höfen, Knick- 13/57
höfen, Kohl- 10/33, 14/28, 28/10, 63/(137), 89/(69), 95/21
Höfen, Kohl 14/28, 68/(128)
Höfen, Koppel 45/(99)
Höfen, Korten 35/(82)
Höfen, Kurtzen 35/(82)
Höfen, mittelsten 51/(100)
höfen, Mohr- 10/(63)
Höfen, Mudels 36/87
Höfen, nien 19/49
Höfen, Ollen 73/(94)
höfen, Radden- 36/9
Höfen, runden 14/(97)
Höfen, Runden 14/(97)
Höfen, Schepers 6/(24)
Hofen, Schulten 70/38
Hofen, Schultzen 70/38
Höfen, Schultzen 29/13, 70/38
höfen, Spliet- 25/24
höfen, Split- 25/24
Höfen, Split 25/24
höfen, Spriet- 25/24
Höfen, Steegen 14/7
höfen, Stein- 28/(57)
Höfen Stücken 103/47
Hofen, Wiesen 23/33
Hofen, Zienschen 47/26
Höfen, Zilitzen 30/(143)
hofen, Zucker- 79/75
Hofe, Penns 48/(134)
höfer Kohl-Höfe, Kurzen- 35/(82)
Hofe, Rothdammschen 52/(105)
Höfe, Schepers 6/(24)
Hofe, Schieß 1/108
Höfe, Schultzen 70/38
Höfe, Specken 86/27
hofe, Splitt- 25/24
Höfes Stücken, Hoppen 32/9
Hofeweg 13/(92)
Hofe, Wieße hinter den 24/26
höfe, Zucker- 79/75
Hoff, achter Olden 59/(83)
Hoff, Brieg 60/17
hoff, Brinck- 87/(50)
hoff, Bring- 43/42
Hoff-Cämpe 64/(139)
hoff, Claas Kohl- 86/53
Hoff, Coßater 48/(108)
hoff, Deempzer Kirc- 83/80
Hoffe 12/8
Hoffeld 26/14
Hoff, Elden 22/20
Höffen, Fähr 17/(70)
Höffen, Hienen 17/(78)
Höffen, Hinnen 17/(78)
hoff, Fort- 87/(54)
hoff, Hartz- 56/(136)
Hoff, Heldorfs 1/(163)
Hoff, Helldörps 1/(163)
Hoff, Heltdorfs 1/(163)
Hoff, Horsten 23/(82)
hoff, Immen- 1/(166)
Höffken, Vooß 17/(100)
Hoff, Kohl 12/79
Hoff Koppel, alte 93/(55)
Hoff, Koster 48/(128)
Hoff, Langen 35/(84)
Hof, Flenten 20/25
hoff, Mühlen- 36/25, 70/(155)
hof, Forth- 87/(54)
hoff, Sagel- 56/(193)
hoff, See- 59/(90)
hoff, Spliet- 25/24
Hoff, Vorwercks 64/(193)
Hoffwiese 64/35
Hoff-Wiese 4/(35), 41/62
Hoffwiesen 40/37
Hoff-Wiesen 73/72
hoff Wiesen, Stroh- 56/28
Hoff-Wießen 17/40
hoff, Wisch- 42/(42)
Hof, Gäwerts 76/37
Hof, großen 36/(111)
Hof, Groten 11/32
hof, Grot Wischer- 3/17
Hof, Haartzen 56/(136)
hof, Haasen- 42/(73)
hof, Häuhner- 47/14
hof, Heeten- 59/30
Hof, Hehnken 45/68
hof, Heid- 59/30
Hof, Heiden 59/30
Hof, Hein 59/30
hof, Heitsen- 69/5
hof, Heydt- 33/(49)

hof, Holt- 1/174
hof, Honnigs- 22/18
Hof, Hoowischen 35/(74)
hof, Höpckers Holtz- 1/(183)
hof, Hopfen- 70/(129), 83/(89)
hof, Hoppen- 45/(92)
Hof, Hoppen 63/(124), 67/(109)
hof, Horst- 21/18
hof, Hösten- 41/65
Hof, Hütter 13/55
hof, Immen- 1/(166), 32/29, 42/82, 47/87, 62/40, 66/7, 68/23, 69/75, 71/20, 73/(116), 77/92, 79/3, 85/40
hof in den kavelen, hoppen- 1/24
Hof in Neuenstiege 22/59
hof, Jäger- 70/31
Hof, Jastram 30/(103)
hof, Juden-Fried- 90/57
hof, Judenkirch- 41/91, 78/77, 81/41, 90/57
hof, Kamp- 1/(91), 5/(53)
hof Kamp, Alte Frauen- 86/48
hof, Katen- 21/5
Hof, Kathen 20/(46), 79/(131)
hof, Kavel- 68/36
hof, Kiehl- 20/(48)
hof, Kiel- 20/(48)
hof, Klever- 49/14
Hof, Klever 49/14
hof, Klewer- 49/14
Hof, Klewer 89/(68)
hof, Kluß- 73/(118)
hof, Kohl- 20/(50), 26/4, 29/7, 35/(79), 43/(96), 47/(107), 68/(128), 91/19, 97/19
Hof, Kohl 20/(50), 100/(29)
Hof, kollen 85/39
Hof, Kollen 85/39
Hof-Koppel 106/(51)
Hof, Koppel 45/(99)
hofkoppel, Immen- 70/90
Hof Koppell 86/(56)
hof, Kraut- 49/(55)
Hofland 46/17, 62/50, 71/28, 91/2
Hofland, Altentheils 61/4
Hoflande 30/(97)
Hof, langen 6/(45)
Hof, Langen 80/39
hof, Lerchen- 15/8
Höflingswiese 68/20
Hof, Lütt 56/73
Hof, Lütten 11/31
hof, Mahnstetten- 33/18
hof, Mielken- 43/46
Hof, Mielcken 43/46
Hof, Milcken 43/46
Hof, Militzer 10/35
Hof, Miltzen 43/(105)
hof, Moelen- 37/9
hof, Mohlen- 13/(97)
hof, Mohr- 9/(62), 13/(98), 20/(55), 21/53
Hof, Mohrschen 44/(162)
hof, Moor- 15/(73)
Hof, Moorschen 13/(98)
Hof, Mörschen 44/(162)
hof, Mour- 21/53
Hof, Mühlen 81/(149)
hof, Nadder- 96/21
Hof, neue 22/(57)
hof, Neuen- 79/76
Hof, neuen 36/(136)
Hof, Nie 105/2
Hof, Nien 10/27, 43/44, 45/66, 47/78, 48/18, 67/69
Hof, Nienstiegsche 22/59
Hof, Nienstieg'scher 22/59
Hof, oben auf den Ziegel 27/(97)
Hof, Ohlen 68/34
Hof, Olden Hoppen 67/(122)
Hof, Olen 47/73
Hof, Oll 26/2
Hof, Ollen 78/18
hof, Oll Kirch- 92/3
Hof, Pe(s)städsche 33/15
Hof, Pesterschen 33/15
Hof, Pielken 68/(150)
hof, Plager- 62/23, 67/6
Hof, Plager 67/6
hof, Pol- 105/(58)
Hof, Raadwiesen 21/(90)
Hof, Radschen 83/(102)
Hof, Sagel 56/(193)
hof, Schaugen- 13/61
hof, Schauken- 13/61
höfschen Stücken, Kohl- 47/(107)
Höfschen Wischen 106/(52)
hofsche Wiese, Kohl- 49/(53)
Hof, Schröders 90/31
hofs Heide, Ohl- 59/(82)
Hofs, Imm 80/(3)
hofskamp, Finken- 7/11
hofs Kamp, Finken- 7/11
Hofslag 62/50
hof, Soth- 49/(63)
hof, Spliet- 25/24
hof, Spöken- 86/27
höfs Stücken, Kohl- 28/10, 45/(97)
hof, Stämmen- 104/19
hof, Stämmkohl- 98/(31)
hof, Stampen- 43/(121)
Hof, Stareschen 15/(74)
Hof, Strauchen 33/7
Hof, Stroh 61/(82)
Hofstücken 46/7, 73/45, 76/46, 89/(62), 101/12
Höfstücken 59/(13)
Hof Stücken 46/17, 59/(13), 96/(41), 99/(37)
hofstücken, Hoppen- 7/10
hofstücken, Immen- 70/92
hofstücken, Kohl- 21/(73)
hof Stücken, Kohl- 21/(73)
hof Stück, Kohl- 21/(73)
hof, Stuckwarts- 15/2
Hof, Stuckwarts 15/2
Hofs-Wiese, Mohr- 40/(90)
Hoftannen 94/28
höften, Horst- 21/18

hof, Timpenhoppen- 105/40
hof, Timpen Hoppen- 105/40
höfts Wiese, Heit- 4/(12)
Hof, unten auf den Ziegel 27/(97)
hof, Vorcks- 64/(193)
Hof, Vorwerks 64/(193)
hof, Warder- 17/37
hof, Wendenkirch- 22/19
hof, Wendischen Kirch- 22/19
Hofwiese 5/44, 33/16, 37/(7), 38/(76), 51/(89), 67/58, 68/(115), 69/81, 75/(178), 77/79, 87/33, 91/12, 98/19, 100/(26)
Hof Wiese 36/91, 55/(45), 62/(130), 68/(115), 73/72
Hof-Wiese 76/39, 95/(110)
Hof-Wiese, Brieg 60/17
hof, Wiesen- 21/(98)
Hofwiesen 5/44, 30/(98), 33/16, 43/(93), 47/39, 62/52, 65/36, 70/(16), 71/26, 71/27, 76/39, 78/18, 85/5, 87/33
Höfwiesen 103/52
Hof Wiesen 2/29, 12/110, 23/78, 41/62, 43/(93), 48/39, 58/(48), 59/(55), 62/52, 63/(122), 69/81, 74/65, 78/49
Hof-Wiesen 77/79, 101/(71)
Hof Wiesen, Reht 33/(62)
hofwiese, Reth- 38/(97)
Hofwießen 36/91
Hof Wießen 38/(76), 42/(118)
hof, Winckel- 15/(75)
hof, Wisch- 78/22
Hofwisch 24/26, 76/39, 83/62
Hofwische 41/62, 100/(26)
Hof-Wische 42/(118)
Hofwischen 5/44, 10/31, 36/91, 40/37, 41/62, 47/39, 48/39, 64/35, 65/36, 67/58, 71/27, 73/72, 77/45, 78/49, 85/5, 87/33, 91/12
hofwisch, Immen- 70/88
Hofwisch, Meßehrs 55/(56)
Hof Wisch'n 41/62
Hof Wisen 14/(70)
hof, Zatt(er)- 85/7
Hof, Zielitzer 66/23, 70/(187)
Hog Barg Stücken 62/74
Hog Baus 74/69
hog Büch 12/(12)
Hogefeld 26/(53)
Hogehorst 72/(33)
Hoge Horst 75/76
Högeling 73/(114)
Hogen 30/15
Hogen Barg 57/9
Hogen Baum 30/(99)
Hogen Bokhöst 68/70
hogen Campschen Cavel 73/84
Hogen Damm 42/98
Hogen Dannen 23/(79)
Hogen Enden 23/(80), 70/(126)
Hogenfeld 78/26
Hogen Feld 27/2, 78/26, 99/17
Hogenfelde 7/46
Hogen Felde 67/(107), 68/(117)
Hogenfelder Dannen 70/65
Hogen Guhren 39/8
Hogen Hoev 78/7
Hogen Hoew 73/64, 78/7
Hogen Holt 79/30
Hogen Horst 68/70
Hogen Jicheln 38/21
Hogenkampschen Wischen 73/84
Hogen Kampschen Wischen 73/84
Hogen Kavel 23/41, 27/3
Hogen Kavels 52/49
Hogen Koppel 19/4
Hogen Niendörper 76/8
Hogen Pfahl 68/(116)
Hogen Punicken 101/18
Hogen Puning 101/18
Hogen Stegen 26/(51)
Hogen Stücken 26/(52), 79/43
Hogentunsdannen 10/43
Hogen Wege 23/(81)
Hogenwiesen 33/(50)
Hogen Wischen 49/22, 70/83
Hog Feld 7/46, 9/29, 17/14
Hoggen Hofe 70/(127)
Hog Holt 94/4
Hog Host 41/70
Ho(g)hosterwisch 30/65
Hog Koppel 2/26, 36/70, 45/9, 45/72, 46/36, 57/16, 62/74, 64/13, 74/12
Höglingshorst 77/67
Höglings Horst 74/17
Hogstegen 70/104
Hog Stück 16/13, 44/78
Hog Stücken 28/16
Hog Sünnenbarg 81/82
Hog Wisch 36/65
Hohe Berg 19/(33)
Hohe Böke 12/(12)
Hohe Büche 12/(12)
Hohe Feld 9/29
Hohefeldt 69/(110)
Hohe Fistel Horst 75/(44)
Hohe Holz 94/4
Hohe Horst 30/65, 36/(117), 68/70, 75/(29), 81/(129)
Hohe Horst, große 68/(110)
hohe Kampf 73/84
Hohe Mühlen Stücken 1/(33)
Hohen Beeck 75/(179)
Hohen Berg 64/(140), 87/28
Hohen Berge 64/(140)
Hohen Briese 62/32
Hohen Camp 73/84
Hohen Ellern 30/(100), 99/(18)
Hohenfelde 7/46, 26/53, 78/26

hohen Felde 67/(107)
Hohen Felde 7/46, 27/2, 46/(49), 68/(117)
Hohenfelder Tannen 70/65
hohen Feldtannen 70/65
Hohen-Hause, bey dem 64/38
Hohen Holz 79/30
hohen horst 30/65
Hohenigeln Stück 38/21
Hohen Lande 67/(108)
Hohennichel 38/21
Hohen Stafs 38/(77)
Hohen Stege 70/104
Hohen Stegen 70/104
Hohen Stete 69/(111)
Hohen stück 2/26
Hohen stücke 2/26
Hohen Stücken 16/13, 25/53
hohen Tannen, grossen oder 83/21
Hohen warten 32/35
hohen Wiese 33/(50)
hohe Sonnenberg 81/82
Hohe Thuns Tannen 10/43
Hohe Wahr 32/35
hohe wart 32/35
hohe Weg 20/(12)
Hohe Weg 11/(19)
Hohe wegk 11/(19)
Hohlen Wege 30/(101)
Hohlen Wegk 26/29
Hohl Horst 42/(52)
Hohlradt 47/36
Höhmkenkamp, gr. 75/(4)
Höhmkenkamp, großer 75/(4)
Hohnerbarg 27/15
Höhnerdannen 9/21, 36/17
Höhnerkamp 9/22, 58/14
Höhns Camp, Carl 11/(46)
hohn, Struck- 75/158, 76/(103)
hohn Wiesen, Struck- 75/(155)
hohn Wiese, Struck- 75/(155)
Hohwiese 33/(50)
Hohwischen 35/44
Hohwischenhoew 35/44
Hoh' Wour 32/35
Höken Horst 70/105
Hölckesbohm 44/(50)
Hölckes Bohm 44/(50)
Höld Bäumen 73/(115)
Holde, Dicken 19/31
Hold, Gohren 73/(90)
Hold, Paiten Middel 72/86
holdt, Doben- 66/40
holdt, Frie- 69/47
Holdt, Pulvers Middel 72/59
Hold Wische 42/25
Holeriet-Stücken 95/(111)
Hölken 58/35
Höll 24/36, 30/10, 35/3, 36/5, 45/54, 49/3, 63/15, 68/44, 107/29
Holländer Koppel 89/(63)
Hollänne Koppel 78/42
Hollännerkoppel 12/32, 78/42
Hollännerweg 34/14
Hollännerwisch 53/41
Holl Bäk 76/20
Höllböhmen 79/107
Hol(l), Dicken 19/31
Hölle 49/3
Hollenner Koppel 12/32
Höllen Flicker Wisch 72/(105)
Höllengraben 27/62
Hollen Weg 63/(123)
Hollen Wegck 30/(101)
Holle Riehte 95/(111)
Hollingswiesen 5/45
Höllings Wisch 5/45
holln, Borken- 64/26
Holl'n, Dicken 19/31
holln, Kirchen- 56/88
Holl'n Weg 81/44
Holl Weg 26/29
Holn Bohm 12/(111)
hols-Caveln, Grot- 99/(33)
Holt 25/49, 36/63, 38/42, 39/1, 47/45, 74/54
holt, Achter- 27/68, 80/7
Holtbarg 3/50, 5/7
holt, Bauk- 78/85
Höltbaum Wiese 79/107
holt, Bock- 79/1
Holt Böhmen 14/43
Holtbohms-Ort 11/(1)
holt, Bok- 78/85, 79/1
Holtböm 14/43
Holtbömen 10/51, 15/45
Höltbömen 79/107
holt, Borken- 64/26
holt, Brand- 78/84
holtbrok, Pulvers Middel- 72/59
Holt Camp 59/(56)
Holt, Christinen 53/42
Holtdannen 85/43
holt, Deil- 66/41
Holt, Diens 44/(22)
Holt, Dihns 44/(22)
Holt, Dow 41/77
Holt, Dowen 66/40
Holt, Drawalsch 69/77
holte, douen 41/77
holte, Dyck- 87/(52)
holte, Eyck- 4/(29)
Holte Hörst 44/(150)
holt, Eik- 94/14
holt, Eller- 66/47, 68/8, 81/74
Holten 38/42
hölten, Bauer- 1/3
hölten, Buer- 1/3, 83/5
hölten, Buhr- 1/3, 83/5
Holten, langen 70/77
Hölten, Middel 93/(34)
Hölten, Miettel 93/(34)
Hölten Wiese 87/(58)
Hölter 10/17
Hölter, Barck 3/(3)
hölter, Frie- 69/47
hölter, vör de Frie- 69/55
holt, Esch- 13/67, 72/(40)
holt, Eschk- 13/67
holt, Esck- 72/(40)
Holtfestdannen 85/13
holt, Frie- 36/78, 69/47
Holtgraben 72/77, 85/41

Holt, Grot 99/14
holt, Gühlen- 62/87, 64/2
holt, Häg- 35/39, 87/43, 90/10, 101/34, 103/50
Holt, Hegen 70/(125)
holt, Hindelst Frie- 36/78
Holthof 1/174
Holt, Hog 94/4
Holt, Hogen 79/30
Holt, Hoppendamms 74/60
holt, Hoppsäg- 77/13
Höltickböhm 11/(1)
Holt, Jahnken 43/66, 47/25
Höltje-Böhmen 73/(115)
Holtkamp 70/41
holt, Kavel- 105/23
Holtkaveln 22/68
holt, Koeter- 75/141, 79/25
Holtkoppel 20/30, 21/7, 43/67, 85/42
holt, Koppel- 40/65
Holt Koppel 85/42
holtkoppel, Vör- 35/45
Holt, Kreugers 86/12
holt, Krons- 6/16
Holt, Kummersch 70/44
Holt, Langen 70/77
Holt, Lieper 15/57
holt, Middel- 74/31, 79/20
Holt, Möllenbecker 93/108
Holt, Möllers 70/4
Holt, Mörsch 44/(165)
Holt, Pank(e)n 44/67
holt, Paschen-Middel- 72/66
Holt, Pietscher 41/(7)
holt, Poiten Middel- 72/86
holt, Poppen- 42/105
holt, Pouwischen- 70/102
Holt, Pulvers Middel 72/59
Holt, Purwischen 70/102
holts Cabel, Frey- 69/47
holt, Scheperien- 93/83
holtschen Stücken, Achter- 80/(16)
holtsche Weg, Doven- 19/(10)
Holt, Schuern 47/44
holt, Schulten- 44/11
Holt, Schulten 44/11
Holts, Duster Ellern 82/(18)
Holts, Ellern 83/(84)
Holt, Sietlitzer 70/(180)
Holtslag 102/20
Holt, Slüser 12/31
Holt, Slüßer 43/73
holts, Nider- 81/(150)
Holt, Steenfatten 27/11
holt, Swiens- 54/11
holts Wiesen, Heiden- 87/(56)
Holt, Timpen 41/63
holt, Voerderst Frie- 36/79
holt, Wäwers- 38/11
Holt, Weber 38/11
Holtweg 28/23
Holtwiese 49/(49)
Holtwiesen 42/25
Holtwiese, runde 35/(104)
Holtwisch 15/6, 16/4, 30/42, 41/71, 42/25, 57/69
Holt Wische 35/50
holtwisch, Eller- 70/86
Holtwischen 12/35, 25/48, 51/70, 52/14
holtwischen, Eller- 13/63
Holtwisch, Run'n 101/27
Holtwohrerkoppel 28/14
Holtz 74/54
Holtz, Achter 27/68, 56/(90), 80/7, 95/(60)
Holtz, achtern grohten 103/(95)
Holtz, agter Zielitzer 70/(180)
Holtz, Baaken 64/(93)
holtz, Bahrck- 56/(98)
Holtz, Bärens 53/(61)
Holtz Berg 3/50
Holtz, Bevens Julsche 53/(66)
Holtz, Biester 75/(15)
Holtz Bruch 105/23
Holtz-Bruch, Cavel- 106/(46)
Holtz Bruch, Eller 81/74
Holtz, Buhren 77/121
Holtz, Cavel 101/(62)
Holtz Cavell 81/(130)
Holtz Caveln, Groten 99/(33)
Holtz, Cummersche 70/44
Holtz, Dahren 73/(107)
Holtz Dam 41/71
Holtz, Dannen 85/43
holtz, Deil- 36/63
Holtz, Dicken 19/31
Holtz, Doben 41/77
Holtz, Dofen 41/77
Holtz, Dorren 73/(107)
Holtz, Dove 74/(48)
Holtz, Doven 66/40
Holtz Drift 41/(115)
Holtz, Dunpel 14/(52)
Holtze 85/42
Holtze, Dehl 67/(5)
Holtze, Dofen 41/77
Holtze, Eich 4/(29), 86/(16)
holtze, Eller- 1/167
Holtze, Gühlen 64/2
Holtze, Gulischen 53/(66)
Holtz, Eich 34/26
Holtze, Kolbowschen 83/(93)
holtze, Kirchen- 56/88
Holtze, Krögers 86/12
holtz, Eller- 47/45
Holtz, Eller 66/47
holtz, Ellern- 47/45, 81/(79)
Höltzen, Baur 1/3
Holtzer Stücken, Miettel 93/(123)
Holtz, Esch 83/(85)
Holtze, Schlüßer 43/73
Holtze, Silitzer 70/(180)
Holtz, Filancker 52/14
Holtz, Fincken 41/(75)
Holtz, Flager 93/(36)
Holtz Flaschen 90/(6)
Holtz, Frie 69/47
holtz, Gaden- 35/(12)
Holtz, Greien 55/(28)

holtz, Grisen- 86/2
Holtz, Grisen 86/2
Holtz, große 99/14
Holtz, Große 99/14
Holtz, Großen 86/(54)
Holtz, Gühlen 62/87, 64/2
Holtz, Haege 90/10, 101/34
Holtz, Hagen 45/(90)
Holtz, Heege 70/(125)
Holtz, Heg 35/39
Holtz, Hege 35/39, 87/43, 101/34
Holtz, Hein 86/(16)
Holtz, Hinnen 83/(57)
Holtzhöfen 1/174
Holtzhof, Höpckers 1/(183)
Holtz, Hülcken 45/(93)
Holtz, Hunerlandische 86/49
Holtz, Jalaßen 31/15
Holtz, Janeken 47/25
Holtz, Kaethen 75/141
Holtz, Kaether 79/25
Holtz, Kahlsche 70/(40)
Holtz, Kahlschen 70/(40)
Holtz, Kähter 79/25
Holtz, Käter 79/25
holtz, Kiewel- 2/44
Holtz Klest 97/(49)
holtz Kolck, Mittel- 74/(28)
Holtz, Kölnschen 6/(9)
Holtz Koppel 53/36
Holtz, Koppel- 31/(13)
Holtz Koppell, Eich 86/(16)
Holtz Koppeln 65/(134)
Holtz, Landische 68/(135)
Holtz, Langen 70/77
Holtz, Laschen 41/51
Holtz, Lütt Heeg 96/(1)
Holtz, Mahlen 71/71
holtz, Mittel- 81/(147)
Holtz, Mittel 74/31, 81/(147)
holtz-Mohr, Mittel- 99/(45)
Holtz, Mollenbaecker 93/108
Holtz, Müller 70/4
holtz, Nedder- 81/(150)
Holtz, Paapen 31/(3)
Holtz, Pahren Mittel 73/10
holtz, Pancken- 44/67
holtz, Papenwischer Theil- 55/(60)
holtz, Pfancer- 45/16
Holtz, Pietzer 41/(7)
Holtz, Purbizer 70/102
Holtz, Reertsen 53/64
Holtz, Ruschen 57/78
Holtz, Sägers 59/(88)
Holtz, Scheel Wischen 53/65
Holtz, Schell Wiesen 53/65
höltzschen, Eich- 49/2
Holtz, Schlesische 31/12
Holtz, Schleuser 12/31, 43/73
holtz, Schlüser- 12/31
Holtz, Schlüser 12/31
Holtz, Schlüßer 12/31
Holtz, Schuern 47/44
holtz, Strager- 69/(135)
Holtz, Streit 35/(109)
Holtz-Stücken, Mittel- 81/(147)
holtz, Tauben- 101/(83)
Holtz, Techans 64/(189)
Holtz, Tegams 64/(189)
Holtz, Theil 55/(70), 67/(5)
Holtztheill 21/7
Holtzunger Heide, achter 95/(60)
höltzung, Theil- 55/(70)
Holtz, unterste Julsche 53/71, 53/72
holtz, Vell- 56/(208)
Holtzvogts Wiese 1/(126)
Holtz Voigts Wiese 1/(126)
Holtz, Vokel 44/(182)
Holtz, Waders 38/11
Holtz, Webers 39/(49)
Holtz, Weders 38/11
Holtz Wege 28/23
Holtzwiese 87/43, 97/(50)
Holtz Wiese 4/(36), 30/42, 31/5, 35/50, 57/68, 103/(102)
Holtz Wiese, Baaken 64/(93)
Holtz Wiese, Mittel 99/(46)
Holtzwiesen 13/(93), 25/48, 42/25
Holtz Wiesen 103/(102)
Holtz-Wiesen 20/30, 30/42, 35/50, 39/(40)
Holtz Wiesen, großen 99/(32)
Holtz Wiesen, Lange 25/48
Holtz Wieße 12/35, 16/4, 71/(125)
Holtzwische 12/35, 42/25
Holtz Wische 14/(71), 27/(82)
Holtz Wischen 30/42
Holtzwisch, Schultzen 16/(64)
Holtz Wise 12/35
Holtz, Zielitzer 70/(180)
Holtz, Zittlitzer 70/(180)
Holz 25/49
holz, Achter- 80/7
Holz, Achter 27/68
holz, alte Eller- 81/(79)
Hölz Bäumen 73/(115)
Holzberge 3/50
Holz, blanken 71/(16)
Holz, Brand 36/63
holz-Bruch, Pulvers Mittel- 72/59
Holz, Brüg 68/(47)
holz, Buhren- 77/121
Holz, Cavel 103/(61)
holz-Cavel, Doben- 66/40
holz Cavel, Fry- 69/47
Holzcaveln 22/68
Holz, Deil 66/41
Holz, Doven 66/40
holz, Dullwischen- 103/(91)
Holz, Dulwischen 103/(91)
holze, Douen- 74/(48)
Holze, Doven 74/(48)

holz, Eich- 94/14
Holze, Jahnschen 47/25
Holz, Ellern 13/63
holze, Mittel- 74/31
hölzer, Birk- 3/(3)
holz, Faden- 95/(88)
holz, Fresen- 38/(72)
Holz, Frie 70/(123)
Holz, Haege 101/34
holz, Hege- 70/(125), 87/43
Holz, Hege 12/(82), 90/10, 103/50
holz, Hinter- 83/(57)
Holzhöfen 1/174
Holz, Hohe 94/4
Holz, Hohen 79/30
Holz, Hoopseegs 77/13
Holz, Jahnken 47/25
Holzkabeln 43/67
Holz-Kafel, Neddelst 35/(96)
Holz-Kafel, öberst 35/(97)
holz, Käter- 79/25
Holzkavel 14/(71)
holz, Kavel- 105/23
Holzkoppel 21/7
holz, Krons- 6/16
holz, Kummer- 70/44
holz, Langen- 70/77
holz, Liepen- 15/57
holz, Lieper- 15/57
Holz, Lütt Hege 96/(1)
Holz, Malt 92/(24)
holz, Mittel- 74/31, 79/20
Holz, Mohr 17/45
holz, Möllers- 70/4
Holz, Möllers 70/4
Holz, Moor 86/2
holz, Nieder- 83/(100)
holz, Poiten-Mittel- 72/86
Holz, Purwischen 70/102
holz, Putzen- 71/(4)
holz, Ruschen- 57/78
Holz, Ruschen 57/78
holzschlag, Isen- 69/(113)
holz, Schleuser- 12/31, 43/73, 44/(173)
Holz, Schleuser 43/73
Holz, Schuren 47/44
Holz, Steinfatter 27/11
holz, Teil- 67/(5)
Holzvogts Wiese 1/(126)
Holzwärter Koppel 24/(5)
Holzwiese 15/6, 97/50
Holz Wiese 20/30, 87/43
Holz-Wiese 20/30
holz Wiese, Mittel- 74/31
Holzwiesen 25/48, 27/(82)
Holz Wiesen 30/42
holz-Wiesen, Mittel- 74/31
Holzwisch 15/6
Holz, Zitlitzer 70/(180)
Hömk 73/85
Hömken Kamp, Grot 75/(4)
Homken Kamp, Lütt 75/(6)
Honcken-Horst 70/(128)
Hönerbergk 64/(142)
Honer Camp 12/(112)
Honer Kampf 95/(112)
Höner Wiem 57/63
Hönk 73/85
Honichel 38/21
Honiegell 38/21
Honigberge 23/20
Honig Stück 1/158
Honigstücken 1/158
Honig-Stücken 1/158
Honner Camp 41/83
Honnigbarg 23/20
Honnighost 77/67
Honnigstück 1/158
Honnigshof 22/18
honsche Wiesen, Struck- 75/(155)
höns Kamp, Kätel- 14/(77)
hon, Struck- 75/158
Hööfen, Vohr 46/(63)
Hoopsägs Wiese 77/10
Hoopseegs Holz 77/13
Hoopzehg 77/13
Hoopzehg Wiesen 77/10
Hoorn Stücken 2/(8)
Hoowischen 35/44
Hoowischen Hof 35/(74)
Höpckers Holtzhof 1/(183)
hope, Bern- 34/(29)
Hopen Wöst 76/(75)
Hopf-Cabeln 1/24
Hopfekafel 1/24
Hopfen Dämmen 41/(116)
Hopfen Garten 95/(113), 100/(27)
Hopfenhäfen 32/9
Hopfen Hoefen 85/(58)
Hopfenhof 70/(129), 83/(89)
Hopfen Hofe 67/(109)
Hopfenhöfe 2/(28)
Hopfenhöfen 85/(58)
Hopfen-Koppel 60/(28)
Hopfkavel 1/24
Hophöfen 32/9
Hoppekavelen 1/24
Hoppendamm 40/56, 74/60
Hoppen Dämme, Wiltzinschen 40/56
Hoppendamms Holt 74/60
Hoppen Garten 60/(29)
Hoppen Höefen 43/(94)
Hoppen Hoefes Stücken 48/(118)
Hoppenhof 45/(92)
Hoppen Hof 67/(109)
Hoppen-Hof 63/(124)
Hoppen Höfen 16/(47), 63/(124)
Hoppen Höfes Stücken 32/9
hoppenhof in den kavelen 1/24
Hoppen Hof, Olden 67/(122)
Hoppenhofstücken 7/10
hoppenhof, Timpen- 105/40
Hoppenhof, Timpen 105/40
Hoppenhoven 7/10
Hoppensahl 26/(54)
Hoppenstäden 25/33
Hoppenstelle 25/33
Hoppenstücken 25/33
Höpphoewen 32/9
Hoppkabel 1/24
Hoppkavel 1/24
Hopsaegs Wiese 77/10

Hoppsägholt 77/13
Hoppsägwisch 77/10
hop, Wiet- 81/(175)
Hören 67/(121)
Hören, Düfels Brocks 81/(113)
Hörens Wiese, Heid 4/(12)
Höres, Tater 5/(13)
Horkenkoppel 15/42
Horken-Tannen 14/(37), 15/(38)
Horms Möhl 39/(41)
Horn 63/7
Hörn, Bleniesken 69/(96)
Hörn, Doblauß 69/(101)
hörn, Düwels- 37/1
Horn, Jaspe 36/2
horn, Jaspel- 35/(75)
horn, Jasper- 34/(36), 36/2
Horn, Jasper 35/(75), 36/2
Hörn, Läpel 89/(13)
Hörn, Lütt Sackels 52/40
Hörn, Nienkarcker 81/(151)
Horns 71/101
horn, Spitz- 54/(45)
Hornstücke 2/(8)
horn, Vor- 11/(21), 73/38
Horn, Vor 11/(21), 73/38
horn, Vör- 73/38
Horst 4/20, 6/(40), 13/48, 26/(55), 32/12, 36/(118), 65/(135), 83/(90), 96/(42), 98/2, 100/(7)
Horst, Adebars 75/(35)
Horst, Afplacht Reh 42/(61)
Horst, alte 72/(95)
Horst, Arenß Riedtsche 83/(76)
Horst, Backen 64/(94)
Horst, Backofen 12/(23)
horst, Bagen- 44/123
Horst, Barck Mohr 96/5
horst, Barck- 44/(39)
Horst, Barck 47/29
horst, Barken- 13/73
Horst, Bauer 70/(6)
horst, Bauerwinkel- 81/(102)
horst, Beck- 25/71
Horst, Beckentiner 4/20
horst, Bekentinischen 4/20
Horst, Beckentinischen 4/20
horst, Besel- 44/(20)
Horst, Beweritzken 73/(24)
horst, Bickbeeren- 72/81
Horst, Bickbeeren 72/81
Horst, Bickbeern 72/81
Horst, Bickbern 72/81
horst, Birck- 44/(39)
horst, Bircke- 44/(39)
horst, Birken- 75/76
horst, Blehms- 56/53
Horst, Blemersche 56/53
Horst, Blenisser 44/120
Horst, Blenißer 44/120
horst, Bliesen- 76/32
horst, Bock- 44/(130)
Horst, Boeck 81/73
Horst, Boek 42/(58)
Horst, Bohm 97/(27)
Horst, Böhmen 97/(27)
Horst, Boock 68/69
horst, Book- 56/(101)
Horst, Borkerts 65/27
horst, Borm- 27/49
Horst, Brack-Mohrs- 96/5
horst, Bram- 36/96
Horst, Bramken 42/2
horst, Brand- 36/52, 68/68 71/(103), 79/13
Horst, Brand 36/52, 63/(92), 79/13
horst, Branden- 56/(102), 63/(92)
Horst, Branden 68/68
horst, Brandt- 42/(111), 83/70
Horst, Brandt 79/13
Horst, Brandten 67/(86)
horst, Brod 72/31
Horst, Bree(d) 72/31
Horst, Breede 72/31
Horst, Breicken 78/(74)
horst, Breiers- 73/(81)
Horst, Breit 72/31
horst, Bricken- 53/(78)
horst, Briecken- 53/(78)
Horst, Briester 53/40
hörst, Brinck- 44/(47)
horst, Brosing- 72/(90)
horst-Bruch, Schmal- 72/63
Horstbruch, See 83/(22)
horst, Brummel- 52/8
Horst, Brummel 55/(4)
Horst, Brun 68/65
horst, Buch- 68/69, 73/28, 75/(168), 76/19, 82/(16), 89/33
Horst, Buch 68/69
Horst, Caarstedten 95/(30)
Horst, Cambs 54/(26)
Horst, Cambser 54/(26)
horst, Caprins- 75/(50)
Horst, Caprins 75/(50)
Horst, Carstatische 95/(30)
Horst, Clare 89/50
Horst, Clas Schulten 44/(30)
Horst, Cranzen 64/(103)
Horst, Damlangs 75/(105)
Horst, Damm 83/(26)
Horst, Dammlang 75/(105)
Horst, Dämmsche 64/66
Horst, Dehms 81/(109)
Horst, Dehmser 81/(109), 83/(81)
horst, Deil- 36/(101)
Horst, Demitzer 81/(109), 83/(81)
horst, Dick- 54/(34)
horst, Dicken- 36/(102)
Horst, Diecks 89/(5)
horst, Diehns- 44/(21)
Hörst, Diens 44/(21)
horst, Diestel- 54/(4)
Horst, Diestel 54/(4)
Hörst, Dihns 44/(21)
horst, Dorn- 19/(88)
Horst, Dörpsteten 92/(16)
Horst, Dreyer 64/89, 80/35

Horst, Dreyers 56/(111)
Horst, Drinne 24/7
horst, Drusen- 75/27
horst, Duns- 44/(27)
Horst, Duns 44/(27)
horst, Düster- 64/56
Horst, Düwels 93/105
Horst, Dwas 92/(17)
Horste 100/(7)
Horst, Eck 36/61
horst, Ecker- 36/61
Horste, Flaten 76/(25)
horst, Ehmken- 77/124
Hörste, Jahps 71/(94)
Hörste, Kaprienschen 75/(50)
Hörste, Langen 64/74
Horst, Elvers 65/(127)
Horst, Emken 77/124
Horsten 76/(18)
Hörsten 41/(57), 64/(141)
horsten, Beck- 25/71
hörsten, Böhm- 97/(27)
Horstenfuhrt 77/73
Horsten Hoff 23/(82)
hörsten, See- 81/(75)
Horstenstück 23/(83)
Hörsten Stücken 23/(83)
Hörsten Wiesen 97/(51)
horsten Wiesen, Mohr- 40/48
Horster Dick 94/25
Horsterfuhrt 77/73
Horster Häfen 94/19
Horster Hoeben 94/19
horster Kolk, Heuken- 70/(103)
Horster Land 52/74
horster Tannen, Glaas- 64/77
horster Wege, Brede- 47/94
Horster Wiese 94/(43), 97/(51)
Horster-Zuschlag 94/6
hörste, See- 83/(22)
horst, Fahr- 75/(100)
horst, Fahren- 4/30, 43/30, 75/(100)
Horst, Fahren 4/30, 26/22, 43/30
Horst, Fahrentz 36/(105)
Horst, Farren 4/(30)
Horst, Ficken Kamp 78/66
horst, Fidelbagen- 72/(39)
Horst, Fiedelbagens 72/(39)
Horst, Fisch 64/65
Horst, Flaak 42/(66)
Horst-Flagen 90/(67)
horst, Flasch- 95/(91)
horst, Flaschen- 70/1
Horst, Flaschen 70/1
Horst, Fläschen 70/1
Horst, Flase 95/(91)
horst, Flassen- 70/1
Horst, Flaßer 95/(91)
hörst, Flaten- 72/25
Hörst, Flaten 76/(25)
Horst, Flathen 12/(22)
Hörst, Fleten Flaten 12/(22)
horst, Flieder- 85/(54)
horst, Fohren- 13/14
Horst, forderste Voß 62/8
horst-Fordt, Hütte- 72/(29)
horst Forth, Kriech- 44/32
Horst, Foß 62/4
Horst, Freßen 38/(72)
horst, Fritz- 72/(85)
Horst, Fritz 72/(85)
Horst, Fritzels 72/(85)
Horst, Fuhlbecks 95/(95)
Horst, Fuhl Becks 95/(95)
horst, Glaas- 64/76
horst, Glashütten- 75/(75)
Horst, Glaßhütten 75/(75)
horst, Goeßel- 86/13
horst, Gramm- 87/42
Horst, Gramm 87/42
Horst, Grammen 87/42
Horst, Grelle 103/(54)
Hörst, Grellen 103/(54)
horst, Grevens- 9/(53)
Horst, Gr. Flaschen 75/(100)
Horst, Groot 54/3
Horst, grosse 75/54, 75/149
Horst, große 9/(33), 75/8
Horst, Große 54/3, 64/83, 75/8, 86/8
horst, Grosse Brand- 79/13
Horst, große Fahren 75/(100)
Horst, Große Fistel 75/(45)
horst, Große Flaschen- 75/(100)
Horst, Große Frauen 64/27
Horst, große Hohe 68/(110)
horst, Große Hüls- 72/52
Horst, Große Hülse 72/52
Horst, Große Kaven 56/(25)
horst, große Schier- 43/2
horst, Grosse Wulfs- 79/14
Horst, Grot 42/(68)
horst, Grot Briesch- 56/(48)
Horst, Grote 30/(88)
Horst, Groten Brandt 36/52
Horst, Groth 77/52
Horst, Grot Haböck 72/(37)
horst, Groth Immen- 75/(85)
horst, Groth Papen- 75/68
horst, Grot Hüls- 72/52
Horst, Grot Menken 42/10
horst, Grot Schnaken- 72/(93)
Horst, Grot Zaegen 42/(67)
Horst, Güldenströer 44/(144)
horst, Gulen- 40/(84)
Horst, Gurcken 36/(112)
Horst, Haacken 44/(145)
horst, Haasen- 72/(101)
horst, Habichts- 44/(42), 75/67
horst, Habigs- 75/67
Horst, Habitt 75/67
horst, Hafk- 44/(42)
Horst, Häg 97/8
horst, Hahnen- 81/65

Horst, Hambow 95/(101)
Horst, Häncke 73/85
Horst, Harnische 30/(91)
horst, Hasel- 44/(37), 72/(103)
Horst, Hasel 72/(103)
Horst, Hasell 26/(48), 86/12
horst, Hassel- 52/10
Horst, Hecht 42/6
Horst, Hege 93/2
Horst, Heid 59/(54)
horst, Heuken- 70/105
Horst, Her 36/(116)
Horst, Heustacken 81/(127)
Horst, Heu Stacken 81/(127)
Horst, Hewstaken 81/(127)
Horst, Heyd 66/(63)
horst, Hilgen- 90/61
Horst, Hinnicks 44/(30)
Horst, Hinrichs 44/(30)
Horst, hinter der 87/(59)
Horst, Hinterste 83/(55)
Horst, Hinterste Lang 75/(34)
horst, Hinterste-Lange- 75/(34)
Horst, Hinterste Voß 62/3
Horst, Höcken 70/105
Horsthof 21/18
Horsthöften 21/18
horst, Hoge- 72/(33)
Horst, Hoge 75/76
Horst, Hogen 68/70
horst, Höglings- 77/67
Horst, Höglings 74/17
Horst, Hohe 30/65, 36/(117), 68/70, 75/(29), 81/(129)
Horst, Hohe Fistel 75/(44)
horst, hohen 30/65
Horst, Hohl 42/(52)
Horst, Höken 70/105
Hörst, Holte 44/(150)
Horst, Honcken 70/(128)
horst, Hüls- 95/(114)
Horst, Hüls 56/(146), 93/(74)
Horst, Hülse 44/38, 93/(58)
horst, Hülß- 92/(19)
Horst, Hülß 95/(114)
horst, Hun- 75/104
horst, Hunde- 75/104
Horst, Hunde 75/104
Horst, Jaasen 44/128
horst, Jabs- 71/(94)
hörst, Jabs- 71/(94)
Horst, Jaeßen 44/(23)
Horst, Jasen 44/128
Hörst, Jehsen 44/(23)
horst, Jesen- 44/(23)
hörst, Jesen- 44/(23)
Horst, Jeßen 44/(23)
Horst, Kahl 75/(30)
horst, Kahlen- 79/10
Horst, Kahlen 79/10
Horst, Kählers 68/(121)
horst, Kalck- 72/(43)
Horst, Kalck 72/(43)
Horst, Kalisser 75/(24)
Horst, Kamp 74/(40)
Horst, Karstäden 95/(30)
Horst, Kaven 56/(25)
Horst, Kellermoorsche 75/(182)
Horst, Klaar 89/50
horst, Klar- 89/50, 90/2
Horst, Kleine 86/9
horst, Kleine Brand- 79/19
Horst, Kleine Frauen 64/22
horst, kleine Heide- 73/(6)
horst, Kleine Hüls- 72/53
Horst, Kleine Hülse 72/53
Horst, Kleine Kaven 56/(152)
horst, Kleine Schier- 27/51
horst, Kleine Wulfs- 79/10
horst, Klein Papen- 75/68
horst, Kley- 44/(25)
Horst, Kley 44/(25)
Horst, Klieschen 62/(137)
horst, Kliescken- 62/(137)
Horst, Kließcken 62/(137)
horst, Klinck- 68/(125)
Horst, Klinck 68/(125)
Horst, Klocken 38/(80)
horst, Kloster- 75/(63)
Horst, Kloster 75/(63)
horst, Klowen- 86/9
Horst, Knickriets 90/(46)
horst, Knüppel- 12/61
horst Kolck, Im'm- 73/16
horst Kolck, Immen- 73/16
Horst, Koll 93/(53)
Horst Koppel 9/46
Horst, Köster Wrieten 64/87
Horst, Krahmer 86/(60)
horst, Krieg- 44/32
Horst, Krieg 44/32
Horst, Kröger 86/12
Horst, Krohns 86/(61)
horst, Krucken- 9/(61)
Horst, Krüger 86/12
Horst, Kuhl 42/(50)
Horst, Kütige 84/(29)
horst, Lämmer- 44/(159)
Horst, Land 30/(114)
horst, Lang- 71/(108)
Horst, Lang 69/(121)
horst, lange 44/(34)
horst, Lange- 35/48, 44/(34)
Horst, lange 92/(22)
Horst, Lange 35/48, 44/(34), 56/(163), 57/62, 62/36, 64/86, 71/(108), 92/(22), 95/13
horst, Langen- 62/36, 95/13
Horst, langen 95/13
Horst, Langen 62/36, 103/(109)
Horst, Lange Reh 42/(63)
Horst, Lange Scharpen 42/(60)
Horst, Lange Water Kuhls 42/(64)
Horst, Latt 75/59
horst, Liggel- 9/(63)
Horst, Lilien 47/(110)
Horst, Losensche 64/85

Horst, Lüt Brand 36/(125)
Horst, Lütgen Brandt 36/(125)
Horst, Lütgen Heidschen 73/(6)
Horst, Lüth 77/54
horst, Lütke Kley- 72/(109)
horst, Lütt- 75/54
horst, Lütten Brand- 36/(125)
Horst, Lütte Rohr 93/(78)
Horst, Lütt Haböck 72/35
horst, Lütt Haböcks- 72/35
Horst, Lütt Heidsch 73/(6)
horst, Lütt Hüls- 72/53
Horst, Lütt Menken 42/9
horst, Lütt Schier- 27/51
horst, Lütt Schnaken- 72/(94)
Horst, Lütt Zaegen 42/(65)
Horst, Mehl 73/(126)
Horst, Melcker 72/(79)
Hörst, Melcker 72/(79)
horst, Melk- 72/(79)
horst, Menken- 42/10
Horst, Michels 53/51
horst, Miler- 36/(62)
Horst, Miler 36/(62)
Horst, Mittel 42/(49)
horst, Möllers- 56/52
Horst, Möllers 56/52
horst, Muchien- 72/64
horst, Muggen- 86/8
Horst, Müggenborger 85/(64)
Horst, Müllers 68/(145)
Horst, Muskewiter 56/(178)
Horst, Neddel 87/(64)
Horst, neu Kleinauer 75/151
Horst, Niefindes 72/(110)
horst, Niet- 36/59
Horst, Pahren 65/62
Horst, Palm 76/(92)
Horst, Papen 99/(49)
Horst, Paren 65/62
Horst, Parten Mittel 72/(111)
Horst, Parthen Mittel 72/(111)
horst, Pläner- 75/(190)
Horst, Poggen 42/(45)
horst, Poiten- 72/84
Horst, Poiten 72/84
horst, Porten- 40/(9)
horst, Prast- 43/(108)
Horst, Pulvers 72/36
Horst, Pulverschen 72/36
Horst, Raben 42/(47), 64/80, 73/(25)
hörst, Rabens- 73/(25)
Hörst, Rabens 73/(25)
Horst, Radt 61/(76)
horst, Rähncke- 72/(83)
Horst, rauhe 12/(134)
Horst, Rauhe 72/45
Horst, Reertsen 53/(62)
Horst, Reh 55/(63)
Horst, Reiter 65/(76)
Horst, Reuter 65/(76)
Horst, Rohr 93/77
horst, Rot- 32/20
Horst, Ruge 42/(17), 72/(45)
Horst, rugen 72/(45)
horst, Ruge Summ- 72/(45)
horst, Rund- 73/(5)
Horst, Rund 68/(160)
Horst, runden 63/(161)
Horst, Runde Reh 42/(62)
Horst, Runde Scharpen 42/(55)
horst, Schaafwasch- 94/(50)
Horst, Schaal 44/54
Horst, Schafwasch 93/102
horst, Schal- 44/54
horst, Schall- 44/54
Horst, Schall 44/54
Hörst, Schall 44/54
Horst, Schapwasch 93/102
horst, Schier- 43/2
horst, Schlons- 36/(74)
Horst, Schmahl 72/(61)
Horst, schmahle 81/(157)
horst, Schmal- 72/(61)
Horst, schmalle 72/(61)
horst, Schmarre- 57/(104)
horst, Schnaacks- 72/(93)
horst, Schnäck- 72/(93)
Horst, Schöne Buchs 76/(98)
Horst, Schriwen 43/(115)
Hörst, Schröders 71/(112)
Horst, Schwarze 54/(31)
horst, Schwein- 75/(195)
horst, Schweinekoben- 72/67
horst, Schweue- 72/(80)
Horst, Schweue 72/(80)
Horst, Schwöh 72/(80)
horst, See- 81/(75)
Horst, See 81/(75)
Horst, Sims 75/(70)
Horst, Sivers 13/73
horst, Sommers- 72/65
Horst, Sommers 72/65
Horst, Specks 72/(113)
horst, Spitz- 44/(46)
Horst, Spitz 44/(46)
Horst, spitze 44/(46)
horst, Spöck- 12/(19)
Horst, Spöcke 73/(8)
Horst, Spöcker 73/(8)
horst, Sporn- 32/(55)
Horst, Spräkel 83/(27)
Horst, Sprickel 68/2, 83/(27)
Horst, Spröckel 103/(133)
Horst, Sprückel 103/(133)
Horst, Stäbelinsche 54/13
horst, Steden- 103/22
horst, Stein- 36/(147)
Horst, Steps 71/(100)
Hörst, Steps 71/(100)
Horst, Streit 60/(24), 75/(88)
Horst, Strichel 44/(48)
Horst, Striegel 44/(48)
horst, Stubben- 79/5
Horst Stücken 103/44
Horst, Stuubeßen 42/(46)
Horst, Sunder 78/42
horst, Swienkaben- 72/67

Horst, Tannen 3/(9)
Horst, Tauers 56/(205)
Horst, Timmer 9/(67)
horst, Timp- 75/145
Horst, Trien 62/(170)
horst, Uhlen- 45/5, 52/1, 64/55
Horst, Uhlen 45/5
horst, Ulen- 56/(207)
horst, Varen- 68/(173)
Horst, Vietzer 56/(27)
Horst, Viezer 56/(27)
Horst, Vooß 42/(13)
Horst, Vorderste Lang 75/(38)
horst, Vorderste Lange- 75/(38)
horst, Vorn- 43/30
horst, Voß- 62/4
Horst, Voß 42/(13)
Hörst, Voß 62/4
horst, Walt- 81/62
Horst, Weltzins 75/58
horst, Wieden- 75/(201)
Horstwiese 56/(26)
Horst Wiese 47/(104)
horst Wiese, Brand- 30/47
horst Wiese, Deich- 75/(71)
horst Wiese, Krieg- 4/(18)
Horst-Wiese, Lüt 65/(147)
Horstwiesen 13/49
Horst Wiesen 56/(26)
horst-Wiesen, Klar- 90/1
Horst, wilde 77/1
Horst, Wilde 76/49
Horst, Will 76/49, 77/1, 78/82
Horstwischen 13/49
horst, Wittsten- 75/(203)
horst, Wohl- 81/62
horst, Wohlt- 81/62
Horst, Wolt 81/62
horst, Wulfs- 79/14
Horst, Wulfs 42/8, 79/14
Horst, Zarns 72/(56)
horst, Zwiß-Grot- 52/4
Horten Grundt 39/(28)
Höschen 62/27
Höschenbarg 35/33
Hosenrie 54/(37)
Host 4/20, 31/11, 96/5, 98/2, 104/22
Höst 35/47
host, Bagen- 44/123
Hostbarg 95/29
host, Barken- 41/66, 75/76
host, Bauk- 43/72
host, Bäuk- 76/19
Host, Blenießer 44/120
host, Bok- 73/28
host, Bök- 89/33
Host, Borkerts 65/27
host, Brand- 30/47, 83/70
höst, Brand- 68/68
host, Branden- 65/80
höst, Brun- 68/65
Host, Dämmsch 64/66
host, Deens- 30/32
host, Drei- 12/33
host, Dreyer- 64/89
host, Druch- 12/30
host, Düding Groth- 72/(23)
Host, Düster- 64/56
host, Duurn- 66/26
host, Düwels- 93/105
Hoste 103/(103)
host, Ehmken- 77/124
Hosten 25/29
Hösten 62/27
hosten, Bark- 47/29
hösten, Beek- 25/71
Höstenhaken 65/1
hosten, Hester- 45/63
Höstenhof 41/65
hosten, Maur- 40/48
Hosten, Langen 62/36
hösten, Verwalter- 41/54
Höstenwisch 41/60
hoster Damen, Glaas- 64/77
Hosterfort 77/73
hosterwisch, Ho(g)- 30/65
host, Fisch- 64/65
host, Gaus- 86/13
host, Glaas- 64/76
host, Gramm- 87/42
Host, Grot 54/3, 64/83, 75/8, 77/52, 86/8
host, Grot Brand- 79/13
host, Grot Voß- 62/3
host, Grot Fruen- 64/27
host, Grot Wulfs- 79/14
host, Häg- 93/2, 97/8
host, Hawk- 75/67, 95/45
host, Hee(d)- 49/25
host, Hinnen- 41/67
Hosthoew 21/18
Host, Hog 41/70
höst, Hogen Bok- 68/70
host, Honnig- 77/67
host, Hösting- 81/64
host, Hüls- 44/38
host, Hun'n- 75/104
host, Immen- 66/39
Höstinghost 81/64
host, Jasen- 44/128
host, Kauh- 43/69
höst, Kiewitts- 68/1
host, Klee- 69/28
host, Klor- 89/50, 90/2
host, Knüppel- 12/61
host, Köster Wrieten- 64/87
host, Krieg- 44/32
Host, Lange 64/86
Host, Langen 95/13, 97/3
Höst, Langen 64/74
host, Lind- 30/4
Host, Losensch 64/85
Host, Lütt 75/54, 77/54, 86/9
host, Lütt Brand- 79/19
host, Lütt Fruen- 64/22
host, Lütt Voß- 62/8
host, Lütt Wulfs- 79/10
Hostmanns Ort 52/82
host, Papen- 75/68
host, Poren- 65/62
Host, Pumpel 77/51
host, Raben- 64/80, 77/101
host, Riek- 74/84
host, Schapwasch- 93/102
host, Scheide- 83/(48)
höst, Siden Bok- 68/69

Host, Stäbelinsche 54/13
Host, Stäbelsche 65/46
host, Städen- 103/22
Host, Stane 78/(59)
host, Stubben- 79/5
Hoststücken 102/25, 103/44
Host Stücken 102/25, 103/44
host, Timp- 75/145
host, Uhlen- 45/5, 51/76, 64/55
host, Vorn- 26/22, 43/30
host, Voß- 62/4
host, Welzins- 75/58
hostwisch, Klor- 89/51, 90/1
host, Wohld- 81/62
horst, Worm- 30/21
host, Wulfs- 30/29
hot, Pennen- 49/(59)
Höuel, Saat 22/(90)
Houen mhoer 1/34
Houenmohr 1/34
hove, Kohl- 6/(41)
höven, Brinck- 43/42
Hoven, dickschen 7/14, 7/15
Höven, Graß 23/29
Höven, Haagen 55/(43)
hoven, Hoppen- 7/10
höven, Spliet- 25/24
höven Stücken, Splitt- 25/22
Hovewege 25/(104)
how, Baben- 42/81
Höweg 81/18
Höwegs Kamp 76/(70)
Höwegs Stücken 76/(71)
höwel, Mile- 73/(7)
howen, Barg- 42/79
höwen, Kohl- 14/28
Höwers-Kamp 76/(70)
Höwers -Stücken 76/(71)
Howischen 35/44
Howischen, achtern 35/44
Höwling 68/20
how, Preister- 28/19
Hübbelklies 53/34
Huben-Mohr 1/34
Hüchell 56/(145)
huder Dannen, Tuck- 78/31
huder Tannen, Tuck- 78/31
hude, Schreien- 56/(197)
hude, Tuck- 78/31
Huefe 81/(131)
Huefe, Halben 81/(122)
Huefenmohr 1/28, 1/34
Huefen Mohr 1/34
Hu(e)ßnitz 21/(69)
Hufe, Halbe 86/(55)
Hufen 12/8
Hufen Cavel, wüsten 11/(48), 12/3
Hufen Dannen 32/(44)
Hufen Mohr 1/28, 1/34
Hufen Röhten 96/(43)
Hufenwischen 81/6
Hühnerkamp 3/(8)
Hühner-Tannen 9/21
Hühnerwiese 49/(51)
Hühnkenbarg 27/4
Huk 38/29
Hülbermaur 58/10
Hülcken Holtz 45/(93)
Hülken, up'n 58/35
hüllen, Finken- 70/63
Hülper Mohr 58/10
Hülpert 58/10
Hülsbusch 45/55
Hülse Horst 44/38, 93/(58)
Hülse Horst, Große 72/52
Hülse Horst, Kleine 72/53
Hülshorst 95/(114)
Hüls Horst 56/(146), 93/(74)
Hülshorst, Große 72/52
Hülshorst, Grot 72/52
Hülshorst, Kleine 72/53
Hülshorst, Lütt 72/53
Hülshost 44/38
Hülßhorst 92/(19)
Hülß Horst 95/(114)
Hundeberg 26/36
Hunde Busch 63/(125)
Hunde Camp 1/97, 80/(19)
Hunde Damm 82/(23)
Hundehorst 75/104
Hunde Horst 75/104
Hundekamp 1/97, 41/31, 56/(147)
Hunde Kamp 1/97
Hundekampe 1/97
Hundekampfe 1/97
Hunden Busch 63/(125)
Hunden Camp 103/(104)
Hunden Mohr 59/(57)
Hunde Ort 14/16
Hundes Camp 16/24, 41/31
Hundes Mohr 61/(43)
Hunenberge 105/(51)
Hüner Berg 64/(142)
Hünerberge 64/(142)
Hüner Berge 64/(142)
Hüner Camp 3/(8), 9/22, 56/(141), 63/49
Hünerkoppel 49/(50)
Hunerlandische Holtz 86/49
Hüner-Stücken 42/(36)
Hüner-Stücken-Koppel 49/(50)
Hüner Tannen 9/21
Huner Wiese 49/(51)
Hüner-Wiese 49/(51), 62/19, 65/21
Hüner Wisch 49/(51)
Hungerkamp 78/(37)
Hunger Kamp 78/(37)
Hunhorst 75/104
Hunnenkamp 61/(44)
Hunnert Rau(d) 44/69
Hunn'hoegel 26/36
Hun'nhost 75/104
Hunn'kamp 1/97, 16/24, 41/31
Hunn'knip 93/8
Hunn'koetel, Drög 23/5
Hunn Mohr 61/(43)
Hunn'uhrt 14/16
Hunn'wisch 104/26
hürn, Zaukels- 52/40
hüschen, Frielen- 41/18
husenkuhl, Schip- 64/28
hus, Frielen- 41/18

Hushoew 17/40, 19/50, 33/16, 47/61, 69/81, 71/26, 77/79, 103/29
Huskoppel 5/40, 23/11, 25/26, 29/12, 34/3, 62/52, 70/30, 78/18
Huskoppels 26/5
Husland 74/79
Husstücken 47/9, 64/37
Husten Hoefen 61/(45)
Hustieß 65/(136)
Hus, Witten 93/20
Hut, Battrams 106/(29)
Huth, Battrams 106/(29)
Huth, Tuck 78/31
Hütingsforth 95/(115)
Hütings Furth 95/(115)
Huts Plater Camp 48/(119)
Huts Plater Mohr 48/(120)
Hüttbarg 67/72
Hüttbrauk 27/50
Hütt Bruch 27/50
Hüttbruchs Wiese 27/50
Hütte 44/(116)
Hütte, Fincken 70/63
Hüttehorst-Fordt 72/(29)
Hüttenbarg 67/72
hüttenbarg, Glas- 95/43
Hütten Berge 102/30
Hütten Camp 23/(84)
Hütten, Fincken 70/63
hütten, Finken- 70/63
hütten Forth, Glaß- 72/(100)
Hütten, Glaß 103/(55)
hütten Heide, Glas- 97/(15), 103/(55)
hütten Heyde, Glaß- 97/(15)
hüttenhorst, Glas- 75/(75)
hütten Horst, Glaß- 75/(75)
Hütten Kamp 64/59
hütten Kolck, Glas- 75/(81)
hütten Kolck, Glass- 75/(81)
Hütten Ohrt 10/(56)
hütten, Pest- 34/34
Hütten Wiesen 56/(148)
Hütter Berg 95/43, 102/30
Hütter Bruch 95/(44)
Hütterbusch 95/(44)
Hütter Busch 95/(44)
Hütter Camp 23/(84), 65/(137)
hütter Heide, Glas- 97/(15)
Hütter Hof 13/55
Hütter Moor 13/(53)
Hüttkamp 64/59
Hüttmaur 64/47
Hüttmoor, Großes 64/47
Hüttmoor, Kleines 64/(46)
hüttsche Heyde, Glaß- 103/55
hut, Tucke- 78/31
Hütung 62/(131), 64/(48)
Huwenmohr, baven den 1/28

I

ichel, Hohenn- 38/21
ichel, Hon- 38/21
Iden Branden 75/87
Iden Kuhl 81/39
iegell, Hon- 38/21
Ierdbeerenwisch 90/62
Ierdkuhlsbarg 42/71
Ierste Slag 76/16
Ierste Wenn' 57/68
iesenbarg, Hauf- 65/19
Ieskuhl 4/8, 25/20
ievken, K(a)n- 3/16
igeln Stück, Hohen- 38/21
Ihlenpohl 1/83, 79/7, 94/11
Ihlenpohle 1/83
Ihlenpol 79/7
Ihlensaalen 91/26
Ihlen Soll 89/48
Ihlpohl 1/83, 105/8
Ihl-Pohl 1/83
Ihs Laagen 96/(44)
Ihsschlage 96/(44)
Ilenkolk 79/7
Ilenkuhl 94/11
Ilensoll 89/48, 91/26
Ilenwisch 104/25
Ilepfhulen 1/83
Ilpohl 1/83
Ilpole 1/83
Ilsraden 25/(100)
Imbusch 69/19
Imbusch Mohr 69/(112)
Imen Berg 50/31
Im Hof, Catrien 81/(107)
Immelskolk 73/16
Immenbarg 50/31
Immenberg 100/(14)
Immen Berg 58/(26)
Immen-Berg 100/(14)
Immen Busch 24/(39), 69/19
Immen Gründe 1/139
Immengrünn' 1/139
Immenhäf, Pagels 44/106
Immenhof 1/(166), 32/29, 42/82, 47/87, 62/40, 66/7, 68/23, 69/75, 71/20, 73/(116), 77/92, 79/3, 85/40
Immenhoff 1/(166)
Immenhofkoppel 70/90
Immenhofstücken 70/92
Immenhofwisch 70/88
Immenhorst, Groth 75/(85)
Immenhorst Kolck 73/16
Immenhost 66/39
Immen Kamp, Grot 75/(85)
Immen Kamp, Lütt 75/(84)
Immenmaur 11/24
Immen Moor 11/24
Immenschuer 13/25
Immenstieg 62/39
Immenstücken 15/23
Immen-Stücken 15/23
Immen Wiesen 51/(59)
Immen Wise 14/(74)
Immhäf, Pagels 44/106
Imm Hofs 80/(3)
Im'mhorst Kolck 73/16
Imm Kamp 75/(85)
Ingelsberge 51/(92)
Insel 74/23, 106/15

Insel Joek 24/7
Inwoenerkoppel 48/47
Inwoenerwisch 21/17
Irrgor(de)n 104/5
Irrgorn 104/5
Irs-Kuhle 25/20
Isarseiten 30/68
Ise 73/60
Isė, furm 73/60
Isegraben 74/35
Isegrund 74/37
Isen 73/60
isenbarg, Hauf- 65/19
Isenberge 95/(86)
Isenholzschlag 69/(113)
Iseratgen Mohr 30/(105)
Iseratgen Wiesen 30/68
Iserbergs-Wiese 95/(117)
Isereiten 30/68
Isker Mohr 73/(117)
Iskuhlen 25/20
Islagen 96/(44)
Jßchlägen 96/(44)
iv Stücken, Klein- 3/16
Iwck, Kleinen 3/16

J

Jaasen Horst 44/128
Jabahk 68/(118)
Jabell 56/(149)
Jaberg 68/(118)
Jabscrütz 68/(119)
Jabshorst 71/(94)
Jabshörst 71/(94)
Jabst-Crütz 68/(119)
Jackenwiese 1/(107)
Jacken Wiese 1/(107)
Jackenwiesen 1/(107)
Jacken Wiesen 1/(107)
Jäcker 103/7
Jäckeritz 103/7
Jäckernitz 103/7
Jacobes Cruce 68/(119)
Jacobs Gründen 51/(90)
Jacobskamp 41/36
Jacobs Krüetz 68/(119)
Jacobs Krüße 68/(119)
Jacobst Crütz 68/(119)
Ja(d) 48/2
Jade 48/2
Jäde 75/2
Jader Barg 48/3
Jadern 45/(94)
Jadernorth 45/(95)
Jaders Camp 48/(121)
Jaeckenitzer Busch 103/7
Jaeßen 44/19
Jaeßen Horst 44(23)
Jaeßenwischen 44/19
Jagddamm 80/42
Jägerbarg 5/25
Jägerbusch 1/155
Jägercamp, Großer 23/26
Jägercamp, Kleiner 23/(44)
Jäger Grund 79/(47)
Jägerhof 70/31
Jägerkamp 23/3
Jäger Kamp 92/(20)
Jägerkamp, Grot 23/26
Jägerkamp, Lütt 23/(44)
Jägerkrugen 40/2
Jägernitz 103/7
Jägers Busch 1/155
Jägers Busche 1/155
Jägers Wisch 92/(21)
Jäger Wiese 52/(36)
Jägerwisch 53/47, 74/47, 93/96
Jahm 19/57
Jähmschenmoor 74/(113)
Jahmser Stücken 74/97
Jahms, Vor 19/58
Jahnck 59/(58)
Jähnen, Schmalen 17/(95)
Jahnken Barg 38/35
Jahnken Holt 43/66, 47/25
Jahnken Holz 47/25
Jahnken Koppel 36/46
Jahnkenstadt 65/25
Jahnschen Holze 47/25
Jahps-Hörste 71/(94)
Jahrns Hägen 38/43
Jährs, Großen 59/(50)
Jahrs Hägen 38/43
Jährs, Kleinen 59/(63)
Jahrte 81/(132)
Jakobs Kamp 41/36
Jalassen 36/20
Jalaßen Holtz 31/15
Jalaßen Kolck 31/14
Jalaßen Wiese 36/20
Jalass Wiese 36/20
Jalck 68/(120)
Jamel 19/57
Jamen 19/57
Jam(en)sch Kavel 19/58
Jam(en)sch Weg 19/56
Jammer 67/14
Jäms 74/97
Jam'sch Kavel 19/58
Jancken Brede 40/(87)
Jancken Camp 43/66
Jancken Fohrt 40/(88)
Jancken Hägen, achter 38/(78)
Janckenstelle 65/25
Jancken Werder 36/(119)
Janecken Strauch 51/(91)
Janeken Holtz 47/25
Jänitz 75/(180)
Jannen, Lieb 17/(84)
Janneraaßen 70/(130)
Jannerahls 70/(130)
Jannerahlsche Weg 70/32
Jannerals 70/(130)
Janneraschen 70/(130)
Jannrasen 70/(130)
Jans Rieh, Ut 68/(172)
Jantenkamp 41/21
Janten Kamp 40/17, 41/21
Jantenkamperberg 41/(23)
Jantzen, Lieb 17/13
Jantz, Liep 17/13
janzen, Lieb- 17/13
Jarchen, Schmahl 28/(54)
Jarmers Kuhl 19/6
Jarms 38/43
jart, Lieb- 17/(84)
Jäsen 45/17
Jasen-Horst 44/128
Jasenhost 44/128
Jasnitzer Kopf 68/61
Jaspar Ortgen 95/(116)
Jaspar Orth 95/(116)
Jaspe-Horn 36/2

Jaspelhorn 35/(75)
Jasperhorn 34/(36), 36/2
Jasper Horn 35/(75), 36/2
Jaspers Örtgen 95/(116)
Jäßen 36/50, 44/19
Jäßenbarg 48/52
Jäßen, Groß- 36/50
Jäßen Wiesen 44/19
Jaeßenwischen 44/19
Jäßer Weg 56/14
Jäßnern Wischen 44/19
Jäßvin 47/16
Jasterams Camp 12/(113)
Jastram 8/(8), 9/49, 10/(5), 13/(15), 19/71, 21/(70), 30/(102)
Jastram Hof 30/(103)
Jastram(s) 9/49
Jastrams Hake 20/(45)
Jastrams Kamp 14/(72)
Jastrams Ort 12/(113)
Jastrams Wiese 14/(73)
Jätborn 28/31
Jatenieß 3/(28)
Jatenis 3/(28)
Jauchen Höbbel 30/(104)
Jauden Kötel 48/51
Jecknizer Busch 103/7
Jedfrien 66/(65)
Jeersçken Busch 59/(59)
Jeersken 59/(50), 59/(63)
Jegerbusche 1/155
Jehborn 28/31
Jehsen Hörst 44/(23)
Jehser Berg, tenst den 96/(45)
Jeiers 71/87
Jellin 59/(60)
Jens den Rat 77/104
Jensra(d) 77/104
Jensrade 77/104
Jenssen 47/8
Jentschen 47/8
Jentzelradt 77/104
Jentzen 47/8
Jenzen 47/8
Jersen 71/87
Jersey 17/39
Jesarschen Heegen 61/(46)
Jesarschen Mohr 61/(47)
Jesefien 47/16
Jesefinschen Camp 47/16
Jesegen Barge 48/52
Jesenhorst 44/(23)
Jesenhörst 44/(23)
Jesen-Kolck 44/(151)
Jesen Stück 36/50
Jesenstücken 36/50
Jesen-Wischen 44/19
Jeser 17/39
Jeser-Bergs Wiesen 96/(46)
Jeserschen Fohrt 56/(150)
Jesnitzer Wischen 44/19
Jeßen 45/17, 70/5
Jeßen Brower 70/(131)
Jeßen Horst 44/(23)
Jeßen Mohr 45/17
Jeßen Stücken 36/50
Jeßer 41/56, 71/(126)
Jicheln, Hogen 38/21
Jirse 17/39
Jisse 41/56
Jisser 41/56
Joachims Thal 42/3
Jochims Lande 64/(143)
Jöde 75/2
Jödenn 74/46, 75/2
Joek, Insel 24/7
Joetborm 28/31
Jogenuhrt 27/39
Johannesgraben 22/35
Jöhlcken Berge 64/21
Jöhlkenbarg 64/21
Johrten Camp 48/(122)
Jölcken Barg 24/(40)
Jordan 56/(151), 93/73
Jormen 52/6
jormen, Bäk- 52/64
Jörs Kamp 93/(26)
Judenberg 25/(105)
Juden Born 28/31
Judendiek 75/17
Juden-Friedhof 90/57
Judenkirchhof 41/91, 78/77, 81/41, 90/57
Judenkoppel 34/34
Jüden Born 28/31
Jühlen Kolck 44/125
Julicke 77/(130)
Julsche Heide 53/42, 53/43
Julsche Holtz, Bevens 53/(66)
Julsche Holtz, unterste 53/71, 53/72
Junckerbusch 21/(71)
Juncker Busch 21/(71)
Juncker Camp 46/(50)
Juncker Stieg 49/(52)
Junckerwischen 81/(133)
Junckers Busch 52/(38)
Junckers Land 59/(61)
Jungfernberge 40/14
Jungfern Stück 62/(132)
Junker Kamp 58/(22)
Junkers Land 59/(61)
Jürgens Camp 93/(26)
Jürgens Kamp, St. 79/(132)
Jürns Wisch 47/37

K

Kaarkweg 42/78
Kaasten Kamp 57/(92)
Kaat Wiese 47/(105)
Kabel 10/(53)
Kabel, Brehsschen 73/(101)
Kabel, Bült 9/(51)
Kabelcke, Lütt 96/(54)
kabel, Dwer- 97/(64)
Kabelhoefen 1/(88)
kabel, Hopp- 1/24
Kabeln 43/28
kabeln, Dwer- 106/(9)
kabeln, Holz- 43/67
Kabeln, Kort 87/5
Kabeln, Korten 69/(41)
Kabeln, kurtzen 27/(87)
Kabeln, Kurzen Dweer 97/(57)
Kabeln, Langen 69/46
Kabeln, Langen Dweer 97/(64)
Kabeln, Lenisch 69/95

Kabeln, Lenißen 69/95
kabeln, Tannen- 85/19
Kabeln, Zegen 69/42
Kabel, öberste 14/(90)
Kabel, Siever 9/47
Kabel Stück 43/23
Kabels Wiese 61/(48)
Kabelwiese 44/(152)
Kabel Wiese, Bült 9/(51)
Kabelwiesen, Altentheils 43/(77)
Kabel Wiese, Neu 1/7
kabenhorst, Swien- 72/67
Kaben, Korten 73/(75)
kaben, Swien- 66/46, 93/101
Kaehling 62/83, 66/49
Kaethen Holtz 75/141
Kaehten Landen 69/(38)
Kaether Holtz 79/(25)
Kafel 95/(118)
Kafelhofen 1/(88)
Kafelwiese 32/14
kafel, Asch- 97/(26)
Kafel, Asche 97/(26)
kafel, Dwehr- 79/(52)
Kafel, Große 22/65
kafel, Hopfe- 1/24
Kafel, Kleverstücks 35/(76)
Kafel, Kolck- 35/(80)
Kafel, kurze Tweer 97/(57)
Kafel, Lang 35/(85)
Kafell, Kleine 22/62
Kafel, Lütke 22/62
Kafellwiesen 13/4
Kafeln 1/(184)
Kafel, Neddelst-Holz- 35/(96)
Kafeln, Grauwischen 35/24
Kafeln, Lang 87/20
Kafel, öberst Holz- 35/(97)
Kafel, Radt- 35/(103)
Kafel, See 35/(106)
Kafel, Vogels 44/15
Kafel Wiesen, Neu 1/7
Kafelwische, neuwe 1/7
kafelwische, Stemb- 105/(60)
Kafelwisch, Langriets 105/(56)
Kaffkamp 49/9
Kage 60/(4)
Kagen Bruch 60/3
Kahlbarg 72/22
Kahl-Camp 65/(104)
Kahl Horst 75/(30)
Kahl-Kampf 65/(104)
Kahlstä(d) 74/14
Kahlstäde 62/28
Kahlstäder Barg 62/28
Kahlstedte 62/28
Kahl Sumpf 65/(68)
Kahl Wiese 75/(28)
Kahlber Koppel 83/(43)
Kahlcke 62/(55)
Kahlcken Mohr 62/(56)
kahle Sonnenberg 81/(80)
Kahlestädte 95/(119)
Kählen 62/(133), 64/(44), 65/(69), 67/(110), 102/29
Kahlen Brandes Koppel 67/(13)
Kählen, Busch 70/(115)
Kahlenhorst 79/10
Kahlen Horst 79/10
Kählen, Laudahns 67/(116)
Kahlen Mohr 62/(56)
Kählen, Penns 48/30
Kahlens 70/(132)
Kählen, Tanckns 48/(155)
Kahlens Mohr 51/37
Kahlenwieße 63/(136)
Kählerei 41/24
Kählers Horst 68/(121)
Kählers Ohrt 68/66
Kählers-Ort 68/66
Kählerß Ort 68/66
Kähles-Camp 63/(126)
Kahles Wiesen 71/(127)
Kahlies 70/(132)
Kähling 44/(114), 62/83, 64/(145)
Kähling, Brands 65/(75)
Kähling, Dick 70/(116)
Kähling, Große 64/(117)
Kähling, Lütge 64/1
Kählken Kamp 64/(144)
Kahlsbarg 52/51
Kahlsberg 52/51
Kähls Camp 63/(126)
Kähls-Camp, große 63/(113)
Kähls-Camp, kleine 63/(129)
Kähls Camp, Lütt 63/(129)
Kahlsche Holtz 70/(40)
Kahlschen Holtz 70/(40)
Kahls Wiesen 71/(127)
Kählung 44/(114), 64/(145), 66/49, 71/39
Kählung Wiesen 63/(136)
Kählung, Große 64/(117)
Kählung, Kleinen 67/51
Kählung, Orte 65/(69)
Kählung, Penngs 48/30
Kählungs Wiesen, Dick 63/(102)
Kahlzerbarg 70/14
Kahmäthgen 14/(75)
Kähmelcken 59/(24)
Kähmick 64/(146)
Kähmik 64/(146)
Kahm Landen 48/(123)
Kahngraben 106/36
Kahnsahl 24/24
Kahn Sahl 24/24
Kahn Soll 24/24
Kahrn, Bans 56/(97)
Kahsten Stück 57/(92)
Kaht 81/(22)
Kaht-Acker 67/(111)
Kaht Camp 65/(138)
Kahte, Heerde 44/(146)
Kähtel Kuhl 41/52
Kahten Camp 48/20
Kahtenkamp 78/(91)
Kahten Wiese 48/(124)
Kahten Wieße 47/(105)
Kähter Barg 65/49
Kähter Holtz 79/25
Kainberge 105/(52)
Kaiser 58/11
Kaiserbarg 16/26, 24/10, 31/22
Kaiserberg 16/26, 24/10

Kakeldutt 76/30
Kakenkamp 70/52
Kalber Koppel 60/(9), 84/(25)
Kälberkoppel 18/30
Kälber Koppel 4/(37), 18/30, 60/9, 82/12
Kalber Kuhle 10/22
Kalberstert 1/(99)
Kälber Stiert 23/21
Kälberstücken 23/21
Kälberweide 22/(26)
Kälberwiese 69/78
kälcken, Roth- 105/38
Kalckhorst 72/(43)
Kalck Horst 72/(43)
Kalck Kuhlen 27/60
Käling 62/83, 70/(133)
Käling, Bos 70/91
Käling, Dieck 70/(116)
Käling, Fiecken 70/(121)
Käling, Linden 70/(149)
Käling, Stoffers 67/(140)
Kalismohr 51/37
Kalismour 51/37
Kalisser Berge 18/(18)
Kalisser Horst 75/(24)
Kalitz 73/26
Kalkbarg 1/143, 13/32
Kalkberg 1/143, 13/32
Kalkkuhl 27/60
Kalk Kuhl 27/60
Kalkweg 15/41
Kalmschen 21/45
Käls Kamp 69/(114)
Kälung 76/(76)
Kalverstert 1/(99)
Kalverstertische verndell 1/(99)
Kalverstiert 23/21
Kalwerkoppel 18/30, 61/3, 63/1, 64/1
Kalwerstiert 23/21
Kalwerwisch 69/78
Kamdohl, große 58/24
Kamdohl, Grot 58/24
Kamdohl, kleine 58/20
Kamdohl, Lut 58/20
Kamdohl, Lütt 58/20
Kamdoul, Grot 58/24
Kamdoul, Lütt 58/20
Kämelcken 59/(24)
Kamer 14/34, 57/46, 61/10
Kamergrund 18/8
Kamerort 45/14
Kamer Orth 45/14
kamer, Schatz- 77/106
Kamerun 24/3, 31/2, 33/1, 35/15, 103/9
Kamlang 48/16
Kammelow 47/91
Kammer 64/(147)
Kammergraben 75/96
Kammergrund 18/8
Kamonsbarg 85/33
Kamp 5/(52),10/(57), 15/1, 19/44, 23/28, 25/(106), 36/83, 41/44, 44/87, 46/8, 47/60, 48/23, 56/39, 57/29, 61/49, 66/9, 67/48, 70/25, 73/35, 77/25, 77/118, 81/56, 83/36, 93/(64), 96/(47), 102/(49)
Kamp, Äcker 1/(179)
Kamp, Alte Frauenhof 86/48
Kamp, alten Mühlen 70/(109)
Kamp, alte Schulzen 98/(12)
Kamp, Altonaer 64/54
kamp, Baaren- 70/49
Kamp, Bahl-Forths- 76/(52)
Kamp, Bands 76/(56)
Kamp, Bans 76/(56)
Kamp, Baren 68/(91)
kamp, Barken- 16/12
Kamp, Bartels 62/(53)
Kamp, Bäuner 85/34
kamp, Bäuner- 85/34
kamp, Becker- 75/(110)
kamp, Beckers- 75/(110)
Kamp, Beckers 75/(110)
Kamp beim Hause 7/50
Kamp beim Pfarrhause 7/50
Kamp, Besen 12/(78)
Kamp, Bickbahrns 76/22
Kamp, Bick-Barns 76/22
kamp, Bickborns- 76/22
kamp, Binnen- 65/55
Kamp, Blaniser 44/119
Kamp, Blanken 48/10
Kamp, Blans 68/(92)
kamp, Blanßen- 52/3
kamp, Blanz- 68/(92)
Kamp, Blauer 5/(12)
Kamp, Böecker 78/(86)
kamp, Bodder- 52/39
kamp, Bohnen- 97/9
Kamp, Bohnen 97/9, 103/(74)
kamp, Bokweiten- 33/24
kamp, Bollen- 13/8
Kamp, Bollen 68/(93)
Kamp, Bolten 64/(97)
Kamp, Borches 103/19
kamp, Boren- 70/49
Kamp, Börger 72/(2)
kamp, Borges- 103/19
Kamp, Borkerts 103/19
kamp, Borm- 48/25
kamp, Born- 71/24
Kamp, Boser 73/(100)
Kamp, Brack 64/58
kamp, Brak- 64/58
kamp, Bram- 15/37
Kamp, Brandes 62/(97)
Kamp, Brans 95/(78)
kamp, Brett- 18/(45)
Kamp, Briesck 59/12
Kamp, Briesen 75/27
Kamp, Briester 53/52
kamp, Brod- 38/(64)
kamp, Brücker- 65/91
kamp, Brummel- 93/48, 94/18
Kamp, Brünings 12/(96)
Kamp, Buchten 62/(101)
Kamp, Buchweitzen 73/(103)
kamp, Buchweitzen- 31/(21)
kamp, Buer- 31/19, 49/28
Kamp, Buer 49/28
Kamp, Bühlers 68/(98)

kamp, Bullen- 13/8, 13/33, 45/69, 47/53, 47/83, 48/48, 66/12, 69/14, 70/100, 77/110, 78/52
kamp, Buschen- 50/13, 66/4
Kämpcken 62/(134)
Kamp, Cummerer 71/(15)
Kamp, Daersten 69/73
kamp, Dahl- 47/90
kamp, Dannen- 18/11, 40/5, 44/58, 49/26, 101/48, 103/17
Kamp, Daucken 61/(29)
Kamp, Daucks 71/(93)
Kamp, Daugs 71/(93)
Kamp, Dicke 76/(64)
Kamp, Dicken 76/(64)
Kamp, Dieck 70/(117)
Kamp, Diecks 48/78
kamp, Dieken- 75/(172)
kamp, Dieksen- 48/78
kamp, Diessel- 50/17
kamp, Diestel- 12/(101), 50/17
Kamp, Diestel 24/(33), 62/(106)
kamp, Dodemanns Heid- 44/(115)
Kamp, Dodemannheide 44/(115)
Kamp, Dohx 71/(93)
kamp, Dorn- 1/(87)
Kamp, Dorn 1/(87)
Kamp, Dorschen 69/73
Kamp, Dreyböhmschen 44/1
Kamp, Driesen 45/52, 75/27
kamp, Drift- 15/56, 70/95
Kamp, Drift 15/56, 70/95
kamp, Drögen Dannen- 66/20
Kamp, Ducks 71/(93)
Kamp, Düden 71/(21)
Kamp, Dums 70/27
Kamp, Dwas 12/(81), 24/(32)
Kämpe 89/(20), 90/(33)
kamp, Ecker- 45/21, 48/7, 53/46, 85/(53)
Kamp, Ecker 1/(179), 34/(27), 85/(53)
kamp, Eckern- 1/(179)
Kämpe, Gilde 1/(37)
Kampe, Großen 89/(58)
Kampe, Hanen 81/65
Kampe, Herren 64/(128)
kampe, Hunde- 1/97
kamp, Eich- 94/(41)
kamp, Eichen- 12/(102), 95/1
Kamp(e), langen 1/(31)
kamp, Eller- 7/28, 97/17, 100/11
kämp, Eller- 92/2
Kamp, Ellern 7/28
kampe, mollen- 97/(71)
Kampen 39/10, 40/62
Kämpen 2/3, 6/19, 8/6, 13/80
Kämpenbarg 8/6
kämpen, Borg- 97/18
kämpen, Born- 71/24
Kampenhee(d) 41/97
Kämpen, Kathen 62/(136)
Kämpen, Kloß 98/5
Kämpen, Kurzen Borg 97/(67)
Kämpen, Kurzen Kluß 97/(56)
Kampen, Langen 68/63
Kämpen, Langen Borg 97/18
Kämpen, Langen Kluß 97/(61)
Kampenmaur 47/5
Kämpen, Meiboms 66/(71)
kämpen, Moelen- 104/33
Kämpen, Sand 66/(76)
Kämpen, Sour 95/(159)
kämpen, Speck- 77/26
Kämpen, Vicken 78/64
Kämpen Wiese 1/(68)
Kampen Wisch 41/(73)
kamperberg, Janten- 41/(23)
Kampe, Rüben 97/(79)
kamp, Eschen- 30/(80), 69/92
kämpe, Schulzen- 77/76
Kämpe, Schulzen 90/(21)
Kamp, Ever 95/(87)
Kamp, Fagnitz 48/63
kamp, Fahl- 73/39
Kamp, Fahren 51/(84), 55/(8)
Kämp, Fahrn 65/57
kamp, Farren- 65/57
kamp, Faul- 100/(19)
Kamp, Faule 24/19
Kampf, Bausen 63/(89)
Kampf, Crütz 36/(100)
Kampf, Dannen 38/(67), 63/(100)
Kampf, Ecker 1/(179)
Kampfe, grossen 89/(58)
kampfe, Hunde- 1/97
kamp, Feilken- 83/37
Kamp, Feilken 83/37
Kämpfenschläge 8/6
Kampf, Eschen 30/(80)
kampff, Creutz- 51/(82)
kampff, Haber- 75/92
Kampff, neuen Kleinauer 75/152
Kampf, Franß 95/(93)
kampff, Streit- 51/(82)
Kampf, Gänse 38/26
Kampf, Gensen 38/26
kampf, Hasell- 36/(115)
Kampf, Heiligen 79/97
Kampf, Herren 62/(126)
Kampf, Hien 63/(121)
Kampf, Hinten 64/(136)
kampf, Hintersten Heydt- 64/(137)
Kampf, hohe 73/84
Kampf, Honer 95/(112)
Kamp, Fichten 5/9, 44/(113)
kamp, Finkenhof- 7/11
Kamp, Finkenhofs 7/11
Kampf, Kahl 65/(104)
Kampf, Kleinen Heydt 65/(9)
Kampf, Klever 11/(63)

Kampf, Klien 95/15
Kampf, Kluß 4/2
Kampf, langen 92/(23)
Kampf, Marcks 63/(16)
Kampf, Mühlen 41/(125)
Kampf, Nien 17/1
kamp, Fohren- 65/57
Kämpf-Ohrt 95/(120)
Kamp, fordersten Heid 64/(109)
kamp, Förster- 44/7, 64/10, 68/11
Kamp, Förster 52/(95)
Kampf, Otten 35/(99)
kampf, Rahl- 4/(47)
kamp, Freesen- 77/55
kamp, Fresen- 77/55
Kamp, Frielen 41/18
Kampf, Rohr 60/(23)
kampf, Stein- 4/(53)
kamp, Fuchs- 4/(1)
kamp, Füchten- 5/9
kamp, Fuhl- 24/19
Kamp, Fuhl 24/19, 100/19
Kamp, Ful 24/19, 81/83
Kamp, Fule 102/(10)
Kamp, Gaden 34/(25)
Kamp, Gänse 64/(112)
Kampgarten 1/(91)
Kamp Garten 1/(91)
kamp, Gast- 25/67
kamp, Gerst- 25/67
Kamp, Gerst 25/67
kamp, Gersten- 25/67
Kamp, Gevers 76/37
Kamp, Gill 87/26
kamp, Gill- 87/26
Kamp, Gladdenberg 31/(27)
Kamp, Gohrken 17/36
kamp, Goos- 38/26
Kamp, Götken 63/9
Kamp, Graagen 64/(114)
Kamp, Grabower 4/(31), 71/(122), 75/127
Kamp, Grabows 38/17
kamp, Gräfings- 49/(4)
Kamp, Gragen 64/(114)
Kamp, Graken 73/92
Kamp, grauen 64/(114)
Kamp, Grebens 69/(106)
kamp, Grebens- 39/35
Kamp, Gredentzer 78/(90)
kamp, Grevens- 39/35
kamp, gr. Höhmken- 75/(4)
Kamp, grosse 75/(136)
Kamp, Grosse 75/(136)
Kamp, große 34/16, 53/(24)
Kamp, Große 64/(118)
Kamp, grossen 15/(7)
Kamp, großen 15/(7)
Kamp, Großen 25/(101)
kamp, Großen Binnen- 65/55
Kamp, Großer 34/16
kamp, großer Höhmken- 75/(4)
Kamp, Grot 34/16, 53/(24)
kamp, Grot Dannen- 85/19
Kamp, Groten 9/(55)
kamp, Grot Guhls- 53/72
Kamp, Grot Hömken 75/(4)
Kamp, Grot Immen 75/(85)
kamp, Grot Jäger- 23/26
kamp, Grot Schäfer- 100/6
kamp, Grot Schulten- 30/9
Kamp, Gühlken 25/(18)
Kamp, Guhlschen 41/78
Kamp, Guhlsen 44/103
Kamp, Guhlser 44/103
Kamp, Gulschen 41/78
Kamp, Güritzer 11/(22)
kamp, Gus- 44/66
kamp, Güßmer- 40/(85)
kamp, Haas- 43/13
kamp, Hafer- 75/92
Kamp, Hafer 75/92
Kamp, Hagen 68/45
Kamp, Hagenower 65/15
Kamp, Hahn 47/79
kamp, Hahnen- 47/79, 81/65, 105/(13)
Kamp, Hahnen 65/(7)
Kamp, Halaß 77/117
Kamp, Halms 45/41
Kamp, Harms 45/41
kamp, Hasen- 46/24, 47/7, 48/9
kamp, Hauhner- 41/83, 63/49
kamp, Hauner- 41/83
kamp, Hawer- 75/92
kamp, Hee(d)- 56/76, 69/16
kamp, Heid- 12/(108), 56/76
Kamp, Heid 29/(2)
Kamp, Heide 59/(62)
Kamp, Heiliger 1/141, 7/4
Kamp, Helms 49/(48)
Kamp, Hencken 45/68
Kamp, Henken 64/42
Kamp, Hennken 64/42
kamp, Herren- 1/(22)
Kamp, Herren 64/(128)
Kamp, Heyd 69/16
Kamp, Heyligen 1/141
kamp, Hild- 79/46
kamp, Hilgen- 79/97
Kamp, Hilgen 1/141, 7/4, 79/97
kamp, Hinnen- 65/2, 70/35
Kamp, Hinterste 64/(136)
Kamp, hintersten Heid 64/(137)
Kamp, Hirten 76/(73)
Kamphof 1/(91), 5/(53)
kamp, Höhner- 9/22, 58/14
kamp, Holt- 70/41
Kamp Horst 74/(40)
Kamp Horst, Ficken 78/(66)
Kamp, Höwegs 76/(70)
Kamp, Höwers 76/(70)
kamp, Hunde- 1/97, 41/31, 56/(147)
Kamp, Hunde 1/97
kamp, Hunger- 78/(37)
Kamp, Hunger 78/(37)
kamp, Hüner- 3/(8)
kamp, Hunn'- 1/97, 16/24, 41/31
kamp, Hunnen- 61/(44)

kamp, Hütt- 64/59
Kamp, Hütten 64/59
Kamp, Imm 75/(85)
Kamp im Mohr 7/6
kamp, Jacobs- 41/36
kamp, Jäger- 23/3
Kamp, Jäger 92/(20)
Kamp, Jakobs 41/36
kamp, Janten- 41/21
Kamp, Janten 40/17, 41/21
Kamp, Jastrams 14/(72)
Kamp, Jörs 93/(26)
Kamp, Junker 58/(22)
Kamp, Kaasten 57/(92)
kamp, Kaff- 49/9
Kamp, Kählken 64/(144)
kamp, Kahten- 78/(91)
kamp, Kaken- 70/52
Kamp, Käls 69/(114)
kamp, Karken- 70/52
Kamp, Kätelhöns 14/(77)
Kamp, Käter 93/95
kamp, Katten- 43/59
kamp, Kavel- 41/(3)
Kamp, Kempen 64/(150)
Kamp, Kielerheid 9/25
Kamp, Kirchen 12/70
kamp, Klatz- 50/18
kamp, Klein- 95/15
Kamp, Kleine 69/(58)
Kamp, Kl(eine) 69/(58)
Kamp, kleinen 15/(5)
Kamp, Kleinen Borg 97/67
Kamp, Klewer 29/(10)
Kamp, Klien 95/15
kamp, Kloken- 40/70
Kamp, Klüs 76/(79)
Kamp, Kluß 76/(79)
Kamp, Klüßmers 76/(80)
Kamp, Knacken 90/(4), 94/(45)
Kamp, Knaeken 90/(4)
Kampknick 71/8
Kamp, Knofflochs 12/(86)
kamp, Koeken- 61/11
kamp, Koeler- 50/3, 58/28
kamp, Koeter- 70/(138), 93/95
kamp, Köhlers- 50/3
Kamp, Köhlers 58/28
Kamp, Koken 71/(128)
Kamp, Kolck 48/(127)
Kamp Kolk 74/(39)
Kampkoppel 10/2
Kamp, Köppen 94/(46)
Kamp, Korten 77/91
Kamp, Koster 44/78
kamp, Köster- 28/20, 41/39, 68/17, 79/74, 85/3
Kamp, Köster 44/78
kamp, Köter- 93/95
kamp, Kramers- 50/33
Kamp, Krantz 61/(57)
Kamp, Krantzen 61/(57)
kamp, Kräugers- 92/4
kamp, Krauns- 103/34
kamp, Kreutz- 94/37
kamp, Kreuz- 34/17
Kamp, Krieg 62/75, 69/(29)
kamp, Krie(t)- 62/75
kamp, Krillen- 7/3
Kamp, Krons 103/34
Kamp, Krumm 68/(134)
kamp, Krüz- 34/17, 45/80, 94/37
Kamp, Kucks 44/66
kamp, Kukuks- 103/(108)
kamp, Kusel- 43/61
Kamp, Küsel 27/29
Kamp, Küsters 75/129
Kamplau 47/91
Kamp, Lang 76/(85)
Kamp, lange 75/156
Kamp, Lange 75/156, 92/(23)
kamp, Lange Kien- 83/(7)
Kamp, Langen 68/63, 70/87, 75/130, 75/156, 78/35
kamp, Langen- 70/87
Kamp, Laßowsche 69/(74)
kamp, Lehmkuhlen- 26/(63)
Kamp, Lembken 12/10
Kamp, Liepser 82/(5)
Kamp, Lübberts 75/46
Kamp, Lübbeßen 75/46
Kamp, Luhns 24/(31)
Kamp, Lüt 53/(27)
Kamp, Lütcken 81/(145)
kamp, Lütgen Binnen- 65/(146)
Kamp, lüthen 71/(137)
kamp, Lüt Schäfer- 100/(4)
Kamp, Lütt 53/(27), 62/(150)
kamp, Lütt Dannen- 85/20
Kamp, Lütten 10/8, 81/(145)
Kamp, Lütten Brojen 69/(123)
kamp, Lütt Guhls- 53/71
Kamp, Lütt Heid 65/(9)
Kamp, Lütt Homken 75/(6)
Kamp, Lütt Immen 75/(84)
kamp, Lütt Jäger- 23/(44)
kamp, Lütt Schulten- 30/53
Kamp, Malt 92/(25)
Kamp, Mardens 53/53
Kamp, Marks- 63/(16)
Kamp, Marquarts 12/10
kamp, Massiner- 67/8
kamp, Maur- 7/6
Kamp, Meiers 12/(119)
Kamp, Mentzendorfer 93/(122)
Kamp, Mers 102/(27)
Kamp, Mertens 49/(58)
kamp, Meyn- 7/9
Kamp, Middel- 24/(30)
kamp, Mittel- 35/(92)
Kamp, mittelsten Heid 64/(165)
Kamp, mittelsten Heyd 64/(165)
kamp, Moelen- 71/71
kamp, Möller- 36/16, 67/63
Kamp, Möllers 6/17, 71/55
kamp, Molt- 92/(25)
Kamp, Möreker 65/(4)
Kamp, Muddel 93/(124)
Kamp, Mühlen 75/(10)

Kamp, Mullen 75/(10)
kamp, Müller- 67/63
Kamp, Mulsauer 70/85
kamp, Mulsow- 70/85
Kamp, Mulsower 70/85
Kamp, Mulsowsche 70/85
kamp, Müßielen- 71/76
Kamp, Mutziedel 71/76
Kamp, Mutzietel 71/76
Kamp, Narser 55/(10)
Kamp, Neeser 87/37
Kamp, Neesesche 87/37
kamp, neuen Schul- 25/92
Kamp, Neuer Kleinower 75/152
Kamp, neu Kleinower 75/152
kamp, Nie- 52/(101)
Kamp, Nien 62/(159), 85/26
Kamp, Ohl 61/(71)
kamp, Oll Schulten- 59/28
Kamport 1/(91)
Kamp, Pagels 75/(21)
kamp, Papen- 18/(54), 31/2, 75/128
Kamp, Parpen 48/75
kamp, Paschen- 52/59
Kamp, Pastoren 95/(144)
Kamp, Pauchen 68/14
Kamp, Pauken 68/14
kamp, Piks- 30/44
Kamp, Plauer 68/(152)
kamp, Preester- 25/78, 51/53
kamp, Preister- 79/81
kamp, Priester- 95/(144)
Kamp, Priester 1/(23), 95/(144), 96/16
Kamp, Projen 69/(127)
kamp, Pumpel- 20/26, 23/17
Kamp, Purgiers 69/(128)
Kamp, Purgies 69/(128)
kamp, Puppink- 48/53
Kamp, Quer 92/(26)
Kamp, Raben 97/(76)
Kamp, Rackower 70/(164)
Kamp, Rad 59/5
Kamp, Rade 89/(11)
kamp, Raden- 63/28
Kamp, Rahd 59/5
Kamp, Rahn 69/(129)
Kamp, Raths 22/67
kamp, Rats- 22/67
kamp, Räuben- 52/57
kamp, Reiter- 65/(77)
kamp, Rens- 52/22
Kamp, Reper 68/(157)
Kamp, Reuster 24/37
kamp, Riet- 43/63
Kamp, Riewegs 76/(95)
Kamp, Rocken 4/(48)
Kamp, Rogcken 4/(48)
Kamp, Rögnitz 76/(96)
Kamp, Rögnitzer 76/(96)
Kamp, Rohds 48/(141)
kamp, Rohr- 4/19
Kamp, Rüb 97/(79)
kamp, Rüben- 19/(114), 97/(79)
kamp, Ruchel- 71/85
Kamp, Rucks 14/20
Kamp, Runde 12/(83), 75/132
Kamp, runden 45/39
Kamp, runder 75/132
Kamp, Run'n 45/39, 75/132
kamp, Rüters- 7/(65)
Kamp, Säckels 52/(106)
Kamp, Saelsche 90/(24)
kamp, Sand- 67/67, 92/7, 100/20
Kamp, Sand 100/20
Kamp, Sandforths 78/(93)
Kamp, Sandkolsch 70/96
Kamp, Sandkuhlsche 70/96
kamp, Sandt- 92/7
Kamp, Sandt 62/(165)
Kamp, Santkühlischen 70/96
Kamp, Saschen 48/(146)
kampsbarg, Dree- 58/3
kamp, Schäfer- 1/64, 4/(51), 7/17, 18/44, 106/(21)
Kamp, Schäfer 75/(194), 84/(40), 87/21
kamp, Schauen- 15/49
kamp, Schaul- 16/20, 30/56, 36/39, 40/36, 43/20, 45/43, 46/12, 47/65, 48/42, 49/11, 52/79, 57/30, 59/15, 63/58, 67/45, 68/21, 69/70, 70/24, 71/37
Kampsche Kolck 74/(39)
kampschen Wischen, Hogen- 73/84
Kampschen Wischen, Hogen 73/84
kampschen Wischen, Kat- 65/97
kamp, Scheper- 7/17, 11/27, 18/44, 29/21, 31/41, 64/4, 87/21
Kamp, Scheper 4/(51), 24/(22), 100/6
Kamp, Schepers 6/15
Kamp, Schlehpkows 102/(7)
kamp, Schmiede- 1/(84)
Kamp, Schmiede 1/(84)
kamp, Schnappaufs- 22/(66)
Kamp, Schneider 74/51
Kamp, Schniggen 95/(154)
Kamp, Schröders 71/39
kamp, Schult- 59/28
kamp, Schulten- 5/27, 7/19, 7/38, 9/44, 10/26, 12/53, 13/23, 14/42, 15/21, 16/21, 17/32, 25/63, 25/93, 26/17, 27/25, 29/13, 32/7, 33/11, 34/23, 35/22, 36/14, 37/18, 38/28, 39/11, 40/38, 41/12, 42/100, 43/41, 45/59, 46/16, 47/4, 47/92, 48/43, 49/18, 50/28, 51/21, 52/33, 56/44, 56/59, 57/15, 57/35, 59/11, 61/12, 63/60, 67/49, 68/9, 69/67, 70/22, 71/18, 73/14, 74/58, 75/135, 76/14, 76/40, 77/27, 77/76, 78/47, 79/77, 83/19, 87/36, 91/23, 97/7,

98/10, 99/15, 103/67, 104/24, 105/9, 107/1
Kamp, Schulten 74/77
kamp, Schultzen- 81/57, 90/(21), 95/(156), 104/24
Kamp, Schultzen 5/27, 9/44, 62/(168), 66/43, 67/49, 73/14, 77/76, 96/(60)
kamp, Schulzen- 5/27, 5/39, 6/48, 34/23, 74/58, 75/135, 79/77
Kamp, Schulzen 14/(30), 27/25, 34/23, 38/28, 43/41, 44/174, 69/67, 71/18, 75/120, 78/47, 83/19, 85/(69), 87/36, 98/10, 101/(79)
kamp, Schuren- 47/22
Kamp, Schuren 47/22
kamp, Schweden- 23/46
Kamp, Schwein 66/(79)
kampsforth, Bohnen- 95/(76)
kamp, Siefer- 13/74
kamp, Siel- 66/33
Kamps Kolck 74/(39)
Kampslag 53/52
kamp, Slienzer- 66/36
kamp, Smä(d)- 38/36
kamp, Smöker- 48/50
Kamp, S. Nicolaus 4/(49)
kamp, Snieder- 74/51, 103/49
Kamp, Sohre 1/128
Kamp, Sohren 1/128
kamp, Söhrken- 71/88
Kamp, Soll 24/21
Kamp, Spicker 64/(183)
Kamp, Spieker 64/(183)
Kamp, Spill-Böhm- 24/(34)
Kampsriet 55/34
kamp, Stämmen- 18/6
kamp, Staner- 78/(50)
Kamp, Staner 78/(50)
Kamp, Steffens 52/44, 53/30
kamp, Stein- 50/4
Kamp, Steinkoppen 14/(101)
Kamp, Stermins 69/44
Kamp, Steu 89/9
Kamp, St. Jürgens 79/(132)
kamp, Stö- 89/9
Kamp, Stöhrsche 44/(176)
Kamp, Strauchen 34/(28)
Kamp, Stroer 78/46
Kamp, Stroerheide 78/(97)
Kamp, Stroh 100/(18)
Kampstücken 23/16, 57/8
Kamp Stücken 96/(47)
Kämpstücken 99/8
Kamp, Stucker 12/85
Kamp, Stücker 12/85
kamp, Stüde- 50/7
kamp, Stü(d)e- 50/7
kamp, Stüden- 103/39
kamp, Stüder- 103/39
kamp, Sülte- 7/18
kamp, Sülter- 7/18
Kamp, Sülter 7/18
Kamp, Swarten 58/1
kamp, Swien- 23/45
Kamps-Wiese, Dick- 76/(65)
Kamps Wiesen, Eller 97/17
kampswischen, Dree- 58/4
kampswisch, Stö- 89/8
kamp, Tägen- 48/57
kamp, Tannen- 3/(9), 18/11, 22/(61), 38/(67), 100/(35)
Kamp, Tannen 44/61, 64/(188), 84/(42), 107/(30)
kamp, Taschen- 78/6
kamp, Tassen- 78/6
Kamp, Tauchnitzer 78/14
Kamp, Tauknitz 78/14
Kamp, Tauknitzer 78/14
kamp, Tebels- 50/32
kamp, Thoms- 17/25
Kamp, Thoms 17/25
Kamp, Timmermanns 44/(179)
Kamp, Todten 69/(137)
Kamp, Tönners 44/(180)
kamp, Trien- 68/(171)
Kamp, Trienenk 70/(184)
kamp, Trotzen- 5/(23)
kamp, Uhlen- 69/3
Kamp, Unter 45/(106)
Kamp, Vicken 52/92
kamp, Vier- 13/(105)
kamp, Viezen- 57/28
kamp, Vogel- 73/39
Kamp, Vogel 73/39
Kamp, Vor 65/(6), 70/(185)
Kamp, Vorn 67/(144)
kamp, Voß- 87/39
Kamp, Wedings 12/56
Kamp, Wegners 73/35
kamp, Wicken- 78/(99)
Kampweiden 36/77
Kampwiese 75/(181)
Kamp Wiese 74/42, 77/(133), 97/(52)
kampwiese, Hagens- 64/41
kampwiese, Mühlen- 75/19
Kamp Wiese, Mühlen 75/19
kamp, Wimpel- 17/30
Kamp, Winterfelds 86/(44)
kamp, Wippel- 17/30
Kampwisch 104/30
kamp, Witt- 49/12
kamp, Witten- 49/12
Kamp, Witten 49/12
Kamp, Wulfs 12/(141)
kamp, Zägen- 13/54, 15/52
kamp, Zappel- 48/56, 71/7
kamp, Ziegen- 13/54
Kamp, Ziehster 78/69
kamp, Ziel- 71/76
Kamp, Zielitzen 62/(175)
Kamp, Zielsten 62/(175)
kamp, Zieser- 78/69
Kamp, Zingels 76/(99)
Kamp, Zittians 76/(108)
Kan(e)cken 30/(106)
K(a)nievken 3/16
Kaniken 14/(76)
Kaninkenbarg 77/33
Kanncken ' 14/(76)
kantige Orth, drei- 1/(20)
Kantiuche 22/(82)

kant, Vier- 93/77
kantz, Deel- 20/(38)
kantz, Dehl- 20/(38)
kanzel, Düwels- 53/9
Kanzelstück, Dehl 20/(38)
Kapellenkoppel 86/47
Kapellen Wiese 75/74
Kapellen Wische, große 89/46
Kapellen Wische, kleine 89/(66)
Kapellwisch 89/46
Kappelwische, große 89/46
Kappelwische, kleine 89/(66)
Kaprienschen Hörste 75/(50)
Kaprienshobbel 75/(51)
Karbarg 25/84
Karbberge 25/84
Karckbarge 25/84
Karckberg 25/84
Karckbergs Gründen 25/(107)
Karcken Möhrcken 47/(106)
Karcken Stück 62/(135)
Karcken Versunck 54/(20)
Karcken Visunck 54/(20)
karcker Hörn, Nien- 81/(151)
Karck Steg 57/(93)
Karck Stiege 61/(50)
Karck Stücken, Rugen 16/(62)
Karckwegs Stück 42/78
Karenbarg 16/8, 18/2
Karff 95/50
Karkenkamp 70/52
Karkenland 68/25
kark, Ru- 44/88
Karks Berg 25/84
Karkstücken 78/36
Kark Stücken 78/36
Karkweg, baben 25/(90)
Karlins Sale 4/(38)
Karn 70/(134)
Karn, Bantz 56/(97)
kar, Oars- 17/48
karre, Aaas- 17/48
Karrenberg 18/2
karren-Rieh, Staus- 14/(100)
Karrn, Mahl 70/(152)
Karstäden Horst 95/(30)
Karstaedter Tannen 1/175
Kartüffelbarg 6/6, 41/9, 45/42
Karusselbarg 62/84
Karw 96/4
Karw-Bach 96/4
Karw, Bülsch 96/(31)
Karw, Hinn 96/(39)
Karw, Vörr 96/(65)
Käsebeutel 18/5, 80/14
Kasell-Stücken 57/(94)
Käsemohr 25/34
Kas Lang 64/(148)
Käsmoorstücken 25/34
Kaßen-Camp 69/(116)
Kaßfohren 99/23
Kaßies 68/24
Kastelang 43/(84)
Kasten Muhr 69/(115)
Kastlang 44/126
Kastlange 43/(84), 44/126
Kastlangen 44/126
Kastlang'n 42/5
Kätelbarg 79/101
Kätelhöns Kamp 14/(77)
Kätelkoppel 30/27
Kätelkuhl 39/23, 41/52, 46/4, 107/28
Kätel Wiese 9/(56)
Katen 19/66
Katen Acker 83/(91)
Katenbarg 105/6
Katen-Camp 79/89
Katendiek 93/60
Katengrund 86/(57)
Katenhof 21/5
Katenkoppel 4/10
Katen Koppel 4/10
Katenland 79/89
Katen Land 79/89
katen, Püsser- 106/18
Katens, achter de 69/9
Katen Stücken 45/74
Katenwiese 83/(92)
Katen Wiese 106/31
Katenwiesen 79/118
Katen Wiesen 90/49
Katenwisch 21/12, 93/23, 106/31
Katenwischen 19/18, 23/36, 79/118
Katerbarg 65/49
Käter Holtz 79/25
Käterholz 79/25
Käter Kamp 93/95
Käterlande 81/(22)
Käter Lande 81/(22)
Käter Wiese 71/79
Kathen Hof 20/(46), 79/(131)
Kathen-Kämpen 62/(136)
Kathenkoppel 4/10
Kathen Schlag 4/10
Kathen Wiese 79/118
Kathen Wisch 41/(55)
Kathstücken 44/(153)
Katkampschen Wischen 65/97
Kat Lande 70/(135)
kat, Scheper- 29/9
Katstück 45/74, 48/20
Kattenbarg 1/171
Kattenkamp 43/59
Katten Koppel 82/(24)
Kattenkuhl 28/12, 75/123
Katten Marck 57/54
Kattenmark 57/54
Katzenkuhl 75/123
Kaublancken 16/(48)
Kau Böhm 95/7
Kaucken Camp 71/(128)
Kauell Wischen 20/(47)
Kaueln, kleinen 22/62
Kauffelds Ried 12/11
Kauhbarg 40/77, 41/59, 48/12, 48/83, 67/31
Kauhdriftslag 63/8
Kauhfaut 77/5
Kauhfelds Riet 12/11
Kauhkoppel, Dannen 19/13

Kauh-Koppels, Barg- 19/13
Kauh-Koppels, Wischen- 19/15
Kauhkoppel, Wischen 19/15
Kauhost 43/69
Kauhstörper Schei(d) 67/23
Kauhstrang 63/32
Kauhwei(d) 19/65, 25/50, 66/35, 96/6
Kauhwei(d), Nie 65/3
Kauhwei(d), Oll 65/71
Kaummlangen 48/16
Kaurzen 52/30
Kaurzstücken 23/24
Kausachs 69/87
Kauschen, Damm 76/(24)
Kautzer 23/24
Kavel 30/49, 103/(61)
Kavel, A- 27/8
Kavel, Alte 50/2
Kavel, B- 27/9
kavel, Bäken- 57/20
kavel, Bäuner- 19/60
Kavel, Baur 86/11
kavel, Beisen- 45/8
kavel, Börmkuhl- 30/18
Kavel, Breden 23/4
Kavel, Breiden 38/50
kavel, Brink- 38/45, 73/20
kavel, Buer- 23/15
kavel, Bullen- 42/16
kavel, Busch- 35/6
kavel, Dannen- 5/18, 10/6, 21/30, 23/18, 27/43, 30/58 41/84
kavel, Diek- 12/55
kavel, Dörp- 10/41
kavel, Dwarch- 27/13
kavel, Dwer- 81/(115)
kavelen 1/(184)
kavelen hofen 1/(88)
Kavelenhöfen 1/(88)
kavelen, Hoppe- 1/24
kavelen, hoppenhof in den 1/24
kavel, Förster- 65/56
kavel, Hauben- 12/3
kavel, Häuhner- 69/64
kavel, Heu- 38/46
kavel, Hinnen- 23/38, 38/52, 62/38
Kavelhof 68/36
Kavel, Hogen 23/41, 27/3
Kavelholt 105/23
Kavelholz 105/23
kavel, Holz- 14/(71)
kavel, Hopf- 1/24
kavel, Hopp- 1/24
Kavel, Jam(en)sch 19/58
Kavel, Jamsch 19/58
Kavelkamp 41/(3)
kavel, Kiel- 10/7
kavel, Kläsken- 17/33
kavel, Köhler- 22/64
Kavel, Kort 40/58
kavel, Lang- 87/20
Kavel, Langen 11/6, 69/46
Kavell, Korte 30/(111)
Kavelln, Heid 45/1
Kavelln, Vor 45/(107)
kavel, Louren- 47/74
kavel, Midden- 57/18
Kaveln 14/14, 22/62, 43/28, 70/(136)
kavel, Nahmahds- 95/50
Kaveln, Breit 99/(28)
kaveln, Dwehr- 106/(9)
kaveln, Dwer- 75/(173)
Kaveln, Großen 34/2
Kaveln, Grote 22/65
Kaveln, Halb 106/(50)
kaveln, Holt- 22/68
Kaveln, Kleinen 34/(30)
Kaveln, korten 85/28
Kaveln, Kurtze 6/(43), 81/(139)
Kaveln, kurzen 87/5
Kaveln, lange 85/32
Kaveln, Lange 81/(141)
Kaveln, langen 6/14
Kaveln, Langen 45/(101)
Kaveln, Siever 9/47
Kaveln, Tannen 26/(71)
Kaveln, Vorn 43/(125)
Kavel, Oll 50/2
Kavel, Prinzen 64/82
kavel, Prinzen- 64/82
Kavelriet 101/32
Kavels 26/40, 33/3, 39/2, 43/23, 45/61
kavel, Sand- 99/9
Kavel, Schmalken 20/(63)
kavel, Schulten- 19/12
kavels, Diek- 48/81
kavels, Heed- 77/18
Kavels, Hogen 52/49
Kavel, Siden 23/40
kavel, Siever- 9/47
Kavels, Korten 85/28
Kavels, Langen 85/32
Kavel, Smallen 38/49
Kavelsmour 51/39
Kavels, Schulten 19/12
Kavels, Siden 7/42
kavel, Steen- 33/21
kavel, Stein- 69/53
kavel, Stü(d)e- 74/96
kavel, Suden- 57/17
kavel, Swien- 19/67, 48/35
Kavels Wiese 44/(152)
kavel, Tegel- 42/19
Kavelwiese 75/102
Kavel Wiese 99/(30)
Kavelwiesen 6/14, 75/102
Kavel Wiesen 2/(34), 103/(105)
Kavel Wiesen, Neu 1/7
kavel Wiese, Neu- 1/7
Kavelwisch 30/17, 32/14, 75/102
Kavelwische 89/(64)
Kavelwischen 6/14, 13/4, 43/28
kavelwischen, Nie- 1/7
kavel, Vör- 38/53
kavel, Zägen- 69/42
Kavel, Zierack 43/58
Kavel, Zieracken 43/58
kavel, Zoll- 5/24
Kaven Horst 56/(25)
Kaven Horst, Große 56/(25)
Kaven Horst, Kleine 56/(152)
Kaweln, Großen 22/65

Kawel Wiesen 30/17
Kawuck 103/3
Kayser 58/11
Kayser Wisch 58/11
Keck Wiese 67/(112)
Keesbüdel 10/47, 18/5, 80/14
Keeser 58/11
Keesmaur 25/34
Keesmoor 25/34
Kegelberg 64/(149)
Kehck Wiese 67/(112)
Keilort 36/26
Keil, Warlitzer 64/75
Keller 65/(86)
Kellerbarg 27/66, 42/94, 51/45, 93/54
Keller Berg 42/94
Kellerberg, Grot 51/45
Kellerberg, Lütt 51/(46)
keller, Bums- 74/18
keller-Köpfe, Eis- 82/(15)
Kellerkuhl 10/22
Keller Kuhle 49/3
Keller Kuhlen 49/3
Kellerkuhls Tannen 10/22
Keller Kuhls Tannen 10/22
Keller Lähn 42/(93)
Kellermoorsche Horst 75/(182)
Kellerwisch 7/22
Kellerwische 7/22
Keller, Ziehms 96/(67)
Kellingsuhrt 73/26
Kemerin 77/20
Kempen 51/(93)
Kempen Kamp 64/(150)
Kempenschlag 8/6
Kemp Koppel 89/(20)
Kemrei Eschen 77/20
Kerken Caveln 9/(57)
Kesemohrstücken 25/34
Kesser 71/35
Keßer Wiese 71/35
Kessies 68/24
Ketelberg 79/101
Ketelkuhl 39/23
Ketel Kuhl 41/52
Ketel-Kuhl 107/28
Kiebitzbarg 1/154, 103/69
Kiebitzbarger Dannen 1/164
Kiebitzberge 1/154
Kiebitz Berge 1/154
Kiebitzberger Tannen 1/164
Kiebitzmoor 43/65, 93/19
Kiebitz-Moor 1/160
Kiebitzmour 1/160, 93/19
Kiebitz Wiese 30/62
Kieckbusch 25/42
Kieckbusch, großen 25/(47)
Kieckbuschheide, kleine 25/(41)
Kieckbusch, kleinen 25/(40)
Kiehlhof 20/(48)
Kiehlohrt 36/26
Kiehlsberg 41/27
Kiehlstücke 64/(151)
Kiehlstücken 89/(65)
Kiehl Stücken 32/(45)
Kiekbusch 25/42
Kiekbusch Heide, groot 25/38
Kiel 19/(97), 26/33, 87/(60)
Kielberg 30/(7)
kiel, Bodder- 76/44
Kielerhei(d) 9/24
Kieler Heide 9/24
Kielerheide Reigeichen 9/19
Kielerheid-Kamp 9/(25)
kiel, Fischer- 19/70
Kielgrün'n 80/21
Kiel Höefen 20/(48)
Kielhof 20/(48)
Kienkamp, Lange 83/(7)
Kielkavel 10/7
Kielkoppel 30/24, 36/7, 45/65, 56/19
Kiel, Koppel 81/(7)
Kiel-Ohrt 93/(116)
Kielort 36/26
Kiel Ort 31/8
Kiel Orth 36/26, 95/(121)
Kielsbarg 41/27
Kiels Berg 41/27
Kiel Stück 28/(46)
Kielstücke 33/(51), 43/(955)
Kielstücken 28/(46), 32/(45)
Kiel Stücken 23/(85), 28/(46), 56/19, 69/(117)
Kielstücken, Läuschen 15/(69)
Kielstü(d)e 74/95
Kiel Stüde 74/95
Kielstüden 74/95
Kiel, Tauchnitzer 78/16
Kiel, Taugeniss 78/16
Kieluhrt 31/8, 67/65
Kiel, Warlitzer 64/75
Kiepen Stücken 55/(46)
Kieps 61/(51)
Kiepsen Wiesen 61/(51)
Kierch Weg Stücken 42/78
Kiesbarg 67/53
Kiesberg 30/(107)
Kiesberge 30/(107)
Kieß 1/111, 77/83
Kieß Berg, Lütten 30/(120)
Kießerdamm 1/106
Kießer Damm 1/106
Kietz 1/111
Kietze 1/111
Kietzerdamm 1/106
Kietzer Damm 1/106
Kievel Wiesen 2/(46)
Kievel Wische 2/(46)
Kievietz Berge 1/154
Kievitz Berg 1/154
Kievitz Mohr 1/160
Kieweland 25/87
Kiewelholtz 2/(44)
Kiewels Wiesen 2/(46)
Kiewietz Camp 12/(114)
Kiewitt 68/52
Kiewittsbarg 13/2, 22/32, 67/73, 72/20, 103/69
Kiewittshoew 30/60
Kiewittshöst 68/1
Kiewittskoppel 33/28
Kiewittsmaur 27/47, 43/65, 47/15, 47/69, 66/6
Kiewittswisch 30/62

Kiewitz Coppel 89/(23)
Kiewitz Mohr 1/160
Kiewitz Moor 66/6
Kiewlann' 25/87
Kifits berck 22/(8)
Kifits Berg 22/(8)
Kihlen Wisch 55/(47)
Kihlstück 63/(127)
Kimcken Berg 38/47
Kimmelkenberg 38/47
Kimmelten Berg 38/47
Kimmulkenbarg 38/47
Kipl, Pareir Camps 58/(53)
Kips 61/(51)
Kips-Wiese 61/(51)
Kirchberg 25/84
Kirchenacker 12/70, 81/55, 83/25, 101/1, 102/44
Kirchen Acker 12/70, 68/25, 81/55, 83/25 89/(61), 96/(48), 102/44
Kirchenbarg 51/12
Kirchendannen 1/177
Kirchendieck 75/11
Kirchenholln 56/88
Kirchenholtze 56/88
Kirchen Kamp 12/70
Kirchenland 86/30
Kirchen Land 101/1
Kirchen Landt 81/55
Kirchenort 83/1
Kirchenstelle 49/36
Kirchen Wiese 73/48, 83/1, 90/(63)
Kirchen Wiesen 97/(53)
Kirchenwisch 73/48, 81/4, 83/1, 103/60
Kirchhoew 42/24
kirchhof, Juden- 41/91, 78/77, 81/41, 90/57
Kirchhof, Oll 92/3
kirchhof, Wenden- 22/19
Kirchhof, Wendischen 22/19
Kirchoff, Deempzer 83/(80)
Kirchstä(d) 49/36
Kirchsteig 22/54, 28/1
Kirch Steig 51/43, 81/17
Kirchsteig, Güritzer 1/176
Kirch Stette 49/36
Kirchstieg 22/54, 26/7, 28/1, 47/3, 51/43, 68/49, 81/17, 87/27
Kirchstieg, Gürtzer 1/176
Kirchversunk 52/28
Kirchweg 16/6, 20/34, 31/(53), 42/78, 43/56, 63/(128), 73/58, 98/(20), 104/27
Kirch Weg 31/(53)
Kirchwege 16/6, 42/78, 48/(125), 62/64, 63/(128), 73/58
Kirch Wege 27/(83)
Kirschenkuhl 106/32
Kist 3/15
Kiste 3/15
Kist, Meschen 43/(104)
Kitze 1/111
Kitzer Dam 1/106
Kitzer Hofen 1/(185)
Kivelandt 25/87
Kivel Wiese 2/(46)
Kivits Mohr 66/6
Kivits Wiese 30/62
Kivitzberg 1/154, 22/32
Kivitzberge 1/154
Kivitz Berge 19/(98)
Kiwel Wiesen 2/(46)
Kiwits Wiese 30/62
Kiwitzer Mohr 30/62
Kiwitzs Berge 22/32
Kiwitz Stücken 104/(42)
Klaar Horst 89/50
Klaarschen Wege 55/(48)
Klabens Wiesen 63/37
Klabenwiese 63/37
Klaen Wische 95/(122)
Klahns-Wiese 95/(122)
Klambeck 35/29
Kläns Wisch 95/(122)
Klarfken-Dieck 68/(122)
Klarhorst 89/50, 90/2
Klarhorst-Wiesen 90/1
Klasen, Sanct 1/82
Kläsken 17/10
Kläskenbarg 17/23
Kläskenbergen 17/23
Kläskenkavel 17/33
Kläskenkoppel 17/34
Klaß 68/82
Klaßbarg 68/82
Kläßgen, Schmallen 17/10
Kläßgen Barg 17/23
Klaswisch 104/10
Kläterpoth 21/43
Kläter Pott 21/43
Klathstücke 41/90
Klatz 39/18, 40/33, 41/90, 45/40, 55/(49), 56/13, 68/82
Klatzkamp 50/18
Klatz Stücken 41/90
Klatz, Por 56/(67)
Klatzen Coppel, Pour 56/(184)
Klauwen Berg 86/9
Klawswisch 63/37
Kleben 101/15
Kleber Koppel 82/(10)
Kleebarg 69/25
Klee Enden 48/44
Klee En'n 48/44
Kleehost 69/28
Kleekoppel 47/41
Kleekoppeln 107/(37)
Kleestücken 67/22
Klee Stücken 28/9
Kleever-Koppel 11/(62)
Kleewisch 69/26
Klefer Camp 11/(63)
Klefer Coppel 11/(62)
Klehenmaur 63/40
Klehhägen 68/(123)
Klehrsen Camp 71/(129)
Kleigor(de)ns 22/27
Klei Koppel 29/(17)
Kleistücken 28/9
Kleiweg 21/31
Kleinauer Camp, Neu 75/152
Kleinauer Horst, neu 75/151
Kleinauer Kampff, neuen 75/152

Kleinauer Wiesen, Neu 75/(153)
Klein Borns Höefen 21/(72)
Kleine Bleich Wiese 86/(24)
Kleine Böcker Möhm 78/(33)
Kleine Brandhorst 79/19
Kleine Brand-Wiese 75/79
Kleine Brandwiesen 75/79
kleine Brücke 72/(15)
Kleine Brückencoppel 82/(11)
kleine Brügen Wiese 75/(116)
Kleine Brug Wiese 75/(116)
Kleine Brügwiese 75/(116)
Kleine Brüg Wiese 75/(116)
Kleine Cavel 33/(52)
Kleine Damm Wiese 64/(152)
Kleine Föhren Wiese 79/105
Kleine Frauen Horst 64/22
Kleine Hacke 22/(83)
Kleine Hagen Wiese 64/(159)
kleine Haidtwiese 58/(49)
Kleine Heide 68/57
kleine Heidehorst 73/(6)
kleine Heydt Camp 65/(9)
Kleine Höbbel 1/(123)
Kleine Horst 86/9
Kleine Hülse Horst 72/53
Kleine Hülshorst 72/53
Kleine Kafell 22/62
kleine Kähls-Camp 63/(129)
kleine Kamdohl 58/20
Kleine Kamp 69/(58)
Kl(eine) Kamp 69/(58)
kleine Kapellen Wische 89/(66)
kleine Kappelwische 89/(66)
Kleine Kaven Horst 56/(152)
kleine Kieckbuschheide 25/(41)
Kleine Klotz 99/(38)
Kleine Koppel 18/32, 27/(84), 64/(153), 84/(26), 89/(27)
Kleine Lieps 75/65, 81/(134)
Kleine Loth Heide 56/(153)
kleine Marcrohnen Stück 21/(80)
Kleine Miße 19/(104)
Kleine Mühlen Wiese 64/(154)
kleine Mühlen Wiese 57/6
Kleinen Borg Kamp 97/(67)
kleinen Busch 85/(60)
Kleinen Brücke 1/(159), 85/(59)
Kleinen Bullenort 89/(67)
Kleinen Caß Camp 63/(130)
Kleinen Cavelcken 99/(39)
Kleinen Coppel 100/(28)
Kleinen Fissel Book 56/(154)
kleinen Fuhlbeck 95/(123)
Kleinen Gliens 41/14
Kleinen Heidgräsen 106/(25)
Kleinen Heidgräsing 106/(25)
Kleinen Heitgräsen 106/(25)
Kleinen Heydt-Kampf 65/(9)
Kleinen Iwck 3/16
Kleinen Jährs 59/(63)
Kleinen Kählung 67/51
kleinen Kamp 15/(5)
kleinen Kaueln 22/62
Kleinen Kaveln 34/(30)
kleinen Kieckbusch 25/(40)
Kleinen Koppel 82/(11)
kleinen Mohnkenwiese 75/(69)
Kleinen Mohr 30/(108)
kleinen Neuwiesen 25/39
Kleinen Poack 56/(155)
Kleinen Poackschen Heide 56/(155)
Kleinen Riedwegen 69/39
kleinen Sand 68/79
Kleinen Voßberg 69/(118)
Kleinen Wiese 59/(64), 82/(25)
Kleinen Zween Breden 20/(49)
Kleine Postena 19/(74)
Kleine Reht Wiese 64/(163)
Kleine Reuter Laack 19/(26)
Kleine Ridewege 69/39
Kleiner Jägercamp 23/(44)
kleine Rögnitz Wiese 74/24
Kleiner Schnellen Berg 44/89
Kleine Schäfer-Koppel 100/(4)
Kleine Schaftannen 41/(30)
Kleine Schierhorst 27/51
Kleine Schluem 19/(69)
Kleines Hahnenmoor 5/5
Kleines Hüttmoor 64/(46)
Kleines Koßerland 105/(53)
kleines Makronen Stück 21/(80)
Kleine Söhrings Strang 81/(135)
kleine Stein-Wiese 11/(12)
Kleine Stemm Wiese 84/(9)
Kleine Streittannen 79/(29)
Kleine Stücke 58/(13)
Kleine Stücken 3/(7)
Kleine Sudenwiese 57/71
Kleine Teich 82/(3)
Kleine Wabel 81/(136)
Kleine Walck-Mühls-Camp 63/(131)
Kleine Wiese 10/(58), 82/(25)
Kleine Wischen 30/(109)
Kleine Wulfshorst 79/10
Kleine Wüste-Camp 63/(132)
Kleiniv Stücken 3/16
Kleinkamp 95/15

Kleinoer Foert 77/(48)
Kleinower Fohrt 77/(48)
Kleinower Forth 77/(48)
Kleinower Kamp, neu 75/152
Kleinower Kamp, Neuer 75/152
Kleinower Scheide 76/(77)
Klein Papenhorst 75/68
Klein Rohrmoor 83/(10)
Klein Rohr Teich 86/(58)
Klein Ruhmse(ge)n 83/50
Klein Stemmwische 84/(9)
Klein Walck Mühle 63/(131)
Kl(ein) Warlow 69/23
Klein Wiesen 30/(109)
Klein Wösten Camp 63/(132)
Kleisen 69/62
kleisen, Sat- 69/51
Kleiw 101/15
Klemmerkuhl 38/(79)
Klemmers Kuhl 38/(79)
Klenen Cavelln 32/(46)
Klenow, lütgen 75/(185)
Klenow, Nien 75/152
Klenshoew 12/40
Klenß Höfen 12/40
Klerst 69/62
Klest, Holtz 97/(49)
Kleverhof 49/14
Klever Hof 49/14
Klever Kampf 11/(63)
Klever Koppel 82/(10)
Kleverstücks Kafel 35/(76)
Klever Wiese 94/(44)
Klewe 101/15
Klewerhof 49/14
Klewer Hof 89/(68)
Klewer Kamp 29/(10)
Klewerkoppel 46/5, 47/41
Klewien Camp 95/(124)
Kley 27/(59), 68/(124)
Kleyberg 45/(96), 69/25
Kleyberg, Lütten 69/(124)
Kleyfohrt 44/(24)
Kleyforth 44/(24)
Kley, großen 68/(112)
Kley, Großen 68/(112)
Kleyhorst 44/(25)
Kley Horst 44/(25)
Kleyhorst, Lütke 72/(109)
Kley Kuhlen 26/(6)
Kley, Lütgen 68/(141)
Kleystück 28/9
Kley Stücken 28/9
Klibatz 15/24
Kliebatz 15/24
Klien 47/2
Klienen 47/2
Klien Kamp 95/15
Klien Kampf 95/15
Klies 73/4
Klieschen Horst 62/(137)
Kliesckenhorst 62/(137)
Kliesenbeck 35/(77)
Klieseneck 76/38
Kliesford 12/(26)
Kliesfords Wischen 12/(25)
Kliesforth 44/(154)
klies, Hamel- 53/35
klies, Hübbel- 53/34
Kliesings fohrt 12/(26)
Klieslang 73/(19)
klies, Mittel- 53/37
klies, Schee(d)- 53/36
Kließcken Horst 62/(137)
Kließingsfort 12/(26)
Kliest 47/59, 73/4
Kliesterbarg 67/54
Klietsch 47/59
Kliewatzmaur 65/8
Klihrs 69/62
Klihzinges Vohrde 12/(26)
Klincken, Großen 25/68
Klincken, Lütgen 25/(111)
Klinckhorst 68/(125)
Klinck Horst 68/(125)
Klind-Stücken 27/27
Klindt 27/27
Klingen 47/2
Klingenmoor 35/11
Klingenmour 35/11
Klinkenbarg 81/46
Klinken Berg 81/46
Klinken, Lütten 25/(111)
Klinkenwisch 63/33
Klinkstück 25/68
Klinkstücken 25/68
Klint 27/27, 28/2
Klinten Wiese 63/33
Klinten Wiesen 63/33
Klintstück 27/27
Klintzen Stück 27/27
Klitz 73/4
Klitzings Furt 12/(26)
Klitzlang 73/(19)
Klizinger forth 12/(26)
Klöbenstein 9/(30)
Klockenbarg 3/24
Klocken Berg 3/24
Klockendamm 79/78
Klocken Graben 63/(133)
Klocken Horst 38/(80)
Klocken Wiese 64/(155)
Klocke Wiese 64/(155)
Klock Thur 101/(64)
Kloddram 57/66
Kloeterbarg 45/58, 79/50
Kloeterkolk 68/72
Kloeterkuhl 73/21
Kloeterpott 21/43
Kloeterwriet 74/74
Klokenberg 3/24
Klokenkamp 40/70
Kloppen Mohr 26/(56)
Klorhost 89/50, 90/2
Klorhostwisch 89/51, 90/1
Kloß Kämpen 98/5
Klosterberge, achtern 26/(57)
Klostereck 64/33
Kloster Heide 12/69
Klosterheidenmaur 12/69
Kloster-Heidenstücke 12/69
Kloster Heidmoor 12/69
Kloster Heyde 26/(58)
Klosterhoew 12/90
Klosterhorst 75/(63)
Kloster Horst 75/(63)
Kloster Wiesen 12/88, 14/(8)
Kloster Wieße 12/88
Kloster Wische 14/(8)
Klosterwischen 12/88

Klötenuhrt 81/93, 82/1
Klöthenohrt 82/1
Klotz 45/31, 46/39, 74/55
Klotz, Kleine 99/(38)
Klowenhorst 86/9
Klueßdhamme 87/(25)
Kluhß Ende 95/(125)
Klumpberg 76/(78)
Klumpen Ohrt 13/(10)
Klumpgraben 75/96
Klumpkoppel 47/85
Klumpkuhl 63/38
Klump Kuhl 44/41
Klumplock 52/65
Klumport 13/(10)
Klumpschicht 69/50
Klumps Orth 13/(10)
Klumpstück 25/58
Klumpstücken 76/48
Klump Wiese 76/48
Klumpwiesen 76/48
Klumpwisch 55/21
klus 1/57
Klus 1/57, 3/58, 4/2
klus, Baben- 1/61
Klüschen Stücken 2/(31)
klus, Nedder- 1/57
Klüs Kamp 76/(79)
Kluß 95/(125)
Klußdämme, by deme 87/(25)
Klußen Busch 70/(137)
Kluß Enden 95/(125)
Klüßen Stücken 2/(31)
Klußer Busch 70/(137)
Klüsser Wischen 96/28
Klüß, Feld 97/1
Klußhof 73/(118)
Kluß Kamp 76/(79)
Kluß-Kämpen, Kurzen 97/(56)
Kluß-Kämpen, Langen 97/(61)
Kluß Kampf 4/2
Klüßmers Kamp 76/(80)
Klüß, Nieder 1/57
Klüß, Ober 1/61
Klus Stücken 1/57
Kluß Wiesen 4/2
Klüster Wischen 96/28
Klus Wiese 1/56
Klus-Wiesen 4/2
Kluswisch 1/56
Klüter Mohr 68/72
Klüters Mohr 68/72
Klütersmoor 68/72
Klütze, felde tho 97/1
Kluus 1/57
klysinges vort 12/(26)
Knacken Damm 103/(106)
Knacken-Damm 94/13
Knacken Kamp 90/(4)
Knacken-Kamp 94/(45)
Knacken Wiese 95/(126)
Knack Wische 95/(126)
Knaeken Kamp 90/(4)
Knakenbarg 53/4
Knakendamm 94/13
Knaken Damm 94/13
Knappersberg 68/(126)
Knechtenlande 77/(134)
Knechten Landt 69/(119)
knechtes wisch, Stadt- 1/(63)
Knick 1/52, 12/(115), 22/31, 63/(134)
Knick, Ahrens 83/45
Knickbusch 12/(115)
Knick, Camp 71/8
Knicken 15/16
Knickhoew 13/57
Knickhöfen 13/57
knick, Kamp- 71/8
Knick, Olln 56/7
Knickrieth 90/(47)
Knickriets Horst 90/(46)
Knickweg 22/31
Knick Wiese 62/(138)
Knief 48/6
Knieffe(n) 48/6
Kniefken Wiesen 63/(135)
Kni(e)ß Föhrden 44/(155)
Kniev 48/6
knip, Hunn'- 93/8
Knippscherr 1/13
Knipscheer 1/13
Knipscheer Wiese 1/13
Knipscheer-Wiesen 1/13
Knipschere 1/13
Knipscherr 1/13
Knipscher Wiese 1/13
Knipwiese 7/(57)
Knir Hocken Ohrt 42/20
Knirrwisch 42/20
Knirr Wisch 42/20
Knöbcken 1/55
Knöcken 4/(40)
Knofflochs Kamp 12/(86)
Knollen 28/11
Knöp Beke 75/(42)
Knöpen 1/55
Knöpken 1/55
Knöp(s) Beke 75/(42)
Knöps Beke 75/(42)
Knüppelhorst 12/61
Knüppelhost 12/61
Knüppel Wiese 106/(53)
Kobck Camp 48/(126)
kobenhorst, Schweine- 72/67
Koblanck 70/(139)
Koblentz Wischen 35/(78)
Kochen Camp 68/(127)
Kocks Ohrt 56/(156)
Kock Stücken 56/(157)
Koekengor(de)n 12/91, 29/8
Koekengraben 60/20
Koekenkamp 61/11
Koelen 102/29
Koelerie 41/24, 49/5
Koelerkamp 50/3, 58/28
Koelerstä(d) 74/32
Koelerweg 34/7
Koelers Uhrt 68/66
Koelken 62/83, 63/2, 66/49
Koelken, Elverts 67/24
Koelken, Lütt 67/51
Koeste Wisch 42/(31)
koetel, Drög Hunn'- 23/5
Koeteracker 68/12
Koeterbarg 66/25
Koeter Camp 93/95
Koeterholt 75/141, 79/25
Koeterkamp 70/(138), 93/95
Koeterwisch 71/79

Kogell Mohr 41/(117)
Kohbarg 21/50
Kohblanck 70/(139)
Kohblancker 16/(48)
Kohbömen 95/7
Kohhöderwisch 1/119
Kohldam 95/21
Kohldäm 93/(117), 97/19
Kohldamm 16/(49)
Kohl Dämme 16/(49)
Köhlen Born 102/(28)
Kohlen Camp 11/(64)
Köhlen Wiesen 63/(136)
köhlen Wieße, Dick- 63/(102)
Köhlerei 49/5
Köhlerkavel 22/64
Köhlerskamp 50/3
Köhlers Kamp 58/28
Köhler Stelle 74/32
Kohlhäfen, Groth 14/(65)
Kohlhäfen, Lütt 14/(85)
Kohlhäwe 38/(81)
Kohlhoefen 15/(67), 16/(50), 35/(79), 47/(107), 62/51
Kohlhöefen 20/(50)
Kohlhoefen, achter den 15/(67)
Kohlhöefen, alten 21/(55)
Kohlhoefs Wiesen 10/33
Kohlhoew 10/33, 12/79, 14/28, 23/33, 62/51, 75/118, 77/88, 91/19, 95/21
Kohlhoewen 28/10
Kohlhof 20/(50), 26/4, 29/7, 35/(79), 43/(96), 47/(107), 68/(128), 91/19, 97/19
Kohl-Hof 20/(50), 100/(29)
Kohlhof, Boehlen 38/(61)
Kohl Hofe 70/(140)
Kohlhöfe 79/70
Kohl-Höfe, Kurzenhöfer 35/(82)
Kohlhöfen 10/33, 14/28, 28/10, 63/(137), 89/(69), 95/21
Kohl Höfen 14/28, 68/(128)
Kohlhöfen, großen 14/(65)
Kohlhöfen, Guhlschen 41/(111)
Kohl Hoff 12/79
Kohlhoff, Claas 86/(53)
Kohlhöfschen Stücken 47/(107)
Kohlhofsche Wiese 49/(53)
Kohlhöfs Stücken 28/10, 45/(97)
kohlhof, Stämm- 98/(31)
Kohlhof Stück 21/(73)
Kohlhofstücken 21/(73)
Kohlhof Stücken 21/(73)
Kohlhove 6/(41)
Kohlhöwen 14/28
Köhlinge, Ruwen 62/(164)
Köhlingschen Strange 62/(139)
Kohl, Kösel 54/(38)
Köhlschen Fohrde 65/(139)
Kohlstättschen Strang 62/(35)
Köhn Wiesen 97/(54)
Kohr Stücken 23/24
Kohtel 44/(156)
Kohten, hinter Heerde 17/(76)
Kohten, Köster 43/(98)
Kohten Lande 65/54
Kohter Acker 97/(55)
Kohwee(d) 68/78
Kohwei(d) 1/12, 56/86,
Kohweiden 36/73
Kohwisch 79/110
Koken-Kamp 71/(128)
kokenslag, Pann- 53/56
Koken Wiese 75/91
Koks-Camp 57/(95)
Kolboweschen busch 1/(29)
kolboweschen busche 1/(29)
Kolbowischen Busche 1/(29)
Kolbowischen Felde 86/29
Kolbowsch Barg 84/17
Kolbowschen Busch 1/(29)
Kolbowschen Holtze 83/(93)
Kolbowsch Feld 85/1
Kolck, 7/58, 9/34, 48/127
Kolck, Alten 81/(98)
Kolck, Baaren 12/17
Kolck, Bahren 15/51
Kolck, Balitzer 78/16
kolck, Baren- 12/17
Kolck, Baren 70/(50)
Kolck, Becker 75/(108)
Kolck, Beckers 75/(108)
Kolck, Blentzer 66/(55)
Kolck, Blohmheidsch 72/(42)
Kolck, Breden 75/(95)
Kolck, Breeslags 75/(97)
Kolck, Brocken 72/(96)
Kolck, Brosinsch 73/(2)
Kolck, Brosinscher 73/(2)
Kolck, Brücken 76/(63)
Kolck, Brummen 68/(97)
Kolck, Calazen 73/(104)
Kolck, Coppel 74/38
Kolck, Depe 75/83
Kölcke 83/68
Kolcken 27/(85)
Kölcken 27/(85)
Kölcke, Zarnitzer 72/(116)
Kölcke, Zarnsche 72/(116)
Kolck, Frey 68/64
Kolck, Fuhlen 44/(143), 71/(96)
Kolck, Gaedeken 47/(102)
Kolck, Glashütten 75/(81)
Kolck, Glasshütten 75/(81)
Kolck, Gohren 74/(5)
Kolck, Gohrensche 74/(5)
Kolck, Gohrnsche 74/(5)
Kölck, Gorn 13/81
Kolck, Gose 71/(98)
Kolck, Graaken 75/(33)
Kolck, Große 84/(21)
Kölck, Guhls 44/125
Kolck, Hassel 84/(15)
Kolck, Haßel 84/(15)
Kolck, Heier 77/(43)
Kolck, Immenhorst 73/16
Kolck, Im'mhorst 73/16

Kolck, Jalaßen 31/14
Kolck, Jesen 44/(151)
Kolck, Jühlen 44/125
Kolck-Kafel 35/(80)
Kolck Kamp 48/(127)
Kolck, Kamps 74/(39)
Kolck, Kampsche 74/(39)
Kolck, Koppel 74/38
Kölck, Lange 57/(70)
Kolck, Langheidsch 72/(19)
Kolck, Laps 76/23
Kolck, Lapßer 76/23
Kolck, Lemcken 75/(37)
Kolck, Lüttheidsch 72/88
Kolck, Lütt Heidschen 72/88
Kolck, Miel Wieser 74/(2)
Kolck, Mittelholtz 74/(28)
Kolck, Müeßer 66/13
Kolck, Mühlen 84/(5)
Kolck, Niewischer 76/(89)
Kolck, Pagen 76/(90)
Kolck, Papenmohrsche 75/(95)
Kolck, Raimße 77/(29)
Kolck, Ramphiens 44/(44)
Kolck, Ramphiensch 44/(43)
Kolck, Rantzen 30/36
Kolck, Scharnser 74/33
Kolck, Sterlin 75/(52)
Kolck, Stücken 48/(127), 69/88
kolck, Suden- 84/(6)
Kolck, Suden 84/(6)
Kolck, Tiscken 73/(12)
Kolck, Tohs 79/22
Kolck Wiesen, Wulfs 68/15
kolder Wiese, Baren- 4/(15)
Kolk 1/150, 9/34, 13/81, 25/17, 30/48, 44/77, 57/58, 68/15, 81/69, 81/(76), 85/18
Kolkbäk 97/2
kolk, Aanten- 69/59
kolk, Baeren- 4/(15)
kolk, Balitz- 77/61
Kolk, Baren 12/17, 70/(50)
Kolkbarg 69/88
Kolk, Blomheidscher 72/(42)
kolk, Boren- 12/17, 15/51, 16/7
kolk, Born- 15/51
kolk, Borns- 52/26
Kolk, Branden 75/83
Kolk, Brandsche 75/83
Kolk, Brandschen 77/58
Kolk, Breden 75/(95)
Kolk, Breidsch 72/78
Kolk, Breidschen 72/78
Kolk, Brosings 73/(2)
kolk, Bullen- 43/8, 44/77
Kolk, Depe 75/83
Kolk, dicken 75/(73)
Kölken 69/22
kölken, Biß- 70/91
kolken, Muhs- 83/(73)
Kolker Dannen 30/46
Kölke, Zarner 72/(116)
kolk, Flaten- 72/(26)
kolk, Frie- 68/64
Kolk, Gatken 75/(25)
Kolk, Gehrken 94/2
Kolk, Göhrensche 74/(5)
Kolk, Gören'sche 74/(5)
Kolk, Graak 75/(97)
Kolk, Graaken 75/(33)
kolk, Grosser Thoms- 79/22
Kolk, Grot 42/28
Kolk, Guhlen 44/125
kolk, Hassel- 44/16
Kolk, Hassel 84/(15)
kolk, Heil- 66/13
Kolk, Heukenhorster 70/(103)
Kolk, Hirsch 64/84
kolk, Hirsch- 64/84
kolk, Ilen- 79/7
kolk, Immels- 73/16
Kolk, Kamp 74/(39)
kolk, Kloeter- 68/72
kolk, Koppel- 74/38
Kolk, Krohnsche 9/(60)
Kolk, Laascher 76/23
Kolk, Latzer 76/23
Kolk, Liepen 75/(33)
Kolk, Lieper 75/(33)
Kolk, Luderkuhlsche 64/71
kolk, Lütt Haid- 72/88
kolk, Lütt Heid- 72/88
Kolk, Maaden 75/40
Kolk, Mielwieser 74/(2)
Kolkmohr 9/(58)
Kolk, Mühlen 12/(127)
Kolk, Nettel 75/(53)
Kolk, Ortsche 69/32
kolk, Papen- 43/4
Kölk, Ranzen 30/36
kölk, Ranzen- 30/36
Kolk, Reigern 42/4
Kolk, reinen 27/(93)
kölk, Rous- 30/52
kolk, Schäferwiesen- 77/70
kolk, Scharbens- 42/56
Kolk, Scharpen 42/56
kolk, Schaul- 64/70
Kolk, Schornster 74/33
kolk, Schul- 64/70
kolk, Specken- 26/20, 43/34
kolk, Stämmen- 75/40
Kolk, Suden 84/(6)
kolk, Tater- 27/45
kolk, Tieden- 43/9
kolk, Tooms- 79/22
Kolk, Utbrans 77/9
kolk, Voß- 42/12
Kolk, Voß 42/12
Kolk, Wierbrachs 83/(8)
Kolk, Witziensche 75/(39)
kolk, Zwiß- 52/9
Kollan'n 81/31
Kollan'ngraben 81/32
Kollbatz 41/(4)
Kollbohts Heid' 41/(4)
Kollbohts Wisch 41/53
kollen Hof 85/39
Kollen Hof 85/39
Koll Horst 93/(53)
Koll Kuhl 45/(98)
Kölnschen Holtz 6/(9)
kolsch Kamp, Sand- 70/96
Kolwatz 41/53
Konaw, achter 27/71

Königken Mohr 26/(59)
Königsbarg 23/42
Königsberge 23/42
Königsheide 34/(24)
Königs Heide 34/(24)
Königs Heyde 34/(24), 35/(81)
Königstannen 34/(24)
König Stücken 26/(60)
Königswischen 70/73
Konour 52/16
Konsorten-Köpfe 81/(23)
Kooß Mercken 44/102
Kopf 74/(98)
kopf, Dachs- 78/34)
Köpfe, Eiskeller 82/(15)
Köpfe, Konsorten 81/(23)
Kopfel 66/(66)
kopf, Hirsch- 74/101, 78/(34)
Kopf, Jasnitzer 68/61
Kopf, stehende 50/(8)
kopf, Stein- 3/(26)
kopp, Brümmel- 46/27
kopp, Düwels- 53/39
Koppel 5/43, 11/(65), 12/(116), 19/16, 26/(61), 27/(86), 28/(47), 33/10, 38/48, 40/76, 47/(108), 49/(54), 51/16, 57/61, 66/(66), 67/(113), 68/(129), 80/35, 82/(26), 84/(27), 87/(61), 88/(1), 95/(127), 96/(32)
Köppel 19/16
Koppel, A- 81/52
koppel, Aas- 65/40
koppel, Achter- 74/66
Koppelacker 106/(17)
koppel, Ahnwends- 7/16
Koppel, Alauns 64/(90)
Köppel, alte 64/(91)
koppel, alte Förster- 9/46
Koppel, alte Hoff 93/(55)
koppel, alten Pferde- 9/35
koppel, alte Pferde- 39/(36)
Koppel, Alte Wiesen 24/3
Koppel, Arg Graß 31/(45)
Koppel, Ausgleichungs 67/40
koppel, Bäk- 65/28
koppel, Bäken- 71/14
Koppelbarg 5/43
koppel, Barg- 27/10, 29/18, 32/32, 35/34, 44/106, 72/14, 77/116
koppelbarg, Räuf- 11/25
koppel, Bark- 64/15, 95/2
koppel, Bauer- 77/77, 95/(67)
Koppel, Bauer 28/(38), 60/(12), 77/77
koppel, Bauern- 64/68
Koppel, Bauer Nacht 95/(68)
koppel, Bäuk- 81/73
koppel, Bäuner- 28/25, 30/13, 56/36, 78/3, 81/34
Koppel, Beck 31/(44)
Koppel, Beesen 11/26
Koppel, Berken 89/(29)
koppel, Besen- 18/25
koppel, Bickbeeren- 36/69
koppel, Binnen- 85/2, 86/18
Koppel, Birck 93/5
Koppel, Bircken 93/5
Koppel, Birken 34/(5)
koppel, Blomen- 10/11
koppel, Bö(de)ner- 33/2, 43/48, 50/20, 75/151, 77/14
koppel, Bohnen- 18/37
Koppel, Bohnen 18/37, 31/(35), 65/(99)
koppel, Bom- 63/67
Koppel, Born 24/(29)
Koppel, Bornsch 21/15
Koppel, Böwerst 57/33
koppel, Brand- 53/26
Koppel, Brand 30/(74), 53/26
Koppel, Branden 67/(13)
Koppel, Brauken 36/41
Koppel, Breisgor(de)nsch 63/56
koppel, Brink- 64/14, 77/115, 85/35
koppel, Brot- 45/24
Koppel, Brummel- 60/(26)
koppel, Brunnen- 18/28
koppel, Bu- 13/20
koppel, Buch- 81/73
koppel, Buchen- 81/73
koppel, Bucht- 21/1
koppel, Buer- 57/32, 76/36
koppel, Buern- 14/5, 64/68
koppel, Bullen- 96/8, 102/22
koppel, Busch- 11/36, 18/33, 49/13, 66/27, 100/9
Koppel, Busch 31/(33), 34/(11), 49/13, 57/61, 100/9
koppel, Buten- 85/15, 86/32
Koppel, Buten 85/15
Koppel, Caninchen 93/43
koppel, Chaussee- 63/68
Koppel, Dam 60/(7)
Koppel, Dam(m) 60/(7)
Koppel, Damm 60/(7)
Koppeldämm 34/9
Koppel, Dammbracks 41/43
Koppel, Dau Kuhls 24/(28)
koppel, Dannen- 25/53, 46/30, 57/23, 74/17, 87/37, 93/12, 95/4
koppel, Dannen Kauh- 19/13
koppel, Deibowsch-Weg- 7/12
koppel, Dick- 82/(12)
Koppel, Dieck 24/25, 53/33
Koppel, Diecks 89/(14)
koppel, Diek- 53/33
koppel, Dörchforths- 41/42
koppel, Dorfstellen- 50/30
Koppel, Dorfstesche 82/(7)
Koppel, Dreesch 57/69
Koppel, Dresch 57/69
koppell, Eckel- 68/86

koppel, Eek- 1/66, 55/27
koppel, Eeken- 22/47
Koppel, Ehmken 49/(31)
koppel, Eich- 1/66, 4/29, 68/86
koppel, Eichen- 34/(27)
Koppel, Eichen 60/(27), 75/131
Koppel, Eich-Holtz- 86/(16)
koppel, Eik- 70/55, 75/131, 93/43, 95/1, 101/16
koppel, Eiken- 31/40
Koppel, Ellerbusch 18/(26)
koppel, Eschen- 10/19
koppel, Fahlen- 13/65, 15/18, 53/60
Koppel, Fahrens 67/(11)
Koppel, Faule 37/13
koppel, Fett- 7/47, 11/30, 18/21, 50/23, 54/7, 67/12
Koppel, Fichten 93/5
koppel, Fichten- 93/5
Koppel, Findörpen 59/10
koppel, Fläken- 45/79
koppel, Forst- 11/20, 23/32, 34/10
koppel, Förster- 9/46, 65/39, 69/65
Koppel, Franken 73/18
koppel, Fritzen- 73/32
Koppel, Fulfalsch 49/(45)
Koppel, Füllen 8/(19), 77/47
Koppel, Gersten 34/(12)
Koppel, Goese 102/(48)
koppel, Goos- 80/9
koppel, Gor(de)n- 7/31
Koppel, Götken 63/65
Koppel, große 29/(16), 30/5, 31/(32), 82/(19), 94/17
Koppel, Große 18/24, 31/(32)
Koppel, großen 82/(19)
Koppel, Große Schäfer 100/6
Koppel, große Wohl 89/2
koppel, Grot- 103/1
Koppel, Grot 10/12, 17/21, 18/24, 26/19, 30/5 47/56, 56/34, 59/7, 76/42, 78/4, 83/33, 90/20, 91/24, 94/17, 102/24, 103/1
koppel, Grot Wee(d)- 78/60
Koppel, Grüne Stigen 12/89
Koppel, Guhls 67/8
Koppel, Haber 18/(49), 75/(13)
Koppel, Hasen 34/(13)
koppel, Hasen- 5/30
koppel, Hawer- 10/3
koppel, Hee(d)- 41/8, 47/17, 47/77, 63/20, 67/17, 71/73, 77/15, 77/114, 78/82, 79/6
koppel, Hei(d)- 5/34, 13/17, 25/38, 32/21, 36/49, 46/26, 50/29, 66/34, 73/33, 85/36
koppel, Heid- 85/36
koppel, Heide- 43/91
Koppel, Heide 41/8, 60/(5)
Koppel, Hengst 8/(20)
koppel, Hengsten- 8/(20)
koppel, Heu- 15/4, 15/22
Koppel, Hinelst 46/32, 47/86, 74/26
Koppel, Hingsten 67/(105)
Koppel, Hinnels 85/23
Koppel, Hinnelst 5/1, 43/14, 45/57, 63/26, 69/33, 74/26, 85/23, 87/4, 90/13, 91/29, 107/4
koppel, Hinnelst Ellern- 89/44
Koppel, Hinnerst 7/2, 10/1, 27/36, 36/71, 38/56, 57/12
Koppel, Hinter 82/(22)
koppel, Hinter- 5/1
Koppel, Hinterste 84/(24)
Koppel, hinterste Eller 89/44
Koppel-Hof 45/(99)
Koppel, Hof 106/(51)
Koppel Höfen 45/(99)
Koppel, Hog 2/26, 36/70, 45/9, 45/72, 46/36, 57/16, 62/74, 64/13, 74/12
Koppel, Hogen 19/4
Koppel, Holländer 89/(63)
Koppel, Hollänne 78/42
koppel, Hollänner- 12/32, 78/42
Koppel, Hollenner 12/32
Koppelholt 40/65
koppel, Holt- 20/30, 21/7, 43/67, 85/42
Koppel, Holt 85/42
koppel, Holtwohrer- 28/14
Koppel-Holtz 31/(13)
Koppel, Holtz 53/36
koppel, Holz- 21/7
Koppel, Holzwärter 24/(5)
Koppel, Hopfen- 60/(28)
koppel, Horken- 15/42
Koppel, Horst 9/46
koppel, Hüner- 49/(50)
Koppel, Hüner-Stücken- 49/(50)
koppel, Hus- 5/40, 23/11, 25/26, 29/12, 34/3, 62/52, 70/30, 78/18
koppel, Immenhof- 70/90
koppel, Inwoener- 48/47
Koppel, Jahnken 36/46
koppel, Juden- 34/34
Koppel, Kahlber 83/(43)
Koppel, Kahlen Brandes 67/(13)
Koppel, Kalber 60/(9), 84/(25)
koppel, Kälber- 18/30
Koppel, Kälber 4/(37), 18/30, 60/(9), 82/(12)
koppel, Kalwer- 18/30, 61/3, 63/1, 64/1
koppel, Kamp- 10/2
koppel, Kapellen- 86/47
koppel, Kätel- 30/27
Koppel, Katen 4/10
koppel, Katen- 4/10
koppel, Kathen- 4/10
Koppel, Katten 82/(24)

Koppel, Kemp 89/(20)
Koppel-Kiel 81/(7)
koppel, Kiel- 30/24, 36/7, 45/65, 56/19
koppel, Kiewitts- 33/28
koppel, Kläsken- 17/34
Koppel, Kleber 82/(10)
koppel, Klee- 47/41
Koppel, Kleever 11/(62)
Koppel, Klei 29/(17)
Koppel, Kleine 18/43, 27/(84), 64/(153), 84/(26), 89/(27)
Koppel, Kleinen 82/(11)
Koppel, Kleine Schäfer 100/(4)
Koppel, Klever 82/(10)
koppel, Klewer- 46/5, 47/41
koppel, Klump- 47/85
Koppel Kolck 74/38
Koppelkolk 74/38
koppel, Köster- 7/36, 28/3, 56/22, 91/13, 96/16, 105/10
koppel, Krenter- 7/7
Koppel, Krohner 9/43
Koppel, Krohns Orts 65/90
Koppel, Kuh 54/(40)
koppel, Kuhl- 74/13
Koppel, Kußen 78/44
Koppel, Küsterrieths 4/24
koppel, Lacks- 56/21
koppel, Land- 17/46, 20/31, 21/27, 43/51, 46/37, 72/16, 74/10
Koppel-Land, Busch- 31/(43)
Koppel, Lang 21/1, 35/48
Koppel, Langenheider 57/62
koppel, Launs- 45/70
Koppell, Busch 106/(45)
kopp, Ellern- 86/45
Koppell, Hof 86/(56)
koppel, Linies- 69/93
Koppell, Louw 53/44
Koppell, Middel 86/(33)
koppel, Lotten- 7/5
Koppell, Pferde 64/(170)
Koppel, Lüt 78/5, 78/44, 78/46, 81/66
Koppel, Lütcke 106/(54)
Koppel, Lütt 10/9, 17/18, 18/32, 26/21, 30/6, 31/(36), 45/13, 56/18, 56/32, 57/2, 59/6, 76/29, 78/5, 78/46, 90/18, 91/27
koppel, Lütt Förster- 56/17
koppel, Lütt Land- 46/6
Koppel, Magnitz 49/27
koppel, Mauer- 103/2
koppel, Maur- 16/14, 47/76, 59/29, 103/2
koppel, Mergel- 45/23
Koppel, Middelst 40/25, 57/11, 63/21, 90/45, 91/16
koppel, Middelst Ellern- 89/43
koppel, Milebusch- 33/(60)
Koppel, Mittel 84/(33)
Koppel, Mittelste 53/(13)
Koppel, mittelste Eller 89/43
koppel, Moelen- 56/89, 64/43
koppel, Moiden- 10/21, 86/35
Koppel, Moje 86/35
Koppel, Möllers 63/31
koppel, Mön- 17/22
koppel, Moor- 59/29
koppel, Mossillen- 32/11
koppel, Mour- 93/86
koppel, Mühlen- 56/89
Koppel, Mühlen 64/43
koppel, Nacht- 1/48, 4/4, 8/10, 9/35, 12/36, 13/(71), 20/28, 21/20, 26/13, 27/(92), 30/25, 35/41, 37/8, 39/29, 53/17, 57/53, 73/(127), 75/(48), 76/(86), 78/72, 80/8, 81/86, 83/58. 85/(65), 87/41, 90/(68), 95/54, 99/24, 101/(74), 102/(23), 103/(111), 105/7, 106/55, 107/39
Koppel, Nacht 1/48, 54/(17), 55/(11), 60/11, 65/(107), 74/(117), 75/(48), 77/47, 93/(71), 96/(55), 99/24, 101/(74), 102/(23), 103/(111)
Koppeln, Bauer 68/(5)
koppeln, Brink- 25/50
Koppel, Neben 100/(32)
Koppel, Neddersten 82/(27)
Koppel, Nets 57/(74)
koppel, Neu- 4/(44)
Koppel, Neue 31/40
Koppel, neuen 4/(44)
koppeln, Heide- 13/17, 68/60
Koppeln, Holtz 65/(134)
Koppel, Nie 64/60, 81/19
koppeln, Klee- 107/(37)
koppel(n), Land- 17/46
Koppel, Öberste 57/(60)
koppel, Ochsen- 22/11
koppel, Ohl Nacht- 18/(53)
Koppel, Oll 77/121
koppel, Ollendeels- 78/2
koppel, Ollendeils- 78/2
koppel, Oll Förster- 9/46
koppel, Oll Pier- 11/(38), 78/72
Koppel, Oll-Wischen 24/3
koppel, Ossen- 22/11, 64/50, 86/25, 94/22. 95/51
Koppel, Oster 42/(122)
Koppelower Wapen 93/94
Koppel, Pferde 11/(38), 16/(22), 22/72, 30/25, 44/(167), 45/(103), 49/60, 53/28, 55/17, 60/(6), 61/(73), 65/78, 73/(127), 74/(117), 82/(9), 96/(56), 97/(74)
koppel, Pferde- 4/4, 5/35, 14/(91), 18/31, 26/13, 39/29, 83/(34), 102/(50)
koppel, Pier- 18/31, 22/72, 34/15, 60/11, 65/78, 77/47, 78/20, 80/8, 93/30
koppel, Plach- 5/3
Koppel, Prediger 68/28

koppel, Preester- 7/51
koppel, Preister- 4/5, 105/12
Koppel, Priesk 31/34
koppel, Prieß- 31/34
koppel, Priester- 4/5
koppel, Pump- 57/65
Koppel, Rantzaus 75/7
Koppel, Rantzows 75/7
koppel, Registrator- 56/16
koppel, Reh- 95/23
Koppel, Reh 95/23
koppel, Reuter- 1/(102), 9/(65)
Koppel, Reuter 1/(102)
Koppel, Rodewiesen 18/(29)
koppel, Roggen- 36/56, 65/(65)
koppel, Rögnitz- 69/60
Koppel, Rohr 36/47
koppel, Ruchel- 71/77
koppel, Rüter- 68/39
Koppel, Sagers 29/(37)
koppel, Sand- 48/28
Koppels, Barg-Kauh- 19/13
Koppel, Schäfer 34/(37), 64/4
koppel, Schap- 57/21
koppel, Schauen- 15/49
koppel, Schaul- 14/2, 23/6, 23/37, 25/92, 33/12, 36/37, 65/47
koppel, Scheed- 53/12
Koppel, Scheide 53/12
koppel, Scheper- 100/6
Koppel, Scherings 1/77
Koppel, Scheun 53/15
koppel, Schiller- 27/31
Koppel, Schlachter 1/118
Koppel, Schlächter 1/118
koppel, Schloß- 57/57, 75/(13)
koppel, Schol- 11/17, 20/27
koppel, Schulten- 33/8, 52/80, 66/43
Koppel, Schultzen 65/(155)
Koppel, Schulzen 43/(117), 75/135
Koppel, Schün 24/(27)
koppel, Schünen- 53/15
koppels, Diek- 48/87
Koppel, Secken 24/(23)
Koppel, Seecken 93/(128)
Koppels, Grot 16/1,105/33
koppels, Grot Weed- 78/60
koppels, Hus- 26/5
Koppel, Si(d)e 46/34
Koppel, Siecks 56/(215)
koppel, Siever- 10/13
koppel, Slachter- 1/118
Koppels, Lütt 16/10, 96/22, 105/36
koppel, Slag- 63/41
koppel, Smäd- 74/85
Koppel, Smölener 23/34
Koppel, Soll 86/15, 106/(37)
koppel, Solt- 56/20
koppel, Sot- 70/53
Koppel, Soth 49/(63)
Koppel, Sour 53/16
koppel, Sour- 53/16
Koppel, Staafk 41/86
koppel, Staden- 103/22
koppel, Stäg- 40/29
Koppelstall 74/(114)
koppel, Stand- 60/3
koppel, Starken- 90/3
koppel, Steen- 44/101, 47/89
koppel, Steg- 20/35, 30/34
koppel, Stieg- 19/42
Koppel, Stieg 19/42
koppel, Stiegen- 12/89
Koppel, Stoppels 73/17
Koppel, Strauchen 34/26
koppel, Stubben- 57/41, 100/10
Koppel, Stubben 100/10
Koppelstücken 48/45, 79/44, 91/17, 101/17
koppel, Stücken- 69/13
koppel-Stücken, Busch- 18/(35)
koppel, Stü(d)e- 74/91
koppel, Suer- 28/34
Koppel, Suhrwiesen 4/(54)
Koppel, Swart 83/31
koppels, Wee(d)- 107/19
koppel, Swien- 53/25
Koppels, Wischen-Kauh- 19/15
Koppel, Tannen 25/53, 79/(100)
koppel, Teigel- 69/86
koppel, Teller- 64/(25)
koppel, Timpen- 46/33
koppel, Torf- 7/8, 70/84
Koppel, Trift 86/(34)
koppel, Trinen- 5/31
Koppel, Vielanksche 56/55
koppel, Vier- 106/(3)
Koppel, Viers 89/(15)
Koppel, Vöddels 85/24
Koppel, Vöddelst 7/13, 57/1, 90/36, 91/22, 103/11
koppel, Vöddelst Ellern- 89/42
koppel, Vor- 95/(168)
Koppel, Vor 65/(6)
koppel, Vör- 72/28
Koppel, Vör 78/10
Koppel, vorderste Bauer 60/(12)
Koppel, vorderste Eller 89/42
koppel, Vörholt- 35/45
Koppel, Vörrelst 38/55, 44/10, 45/30, 46/14, 47/55, 61/13, 69/27, 74/29, 78/10, 85/24, 87/5, 107/26
Koppel, Vörrerst 27/30
koppel, Wader- 50/22
koppel, Wäh- 104/15
koppel, Wallachs- 4/3
Koppel, Warnowschen 4/(57)
koppel, Wee(d)- 41/2, 45/3, 61/19, 70/70, 72/7, 77/24, 78/72, 81/92, 83/32, 104/15
koppel, Wei(d) 5/36, 6/29, 23/2, 36/68, 40/72, 43/15
koppel, Wei(de)- 15/23, 27/37
koppel, Weide- 85/47

Koppel, Weyde 106/(59)
Koppelwiese 1/32, 75/(202)
Koppel Wiese 1/32
Koppel-Wiesen 1/32, 95/(127)
koppel, Wiesen- 13/(71)
koppel, Will'- 48/8
Koppel, Will' 45/64
Koppel, Winkel 41/10
Koppelwisch 52/52
koppel, Wisch- 21/4
Koppelwische 11/(65)
Koppelwischen 1/32, 91/(21)
koppel, Wischen- 5/37, 103/66
koppel, Wischen Kauh- 19/15
Koppel, Witten 89/(79)
Koppel, Wöbbeliner 76/49
Koppel, Wöhrde 84/(44)
Koppel, Ziegel 107/(47)
koppel, Ziegen- 16/(68)
koppel, Zoll- 5/41, 17/9
Koppel, Zweer 49/(65)
Köppen-Kamp 94/(46)
koppen Kamp, Stein- 14/(101)
kopp, Füchten- 53/40
Koppheister 76/6
kopp, Hirsch- 74/101, 78/30
Kopplowsche Barg 50/12
Kopplowsche Berge 50/12
kopp, Middelst Dannen- 94/32
kopp, Mittelst Dann- 94/32
kops Werder, Schwart- 81/(161)
Korb, Fischer 22/(78)
Kork 35/43, 45/50, 47/58, 63/78, 83/68
Kork, Balitzer 77/61
Kork, Brandensch 77/58
Korken 40/50
Korkenhäfen 35/43
körken, Snippen- 71/86
Kork, Utbrands 77/9
Korn 70/(134)
Kornzer Hoew 43/21
Körs 22/(6)
Korstädter Dannen 1/175
Korte Caveln 87/5
Korte Kavell 30/(111)
Kort Eldenrieh 14/(78)
Korten Blocken 22/46
korten Busche, achter dem 86/(59)
Korten Camp 77/91
Korten Caveln 40/58, 81/(139)
Korten Deel 56/3
Korten Enden 14/(79), 71/(130)
Korten En'n 76/9, 94/21, 96/23
Korten Enn's 58/39
Korten Hägen 61/(52)
Korten Heegen 61/(52)
Korten Hei(d)stücken 35/52
korten Hobbeln 15/54
Korten Höfen 35/(82)
Korten Kabeln 69/(41)
Korten Kaben 73/(75)
Korten Kamp 77/91
korten Kaveln 85/28
Korten Kavels 85/28
Kortenlande 70/(15)
Korten Lannen 70/(15)
Korten Maukern 25/11
Korten Mockern 25/11
korten Mokern 25/11
Kort En'n Diek 81/90
Korten Parlang 17/15
Korten Porlang 17/15
Korten Scharm 63/(45)
Korten Stücken 57/19, 105/27
korthen Brack Stücken 97/24
Korthen Cavelln 27/(87)
korthen Cluß Camp 97/(56)
korthen Cluuß Camp 97/(56)
korthen Dwer Cavellen 97/(57)
Korthen Ende 14/(79)
Korthen Stücken 86/(31)
Kortisten 35/(49)
Kortizen 22/(51)
Kort Kabeln 87/5
Kort Kavel 40/58
Kort Lang Stück 39/(42)
Kort'n Enn 94/21
Kortsche Wischen 34/33
Kort Wei(d) 73/43
Korz, achter 35/(54)
Kösel Kohl 54/(38)
Kosfort 99/23
Kösken Forth 65/(83)
Kossatenlande 26/(108)
Kossen Enden 90/(17)
Kossen Land 90/(19)
Kossen Moor 70/(18)
Kosserland 100/1
Kosser-Land 100/1
Koßer-Land 100/1
Kosserlande 105/(54)
Koßerlande 25/(108)
Koßerland, Kleines 105/(53)
Kosser Orth 90/15
Kosse Stücken 42/(32)
Koßmeirken 44/102
Koß Stücken 96/(49)
Koste, Dam 76/(24)
Köste, Dam 76/(24)
Kosteern 47/66
Köste Land 25/35
Kostelann' 25/35
Kosten, Dam 76/(24)
Koster 97/(34), 103/71
Kösteracker 83/61, 90/32, 97/20, 99/3
Köster Acker 85/3
Kösterbarg 51/13
Koster Barge 9/(59)
Koster Berg, Haaf 95/(100)
Koster Bruch, Haaf 95/45
Koster Bruch, Haff 95/45
Kösterbusch 43/(97)
Köster Busch 28/(48)
Kösterey 4/24
Koster Fahren 97/(58)
Köstergor(de)ns 7/14
Koster Hoff 48/(128)

Kösterie 4/24, 98/8
Koster Kamp 44/78
Kösterkamp, 28/20, 41/39, 68/17, 79/74, 85/3
Köster Kamp 44/78
Köster Kohten 43/(98)
Kösterkoppel 7/36, 28/3, 56/22, 91/13, 96/16, 105/10
Kösterland 93/9
Koster Lande 25/35, 97/20
Köster Lande 42/(119)
Köstermaur 40/21
Köster Mohr 40/21
Kostern 97/(34)
Köster Ohrt 10/(59)
Koster-Orth 90/15
Kösterplan 96/17
Kosterrie(d) 44/83
Koster Rieh 44/83
Köster Rieht 27/48
Kösterriet 27/48
Köster Rieth 27/48
Kosteruhr 90/15
Koster, up'n 103/71
Kosterwiese 44/82
Köster Wiese 77/90
Kosterwisch 44/82, 103/71
Kösterwisch 41/68, 51/60, 64/69, 79/116, 91/6, 95/37, 96/20, 97/16
Köster Wische 27/(88)
koster wisk 41/68
Köster Wrieten Horst 64/87
Köster Wrietenhost 64/87
Köstewischen Busch 25/(36)
kost, Panne- 85/(67)
Kost, Pannen 85/(67)
Kost, Panner 85/(67)
Kot Camp 36/(120)
Kötel, Jauden 48/51
Kötel, Penns 48/30
Kotenlan'n 65/54
Köterkamp 93/95
Kothenlande 65/54
Kotherlande 65/54
Koub'nlangen 48/16
Kouzaß 69/87
Kraatz 57/79
Krähe 12/50
Krahmer Horst 86/(60)
Krahm grade 75/(106)
Krähnenbarg 19/32
Krahn Stücken 96/18
Krainke 36/66
Kraizen Berg 56/85
Krambehr-Soll 95/(14)
Krämer 91/30
Krämerbarg 95/56
Kramerskamp 50/33
Kramps-Wiese 1/131
Kramptze 1/130
Kramptzer Wiese 1/131
Krams 1/130
Kramser Furth 68/(130)
Kramsmaur 32/28
Kramßer Dreesch 47/81
Kramßerschee(d) 48/4
Kramß Wiesen 1/131
Kramswiese 1/131
Kramswiesen 1/131
Kramswischen 1/131
Kräncke 36/66
Kranichstücken 3/6
Kränk 36/66
Kränkwisch 36/67
Kranscken 74/(89)
Kranß Stücken 96/18
Kranstücken 96/18
Krantz-Camp 62/(140)
Krantz Deich 62/(141)
Krantzen Kamp 61/(57)
Krantz Kamp 61/(57)
Kraps 71/29
Krasnitz 71/48
Krasnitzen 71/48
Kraßen 13/(94)
Kraßenitz 71/48
Kraß Wische 103/(107)
Kratz 61/(53)
Kratze 54/(39)
Kräugerskamp 92/4
kraug, Schauster- 64/36
Kraum Camp 59/(60)
Kraum Mohr 59/(65)
Kraun 59/16
Kraun Graun 75/(106)
Kraunsbarg 76/12
Kraunschen Hägen 45/28
Kraunskamp 103/34
Kraunsmaur 81/67
Kraunsuhrt 65/90
Kraus 19/54
Kraus Eich Schlag 89/(16)
Krausen Eiche 63/(140)
Krauß 19/54
Krauthof 49/(55)
Krautz 61/(53)
Krauzenbarg 56/85
Krauzen Berge 56/85
Krawalleck 94/34
Kräwtkuhl 102/8
Kraz 57/79
Krebs Dieck 70/(141)
Kreeck Büschen 42/(86)
Krehmenstücken 81/(137)
Krei 12/50, 44/105
Kreidendannen 12/74, 93/35
Kreidenwinkel 93/68
Kreien 44/105
Kreihenbarg 28/18
Kreihenwinkel 24/4
Kreilaken 2/33
Kremminschen mhore 4/(41)
Krensel Berg 55/(16)
Krenterkoppel 7/7
krent, Po- 63/(157)
Kresties 68/(131)
Kretens 44/105
Kreugers Holt 86/12
Kreutz 56/80
Kreutzen 18/(17)
Kreutzkamp 94/37
Kreutz, Sarren 78/(101)
Kreutzstücken 15/(27), 93/(118)
Kreutz Stücken 15/(27), 95/(128)
Kreutz, Zarren 78/(101)
Kreuzbruch 75/57
Kreuzen 16/(15)
Kreuzkamp 34/17
Krey 44/105
Kreyenlaacken-Wiesen 2/33

Krey Laacken 2/33
Kreyn 44/105
Krieben 102/(2)
Kriebes 36/48
Kriech-Enden 95/(129)
Kriechgründe 15/(36)
Kriechhorst Forth 44/32
Kriedam 52/23
Kriefniß 103/41
Kriefnis, schmahlen 103/(125)
Kriefs 36/48
Kriefses Wiesen 61/(54)
Kriefs Wiesen 61/(54)
Krie(g)busch 95/32
Krieg Busch 95/32
Krieg Camp 9/(3), 62/75, 69/(29)
Kriegenden 25/(61)
Krieg Enden 95/(129)
Krieges Stücke 89/(32)
Krieghorst 44/32
Krieg Horst 44/32
Krieghorst Wiese 4/(18)
Krieghost 44/32
Krieg Kamp 62/75, 69/(29)
Krieglande 9/(3)
Krieg Soll 95/40
Krie(g)ßoll 95/40
Kriegwiese 96/7
Krieg Wiese 4/(18), 7/(59), 36/(121), 95/(130), 96/7
Krieg Wiesen 60/25, 61/(55)
Krieg-Wiesen 96/7
Krieg-Wieße 16/(51)
Krieg Wische 95/(130), 96/7
Krie(g)wischen 96/7
Kriemniz 103/41
Kriense Ohrt 7/(60)
Krieptz 61/(56)
Krie(t)kamp 62/75
Krievnitzer Dannen 103/41
Krievs 17/16
Krievser Hegen 45/25
Krievse Tannen 3/(46)
Krievßen 3/54
Kriewahrs 17/35
Kriewars 17/35
Kriewas 15/24, 17/35
Kriewes Stücken 2/(4)
Kriewitz 17/16
Kriews 17/16, 36/48, 45/25
Kriewsch 36/48
Krig Busch 95/32
Krig Camp 77/(39)
Kriglandt 25/(61)
Krillenkamp 7/3
Krim 19/43
Krimm 19/43
Krimniz 103/41
Krisch Wische 96/7
Kristien Camp 65/(140)
Kritzbusch 75/140
Kritz Busch 75/140
Krivis 56/(158)
Krivitzerbarg 67/64
Krivitzer Barg 67/64
Kriwitz 54/10
Kriwitz, Groten 36/48
Kriwitz, Lütgen 36/(128)
Krögerbarg 101/25
Krögerbomsch Weg 101/37
Kröger Camp 7/(61)
Kröger Horst 86/12
Krögers Dieck 48/(129)
Krögers Holtze 86/12
Krögers Wiese 64/(156)
Krögerwisch 65/53
Krogmans Wise 12/(58)
Krog Soll 81/(138)
Krog Wiese 7/(62)
Krohm 59/(66)
Kröhm grade 75/(106)
Krohn 30/(110), 59/16
Krohndannen 79/54
Krohner Koppel 9/43
Krohn Mohr 59/16
Krohn, Pagel 38/(90)
Krohnsberg 1/40
Krohns Bergschen Stücke 1/40
Krohnsche Kolk 9/(60)
Krohnschen Heegen 45/28
Krohnsche Wiese 21/(74)
Krohns Horst 86/(61)
Krohns-Mohr 62/(142), 80/30
Krohns Möhrcken 62/(142)
Krohns-Mohr-Stücken 80/(29)
Krohns Moor 80/30
Krohnsmour 80/30
Krohns Mour 9/41
Krohnsohr 65/90
Krohns Ohrde 65/90
Krohns-Ohrt 73/74
Krohns Orts Koppel 65/90
Krohn Tannen 79/54
Krollen Graben 43/16
Kroll Wiese 75/(183)
Kron 30/(110)
kron, Artz- 56/(92)
Kron Öfer 17/(81)
kron, Pol- 38/(90)
Kronsbarg 1/40, 26/27, 27/7
Kronsberg 1/40, 26/27
Krons Berg 76/12
Krons Berge 1/40
Krons Bergs Wiese 76/15
Kronscamp 103/34
Kronsholt 6/16
Kronsholz 6/16
Krons Kamp 103/34
Krons Ort 6/16
Kronsuhrt 73/74
Kronß Barg 27/7
Kronß Berg 1/40
Kronß Sahl 97/(59)
Kronstück 30/(110)
Kronstücken 3/6
Krontz Camp 61/(57)
Kroop 68/(132)
Kropen Wiese 54/(6)
Kropen Wiesen 54/(6)
Kroschen 13/68
Kroschen Mohr 70/(142)
Krosch Mauer 70/(142)
Kroß Mohr 70/(142)
Kroup 68/40
Krouschen 13/68
Kruch Camp 13/(95)
Kruckenhorst 9/(61)
Krüetz, Jacobs 68/(119)

Krug Acker 78/(24)
Krug Camp 3/(13)
Krugen 40/3
krugen, Jäger- 40/2
krugen, Sand- 40/7
Krüger Acker 89/(32)
Krüger Berg 101/25
Krüger-Camp 65/(141)
Krüger Horst 86/12
Krügers Wiese 73/(119)
Krügers Wiesen 73/(119)
Krüger Wiese 65/53
Krug Heide 5/(54)
Krug Wiese 78/(56)
Krug Wiesen 68/(133)
Kruhs Ehck 63/(140)
Krullengraben 43/16, 44/49, 71/99, 72/12, 75/159, 78/71
Krullen-Graben 44/49, 71/99, 72/12
Krullenwinckell 51/(94)
Krumen Stücken 61/(58)
Krumen Winckel 51/34
Krumm Bäk 67/60
Krümmel 81/54
krumme Mohr 72/(106)
Krumme Moor 36/12
Krummen Camp 15/43, 63/(138), 68/(134)
Krummen Mohr 36/12
Krummen Mor 36/12
Krummen Rieth 44/(157)
Krummenstück 81/89
Krummen Stück 57/(96)
krummen Stücken 5/(55)
Krummen Stücken 27/41, 30/(112), 32/16, 38/19, 43/(99), 44/108, 45/(100), 56/(159), 62/(49), 63/(139), 80/(22)
krumme Riehte 12/(13)
Krumme Riehte 12/(13)
Krumme Riete 12/(13)
Krumme Riethe 12/(13)
Krumme Schnese 72/(46)
Krumme Stück 31/(54)
Krumme Wiese 76/(81)
Krumm Graben 75/60
Krumm Kamp 68/(134)
Krumm Maur 16/11,36/12
Krumm Slag 53/67
Krumm Stück 12/52, 13/5, 15/43, 23/(86), 32/16, 36/32, 39/14, 44/108, 81/89
Krummstücken 27/41
Krumm Stücken 27/41, 30/3, 38/19, 51/34, 101/14, 101/33
Krummümstück 61/18
Krumm Wisch 40/61
Krümpel 81/54
Krümpell 81/54
Krumschlaege 16/(52)
Krumstück 65/(142)
Krum Stück 12/52, 48/(130), 65/(105), 76/(82), 81/89
Krum Stücke 13/5
Krumstücken 25/(109), 30/3, 44/108, 101/33
Krum Stücken 23/(86), 27/41, 61/(58), 63/(139), 101/33
Krum Wiese 70/(143)
Kruse Barck 62/69
Kruse Barg 62/69
Krusen Barg 62/(70)
Krusen Dannen 70/56
Krusen Eiche 63/(140)
Krusen Ohrt 58/37
Krusen Ort 58/37
Krusen Uhrt 58/37
Krüsheid 5/41
Krusheide 5/41
Krüß 15/46
Krüße Buche 64/(17)
Krüße, Jacobs 68/(119)
Krüßer Weg 15/50
Kruß Wiese 57/59
Krus Wisch 24/9
Krutschenberge 18/(20)
Krutschendiek 75/12
Krütz 39/16
Krütz Fohrt 38/(82)
Krützstücken 56/80
Krutz Stücken 14/(80)
Krütz Stücken 16/(15), 93/(118), 96/(50)
Krütz-Stücken 95/(128)
Krützweg 43/(100)
Krüzbeerenbarg 66/38
Krüzbusch 75/57
Krüzen 39/16
Krüzkamp 34/17, 45/80, 94/37
Kubbritz Wisch 55/(50)
Küchen Gartten 12/91, 84/(28)
Küchen Wiese 60/(21)
Kuchlitz 28/27
Küchlitz 28/27
Kückelitz 28/27
Kucklis 28/27
Kücklitz 28/27
Kucks Kamp 44/66
Kudel 44/13
Kudeln 44/13
Kuelpers Ort 6/(42)
Kuen Stücken 23/31
Kueslien 67/(114)
Kuhberg 41/59
Kuhbergslust 56/74
Kuhbruch 54/(29)
Kuhetheich 52/(97)
Kuhfeld 18/(12)
Kuhhirten Wiese 1/119
Kuh Hirten Wiese 54/12
Kuhirten Wiese 23/(87)
Kuh Koppel 54/(40)
Kuhl 44/13, 44/41
kuhl, Aanten- 81/13
kuhl, Aas- 10/38, 43/17, 62/58, 66/18, 73/(131), 74/80, 77/75
Kuhl, Aaß 2/(22)
Kuhl, Bandekauer 64/(95)
kuhlberge, Ahs- 33/(38)
kuhl, berm- 1/150
kuhl, Bodder- 41/15
kuhl, Börm- 93/88, 107/18
kuhl, Born- 45/19, 73/62
Kuhl, Born 73/62
kuhl, Brand- 93/67
Kuhl, Brand 93/67
kuhl, Bräuden- 92/5

Kuhl, Breiers 73/(79)
kuhl, Brems- 35/27
kuhl, Brink- 105/8
Kuhl, Brunowsch 103/46
kuhl, Buern- 56/45
kuhl, Busch- 27/67
kuhl, Butter- 41/15
Kuhl Coppel 24/(46)
Kuhl, Dam 28/15
kühl, Dau- 28/8
Kuhl, Dau 24/(28)
kuhl, drög Düwels- 28/32
kuhl, Düwels- 27/69, 28/32, 28/33
Kuhl(e) 20/(51), 23/45, 62/(143)
kuhle, Aas- 10/38, 65/40, 73/(131)
kuhle, Brahms- 35/27
Kuhle, Brandt 43/(81)
kuhl, Eekblock- 106/26
Kuhle, Geld 76/(69)
Kuhle, Hexen 90/56
kuhle, Hirsch- 34/(22)
Kuhle, Kalber 10/22
Kuhle, Keller 49/3
kuhle, Lehm- 26/(63), 50/1
kuhle, Leim- 81/(144)
kuhle, Lepel- 35/31
kuhl, Eller- 93/16, 93/37
Kuhle, Möhrers 4/22
Kuhlen 22/71, 44/13
kuhlen, alten Lehm- 68/(89)
kuhlenbarg, Aas- 22/41
Kuhl(en) Barg, Lehm 32/(47)
kuhlenbarg, Mord- 49/33
kuhlenbarg, Swien- 78/39
kuhlenbarg, Weß- 81/30
Kuhlen Bäumen 74/81
kuhlenberg, Aas- 59/(18)
kuhlenberge, Aas- 22/41
kuhlenberg, Mord- 49/33, 59/(22)
kuhlenberg, Schwein- 78/39
kuhlenbusch, Lehm- 95/(137)
Kuhlen, Camp 47/(96)
Kuhlen Camp, Lehm 33/22
kühlen, Dau- 28/8
Kuhlen, Dau 28/8
Kuhl Enden 40/66
Kuhlen, Dow 28/8
kuhlen, Goos- 54/(28)
kuhlen, Is- 25/20
Kuhlen, Kalck 27/60
kuhlenkamp, Lehm- 26/(63)
Kuhlen, Keller 49/3
Kuhlen, Kley 26/(6)
kuhlen, Leem- 1/(76)
kuhlen, Lehm- 1/(76), 28/(49), 68/(139), 74/87, 104/(43)
Kuhlen, Lehm 1/(76), 1/161, 26/(63), 42/90, 95/(137)
kuhlen, Leim- 74/87
Kuhlen Mohr 62/(144)
kuhlen, Otter- 3/5
Kuhlen, Penns 48/15
Kuhlen, Pubeys 48/(137)
kuhlen, Rammer Lehm- 50/1
Kuhlen, Röhp 67/(132)
kuhlen, Schwein- 78/(96)
Kühlen, Schwien 73/27
kuhlenslag, Sand- 93/44
kuhlen Stücke, Sage- 33/(64)
Kuhlen Stücke, Voß 103/37
kuhlen, Swien- 73/27
kuhlen, Tegelie- 93/42
kuhlen, Torf- 28/(58)
kuhlen, Trebzer Lehm- 51/(105)
kuhlen, Vos- 25/79
kuhlen, Voss- 15/39
kuhlen, Voß- 14/33, 15/39, 25/54, 25/79, 42/92, 59/(23), 65/84
Kuhlen, Voß 25/54, 42/(14), 59/(23)
Kuhlen, Wähter 20/(67)
kuhlen, Wäse- 81/27
kuhlen, Wese- 81/27
kuhlen, Wied- 81/(174)
kuhlen, Wulfs- 9/26
Kuhlen, Ziegel 93/(4)
Kuhle, Quirrn 47/31
Kuhle, Röht 89/(74)
Kuhle, Röth 71/75
Kuhle, runden 63/(162), 64/(176)
Kuhle, Irs 25/20
Kühler 81/27
Kuhle, Sage 73/15
Kuhle, Schelp 22/(91)
kuhle, schmahlen Lehm- 25/(113)
Kuhle, Schwein 19/8
kuhle, Schweine- 36/(145)
Kuhle, Schweine 8/7, 106/16
Kuhle, Siewert'sche 21/46
kuhle, Soegen- 9/37
Kuhle, Stille 81/(167)
Kuhle, Ville 73/(131)
kuhle, Vos- 103/37
kuhle, Voß- 14/33
Kuhle, Ziegel 86/39
Kuhl, Fill 69/(102)
kuhl, Fisch- 106/24
Kuhl, Fischs 67/95
Kuhl, Foß- 30/(139)
kuhl, Gaus- 25/85
kuhl Gräth- 75/125
kuhl, Greve- 47/21
kuhl, Groet- 75/125, 93/70
Kuhl, Grot 28/6
Kuhl, Grot Pulve 72/(57)
kuhl, Grot Wieden- 93/41
Kühlgrund 35/40
kuhl, Häkt- 74/25
kuhl, Hexen- 90/56
Kuhl Horst 42/(50)
Kuhl, Iden 81/39
kuhl, Ies- 4/8, 25/20
kuhl, Ilen- 94/11
kühlischen Kamp, Sant- 70/96
Kühlitz 28/27
Kuhl, Jarmers 19/6
Kuhl, Kähtel 41/52

kuhl, Kalk- 27/60
Kuhl, Kalk 27/60
kuhl, Kätel- 39/23, 41/52, 46/4, 107/28
kuhl, Katten- 28/12, 75/123
kuhl, Katzen- 75/123
kuhlkavel, Börm- 30/18
kuhl, Keller- 10/22
kuhl, Ketel- 39/23
Kuhl, Ketel 41/52, 107/28
kuhl, Kirschen- 106/32
kuhl, Klemmer- 38/(79)
Kuhl, Klemmers 38/(79)
kuhl, Kloeter- 73/21
kuhl, Klump- 63/38
Kuhl, Klump 44/41
Kuhl, Koll 45/(98)
Kuhlkoppel 74/13
kuhl, Kräwt- 102/8
kuhl, Lang- 99/7
Kuhl, Lang 93/29
kuhl, Lehm- 1/161, 33/22, 42/90, 65/10, 74/87, 75/129
kuhl, Leim- 45/76, 50/1, 105/32
kuhl, Leisten- 58/6
kuhl, Lepel- 35/31
Kuhl, Liepser 81/9
kuhl, Luder- 64/72
Kuhl, Lütt Pulvers 72/(60)
kuhl, Marmel- 86/39
kuhl, Mau- 3/(35)
Kuhl, Mielcken 67/28
Kuhl, Möhrers 4/22
Kuhl, Moßillen 32/11
kuhl, natt Düwels- 28/33
kuhl, Nielken- 67/28
Kuhl, Nünnen 73/(37)
Kuhl, Oll 73/(9)
kuhl, Otter- 87/38
Kuhl, Otter 87/38
kuhl, Päper- 17/8, 35/14
Kuhlpeiz 52/73
Kuhl, Penns 48/15
kuhl, Peper- 17/8
kuhl, Pezollen- 25/3
kuhl, Pötter- 9/1, 35/4
Kuhl, Pötter 9/1
kuhl, Praß- 30/26
kuhl, Prof- 58/2
Kuhl, Prof 58/2
kuhl, Prov- 58/2
kuhl, Pumpäsel- 94/29
Kuhl, Pumpel 62/(18)
Kuhl, Pumper 62/(18)
kuhl, Quirrn- 47/31
kuhl, Reit- 102/14
Kuhl, Röht 70/59
Kuhl, Rohte 30/50
kuhl, Rosen- 102/12
kuhl, Röt- 20/7, 46/20, 70/59, 99/6, 105/38
kuhl, Röth- 70/59, 105/38
Kuhl, Röth 45/19
Kuhl, Run'n 77/103
Kuhl, Runn' 93/32
kuhl, Russen- 19/7
Kuhl, Sauer 63/18
kuhlsbarg, Botte- 25/5
kuhlsbarg, Ierd- 42/71
Kuhls Bruch, Bauern 56/45
kuhls Camp, Sand- 70/96
kuhl, Schäps- 17/49
kuhl, Schauster- 48/86
kuhlsche Dannen, Aas- 74/81
kuhlsche Dannen, Röt- 71/74
kuhl, Scheeper- 58/(25)
kuhlsche Kamp, Sand- 70/96
kuhlsche Kolk, Luder- 64/71
kuhlschen Tannen, Roeth- 71/74
kuhlsche Tannen, Aas- 43/17
kuhl'sche Tannen, Aas- 74/81
kuhl, Schiff- 17/49
kuhl, Schiffs- 17/49
kuhl, Schiphusen- 64/28
kuhl, Schweine- 19/8, 23/45
Kuhl, Schweins 84/(12)
kuhl, Schwiens- 42/(33), 42/34
Kuhlsen 43/60
Kuhlser Heide 43/61
Kuhls Horst, Lange Water 42/(64)
Kuhl, Sieberts 21/46
Kuhl, Silber 68/(166)
Kuhls Koppel, Dau 24/28
kuhl Slag, Rosen- 102/11
kuhl, Smeer- 67/55
kuhl, Soegen- 9/37
kuhls Stücken, Lehm- 74/87
kuhl, Stafferts- 65/43
kuhls Tannen, Keller- 10/22
Kuhls Tannen, Keller 10/22
kuhl, Stein- 57/55
kuhl, Strickzähn- 63/(170)
Kuhl, Striepers 42/(43)
Kuhl Stück 23/45, 41/(118)
Kuhlstücken 13/28, 40/66
Kuhl Stücken 23/45, 41/(118)
Kuhl-Stücken, Deip 80/(23)
kuhlstücken, Lehm- 43/(101)
kuhlstücken, Wedder- 25/(121)
kuhl-Stück, Lehm- 73/(122)
Kuhl, Suer 63/18
Kuhl, Suhren 63/18
Kuhl, Swart 78/9
kuhl, Swien- 8/7, 17/17, 19/8, 28/29, 45/33, 46/2, 65/93, 103/42, 105/15, 106/16
kuhl, Swiens- 31/24, 42/34
Kuhl, Tater 4/(16)
kuhl, Togol- 68/(169)
Kuhl-Theil 56/45
Kuhl, Topsche 81/40
kuhl, Torf- 97/6
kuhl, Trien- 46/25

Kuhl, Vooß 65/84
kuhl, Voß- 26/26, 27/34, 42/92, 103/37
Kuhl, Voß 30/(139)
kuhl, Wader- 51/24, 68/19
kuhl, Wieden- 93/33, 100/17
Kuhlwiese 56/(160)
Kuhlwiese, Große 56/(124)
Kuhlwiese, Lütge 56/(170)
Kuhlwiesen 13/79, 89/4
Kuhl Wiesen 51/(96)
Kuhl Wieße, Groth 12/(106)
Kuhl Wieße, Lütg 12/(118)
Kuhlwisch 89/4
Kuhl Wisch 89/4
kuhlwisch, Brand- 93/69
Kuhlwischen 13/79
kuhl, Wolfs- 74/(27)
Kuhl, Wot 74/13
kuhl, Wulfs- 9/26, 27/28, 28/24
Kuhl, Wulfs 27/28
Kuhlzen 43/60
Kuhnenwei(d) 13/38
Kuhn-Peiß 52/73
Kuhrpeis Wiese 52/73
Kuh-Saale 95/(131)
Kuhsberg 70/99
Kühsel 63/(17)
Kuh Soll 95/(131)
Kuhstorfer-Scheide 67/23
Kuhwiese 51/(95)
Kuhwischen 79/110
Kuckucks Busch 27/(58)
Kukuksbusch 27/(58)
Kukukskamp 103/(108)
kule, Fuchs- 76/(68)
kule, Leim- 83/(98)
kulen, Bos- 70/91
kulen, Leem- 1/161
Kulen, Wolfe 89/(80)
kule, Schwein- 77/(137)
kule, Vos- 42/(14)
kule, Wesel- 78/(98)
Kullerbusch 12/38
Kűlmolen wiske 1/(54)
Kummerade 70/97
Kummeral 70/97
Kummeran 70/97
Kummer-Beeck 70/(144)
Kummer Camp 71/(15)
Kummerholz 70/44
Kummersch Busch 75/62
Kummersche Bruch 75/62
Kummersch Holt 70/44
Kummlange 48/16
Kummlangen 48/16
Kummuck 52/89
Kumpehr 70/(106)
Kumpei 64/18
Kump Erde 64/18
Kumppehr 64/18
Kunnerschaft 22/33
Ku(n)s 23/31
Kunsteiern 71/(60)
Kunster 47/66
Kurkietzer Mohr 62/(145)
Kurpeitsch 52/73
Kurrenordt 52/(98)
Kurren-Ort 52/(98)
Kurtze Back Stücken 93/(119)
Kurtze Barckstücke 93/(11)
Kurtze Cavel 69/(41)
Kurtze Caveln 69/(41)
Kurtze Enden 38/(83)
Kurtze Heegen 73/(120)
Kurtze Kaveln 6/(43), 81/(139)
Kurtzen Bergen 21/(75)
kurtzen Blöcke 22/46
Kurtzen Busche 86/(59)
kurtzen Damme 1/(186)
kurtzen Ende 2/(9)
Kurtzen Ende 38/(83), 56/(161)
kurtzen Enden 6/(44)
Kurtzen Enden 30/(113), 38/(83), 56/(161), 76/9, 94/21
Kurtzen Hacken 22/(84)
Kurtzen Hägen 73/(120)
Kurtzen Höfen 35/(82)
kurtzen Kabeln 27/(87)
Kurtzen Schweinehagen 76/(83)
kurtzen Stücken 86/(31)
Kurtzen Theil 56/3
Kurtzen Wischen 81/(140)
Kurtzen Zielitz 103/(85)
Kurtzer Camp 59/(67)
Kurtze Stücke 59/(67)
Kurtze Wiese 94/(47)
Kurtze Wische 22/(85)
Kurze Bahldam 12/(29)
Kurze Heidestücken 35/52
Kurzen Blöcken 22/46
Kurzen Borg-Kämpen 97/(67)
Kurzen Braach-Stücken 97/24
Kurzen 3 Ruthen 97/(60)
Kurzen Dweer-Kabeln 97/(57)
kurzen Hagen Stücken 83/38
Kurzenhöfer Kohl-Höfe 35/(82)
kurzen Kaveln 87/5
Kurzen Kluß-Kämpen 97/(56)
Kurzen Mau(c)kern 25/11
Kurzen Stücken 86/(31)
Kurzen Zieliz 103/(85)
kurze Tweer Kafel 97/(57)
Kusbarg 70/99
Küsel 63/(17)
Kuselitz 53/(22)
Küselitz 53/(22)
Kuselkamp 43/61
Küsel Kamp 27/29
Kusell Ende 67/(115)
Kusel Mohr 75/(171)
Kuser Barg 35/25
Kuß Barck 70/99
Kußen Koppel 78/44
Kußmeiercken 44/102
Küstehren 71/60
Kustein 47/66, 47/72
Küsterey Schlag 4/24
Küster Lande 27/(89)
Küster Ländereien 83/61
Küster Mohr 40/21
Küster Moor 40/21
Küsterrieths Koppel 4/24

Küsters Kamp 75/129
Küster Wiese 41/68, 105/10
Küsterwiese, Große 64/69
Kustmelken 44/102
Kütige Horst 84/(29)
Kytze 1/111
kytzer damme 1/106
Kytzer Damme 1/106

L

Laack 13/77, 56/62
Laack Broeck, Lütte 64/(160)
Laack, Drall 2/(49), 11/56
Laacke, Bever 62/10
Laacken, Becker 1/9
Laacken, Krey 2/33
laacken-Wiesen, Kreyen- 2/33
Laack, Große Reuter 19/(25)
laack, Hinter- 1/(18)
Laack, Kleine Reuter 19/(26)
Laack, Scheiden 31/(58)
Laack-Wiese 62/(148)
laack Wiese, Becker- 1/9
Laack-Wiesen, Bäcker 1/9
laage, großen Heide- 42/54
Laagen, Ihs 96/(44)
Laag, Lütt Heier 42/(44)
Laak, alte 17/(58)
laake, Scheide- 57/75
Laak, neuen 17/(87)
Laas 44/8
Laasch 32/31
laasch, Dubbe- 68/88, 69/1
Laaschen 32/31
Laascher Hofe 62/(146)
Laascher Kolk 76/23
laascher Weg, Dubbe- 69/2
Laase 44/8, 71/36
Laasen 44/8, 71/36
Laasen, Freer 71/38
laasen, Prehr- 71/38
Laasen Rieh 44/9
Laasen Rieth 44/9
Laasen Wisch 41/51
Laase, Preyr 71/38
laase, Prier- 71/38
Laaser Rie(d) 44/9
Laaße 44/8
Laaßen Camp 41/50
Laaße Wiese 62/(147)
läben, Brand- 22/70, 33/6, 34/1
Labies 77/31
Labiest 77/31, 78/58
Labiest, Grot 78/58
Labischen Camp 77/31
Labischt, Große 77/31
Labist 77/31
lach, Drey- 14/(49)
lache, Diek- 12/(100)
lache, Land- 12/(5)
lache, Sand- 14/(99)
Lache, Scheiden 31/(58)
lach, hintere Brees- 75/(77)
lach, Hintere Brees- 75/(77)
lach, hinterste Brees- 75/(77)
lach, Hinterste Bres- 75/(77)
lach, vordere Brees- 75/(78)
lach, Vordere Brees- 75/(78)
lach, vorderste Brees- 75/(78)
lach, Vorderste Bres- 75/(78)
Lack 56/(62)
lack, Bever- 62/10
Lack, Brandt 19/84
lack, Drey- 14/(49)
Lacke 85/4
Lacke, Frawen 64/(110)
Lacke, Lembcken 64/(158)
lacke, Sand- 1/(116)
Lacke, Sand 1/116
Lack, Landt 19/(99)
Läcknitz 95/(132)
Lack, Rüter 19/(25)
lack, Sage- 45/36
Lackskoppel 56/21
Lack Stück 44/(158)
Lackt-Heide 56/21
Lackwiese 13/77
Lack Wiese 62/(148)
lack-Wiese, Bäcker- 1/9
Laecknitz 95/(132)
Laers 51/(97)
Laers Stücken 51/(97)
laff, Sahafe- 48/(148)
laff, Schafe- 48/(148)
lagen, Is- 96/(44)
läger, Dot- 52/37
lag, Grot Hei(d)- 42/54
lag, hinterste Bres- 75/(77)
lags Kolck, Brees- 75/(97)
lag, vorderste Brees- 75/(78)
lag, vorderste Bres- 75/(78)
Lahbies 78/58
Lahcke, Sand 1/(116)
lahk, Barck- 81/(101)
Lähn, Keller 42/(93)
Lahrsen 58/(50)
lahs, Dop- 68/88
Lahse Wiese 62/(147)
Lahßen 41/51
Lahst 59/(69)
Lak 62/10
lak, Bötel- 1/110
lak, Drel- 14/(49)
Lake, Bauern Winckel 2/(41)
Lake, Bekers 12/(4)
Lake, Grenz 57/75
Lake, Land 12/(5)
laken, Bäcker- 1/9
laken, Krei- 2/33
laken, Tral- 19/(118)
Lakenwiese 83/(94)
Lake, Paur Winckel 2/(41)
lake, Speck- 66/(81)
Lake, Tiefe 12/(44)
Lakgraben 85/4
lak, Preister- 65/32
lak, Schei(d)- 57/75
Lakwisch 13/77
Lämm, Bohlen 70/9
Lämmerhorst 44/(159)
Lanck 17/(82), 30/(116), 40/39, 55/20, 56/8, 61/(59), 71/89

Lanck, Daufs 48/(111)
Lancke 36/(122)
Lancken 3/22, 6/33, 9/31, 30/(116), 36/36, 43/11, 52/99, 55/20, 68/(137), 74/66
Lancken Berg 59/(68)
Lancken Coppel 56/(162)
Lancken, Großen 20/13
Lancken, Groten 20/13
Lancken, lütten 20/32
Lanckenstück 36/36
Lancken Stück 9/31
Lancken Wiese 53/(3)
Lancken Wiesen 36/36
lancken, Zim- 70/(178)
Lancker Berg 40/52
Lanck, Fahr 67/(11)
lanck, Fie- 56/55
Lanck, Grabauschen 70/74
Lanck Heide 56/(8)
lancks Heide, Vie- 56/55
Lanck Stücken 61/(60)
land, Altentheils Hof- 61/4
Land, Arfft 22/53
land, Arft- 22/53
land, Bauer- 8/(13)
land, Bäuner- 65/12
Land-Beer 2/(10)
Landbeeren 91/(34)
land, Berg- 43/(79)
land, Bo- 85/10
land, Boh- 2/25, 85/10
land, Bohnen- 46/15
land, Bol- 85/10
land, Brüh- 48/(98)
land, Buer- 12/67
land, Bund- 13/35
Land, Busch-Koppel 31/(43)
Land, Capellen 25/(98)
Land, Coßer 100/1
Landdiek 7/53, 8/1
Land, Doren 81/(111)
Land, Dove 36/(104)
land, Dwer- 25/73, 80/24
Lande 61/(61), 68/35, 70/(57)
Lande, alten 51/(78)
Lande, Alten 47/67
Lande, Arft 22/53, 42/(109)
Lande, Aßmus 56/(94)
lande, Bauer- 8/(13), 12/67
lande, Boh- 2/25
lande, Bohe- 85/10
lande, Buhr- 12/67
Lande, Buhr 17/65, 70/(114)
lande, Cahten- 79/89
lande, Dieck- 81/(110)
lande, Dobb- 65/(125)
lande, Dobbel- 65/(125)
Lande, Dobbel 65/(125)
Lande, Doben 65/(125)
Lande, Doden 81/(172)
Lande, Dofen 67/(93)
Lande, Duwen 48/(111)
lande, Dwehr- 79/81
Lande, Dwer 25/73
Lande, Erbsen- 42/(109)
Lande, Erbß 22/53
Lande, Faster 38/(69)
Lande, Fehren 31/(49)
Lande, Frey 27/(77)
lande, Gehren- 83/29
Lande, Gehren 75/99
Lande, Glaß 70/(124)
Lande, großen 89/(59)
Lande, Gurcken 68/77
Lande, Gustiden 67/(103)
Lande, Heers 10/18
Lande, Heiligen 99/21
Lande, Herren 35/(72)
Lande, Heuer 84/(23)
Lande, Hinrichen 56/(144)
lande, Hof- 30/(97)
Lande, Hohen 67/(108)
Lande, Jochims 64/(143)
Lande, Kat 70/(135)
lande, Käter- 81/22)
Lande, Käter 81/(22)
lande, Knechten- 77/(134)
Lande, Kohten 65/54
lande, Korten- 70/(15)
lande, Kossaten- 25/(108)
lande, Kosser- 105/(54)
lande, Koßer- 25/(108)
Lande, Koster 25/35, 97/20
Lande, Köster 42/(119)
lande, Kothen- 65/54
lande, Kother- 65/54
lande, Krieg- 9/(3)
Lande, Küster 27/(89)
Lande, Lieben Frauen 41/(121)
lande, Meesen- 68/(142)
Lande, Meesen 68/(142)
lande, Meise- 68/(142)
Lande, Meß 68/(142)
lande, Mohr- 10/(64), 13/(99)
lande, Moor- 13/(99)
Landen 61/(61), 68/35, 70/(57), 99/(40)
landen, Cavel- 102/(16)
lande, Neuen- 13/47, 95/(142)
Lande, neuen 3/39, 13/47, 20/22
Lande, Neuen 2/(11)
Lande, Neuwen 95/(142)
länden, Gäbel- 67/(97)
Länden, Gäbell 67/(97)
landen, Gehr- 75/99
lande, Nien- 11/(66), 13/47
Lande, Nien 2/(11)
Landen, Kaehten 69/38
Landen, Kahm 48/(123)
Landen, Lans 102/(31)
Lande, Öckel 87/(3)
Lande, Ohlen 36/(138)
lande, Pöter- 12/(76)
Lande, Pötter 12/(76)
Lande, Quack 68/(156)
Lande, Quacken 68/(156)
Lande, Quacker 68/(156)
Lande, quer 79/81
lande, Rade- 64/(174)
Lande, Rahde 18/(56)
Länder, Dorn 83/(24)
Ländereien, Küster 83/61
Länder, Hars 94/9
Lande, Rieken 69/34
Länder, Nie 95/(142)
lande, Rode- 68/(159)
Lande, Roden 64/(174)

Länder, Quer 79/81, 80/24
länder, Ueber- 83/(40)
Länder, Weit 44/(184)
Lande, Saar 48/(143)
Lande, Schmahlen 28/(53)
Lande, Schwartzen 43/49
Lande, Sieß 70/(37)
lande, Speck- 47/(123)
Lande, Stadt 22/5
Lande, Stem 103/(134)
Lande, Strieth 97/(92)
Lande, Strith 97/(92)
Lande, Todten 81/(172)
lande, Twer- 79/81
Landewehr 68/75
Landewehre 1/71
Lande, Weht 44/(184)
Land-Feern 68/75
Land, Fett 67/12
Landfiern, Groten 68/75
Landfiern, Lütten 68/73
land, Förster- 41/50, 56/69, 57/39
land, Gehren- 75/99
Land, Gehren 75/99
Land, Geschen 63/(110)
land, Gor(de)n- 83/65
land, Grau- 38/30, 56/82
land, Grön- 57/64
land, Hars- 94/9
Land, Heer 42/(38)
Land, Heiden Schulten 73/(29)
land, Heidt- 36/49
Land, Heilige 81/55
Land, Herse 94/9
land, Heß- 10/18
land, Heuts- 48/14
Land, Hilgen 99/21
land, hinne Soehr- 42/(39)
land, Hof- 46/17, 62/50, 71/28, 91/2
Land Horst 30/(114)
Land, Horster 52/74
land, Hus- 74/79
Landische Holtz 68/(135)
Land, Junckers 59/(61)
Land, Junkers 59/(61)
land, Karken- 68/25
land, Katen- 79/89
Land, Katen 79/89
land, Kiewe- 25/87
land, Kirchen- 86/30
Land, Kirchen 101/1
land, Kleines Koßer- 105/(53)
Landkoppel 17/46, 20/31, 21/27, 43/51, 46/37, 72/16, 74/10
Landkoppel(n) 17/46
Land, Kossen 90/(19)
land, Kosser- 100/1
Land, Koßer 100/1
Land, Köste 25/35
land, Köster- 93/9
Landlache 12/(5)
Land Lake 12/(5)
Land, Lien 95/(138)
Landkoppel, Lütt 46/6
land, Mohr- 13/(99)
land, Möller- 52/41, 57/3
Land, Nee 20/22
Land, Nei 19/36
Land, Neu 11/(66)
Land, Neue 22/55
Land, neuen 20/22
land, Nie- 3/39, 10/44, 23/50, 25/(72), 62/47, 69/21
Land, Nie 13/47, 22/55, 91/9
land, Nien- 2/(11)
land, Ockel- 87/(3)
Land, Ockel 87/(3)
Land, Olen 47/67
Land, Oll 19/37
land, Ollendeels- 5/22
land, Paapen- 31/2
land, Post- 56/66
land, Preister- 86/15, 93/10
Land, Rad 51/48
land, Rade- 87/(67)
Land, Rade 34/(31)
Landreuter Cabeln 105/(55)
Land, Risken 69/34
land, Rissen- 69/34
land, Ro- 70/(46)
land, Rode- 70/(46)
Land, roden 51/48
land, Roden- 51/48
land, Roh- 68/(159)
land, Rohde- 25/66
landsberg, Ueber- 83/41
land, Schaul- 19/34
landsche Barg, Oewer- 83/41
landshee(d), Ro(de)- 52/56
Land, Schmahlen 43/(114)
land, Schulten- 19/53
Land, Schulzen 42/100
Land, schwarzen 43/49
landsmohr, Gil- 14/(60)
land, Stämmen- 52/93
Landstraße 63/68
Landstücken 21/26
Lands Stücken 63/35
Landsvie(h)n 47/35
Land, Swart 43/49
land, Tafel- 35/23
landt, Boh- 2/25
landt, Buhr- 6/35
landt, Bur- 12/67
Landteich 8/1
landt, Frey- 1/(181)
landt, Gild- 14/(59), 27/(79)
Landt, Gill 99/(31)
Landt, Kirchen 81/55
landt, Kive- 25/87
Landt, Knechten 69/(119)
landt, Krig- 25/(61)
Landt Lack 19/(99)
Landt, Lein 95/(138)
landt, leuen Frouwen 41/(121)
Landt, Lieben Frauen 41/(121)
landt, Neu- 13/47
Landt, Neue 19/36
landt, Nien- 25/(72)
landt, Over- 25/(110)
landt, Rode- 25/66
Landt Stücken, Doven 35/(66)
Landt, Süer 42/(39)
Landt, Todte 81/(172)
Landtwehr 2/(10), 73/(36)

Landtwehre 2/(10)
Landtwehr-Stück 2/(10)
Landtwere 1/71
landt, Woh- 2/25
land, Wassen- 69/63
Landwehr 1/71, 68/75, 69/(120), 73/(36), 77/(6), 84/(30)
Landwehre 1/71, 83/(95), 87/(62), 91/(34)
Land Wehre 87/(62)
Landwehren 99/(43)
Landwehrschlag 83/(96)
Land-Wehr-Stücken 2/(10)
Landwehrs Wiese 77/(6)
Landwehrungs-Stück 99/(43)
Land Wer 68/75
Landwere 68/75
Landwiese 3/4
Land-Wiesen 3/4
Landwisch 3/4
Landwischen 17/(83)
Lang 36/(122), 52/46, 53/(3)
Lang Älend 25/60
lang, Brun- 48/(100)
Lang Camp 63/(141)
Lang Cavel 68/(4), 87/20
Langck 33/(53), 36/(122), 70/(145)
langck, Bro- 48/69
Langcken, Lütgen 20/32
Langck, Grabauschen 70/74
Langck, Siem 70/(178)
langck, Taube- 63/(174)
lang, Dam- 75/115
lang, Damm- 75/115
Lang, Damm 75/115
lang, Dob- 67/(92)
lang, Dobbe- 63/(174)
Lang Drift 23/25
Lange 30/61, 77/113
Lange Berg 50/(35)
Lange Breede Stücken 86/(62)
lange Camp 68/63
Lange Camp 63/(141)
lange, Casten- 43/(84)
Lange Cavel 30/(115)
Lange Caveln 68/(4), 87/20
lange Dämme 73/(121)
Lange Dieck 89/37
Lange Enden 99/(41)
Langefeldt 26/(62)
lange Fist 18/25
lange Grund 36/10
lange Haacken 1/(125)
Lange Haacken 1/(125)
Lange Hacken 1/(125)
Lange Hagen 22/(87)
Lange Hagenstücken 83/39
Langeheide 68/58
lange Heide 71/(102)
Lange Heide 68/58, 71/(102), 72/27, 103/(58)
Lange Heidestücken 35/53
lange Heyde 72/27
Lange Heyde 66/(68), 71/(102), 103/(58)
lange Hinnenwisch 89/36
Lange Holtz Wiesen 25/48
Langehorst 35/48, 44/(34)
Lange horst 44/(34)
lange Horst 92/(22)
Lange Horst 35/48, 44/(34), 56/(163), 57/62, 62/36, 64/86, 71/(108), 92/(22), 95/13
Langehorst, Hinterste 75/(34)
Langehorst, Vorderste 75/(38)
Lange Host 64/86
lange Kamp 75/156
Lange Kamp 75/156, 92/(23)
lange, Kast- 43/(84), 44/126
lange Kaveln 85/32
Lange Kaveln 81/(141)
Lange Kienkamp 83/(7)
Lange Kölck 57/(70)
lange, Kumm- 48/16
Lang Eldenrieth 14/(81)
lange Mohr 81/(142)
Lange Mohr 29/(11)
Lange Moor 79/121, 83/74, 84/1
Lange Mor 19/11
Lang Ende 99/(41)
Lang En'n Diek 81/21
Lange Ohr 3/12
Lange Ohrt 12/(18), 72/(48)
Lange Ort 1/(133), 3/12
Lange Orth 1/(133)
Lange Reh Horst 42/(63)
Lange Rie 100/(30)
Lange Riet 95/(136)
Lange Rögken 96/(51)
Lange Ruhmsegen 83/54
Lange Scharpen Horst 42/(60)
Lange Schmalen 99/(42)
lange Striggel 71/(95)
Lange Striggel 71/(95)
lange Stück 19/(100)
Lange Stück 19/(100), 41/82
Lange Stücke 13/(96)
lange Stücken 71/(131), 96/(52)
Lange Stücken 3/49, 9/13, 12/77, 46/(51), 95/(55)
Lange Theils Bruch 56/2
Lange Trifft 23/25
Lange Water Kuhls Horst 42/(64)
lange Waßer, beym 85/(61)
lange Wiese 20/6, 100/(31)
Lange Wiese 12/41, 41/72, 55/30, 65/(87), 76/(84), 84/(11)
lange Wiesen 76/(84)
Langewiesen 22/9
Lange Wiesen 30/63
lange Wiesen, Zie- 70/(37)
lange Wische 22/9, 100/(31)
Lange Wische 22/9
Langen 13/(96), 30/61, 68/(136), 98/(23)
Langen Bäck Stücken 93/(120)
Langen Barckstücke 93/10

Langen Barg 20/6, 38/(84), 51/54
Langen Barg, achtern 38/(84)
Langenberge 10/(60)
Langen Bergen 38/(84)
langen Blöcke 22/45
Langen Blocken 22/45
Langen Blöcken 22/45
Langen Borg-Kämpen 97/18
Langen Braach-Stücken 97/(62)
langen Brack Stücken 97/(62)
langen Camp 70/87, 75/156
Langen Camp 63/(141), 65/(143), 68/63, 70/87
Langen Camp Stücken 21/(76)
langen Cavel 87/20
Langen Caveln 69/46, 81/(141)
langen Cluß Camp 97/(61)
langen Cluuß Camp 97/(61)
Langen Deel 56/2
Langen Deil 61/(62)
Langen Diek 89/37
Langen 3 Ruthen 97/(63)
Langen Dweer-Kabeln 97/(64)
langen Dwer Cavellen 97/(64)
Langen Ende 98/(21), 99/(41)
Langen Enden 99/(41)
Langen En'n 96/25
Langenfelde 26/(62)
langen Felde 97/(65)
Langen Felde 4/(42), 26/(62)
langen Fiest 18/25
langen Gorck 35/(70)
Langen Grund 36/10, 51/10
Langen Grundt 36/10, 38/(85), 51/10
Langen Hacken 22/(86), 35/(83)
Langen Hagenstücken 83/39
langen Hagen Stücken 83/39
Langen Hals 53/50
Langen Hee(d) 68/58
Langen Hei(d) 72/27
Langenheider Koppel 57/62
Langen Heide, Zwischen 23/(104)
Langen Hei(d)grund 24/12
Langen-Heidstücken 35/53
Langen Hei(d)stücken 35/53
Langen Heyde 68/58
Langen, Hinnerst 36/25
Langen Hoefen 35/(84)
Langen Höefen 20/(52)
Langen Hoew 14/13
langen Hof 6/(45)
Langen Hof 80/39
Langen Hoff 35/(84)
Langen Holt 70/77
langen Holten 70/77
Langen Holtz 70/77
Langenholz 70/77
Langenhorst 62/36, 95/13
langen Horst 95/13
Langen Horst 62/36, 103/(109)
Langen Hörste 64/74
Langen Host 95/13, 97/3
Langen Höst 64/74
Langen Hosten 62/36
Langenieß 47/(109)
Langen Kabeln 69/46
Langenkamp 70/87
Langen Kamp 68/63, 70/87, 75/130, 75/156, 78/35
langen Kamp(e) 1/(31)
Langen Kampen 68/63
langen Kampf 92/(23)
langen, Kast- 44/126
langen, Kaumm- 48/16
Langen Kavel 11/6, 69/46
langen Kaveln 6/14
Langen Kaveln 45/(101)
Langen Kavels 85/32
Langen Klußs-Kämpen 97/(61)
langen, Koub'n- 48/16
langen, Kumm- 48/16
Langen, Lütt 77/113
Langen Macronen 21/(77)
Langen Maukern 25/12
Langen Maur 19/11
Langen Mockern 25/12
langen Mohr 52/86
Langen Mohr 61/(63), 63/(142)
langen Mohr Stücken 52/86
langen Mokern 25/12
Langen Mokern 25/12
Langen Moor 19/11
Langen Niefcken 101/(3)
Langen Niefken 101/(3)
langen Öhr 9/(23)
langen Ohrt 9/(23)
Langen Ohrt 10/(61)
Langen Öhrter 81/3
Langen Orde 42/(120)
Langenort 9/(23)
langen Ort 9/(23), 70/(146)
langen Orte 84/(31)
Langen Orth 12/(18), 72/(48)
Langen Ort Wiesen 51/(98)
Langen Pfuhle 95/(133)
Langen Pohl 95/(133)
Langen pöle 95/(133)
Langen Porlang 17/12
Langen Rad 52/87
Langen Ratt 36/9
Langen Ratten 52/87
Langen Räw 38/51
langen Rieth 95/(136)
Langen Rieth 12/(117)
Langen Rieht, achter 103/(110)
Langen Rödcken 96/(51)
Langen Röhten 96/(51)
Langen Rumsägen 83/54
Langen Sagelappen 70/48
langen Sage Loppen 70/48
Langen Saglappen 70/48

Langen Sählen 95/41
Langen Sahns 77/2
langen Scharfen 63/(143)
langen Schmahlen 99/(42)
langen Schmalen-Stücken 99/(42)
Langen Segen 83/45
langen Sietlitz 103/12
Langen Soll 106/(4)
Langenstück 75/130
langen Stück 70/61
Langen Stücke 12/77, 44/5, 65/(144), 97/(66)
Langenstücken 44/5, 70/61, 78/35, 94/31
langen Stücken 9/13, 18/43, 20/19, 29/(32), 36/55, 75/130, 90/(34), 97/(66), 98/(22), 102/(3)
Langen Stücken 4/42, 7/40, 9/13, 10/(62), 12/77, 16/(53), 18/43, 19/(100), 20/19, 21/28, 25/82, 28/35, 36/55, 38/20, 39/31, 41/82, 45/27, 56/(164), 59/(70), 61/(64), 62/(37), 63/54, 66/(67), 68/55, 69/11, 70/61, 75/130, 76/45, 81/(143), 83/(97), 86/(63), 90/(34), 94/31, 95/(55), 98/(22), 101/(72), 105/26
Langenstücken, hinterste 68/55
Langenstücken, vorderste 68/55
Langenstückerwischen 68/2
Langenstückschen Anwenden 95/(134)
Langenstücksche Wiese 95/(135)
Langenswisch 30/63
Langen Theil 56/2
Langen Uhrt 78/41, 81/3
Langen, Vörrelst 36/24
Langen Waßer, beym 85/(61)
Langenwiese 87/(63)
Langen Wiese 65/(87)
langen Wiesen 22/9
Langen Wiesen 20/6, 36/(123), 75/(47), 100/(31)
Langen Wisch 16/23
Langen Wischen 12/41, 22/9, 38/9, 55/30
Langen Zieliz 103/12
Langer Camp 80/(18)
Langes Moor 79/121
lang Felde 26/(62)
lang Grund 36/10
Lang Grund 51/10
Lang Haber Stück 33/(54)
Langhäfen 14/13
Lang Hei(d) 94/36
Langheide 68/58, 94/36
Lang Heide 68/58
Langheidgrund 24/12
Langheidschen Damm, biem 72/16
Langheidsch Kolck 72/(19)
langheydensche Branden 71/(104)
Langhorst 71/(108)
Lang Horst 69/(121)
lang Horst, Damm- 75/(105)
Lang Horst, Hinterste 75/(34)
Lang Horst, Vorderste 75/(38)
Langk 30/(116), 43/11, 56/8
Lang Kafel 35/(85)
Lang Kafeln 87/20
lang, Kam- 48/16
Lang Kamp 76/(85)
Lang, Kas 64/(148)
lang, Kast- 44/126
lang, Kaste- 43/84
Langkavel 87/20
lang, Klies- 73/(19)
lang, Klitz- 73/(19)
Lang Koppel 21/1, 35/48
lang, Korten Par- 17/15
lang, Korten Por- 17/15
Langkuhl 99/7
Lang Kuhl 93/29
Langkzien 58/(51)
lang, Langen Por- 17/12
lang, Lütt Damm- 75/(112)
Lang Maur 52/86
Lang Mour 79/121, 83/74, 84/1
lang Niefck 101/(3)
lang'n, Kast- 42/5
lang, Par- 17/12, 17/15
Langriets Kafelwisch 105/(56)
Langs 98/(23)
Langsaglappen 70/48
Langschen Wege 55/(51)
Langs Dämm 32/24
langs Horst, Dam- 75/(105)
Langsoll 106/(4)
Lang, Struß 44/(177)
Langstück 19/(100), 20/19, 21/28, 33/(55), 56/(164)
Lang Stück 20/19, 41/82
langstück, Bohm- 19/83
Langstücken 44/5, 87/15, 101/(72)
Lang Stücken 41/82, 44/5, 61/(64)
Lang Stücken, schmallen 41/80
langstückischen Wischen 95/(135)
Lang Stück, Kort 39/(42)
Lang Stückschen Busch 96/(53)
Lang Suden Wiese 57/71
lang, tenß Schmaln Par- 17/12
Lang Uhr 3/12, 12/(18), 72/(47), 72/(48)
Lang Weg 74/61
Lang Wei(d) 73/44
Langwiese 75/(47)
lang Wiese, Damm- 75/(111)
Langwiesen Stück 20/(53)
Lang Wisch 41/72, 78/53, 87/63
lang, Zar- 48/61
Langzien 58/(51)
Lank 40/39, 43/11, 55/20, 56/8, 71/89
lank, Bro- 48/69

Lanken 3/22, 6/33, 9/31, 17/(82), 68/(137)
lanken, Grabower- 70/74
Lanken, Grabower 70/74
Lanken, Grabowsch 70/74
Lanken, Großen 20/13
Lanken, Grot 20/13
Lanken, Lütt 20/32
Lanken Stück, Ohrsk 20/(57)
Lanken, Vör- 19/63
lanken Wiesen, Me- 51/57
Lanker Barg 40/52
lank, Groth- 20/13
lank, Ma- 51/57
lank, Mä- 51/57
lank, Me- 52/70, 51/57
lanksche Koppel, Vie- 56/55
lanksch Weg, Vör- 19/61
lank'sch Weg, Vör- 19/61
lank, Vie- 56/55
lank, Zor- 48/61
Lann 68/35, 70/(57)
Lanne 68/35
Lannen, Korten 70/(15)
lannen, Zieh- 70/(37)
lan'n, Fieken- 74/34
lan'n, Gehr- 75/99
lan'ngraben, Kol- 81/32
lann', Kiew- 25/87
lan'n, Kol- 81/31
lann', Koste- 25/35
lan'n, Koten- 65/54
lann', Roden- 25/66
Lannsgrund 68/33
Lannsken 68/33
lann' Stadt- 22/5
Lann, up'e 68/35
lann', Vör- 20/10, 21/33
Lansch 36/36, 56/24, 62/(149)
Lanschgrund 68/33
Lanschken 102/(31)
Lans Landen 102/(31)
Lanßk 63/35
Lant, Nien 19/36
Lan(t)sch 56/(24)
Lanwehren 99/(43)
Lanz 52/54, 63/35
Lanze 63/35
lanzhee(d), Zie- 52/61
Lanzielitz 103/12
Lanzin 47/35
Lapauschen 70/45
Läpel Hörn 89/(13)
Laps Kolck 76/23
Lapßer Klock 76/23
Lapuhl 77/68
Larchenstücken 87/22
Larie 52/(100)
Larsche, Groten 59/(52)
Larßstück 51/(97)
lasche Busch, Dub- 69/7
Laschen Holtz 41/51
Laschen Mohr 41/50
Laschowen 102/(40)
Laschurck 103/43
Laschurken 103/43
Laschurn 103/43
Lase 70/(147)
Lasen 44/8, 71/36
Lasen Camp 56/(165)
lasen, Preir- 71/38
Lasen Stücken 44/8
Lasenwisch 41/51
las, Guhr- 103/(36)
Lassahner Hoben 1/45
Lassanischem felde 1/45
Lassanne, Feldtmarke 1/45
Lassann, Stadtfelde 1/45
Lassansche Dieck 1/38
laß, Gur- 103/(36)
Laßieben 101/(36)
Laßieven 101/(36)
Laßke 32/31
Laßowsche Kamp 69/(74)
laß, Prer- 71/38
Latt Horst 75/59
Latzer Kolk 76/23
Lau 53/44, 54/14, 55/(5)
Lau, Bricken 53/(79)
Lauck 29/(15), 71/62
Laudahns Kählen 67/(116)
Lauenburger Berg 24/(20)
Lauks 101/22
launen, Groth Sacke- 14/36
launen, Lütt Sacke- 14/(87)
Launskoppel 45/70
Lausch 10/37, 36/(124), 51/65, 52/68, 56/56, 59/(71), 68/84
Lausch(e) 56/56
Lauschen 38/37, 102/(15)
Lauschen Camp 56/(166)
Lauschen Mohr 15/(68)
Läuschen Kielstücken 15/(69)
Lausche Soll 68/84
Lauschs 38/37
Lauscht 61/(65)
lauß, Dob- 69/1
lauß Hörn, Dob- 69/(101)
Lautenße 56/(167)
Lauwscher Wiese 51/65
Law 29/(15)
Läwigen Barg 71/53
leben, Brand- 22/70, 34/1
leber Bruch, Brand- 22/70, 33/6, 34/1
Leckenitz 95/28
leck, Schab- 27/38
Ledder Camp 51/(99)
Leddern 44/93
Leddern Bücks 36/79
Lederbarg 50/36
Leder Barg 50/36
Leder Berg 50/36
Leemkuhlen 1/(76)
Leemkulen 1/161
Leerstück 51/(97)
Lefelcken Bäck 71/(51)
Lefelcken Camp 71/53
Lefers, Lütgen 59/(77)
legen Liebsen 79/(64)
leger, Dot- 52/37
Lehmbarg 8/4
Lehmberg 49/35, 67/4, 68/(138)
Lehmberge 8/4
Lehmberger Schlag 8/4
Lehmbergschen Schlage 8/4
Lehm Busch 70/62
Lehm Fahrt 72/(107)
Lehmgrube 42/90

Lehmkuhl 1/161, 33/22, 42/90, 65/10, 74/87, 75/129
Lehmkuhle 26/(63), 50/1
Lehmkuhlen 1/(76), 28/(49), 68/(138), 74/87, 104/(43)
Lehm Kuhlen 1/(76), 1/161, 26/(63), 42/90, 95/(137)
Lehmkuhlen, alten 68/(89)
Lehm Kuhl(en) Barg 32/(47)
Lehmkuhlenbusch 95/(137)
Lehm Kuhlen Camp 33/22
Lehmkuhlenkamp 26/(63)
Lehmkuhlen, Rammer 50/1
Lehmkuhlen, Trebzer 51/(105)
Lehmkuhle, schmahlen 25/(113)
Lehmkuhls Stücken 74/87
Lehmkuhl-Stück 73/(122)
Lehmkuhlstücken 43/(101)
Lehm Stück 101/(49)
Lehmstücken 101/(49), 103/45
Lehm-Stücken 101/(49)
Lehm Stücken 101/(49), 102/(9), 103/45
Leierscke, große 59/(52)
Leiersken Wiesen 59/8
Leiersck, Lütte 59/(78)
lei, Luf- 39/20
Leimbarg 49/35, 67/4
Leim Berg 74/(115)
Leimbusch 70/62
Leimkuhl 45/76, 50/1, 105/32
Leimkuhle 81/(144)
Leimkuhlen 74/87
Leimkule 83/(98)
Leimstücken 103/45
Lein Landt 95/(138)
Leinniste 69/95
Leischen 59/8
Leistenkuhl 58/6
leitschen Garten, Wagge- 25/(120)
Lembcken Lacke 64/(158)
Lembckensort 77/65
Lembckens Ort 77/65
Lembken Kamp 12/10
Lembken Uhrt 77/65
Lembs Wiese 90/48
Lembs Wisch 90/48
Lemcken Kolck 75/(37)
Lendfeld 79/62
Lend Feld 79/62
Lendh Feld 79/62
Lendschowschen Bohmstück'n 104/34
Lenisch Kabeln 69/95
Leniß 41/(120), 69/95
Lenißen Kabeln 69/95
Lenitz 41/(119), 44/59
Lenniest 69/95
Len(n)itzer Camp 41/(120)
Lenschowschen, up'n 104/34
Lenstrong 104/34
Lenstrow 104/34
lentsche Berg, Bri- 19/30
Lentz 19/15, 71/132
lentz, Dam- 19/(87)
Lentzen 19/15
Lentzer Wege 1/78
lentzer Wiese, Ma- 19/(102)
Lentzeschen wege 1/78
lentz, Ma- 19/(102)
lentz, Pri- 19/(109)
lentzsche Berg, Pri- 19/30
lentz Wischen, Kob- 35/(78)
Lenus 44/59
Len(z) 19/15, 71/(132)
Lenzer Chaussee 1/78
Lenzner Wege 1/78
Lepelkuhl 35/31
Lepelkuhle 35/31
Lepitz graben 22/(88)
Leppel Bach 56/(168)
Lerchenhof 15/8
Lerchen Mohr 53/(10)
Lersche 59/8
Lersenberge 35/(86)
Letter Barg 50/36
Leubtz(i)en 43/3
Leubzen 43/3
leue, Brandt- 22/70, 33/6, 34/1
leue, Brant- 22/70, 33/6, 34/1
leuen, brant- 22/70
leuen Frouwen Landt 41/(121)
Leußow 37/(10)
Levelken Berg 71/53
Levien 66/(69)
Levien, Groten 35/(71)
Levien, Lütgen 35/(89)
Levin, Grot 35/(71)
Levin, Lütt 35/(89)
ley, Lufe- 39/20
Libben Wiesen 79/(124)
Liebeist 59/(72)
Lieben Frauen Lande 41/(121)
Lieben Frauen Landt 41/(121)
Lieb Jannen 17/(84)
Lieb Jantzen 17/13
Liebjanzen 17/13
Liebjart 17/(84)
Liebnitzen 95/27
Liebsen, guten 79/(63)
Liebsen, legen 79/(64)
Liebser Camp 82/(5)
Liebzer Mohr 72/74
Liegenstein 71/70
Lienbrinck 49/(56)
Lien Brinck 95/(138)
Lien Land 95/(138)
Liep 72/72, 72/75, 74/19, 79/(64)
Liepen 72/13, 93/6, 94/(48)
Liepenholz 15/57
Liepen Kolk 75/(33)
Liepen Wiesen 94/(48)
Liepenwisch 90/22
Lieper Busch 15/59
Lieper Holt 15/57
Lieperholz 15/57
Lieper Kolk 75/(33)
Lieper Maur 17/19
Lieper Moor 17/19

Lieper Schmahlen 14/(82)
Lieper Schmalen 14/(82)
Lieper Stantz 16/25
Lieper Wiese 75/64
Lieperwiesen 75/64
Lieper Wiesen 75/64
Lieper Wisch 75/64
Liep, Große 75/61
Liep Jantz 17/13
Liep, Lütt 75/65
Liepnitz 95/27
Liepnitzer Wiesen 94/(48)
Liepooß 70/(148)
Lieps 79/(64), 81/8
Liepsche Barg 72/75
Liepsche Riehte 72/70
Liepsche Riet 72/70
Liepsche Riete 72/70
Liepsche Wiesen 72/72
Liepschen Wischen 72/72
Liepsch Mour 72/74
Lieps, Cummer 74/19
Lieps, grosse 75/61
Lieps, große 75/61
Lieps, Große 75/61
Liepser Barg 74/19
Liepser Drift 79/66
Liepser Kamp 82/(5)
Liepser Kuhl 81/9
Liepser Stücken 79/(63)
Liepser Tannen 81/(10)
Liepser Trift 79/66
Lieps, Grot 75/61
Lieps, Kleine 75/65, 81/(134)
Lieps, Lütt 75/65
Lieps-Mohr 72/74
Lieps-Moor 72/74
Lieps Ried 72/70
Liepß 79/(64)
Lieptze 79/(64)
Liest, Sieh 67/(137)
Lietzer Heide 72/(108)
Liggelhorst 9/(63)
Liggengründer Wiest 54/(25)
Liggen Grunds Wiese 54/(25)
Liggensteen 71/70
Liggenstein 71/70
Liggen Stein Wiese 71/70
Likensteen 44/70
Likdal 32/17
Lilien Horst 47/(110)
Lindenbarg 9/27, 93/21
Linden Barg 9/27
Lindenberg 9/27
Linden Käling 70/(149)
Lindenstücken 107/(38)
Linden-Stücken, Breite 107/(31)
Linden-Stücken, Schmale 107/(40)
Lindfeld 79/62
Lind-Feld 79/62
Lindhost 30/4
Lindräben 25/60
Lindtfelde 79/62
linen, Beerböm- 77/89
Lingen Stehen 71/70
Lingen Stehnn 44/70
Lingen Stein 71/70
ling, Heug- 66/(62)
ling, Höbbe- 68/20
ling, Hobe- 68/20
ling, Hoeve- 47/28
ling, Höge- 73/(114)
ling, Höw- 68/20
lingk, Häve- 47/28
lingk, Hey- 47/28
lings Caveln, Heu- 68/20
lings Horst, Hög- 74/17
lingswiese, Höf- 68/20
ling, Wähter- 59/(4)
ling, Water- 59/(4)
ling, Wetter- 59/(4)
Linieskoppel 69/93
Linieswischen 69/95
lips graben 22/(88)
Lipze, Grosse 81/8
Lischen Dorn 35/(87)
Litthauer Berg 39/(25)
Lobien, Lütgen 35/(90)
Lobisch, Lütgen 35/(90)
Loch 18/27
loch, Heidhöfer Dick- 34/21
Loch, Niendorfer Diek 31/20
Loch, Pracher 54/8
Loch, Sieß 59/1
lochs Kamp, Knoff- 12/(86)
Lock 18/27
lock, Beisen- 11/26
lock, Dick- 34/21
Lock, Dick 31/20
lock, Eller- 40/6
locker Mohr, Sieß- 59/1
lock, Fett- 27/35
lock, Klump- 52/65
lock, Mönke- 41/85
lock, Mürer- 41/85
Löcknitz 19/78, 21/41, 93/103, 95/28, 103/16, 105/31
Löcknitzen 95/(132)
lock, Ollendeils- 21/34
lock, Pracher- 54/8
Lock, Rug 29/1
lock, Schelp- 36/75
lock, Sol(l)- 86/28, 94/26, 97/25
lock, Torf- 52/42
Loeck 29/(15)
Loecken Cämpen 71/62
Loek, Schieß 58/(8)
loek, Sies- 59/1
Loen Camp 48/(131)
Loerkenhoew 15/8
Loesch Mohr 53/(7)
Lögelck Beeck 71/(133)
Lohcks 59/(73)
lohck, Siße- 59/1
Lohn 47/(111)
löhnerwee(d), Dag- 70/98, 79/24
löhnerweid, Dag- 23/1, 43/35, 51/67
löhnerwisch, Dag- 91/5, 97/12
löhnerwischen, Dag- 14/4
Lohnschen Stücken 45/70
Lohr 64/(157)
Loiknitz 105/31
Lökenitze 95/28
lon, Zacke- 14/36
Looersck Mohr 59/(74)
Loop 48/74

Loorsck 59/(69)
Loosche 68/84
Looser Teich 48/82
Lööẞgen Öhren 66/(70)
Loosger Wischen 30/23
Löperbarg 26/37
Lopgraben 17/4
Loppen, langen Sage 70/48
lop, Snellüm- 1/70
lop. Swiensüm- 75/121
lopwischen, Üm- 65/16
Lorenn' 51/19
Lornsk Heide 62/(82)
Lorsck 59/(69)
Loschen Deich 63/(146)
Löschen Ohrden 65/(145)
losen, Pree- 71/38
Losensche Horst 64/85
Losensch Host 64/85
Lost 61/(65)
Loth Heide, Große 56/(125)
Loth Heide, Kleine 56/(153)
Loth Heide, Mittel 56/(173)
Lötke Mor 83/(99)
Lottenkoppel 7/5
Lotzke 56/(169)
Lou 53/44, 54/14
Louck, Sieß 58/(8)
Lougraben 53/45
Louk 71/62
Lourenkavel 47/74
Louw Koppell 53/44
Lövelken 45/(102)
Lowkenn 71/62
Lübben Wiese 79/(124)
Lübbenwiesen 79/(124)
Lübberts Kamp 75/46
Lübbeßen Kamp 75/46
Lübtheener Forth 59/(75)
Lucas Weinberg 1/(103)
Lüchen 21/35
Lü(de)manns Maur 12/54
Lüdemanns Moor 12/54
Luderkuhl 64/72
Luderkuhlsche Kolk 64/71
Lüders Camp 67/(117)
Lüdt Wischen 68/(140)
Lufeley 39/20
Luflei 39/20
Luhns Kamp 24/(31)
Luhr Upp 55/20
Lühr-Wiesen 69/(122)
Lühten Camp 63/(144)
Lukas Weinberg 1/(103)
lukas winberg 1/(103)
Lünenborger Hee(d) 47/46
Lüneburger Heyde 47/46
Luntenbusch 66/48
Lur Up 55/20
Lüsbeck 22/49, 35/16
Lüsebeck 22/49
Lüsebecken 22/49
Lustgor(de)n 56/57
Lust, Günthers 79/(98)
lust, Kuhbergs- 56/74
Lüt Brand Horst 36/(125)
Lüt Campen 81/(145)
Lüt Cämpen 81/(145)
Lütchen Brücke 1/(159)
Lütcke Briese 55/(52)
Lütcke Dahlckwisch 55/(53)
Lütcke Koppel 106/(54)
Lütcken Kamp 81/(145)
Lütcken Teiren Wisch 55/(54)
Lütcke Suden Wisch 55/(55)
Lütcke Ufer 19/(64)
Lüten Stücken 47/23
lütge Brüg Wiese 75/(116)
Lütge Hagens Wiese 64/(159)
Lütge Kähling 64/1
Lütge Kuhlwiese 56/(170)
lütge Mühlen Wieße 71/(134)
Lütgen Binnenkamp 65/(146)
Lütgen Bödeken 15/(70)
lütgen Borg Cämpen 97/(67)
Lütgen Börnecken 21/(78)
Lütgen Brandt Horst 36/(125)
Lütgen Briesen 46/(52)
lütgen Camp 15/(5)
Lütgen Camp 36/(126), 63/(144)
Lütgen Camp Heide 41/97, 75/(184)
Lütgen Camp (Stücken) 21/(79)
Lütgen Coppel 46/(53)
Lütgen Deiche 36/(127)
Lütgen Dieck 62/(79)
Lütgen Drambrau 23/(88)
Lütgen Dreschs Stücken 16/(54)
Lütgen Dulist 39/26
Lütgen Eschen Camp 30/(117)
lütgen Fasteras 17/(85)
lütgen Fohrt 19/(101)
Lütgen Gelersch 67/(118)
Lütgen Greschen 59/(76)
Lütgen Gurck 35/(88)
Lütgen Hagen 48/(132)
Lütgen Heyde 56/(171), 72/87
Lütgen Heydschen Horst 73/(6)
lütgen Klenow 75/(185)
Lütgen Kley 68/(141)
Lütgen Klincken 25/(111)
Lütgen Kriwitz 36/(128)
Lütgen Langcken 20/32
Lutgen Lefers 59/(77)
Lütgen Levien 35/(89)
Lütgen Lobien 35/(90)
Lütgen Lobisch 35/(90)
Lütgen Macronen 21/(80)
Lütgen Pallesten 21/(81)
lütgen Podentzen 71/(135)
Lütgen Prietens 30/(118)
lütgen Roden Stücken 97/(85)
Lütgen Sälist 44/(160)
Lütgen Siepen 33/(56)
Lütgen Stegen 26/(64)
Lütgen Steußen 14/(83)
Lütgen Wiese 63/(145)
lütgen Wiesen 6/11, 75/(186)

Lütgen Wiesen 85/46
Lütgen Winckel 30/(119)
Lütge Renßwiese 56/(172)
Lütge Stemm-Wiese 84/(9)
Lütge Wiese 20/(54), 70/19
Lütge Wiesen 73/31
Lütge Wieße 40/(89)
Lütge Wießen 43/32
Lütge Wische 27/(90)
Lütg Heid Wiese 41/(122)
Lütg Kuhl Wieße 12/(118)
lütg Stehn Wiese 11/(12)
Lütg Wiesen 41/(123)
Lütg Wieße 44/112, 71/(136)
lüthen Kamp 71/(137)
Lüthen Schläge 86/(64)
Lüth Horst 77/54
Lüt-Horst-Wiese 65/(147)
lüth Stäußen 14/(83)
Lut Kamdohl 58/20
Lüt Kamp 53/(27)
Lütke Baßels 73/22
Lütke Kafel 22/62
Lütke Kleyhorst 72/(109)
Lütken Brücke 1/(159)
Lüt Koppel 78/5, 78/44, 78/46, 81/66
Lüt Mohr 58/(15)
lüt Rögnitz 74/24
Lüt Schäferkamp 100/(4)
Lüt Sot 105/17
Lütstücksch'n 104/28
Lütt Barg 72/21
Lütt Baßel 73/22
Lütt Brandhost 79/19
Lütt Braukwisch 31/14
Lütt Bred-Heyde 69/12
Lütt Bullenwisch 30/66
Lütt Cämpen 81/(145)
Lütt Dammlang 75/(112)
Lütt Dannenkamp 85/20
Lütt Drambrow Stücken 23/(88)
lütte Heyde 72/87
Lütte Laack Broeck 64/(160)
lütte Leiersck 59/(78)
Lütten Branden 75/79
lütten Brandhorst 36/(125)
Lütten Briesen 46/(52)
Lütten Brojen Kamp 69/(123)
Lütten Cämmerihen 64/(161)
Lütten Camp 70/(150)
Lütten Gliens 41/14
Lütten Hee(d) 68/57
Lütten Hoew 57/5
Lütten Hof 11/31
Lütten Kamp 10/8, 81/(145)
Lütten Kieß Berg 30/(120)
lütten Kleyberg 69/(124)
Lütten Klinken 25/(111)
lütten Lancken 20/32
Lütten Landfiern 69/73
Lütten Ohrt 57/(97)
Lütten Röpen 67/32
Lütten Sand 68/79
Lütten Sielitz 16/5
Lütten Sotschlag 53/59
lütten Stücken 104/36
Lütten Stücken 71/33
Lütten Upstall 96/19
Lütten Upstandt 96/19
Lütten Wiese 64/(162)
Lütte Reidt Wiese 64/(163)
Lütte Rohr Horst 93/(78)
Lütte Röthe 49/(57)
Lütte Wisch 73/31
Lüttföhrenwisch 79/105
Lütt Fohrwischen 79/105
Lütt Försterkoppel 56/17
Lütt Fruenhost 64/22
lüttge Sietlitz 71/(138)
Lüttgen Heidt Stücken 93/(121)
Lüttgen Siehn 47/(112)
Lütt Greven 39/(43)
Lütt-Grittelsche-Schmalen 14/(84)
Lütt Guhlskamp 53/71
Lütt Haböck Horst 72/35
Lütt Haböckshorst 72/35
lütt Haid 72/87
Lütt Haidbrauk 79/91
Lütt Haidkolk 72/88
Lütt Heeg-Holtz 96/(1)
Lütt Hege Holz 96/(1)
Lütt Hei(d) 72/87
Lütt Heidbrok 72/91
Lütt-Heide 72/87
Lütt Heid Kamp 65/(9)
Lütt Heidkolk 72/88
Lütt Heidsch Fordt 73/(11)
Lütt Heidschen Kolck 72/88
Lütt Heidscher Fordt 73/(11)
Lütt Heidsch Horst 73/(6)
Lüttheidsch Kolck 72/88
Lütt Heier Laag 42/(44)
Lütt Hof 56/73
Lütt Homken Kamp 75/(6)
Lütthorst 75/54
Lütt Host 75/54, 77/54, 86/9
Lütt Hülshorst 72/53
Lüttig Diek 62/(79)
Lütt Immen Kamp 75/(84)
Lütt Jägerkamp 23/(44)
Lütt Kabelcke 96/(54)
Lütt Kähls Camp 63/(129)
Lütt Kamdohl 58/20
Lütt Kamdoul 58/20
Lütt Kamp 53/(27), 62/(150)
Lütt Kellerberg 51/(46)
Lüttken schmöler furtt 21/(82)
Lütt Koelken 67/51
Lütt-Kohlhäfen 14/(85)
Lütt Koppel 10/9, 17/18, 18/32, 26/21, 30/6, 31/(36), 45/13, 56/18, 56/32, 57/2, 59/6, 76/29, 78/5, 78/46, 90/18, 91/27
Lütt Koppels 16/10, 96/22, 105/36
Lütt Landkoppel 46/6
Lütt Langen 77/113
Lütt Lanken 20/32
Lütt Levin 35/(89)
Lütt Liep 75/65
Lütt Lieps 75/65
Lütt-Marien Wiese 11/(10)

Lütt Menken Horst 42/9
Lütt Mohr 58/(15)
Lütt Molenwisch 11/(41)
Lütt Neewischen 25/39
Lüttollwisch 38/12
Lütt Oll Wischen 38/12
Lütt Plack 11/(7)
Lütt Pöpelmohr 33/(57)
Lütt Pulvers Kuhl 72/(60)
Lütt Priemer 19/5
Lütt Priemerbarg 101/29
Lütt Raubergen 14/(86)
Lütt Röggens 74/24
Lütt Röth 49/(57)
Lütt Rumsägen 83/50
Lütt Sackelaunen 14/(87)
Lütt Sackels Hörn 52/40
Lütt Sahns 77/23
Lü(tte) Sanitz 77/23
Lütt Schierhorst 27/51
Lütt Schnakenhorst 72/(94)
Lütt Schultenkamp 30/53
Lütt Schwart Mohr 31/19
Lütt Sehlscken 44/(160)
Lütt-Silber-Bock 94/(49)
Lütt Snellenbarg 44/89
Lütt Soll 95/42
Lütt Staucken 44/(161)
Lütt Steenborg 27/19
Lütt Stücken 7/41
Lütt Stückschen (Wischen) 104/28
Lütt Vier 107/7
Lütt Voßhost 62/8
Lütt Walkmähl 63/(131)
Lütt Wiese 77/(135)
Lütt Winkel 6/12
Lütt Wisch 6/11, 18/32, 41/89, 43/32, 44/112, 61/15, 63/(145), 70/19, 73/31
Lütt Wischen 36/23, 36/86, 51/75, 52/11, 57/6, 57/34, 85/46
Lütt Wösten Camp 63/(132)
Lütt Wulfshost 79/10
Lütt Zaegen Horst 42/(65)
lüt Vehrings Wiesen 79/105
Lüt Wisch 78/53
Lützbeck 22/49
Lützebeke 22/49, 35/16
Lüüs Beeck 22/49

M

Maaden Kolk 75/40
Machels Busch 62/(151)
Machens 62/(25)
Machenß 62/(25)
Macken-Wiese 73/(123)
Macronen, Groten 21/(64)
Macronen, Langen 21/(77)
Macronen, Lütgen 21/(80)
Maehl Goos 74/29
Maeitgen Wisch 73/(124)
Magd Wiese, alte 75/(163)
Magd Wiese, ohl 75/(163)
Magen, Schweins 68/83
Magen, Schwiens 68/83
Magnitz 62/(25)
Magnitzer Heide 49/27
Magnitz Koppel 49/27
mag, Swiens- 27/17
mahdskavel, Nah- 95/50
Mahlen Felde 98/(24)
Mahlen Fohrt 70/(151)
Mahlen Holtz 71/71
Mahlenstucken 70/34
Mähl, Groht Walk 63/(116)
Mahlhe 104/7
Mahlhei(d) 104/7
Mahl Karrn 70/(152)
Mahlker Fohrt 26/(65)
mähl, Lütt Walk- 63/(131)
Mahl Staffen 70/(153)
Mahmwels Wisch 72/17
Mahnstä(d) 33/18
Mahnstede 33/18
Mahnstettenhof 33/18
Mainen 19/22
Main Wiesen 19/22
Maitjen-Orth 73/(125)
Makronen Stück, kleines 21/(80)
Malank 51/57
Mälank 51/57
Malcronen Wiesen 21/(83)
Malcronischen Höefen 21/(84)
Malcronische Wisch 21/(83)
Malentz 19/(102)
Malentzer Wiese 19/(102)
Malißer Torff Mohr 24/(6)
Mallißer Barg 23/57
Mallisser Berge 23/57
Mallißer Maur 23/58
Mallisser Moor 23/58
Mallißer Moor 24/2
Malstade 70/(154)
Malt Holz 92/(24)
Malt Kamp 92/(25)
Manchester 25/59
manck den Bendtstücken 87/(10)
Mandag, Bre(i)den 16/34
man, Dam- 20/16
Mandel 95/10
Mandeln 95/10
Mangens 49/27
Mangensweg 62/24
Mann, doden 79/94
Mann, Doden 1/140, 79/94
manne, Todten- 1/140
mannheide Kamp, Dode- 44/(115)
mannsbarg, Eddel- 35/10
mannsberg, Edel- 35/10
mannschen Busch, Pohl- 105/(57)
manns Heidcamp, Dode- 44/(115)
mannsheide, Heid- 69/37
manns Heiden, Heit- 69/37
manns Heidkamp, Dode- 44/(115)
manns Heyde, Heit- 69/37
mannswarder, Eddel- 35/8
Manns-Stücken, Doden- 79/(93)
manns Wisch, Brügg- 63/69
Mann, todten 1/140
Mann, Todten 1/140
Mann, Toter 79/94

manstück, Dam- 20/16
mans Wiese, Hall- 81/4
Mantel 95/10
Manteln 95/10
Man, todten 79/94
Marbers 53/53
Marcell 43/(102)
Marck, Katten 57/54
Marck Möhren 39/(44)
marck Plaßkow, wüst Feld- 17/50
Marckscheide 97/(68)
Marck Scheiden 97/(68)
Marcks Kampf 63/(16)
Marcks Möhrcken 39/(44)
Marck Stücken 28/(50)
Marcrohnen Stück, kleine 21/(80)
Mardens Kamp 53/53
Mareien Heyde 56/46
Mareiks 56/(35)
Mareinsche Dannen 56/46
Marien Wiese 11/(10), 64/(164)
Marien Wiese, Lütt 11/(10)
mark, Katten- 57/54
Markscheed 98/1
Markscheden 84/(32)
Marks-Kamp 63/(16)
Marmelkuhl 86/39
Marquarts Kamp 12/10
Mars 61/(66)
Marsellenwiese 32/11
Marthues 70/8
Masch 3/45, 12/(75), 26/10, 74/50, 85/(62), 86/(14), 87/16, 95/25, 97/21, 101/(73)
maschen, Buer- 90/13
maschen, Dam- 33/31
maschen Mohr, Dam- 33/31
masch, Muddel- 73/(46)
Masch-Wiese 95/25
Masch Wische 95/25
maße, Dam- 33/31
Maßien 67/10
Maßiener Stücken 2/(17)
Maßien Stücken 2/(17)
Massinerkamp 67/8
Maßiner Mohr 2/(16)
Maßiner Stücken 2/(17)
Massinerwisch 67/10
Matheken 99/11
Mathus 70/8
Matjen Wisch 73/(124)
Matteik 99/11
Mattek 99/11
Matteken Wiese 99/11
Mattueße 70/8
Mattus 70/8
Maucker-Birken 77/62
Mau(c)kern, Kurzen 25/11
Mauerkoppel 103/2
Mauer, Krosch 70/(142)
Maugnitz 69/35
Mauker 77/63
Mauker Birken 77/62
Mauker Dannen 77/62
Maukerfohrt 77/69
Mauker Fort 77/69
Maukerfuhrt 77/69
Maukern, Korten 25/11
Maukern, Langen 25/12
Maukerschen Wiesen 77/63
Mauker Wiesen 77/63
Mauker Wischen 77/63
Maukuhl 3/(35)
Maur 13/12, 14/18, 19/47, 24/2, 33/36, 37/12, 45/75, 46/18, 47/12, 47/63, 47/71, 49/15, 52/75, 56/42, 60/13, 62/76, 66/42, 76/11
maur, Bark- 95/48
maur, Barken- 40/11, 45/17, 48/90
Maur, Benzer 52/47
Maur, Blank 13/46, 15/55, 26/23
maur, Bodder- 32/19
maur, Bohnen- 68/13
maur, Brak- 57/49, 96/3
maur, Brand- 13/56, 33/26
Maur, Bresiner 77/38
maur, Bült- 13/7, 25/75, 48/89
Maurdämm 81/38
Maur, Deep 39/34
Maur, Deepen 68/29
Maur, Dick 13/29, 15/47
maur, Fanner- 45/16
maur, Flitz- 47/32
maur, Ganzen- 48/64
maur, Gaus- 78/29
Maur, Gliener 65/94
Maur, Gobelsch 67/16
maur, Gogel- 77/12
maurgraben, Swien- 81/36
Maur, Groot 85/22
Maur, Grot 66/8
maur, Gust- 67/44
maur, Häg- 47/10
maur, Heidens- 36/6
Maur, Helms 47/82
Maur, Hinnelst 107/10
Mäurhoew 79/79
Maurhosten 40/48
maur, Hülber- 58/10
maur, Hütt- 64/47
maur, Immen- 11/24
Maurkamp 7/6
maur, Kampen- 47/5
maur, Kees- 25/34
maur, Kiewitts- 27/47, 43/65, 47/15, 47/69, 66/6
maur, Klehen- 63/40
maur, Kliewatz- 65/8
maur, Klosterheiden- 12/69
Maurkoppel 16/14, 47/76, 59/29, 103/2
maur, Köster- 40/21
maur, Krams- 32/28
maur, Krauns- 81/67
Maur, Krumm 16/11, 36/12
Maur, Lang 52/86
Maur, Langen 19/11
Maur, Lieper 17/19
Maur, Lü(de)manns 12/54
Maur, Mallißer 23/58
Maur, Möllers 71/90
maur, Munkel- 62/60
maur, Nebocks- 23/52
Maur, Picker 69/8
maur, Püppel- 33/30
maur, Post- 26/3, 43/71, 77/70
maur, Rölken- 63/55
maur, Römis- 63/74

maur, Sagger- 67/2
Maur, San(d)bargs 17/26
maur, Schulten- 17/24
Maur, Small 15/58
maur, Snaks- 15/26
Maur, Steenern 27/33
Maurstücken 25/80, 28/17
Maur, Suer 81/78
Maur, Swart 31/18, 36/11, 62/7
maur, Swien- 81/37
maur, Torf- 12/47, 14/11, 15/44, 17/45, 19/14, 25/9, 30/64, 44/12, 46/38, 47/13, 56/65, 57/10, 58/40, 59/1, 64/39, 65/60, 68/30, 71/9, 71/83, 72/24, 81/28, 86/11
Maur, Utbrou(d) 52/69
maur, Vlocks- 30/12
Maur, Vörrelst 107/11
Maurweg 19/48
Maur, Wetziner 77/36
maur, Wiedel- 47/75
maur, Wiedels- 61/9
Maurwisch 37/13
Maurwischen 70/71
Maurwischeneck 17/47
Maur, Witt 48/33
Maur, Witten 71/78
maur, Zabrams- 52/58
Maur, Zierzer 40/10
Maus 6/1
Mauscke 5/48
Mausstück 36/42
Maust 43/(103)
Mauste 104/14
Mauster 104/14
Mayen Graben 5/2
may, Muddel- 73/(46)
Meen 19/22
Meenberge 19/(21)
Meers 36/129
meer, Sand- 24/(15)
Meertz 36/(129)
Meertz Fangell 36/(130)
Meesen Lande 68/(142)
Meesenlande 68/(142)
Mehl Horst 73/(126)
Mehres 71/31
Mehr, Sand 24/(15)
Mehrs Barg 38/7
Mehrß 71/31
Mehrtzen Wiesen 71/31
Mehrzen 71/31
Meiboms Kämpen 66/(71)
Meien Graben 87/1
meiercken, Kuß- 44/102
Meiers Kamp 12/(119)
Meierzbarg 38/7
Meierzen 38/6
Meihers Berg 38/7
Meihers Wiesen 38/6
Meihl-Wiese 73/73
Meil 73/73
Mein 19/22
Meine 7/9, 7/21
Meinen 19/22
meirken, Koß- 44/102
Mei(r)schen 71/31
Meischen 71/31
Meiselande 68/(142)
meister Wiese, Schul- 27/(95), 76/26
mei, Stroh- 36/80
mei, Strom- 36/80
Melanck 52/70
Melank 51/57, 52/70
Melanken Wiesen 51/57
Melcker Horst 72/(79)
Melcker-Hörst 72/(79)
Melcker Städt 12/(120)
melken, Kust- 44/102
Melkerstädte 12/(120)
Melkhorst 72/(79)
Melkschapp 40/73
Melkstäd 36/53
Melkstä(d)wieden 21/48
Melmans Camp 6/(46)
Menkendämme 1/(187)
Menkengraben 64/62
Menkenhorst 42/10
Menken Horst, Grot 42/10
Menken Horst, Lütt 42/9
Menschen Moor 79/115
Mensenwischen 79/117
Mensken Wiesen 79/117
Menskenwiesen Mohr 79/115
Mentzendorfer Kamp 93/(122)
Mentzendorfer Sahl 93/88
Menzenmour 79/115
Menzenwisch 79/117
Mercken, Kooß 44/102
Mereetzer Heide 56/35
Mergelkoppel 45/23
Mers Kamp 102/(27)
Mertens Kamp 49/(58)
Meschen Kist 43/(104)
Meßehrs Hofwisch 55/(56)
Meßin 2/(17)
Meß Lande 68/(142)
Mest Wege 19/(105)
Meu 87/(2)
Meuen 87/(2)
Meuenberg 6/34
Meuenberge 8/5
Meuen Coppell 86/35
Meuen Stücken 5/32
Meuen Teich 86/36
Meum, Bäuker 78/32
Meun 56/75
Meunbarg 6/34, 8/5
Meune 7/9, 7/21
Meunwischen 6/31
Meutel Camp 7/(63)
Mevers Barg 38/7
Meyen Busch 5/34
Meyen-Ohrt 73/(125)
Meyers Camp 36/(131)
Meyn 4/17, 5/2, 7/21, 87/1, 88/2
Meynkamp 7/9
meyn, Stroh- 51/(72)
Meynstücken 5/32
meyschen Wiesen, Ströh- 51/(72)
mhoer, Houen- 1/34
Mhor 81/(148)
mhore, Kremminschen 4/(41)
Michels Horst 53/51
Middagsbarg 63/76
Middags Städ 72/(69)
Middags Sted, Cahrstaedter 72/89

Middags Sted, Eldenaisch 12/14
Middags Sted, Fresenbrügger 72/(92)
Middags Sted, Güritzer 72/(50)
Middagstä(d) 1/122, 1/151, 12/14, 70/107, 74/6, 79/2
Middagstäden 76/13
Middelbrok, Pulvers 72/66
Middelbusch 63/(148), 79/(23)
Middel-Busch 31/(4)
Middeldrummsche Weg 74/63
Middelfeld 3/41, 9/17, 33/35, 73/55
Middel Felde 3/41
Middel-Feldt 73/55
Middelgraben 86/7, 87/32
Middel Hold, Paiten 72/86
Middel Holdt, Pulvers 72/59
Middelholt 74/31, 79/20
Middelholtbrok, Pulvers 72/59
Middel Hölten 93/(34)
Middelholt, Paschen 72/66
Middelholt, Poiten 72/86
Middel Holt, Pulvers 72/59
Middel-Kamp 24/(30)
Middel Koppell 86/(33)
Middelst Dannenkopp 94/32
Middelst Ellernkoppel 89/43
Middelsten Heidgräsen 106/(22)
Middelst Koppel 40/25, 57/11, 63/21, 90/45, 91/16
Middelst Rie(d) 44/117
Middelst Riet 44/117
Middelst Rumsägen 83/51
Middelstücken 70/93
Middelweg 50/25
Middel Wiese 95/8
Middelwisch 7/27, 95/8
Middenkavel 57/18
Midelitz 35/(91)
Miede 59/(26)
Miedes 59/(26)
Miedeß 41/48
Miedies 59/(26)
Mieditz 36/(132), 41/48
Miehds 59/(26)
Miehlwiesen 74/64
Miehlwiß-Stücken 73/67
Mieht(e) 32/(48)
Miehts 61/(67)
Mielcken Hof 43/46
Mielcken Kuhl 67/28
Mielestelle 83/64
Mielen Wiese 74/64
Mielerstä(d) 13/16, 61/14
Mielerstäette 13/16
Mieler Wiesen 73/67
Mielkenhof 43/46
Miel Wiese 74/64
Miel Wieser Kolck 74/(2)
Mielwieser Kolk 74/(2)
Miel Wieße 74/64
Mielwisch 73/67, 74/64
Mielwischen 74/64
Mielwischer Fohrd 73/(68)
Mielwischer Ford 73/(68)
Mielwischer Forth 73/(68)
Miencken Wiese 11/(37)
Miertz 41/48
Mierz 41/48
Mies 74/73
Miesen 3/14, 101/47
Miesenbarg 3/29
Miesen Stücken 101/47
Miesen Tannen 10/45
Mießrercken 40/64
Miet, Drey 44/140
Mieteln Wiesen 19/(103)
Mietenbarg Stücken 99/(44)
Mieths 55/(57)
Miettel Camp 12/(121), 24/(30)
Miettel Hölten 93/(34)
Miettel Holtzer Stücken 93/(123)
Mietzer Barge 61/(68)
Miet, Vehl 44/(181)
Mihitz 59/(26)
Mihlcken Camp 63/(147)
Mihlcken-Camp, Großen 63/(114)
Mihler Mohr 12/(122)
Mihls 67/30
Mihl-Wiese 74/64
Mihl-Wischen-Acker 73/67
Mihlwiß 73/67
Milcken Camp 63/(147)
Milcken Hof 43/46
Milebuschkoppel 33/(60)
Milehöwel 73/(7)
Mile(r) 83/64
Milerbusch 33/(60)
Miler Busch 62/(26)
Miler horst 36/(62)
Miler Horst 36/(62)
Milewisch 73/67
Militzbarg 10/34
Militzer Hof 10/35
Militzhoew 10/35
Milken Camp 63/(147)
Milkendämme 43/46
Mils 43/(105)
Milsch 10/34, 10/35
Miltzen Hof 43/(105)
Miritz 36/(27)
Misen Stücken 101/47
Mißen 19/(104)
Miße, Kleine 19/(104)
Misserink 40/64
Mist Wege 19/(105)
Mistwege, Brodischen 35/(58)
Mittagsstelle 1/122, 1/151, 70/107, 72/(50)
Mittags Stelle 1/122
Mittelbäk 102/34
Mittel Block Enden 23/(60)
Mittelbruch, Pulvers 72/66
Mittelbusch 79/(23)
Mittel Busch 63/(148), 79/(23), 95/(139)
Mitteldrumm 74/(116)
Mittelfeld 3/41, 9/17
Mittel Feld 86/(33)
Mittelfelde 33/35, 73/55, 85/(63), 89/(70)

Mittel Felde 33/35, 42/(121)
Mittelfeldt 73/55
Mittelgraben 81/(146), 86/7
Mittel Graben 81/(146), 86/7
Mittel-Heitgräsen 106/(22)
Mittelholtz 81/(147)
Mittel Holtz 74/31, 81/(147)
Mittelholtz Kolck 74/(28)
Mittelholtz-Mohr 99/(45)
Mittel Holtz, Pahren 73/10
Mittel-Holtz-Stücken 81/(147)
Mittel Holtz Wiese 99/(46)
Mittelholz 74/31, 79/20
Mittelholz-Bruch, Pulvers 72/59
Mittelholze 74/31
Mittelholz, Poiten 72/86
Mittelholz Wiese 74/31
Mittelholz-Wiesen 74/31
Mittel Horst 42/(49)
Mittel Horst, Parten 72/(111)
Mittel Horst, Parthen 72/(111)
Mittelkamp 35/(92)
Mittelklies 53/37
Mittel Koppel 84/(33)
Mittel Loth Heide 56/(173)
Mittel-Rieth 94/12
Mittel Schlag 4/(43), 84/(34)
Mittel Slägen 87/(6)
Mittelsmal 15/(71)
Mittelst Dannkopp 94/32
mittelste Eller Koppel 89/43
Mittelste Koppel 53/(13)
mittelsten Fiest 18/(51)
mittelsten Heid Kamp 64/(165)
mittelsten Heyd-Kamp 64/(165)
mittelsten Höfen 51/(100)
Mittelsten Weg 81/60
Mittelste Ried 44/117
Mittelste Rieh 44/117
Mittelste Rieht 27/(91)
Mittelst Ruhmsegen 83/51
Mittelstrang 62/(31), 65/(74)
Mittel Strange 62/(31)
Mittel Weg 35/(93)
Mittelwege 35/(93)
Mittelwiese 12/(123)
Mittel-Wiese 95/8
Mittelwiesen 7/27, 12/(123), 56/(174), 62/(152)
Mittel Wiesen 19/(103)
Mittelwiesenstücken 95/(140)
Mochower Mor, gross 83/(28)
Mochin 72/64
Möcker 36/8
Mockern, Korten 25/11
Mockern, Langen 25/12
Model, Hin 6/28
model, Hinn'- 6/28
Model, Hinter 6/28
Moecken 44/(90)
Moet 79/119
Moelenbach 4/9
Moelenbäk 67/61
Moelenbarg 13/3, 57/72, 60/14, 77/87, 83/44, 95/18, 98/9
moelenbarg, Wind- 29/3, 75/124, 96/13, 102/19
Moelenbrauk 64/44
Moelenbrok 75/41
Moelendamm 38/40
Moelendiek 4/11, 67/59
Moelenfeld 99/1
Moelengraben 7/52, 13/50
Moelenhof 37/9
Moelenkamp 71/71
Moelenkämpen 104/33
Moelenkoppel 56/89, 64/43
Moelenslag 53/21, 90/26, 93/65
moelen Slag, Wind- 102/18
Moelenstieg 104/9
Moelenstücken 67/47, 70/34
Moelenstücker Dannen 1/35
Moelenweg 21/19, 27/57, 39/5, 46/23, 52/91
Moelenwisch 67/46, 75/19
Moelenwischen 70/13
moel, Harms- 30/67
Moellwiese 79/119
Möen 6/31
Moenberg 8/5
Möenberge 6/34
Moenbusch 5/34
Moenstücken 5/32
Moer Stück 36/(133)
Mogen Flus 5/2
Mognitz 69/35
Möhlen Bäck 97/2
Mohlenhof 13/(97)
Möhl, Horms 39/(41)
Möhlen Stücken 1/35
Möhlenweg 59/(34)
Möhm, Große Böcker 78/32
Möhm, Kleine Böcker 78/(33)
Mohne 5/2
Mohnken Wiese 75/(69)
Mohnkenwiese, großen 75/(69)
Mohnkenwiese, kleinen 75/(69)
Mohr 5/37, 10/14, 12/(124), 14/18, 19/47, 20/24, 24/(2), 25/9, 29/(33), 31/20, 33/36, 36/6, 38/(86), 43/(106), 45/75, 49/15, 52/75, 55/(13), 57/10, 60/11, 65/(148), 68/29, 70/71, 81/(148), 83/(28), 85/22
Mohr, Alte 25/(55)
Mohr, Barck 95/48
Mohr, Barlitzer 65/(73)
Mohrbeck 63/(149)
Mohr, Bencken 62/(93)
mohr, Bercken- 95/48
Mohr, Bercken 72/(32)

Mohr, Beuker 78/32
Mohr, Bielens 61/9
Mohr, blancke 22/(63)
Mohr, Blancke 15/55, 26/23
Mohr, Blancken 66/(54)
Mohr, Bliescher 61/(23)
Mohr, blinden 82/(4)
Mohr, Blischer 61/(23)
Mohr, Bockweitzen 30/(71)
Mohr, Branck 67/(85)
Mohr, Brand 70/89
Mohr, Brande 79/36
Mohr, Brandt 30/(73)
Mohr, Bried 60/(16)
Mohr, Brieth 60/(16)
Mohr Brinck 65/(106)
Mohr, Bullen 66/12
mohr, Bült- 44/68
Mohr, Bülten 25/75
Mohr, Calcken 62/(56)
Mohrcamp 15/(72)
Mohr Camp 7/6, 67/(119), 68/(143)
Mohr, Cavel 41/2
Möhrcken 63/(150)
Möhrcken Camp 65/(4)
Möhrcken, Karcken 47/(106)
Möhrcken, Krohns 62/(142)
Möhrcken, Marcks 39/(44)
Mohr, Clenz 12/40
Mohr Coppel 12/(125)
Mohr, Cramber 5/3
Mohr, Crohns 76/11, 81/67
Mohr, Cuhl 75/(170)
Mohr Cuß 75/(171)
Mohr, Cußer 75/(171)
Mohr, Dahlen 65/(123)
Mohr, Dammaschen 33/31
Mohr, Dannen 62/13
Mohrdehlen 71/(139)
Mohr, Dehmßer 81/(108)
Mohr, Depen 62/(103)
Mohr, Dicke 15/47
Mohr, dicken 15/47
Mohr, Eier 60/15
Mohren 87/7
Möhren 2/(7), 38/(86), 59/36, 62/(66), 87/(7)
Möhren, achtern 87/(7)
Mohr Enden 3/42, 9/41
Möhren, Marck 39/(44)
Möhren, Ruhkiets 62/(163)
Möhrensoll-Wiese 90/11
Möhrenstücken 17/21
Möhren, zwey 61/(88)
Möhrers Kuhl 4/22
Möhrers Kuhle 4/22
Mohre, schwartzen 62/7
Möhre, Välen 79/(102)
Mohr, Fersche 38/14
Mohr, fier 6/(53)
Mohr, Flitzen 47/32
Mohr, Fortt 66/(5)
Mohr, Fuhlfalsch 62/(65)
Mohr, Fuhlfatsche 49/(42)
Mohr, Gauerns 59/(47)
mohr, Gillands- 14/(60)
Mohr, Gleien 63/(111)
Mohr, Gleyen 63/(111)
mohr, Gri- 1/153
mohr, Grie- 1/153
Mohr, Grie 1/153
mohr, Grien- 1/153
mohr, Griene- 1/153
mohr, Grine- 73/(110)
Mohr, Groot Schwart 31/18
Mohr, Grosse 12/64, 59/36, 85/22
Mohr, große 9/(54), 36/(110), 93/14
Mohr, Große 2/(20), 3/44, 9/(54), 10/14, 12/(64), 13/(18), 31/12, 43/(74), 56/(78), 64/(119), 66/8, 81/28, 87/4
Mohr, Große Hahn 5/4
Mohr, großen 61/(40)
Mohr, Großen 33/36, 56/(78), 60/13, 61/(40)
Mohr, Grosse Torff 45/75, 47/71
Mohr, Große Wisch 3/17
mohr, groß Poppel- 33/30
Mohr, Grot 58/(12), 60/13
Mohr, groten 2/(20), 59/36
Mohr, Groten 59/36
Mohr, Guhls 67/(102)
Mohr, Güritzer 2/13
Mohr, Haber 93/86, 93/99
Mohr, Hanen 72/(102)
mohr, Hasen- 79/35
mohr, Heid- 64/(126)
Mohr, Heidberger 64/(125)
Mohrheide 94/33
Mohr, Heiligen Rades 105/22
Mohr, Helheger 25/(56)
Mohr, Helms 62/(125)
Mohr, Heyd 31/(52)
mohr, Hinten- 6/(39)
mohr, hinteres Post- 72/(104)
Mohrhoefen 21/53
Mohrhof 9/(62), 13/(98), 20/(55), 21/53
Mohrhöfen 10/(63)
Mohr-Hofs-Wiese 40/(90)
Mohr Holz 17/45
Mohr Horst, Barck 96/5
Mohrhorsten Wiesen 40/48
mohr, Houen- 1/34
Mohr, Huben 1/34
mohr, Huefen- 1/28, 1/34
Mohr, Huefen 1/34
Mohr, Hufen 1/28, 1/34
Mohr, Hülper 58/10
Mohr, Hunden 59/(57)
Mohr, Hundes 61/(43)
Mohr, Hunn 61/(43)
Mohr, Huts Plater 48/(120)
mohr, Huwen- 1/28
Mohr, Imbusch 69/(112)
Mohr, Iseratgen 30/(105)
Mohr, Isker 73/(117)
Mohr, Jesarschen 61/(47)
Mohr, Jeßen 45/17
Mohr, Kahlcken 62/(56)
Mohr, Kahlen 62/(56)
Mohr, Kahlens 51/37
mohr, Kalis- 51/37
Mohr, Kamp im 7/6
mohr, Käse- 25/34
Möhrken 63/(150)

Mohr, Kievitz 1/160
Mohr, Kiewitz 1/160
Mohr, Kivits 66/6
Mohr, Kiwitzer 30/62
Mohr, Kleinen 30/(108)
Mohr, Kloppen 26/(56)
Mohr, Klüter 68/72
Mohr, Klüters 68/72
Mohr, Kogell 41/(117)
mohr, Kolk- 9/(58)
Mohr, Königken 26/(59)
Mohr, Köster 40/21
Mohr, Kraum 59/(65)
Mohr, Krohn 59/16
Mohr, Krohns 62/(142), 80/30
Mohr, Kroschen 70/(142)
Mohr, Kroß 70/(142)
Mohr, krumme 72/(106)
Mohr, Krummen 36/12
Mohr, Kuhlen 62/(144)
Mohr, Kurkietzer 62/(145)
Mohr, Kusel 75/(171)
Mohr, Küster 40/21
Mohrland 13/(99)
Mohrlande 10/(64), 13/(99)
Mohr, lange 81/(142)
Mohr, Lange 29/(11)
Mohr, langen 52/86
Mohr, Langen 61/(63), 63/(142)
Mohr, Laschen 41/50
Mohr, Lauschen 15/(68)
Mohr, Lerchen 53/(10)
Mohr, Liebzer 72/74
Mohr, Lieps 72/74
Mohr, Loesch 53/(7)
Mohr, Looersck 59/(74)
Mohr, Lüt 58/(15)
Mohr, Lütt 58/(15)
mohr, Lütt Pöpel- 33/(57)
Mohr, Lütt Schwart 31/19
Mohr, Malißer Torff 24/(6)
Mohr, Maßiner 2/(16)
Mohr, Menskenwiesen 79/115
Mohr, Mihler 12/(122)
Mohr, Mittelholtz 99/(45)
Mohr, Muchauer 83/(28)
Mohr, Muchower 83/(28)
Mohr, Mühlen 84/(5)
Mohr, Muker 62/60
mohr, Munckel- 62/60
Mohr, Munckels 62/60
Mohr, Neue 29/(4)
Mohr, Pahlen 79/95
Mohr, Palaßen 70/(17)
Mohr, Palm 1/142
mohr, Papen- 75/94, 79/(21)
Mohr, Papen 4/(45), 75/94, 79/(21)
Mohr, Plobt 30/(123)
Mohr, Plogers 44/(168)
Mohr, Plogs 44/(168)
Mohr, Pobbel 33/30
mohr, Post- 12/(15)
Mohr, Post 12/(15), 15/48, 68/(155), 76/(93)
Mohr, Pur 53/(1)
Mohr, Pur(r) 53/(1)
Mohr, Ramßer 47/(116)
Mohr, Ramtzer 47/(116)
Mohr, Reimers 41/(133)
Mohr, Röhlcken 63/55
Mohr, Röhlken 63/55
Mohr, Rohr 83/(11)
Mohr, Rohten Halß 81/(156)
Mohr, Rölcken 63/55
mohr, Ru- 103/(118)
mohr, Rucks- 14/(96)
Mohr, runde 103/(118)
Mohr, runden 63/(42), 103/(118)
Mohr, Runden 56/(192), 63/(42)
Mohr, Sagen 67/2
Mohr, Sagger 67/2
Mohr, Sangs 66/(77)
mohrsche Kolck, Papen- 75/(95)
Mohrschen Hof 44/(162)
mohrschen Tannen, Hasen- 80/(32)
mohrschen Wiesen, Papen- 75/94
Mohr, Schles(ing)er 30/(131)
Mohr, Schmachtinsche 47/(120)
Mohr, Schultzen 66/42
Mohr, Schwartze 62/7
Mohr, schwartzen 62/7
Mohr, Schwartzen 36/11
Mohr, Schwarze 15/(53), 31/18
Mohrs Horst, Brack 96/5
Mohr, Siemcken 56/(200)
Mohr, Sießlocker 59/1
Mohr, Sohr 81/78
Mohr, Sohren 81/78
Mohr, Soitgen 66/(80)
Mohr, Sontags 65/(111)
Möhrs Stücken 44/(163)
Mohr, Staven 38/(105)
Mohr Stede 33/(58)
Möhr, Stein 69/53
mohr, Strang- 1/65
Mohr, Strang 1/65
Mohr, Streus 3/(38)
Mohr, Stroh 38/(106)
mohr, Strohe- 38/(106)
Mohrstücken 25/80
Mohr-Stücken 2/(9)
Mohr Stücken 28/17, 36/(133), 74/(83), 90/(43), 95/(141), 99/(47), 102/(45)
Möhr Stücken 16/(55), 17/21
mohr Stücken, Hahn- 5/4
mohrstücken, Kese- 25/34
Mohr-Stücken, Krohns 80/(29)
Mohr Stücken, langen 52/86
Mohr-Stücken, runden 103/(120)
Mohr Stücken, Trien 103/(137)
Mohr-Stücken, Wals 2/37
Mohrstück, rund 103/(120)
Mohrs Wiese, Barck 95/48
Mohr, Tannen 1/(190)
mohr, Ther- 79/33
Mohr, Tiefen 74/(102)

Mohr, Tieß 38/(108)
mohr, Torf- 44/12
Mohr, Torf 11/(45), 22/2, 24/(6), 65/60, 68/30, 75/(31)
Mohr, Trebser 55/(71)
Mohr, Trenn 87/(8)
Mohr, Trien 103/2
mohr, Veesch- 44/76
Mohr, Veesch 44/76
Mohr, Vier 6/(53)
Mohr, Vietzen 56/(211)
Mohr, Viresche 13/(66)
Mohr, Vor 24/17
Mohr, Warlawer 69/(139)
Mohr, Warlowschen 2/37
Mohrwege 36/(134)
Mohr, weißen 58/(57)
Mohr, Weisse Torf 48/33
Mohr Wiese 57/11, 57/12
Mohr, Winckell 63/(184)
Mohr, Witte 71/78
Mohr, Witten 30/(142)
Mohr, Worloß 2/37
Mohr, Zagel 67/2
Mohr, Zartensche 50/(37), 51/1
Mohr, Ziegel 68/(176)
Mohr, Ziegen 79/26
Moiden 40/8, 44/94, 45/67, 87/9
Moidendiek 86/36
Moidenkoppel 10/21, 86/35
Moine 88/2
Moje Koppel 86/35
Mokern 25/12
Mokern, korten 25/11
Mokern, langen 25/12
Mokern, Langen 25/12
Molenwisch, Lütt 11/(41)
molen wiske, Kul- 1/(54)
Mollenbaecker Holtz 93/108
Möllenbecker Holt 93/108
Möllenbeckschen Stiege 97/(69)
Möllenbecks Stiege 97/(69)
Möllenbecks Stiegen Wiese 97/(69)
Möllenbecks Wiesen 97/(70)
Mollenbergk 35/(94)
Möllen Fort, alten 70/(108)
mollenkampe 97/(71)
Möllen Niefcken 101/(5)
Mollen Niefken 101/(5)
Möllen Stafen 70/(153)
Möllenstücken 1/35
Möllen Stücken 1/35
Mollen-Wiese 11/(35)
Mollenwisch, Groth 11/(35)
Möllerbarg 62/42
Möller Cämpen 67/63
Möllerkamp 36/16, 67/63
Möllerland 52/41, 57/3
Möllerrehm 25/83
Möllersbarg 19/20
Möllers Föhren 68/(144), 71/(106)
Möllers Förd 71/(106)
Möllers Förden 71/(106)
Möllers Forth 71/(106)
Möllers Holt 70/4
Möllers Holz 70/4
Möllersholz 70/4
Möllershorst 56/52
Möllers Horst 56/52
Möllers Kamp 6/17, 71/55
Möllers Koppel 63/31
Möllers Maur 71/90
Möllers Orth 63/(151)
Möllers Wiese 14/(88), 71/90
Möllerwisch 53/38, 71/69
Mölln Stoven 70/(153)
Möln Wiesen 79/119
Moltkamp 92/(25)
Mon 7/21
Mönbarg 17/20
mond, Stern und Halb- 71/(105)
Mond, Stern und halbe 71/(105)
Mönkelock 41/85
Mönkenbarg 45/71, 48/88, 68/38
Mönkoppel 17/22
Mookerschen Forth 77/69
Moor 12/(124), 19/47, 36/6, 67/(120), 83/(28)
moor, Bark- 81/(81)
moor, Barken- 25/(43)
Moor, Barlitzer 65/(73)
Moorberg 10/36
moorberge, Ziegen- 79/(28)
Moor, Biels 61/9
moor, Blank- 13/46, 34/6, 40/11
Moor, Blankes 15/55
moor, Blind- 82/(4)
Moor, Boeker 13/12
moor, Brand- 13/56, 34/(35)
Moor, Brand 79/36
moor, Bült- 13/7, 25/75, 68/(99)
Moor, Bülten 1/145
moor, Burgwalls- 83/(59)
Moor, Cornehls 35/18
Moordamm 3/43
Moor, Dammfin 70/(36)
Moor, Dick 15/47
moor, Diek- 13/29
Moor, Drunkelbeeren 22/(63)
Mööre 49/15
moor, Eisen- 8/(18)
Moorenden 9/41
moor, Ellern- 1/167
Möören 59/36
Möören, Brügen 68/(95)
Möörensollwisch 90/11
moor, Enten- 1/136
Mooren, Vallen 79/(99)
Moore, todten 8/12
Mööre, Välen 79/(102)
moor, Flitz- 47/32
Moor, Gaugelsen 77/12
moor, Goos- 78/29
moor, Grie- 1/153
Moor, Große 3/44
moor, Großen- 87/4
moor, großen Torf- 31/(51)
moor, Großes Hahnen- 5/4
moor, Großes Hütt- 64/47
moor, Gross Rohr- 83/(11)

Moor, Grot Schwart 31/18
Moor, Gr. Wiesen 3/17
Moor, Guls 67/(102)
moor, Hafer- 93/99
Moor, Hasen 79/35
Moorheide 94/33
moor, Hilligen Rades- 105/22
Moor, hinterste 7/2
Moorhof 15/(73)
Moor Holz 86/2
Moor, Hütter 13/(53)
Moor, Immen 11/24
moor, Jähmschen- 74/(113)
moor, Kees- 25/34
Möörken 6/4, 17/2
Möörken, Grabowsch 6/2
moor, Kiebitz- 43/65, 93/19
Moor, Kiebitz 1/160
Moor, Kiewitz 66/6
moor, Klein Rohr- 83/(10)
moor, Kleines Hahnen- 5/4
moor, Kleines Hütt- 64/(46)
moor, Klingen- 35/11
moor, Kloster Heid- 12/69
moor, Klüters- 68/72
Moorkoppel 59/29
Moor, Kossen 70/(18)
Moor, Krohns 80/30
Moor, Krumme 36/12
Moor, Küster 40/21
Moorlande 13/(99)
Moor, Lange 79/121, 83/74, 84/1
Moor, Langen 19/11
Moor, Langes 79/121
Moor, Lieper 17/19
Moor, Lieps 72/74
Moor, Lüdemanns 12/54
Moor, Mallisser 23/58
Moor, Mallißer 24/2
Moor, Menschen 79/115
Moor, Mühlen 84/(5)
moor, Nebocks- 23/53
Moor, Palasch 70/(17)
moor, Palm- 1/142, 79/95
moor, Papen- 75/94
Moor, Pfennigs 12/(131)
moor, Post- 26/3, 43/71
moor, Pulvers Birk- 72/(32)
Moor, Rögnitz 74/20
Moor, Ruge 80/34
Moor, Runde 63/(42), 79/123
Moor, Rundes 79/123
Moor, Rüter-Camp 65/(77)
Moor, Saager 67/2
moor, Sandbergs- 17/26
moorsche Horst, Keller- 75/(182)
Moorschen Hof 13/(98)
moorschen Tannen, Ret(h)- 71/(65)
moorschen Tannen, Schneider- 83/(14)
moorsche Wiese, Papen- 75/94
moor, Schneider- 83/(18)
moor, Schulten- 17/24
möör, Soegen- 15/30
moor, Sohr- 81/78
moorstücken, Käs- 25/34
Moor Tannen 74/100, 79/57
Moor, Ther 79/33
Moor, Tiefe 39/34
moor, Todten- 8/12
Moor, Todten 6/3
moor, Torf- 4/13, 12/47, 14/11, 17/45, 22/2, 25/9, 40/7, 65/60, 68/30
Moor, Torf 35/38
moor, Vor- 24/(17)
Moor-Weg 19/48
moor, Wehninger Torf- 35/38
Moor, weiße 1/144
Moor, weissen 71/78
Moor Wiese 62/(153)
Moorwiesenecke 17/47
moor, Winkel- 1/147
Moor, Witziner 77/36
Moor, Ziegel 1/146
moor, Ziegen- 79/26
Moos 5/48
Moost Stücken 36/42
Mor 19/47
mor, Berck- 95/48
Möreken 6/4, 17/2, 41/(124), 44/(164)
Mörcker Kamp 65/(4)
Mordkuhlenbarg 49/33
Mordkuhlenberg 49/33, 59/22
Mörderbarg 1/170, 65/22
Mörder Berge 1/170
Mörderbrauk 86/2
Möre, Hanen 72/(102)
more, Struck- 4/(55)
Morgenbarg 75/152
Mor, gross Mochower 83/(28)
Mor, Krummen 36/12
Mor, Lange 19/11
Mor, Lötke 83/(99)
Mörschen Hof 44/(162)
Mörsch Holt 44/(165)
Mörsken, Hinnelst 44/(147)
Mor, Witte 24/(6)
Mor, Witten 24/(6)
Mossillenkoppel 32/11
Moßillen Kuhl 32/11
Mosten Camp 59/(79)
Mostgrund 62/(154)
Motell, Hinnen 6/28
Mouger 36/8
Mour 10/14, 20/24, 34/2, 74/20
mour, Aanten- 1/136
Mourbarg 10/36
mour, Barken- 80/36
mour, Brand- 79/36
mour, Bülten- 1/145, 51/52
Mour, Cornehls 35/18
Mourdannen 74/100, 79/57
mour, Doden- 6/3, 8/12
mour, Eller- 1/167
Mourenn' 3/42
mour, Grie- 1/153
Mour, Grot- 3/44, 85/22, 93/14
mour, Hahnen- 5/4
mour, Hasen- 79/35
mour, Hawer- 93/99
Mourhei(d) 94/33

mour, Hoben- 1/28, 1/34
Mourhoew 3/43
Mourhof 21/53
mour, Kalis- 51/37
mour, Kavels- 51/39
mour, Kiebitz- 1/160, 93/19
mour, Klingen- 35/11
Mourkoppel 93/86
mour, Krohns- 80/30
Mour, Krohns 9/41
Mour, Lang 79/121, 83/74, 84/1
Mour, Liepsch 72/74
mour, Menzen- 79/115
mour, Niesche- 38/27
mour, Palm- 1/142, 79/95
mour, Papen- 75/94
Mour, Rodatz 1/6
Mour, Rug 80/34
Mour, Run'n 79/39, 79/123
mour, Stamp- 38/18
mour, Stieg- 93/89
mour, Strang- 1/65
mour, Teer- 79/33
mour, Tegel- 1/146
Mour, Tie(de)manns 2/13
mour, Torf- 4/13, 22/2, 35/38
Mour, Walsch 2/37
Mourweg 87/19
mour, Winkel- 1/147
Mour, Witt 1/144
Mourz 53/53
mour, Zägen- 79/26
Mouschen 5/48, 6/1
Moyne 4/17
Muchauer Mohr 83/(28)
Muchien 72/64
Muchienhorst 72/64
Muchin 72/64
Muchinsche Ford 72/(62)
Muchinsche Fuhrt 72/(62)
Muchow, alten 83/15
Muchower Mohr 83/(28)
Muchow, Oll 83/15
Muchowschen Stiege 93/(7)
Mücken Wiese 75/(188)
Mucker Barg 62/(155)
muck, Kum- 52/89
Muddel-Kamp 93/(124)
Muddelmasch 73/(46)
Muddelmay 73/(46)
Muddels Wiesen 36/(82)
Mudel 56/(175)
Mudell 56/(175)
Mudelsbrügg 36/88
Mudelshoew 36/87
Mudels Höfen 36/87
Müen Wiese 99/(48)
Muerken Busch 71/(30)
Müeßer Camp 66/15
Müeßer Kolck 66/13
Mueßer Orth 66/(72)
Muggenborg 85/6
Müggenborg 85/6
Müggenborger Horst 85/(64)
Müggenburg 85/6
Muggenhorst 86/8
Muhdels Wiese 36/(82)
mühl Berg, Wind- 28/(37), 29/3
Mühle, alten 81/(25)
mühle, Back- 1/(30)
Mühle, Groten Walck 63/(116)
Mühle, Klein Walck 63/(131)
Mühlen Acker 56/89
Mühlen, Baack 1/(30)
Mühlenbach 95/26
mühlenbach, Back- 1/16
Mühlen Backs Stiege 97/(69)
mühlen, Bahk- 1/(30)
Mühlen Barg, achtern 38/(87)
Mühlenbarge 56/64
Mühlenbeck 63/(152), 67/61
Mühlen Beck 67/61
Mühlen Beck, achtern 63/(152)
Mühlenbeke 105/31
Mühlenberg 57/72, 75/124
Mühlen Berg 56/64, 59/(80)
mühlen Berge, Windt- 22/(93)
mühlenbergk, Wind- 35/(94)
Mühlenberg Stücken 56/64
mühlenberg, Wind- 29/3
mühlen Berg, Wind- 36/(151)
Mühlen Berg, Wind 96/13
Mühlen Boden 26/(8)
Mühlenbruch, 64/44, 75/41
Mühlen Bruch 75/41
Mühlen Camp 46/(54), 71/55
Mühlen Camp, alte 41/(125)
Mühlencampwiese 75/19
Mühlen Camp Wiese 75/19
Mühlen Dam 12/(126)
Mühlen Felde 99/1
Mühlen Feldt 99/1
Mühlen Fort 70/(151)
Mühlengraben 7/52, 13/50
Mühlen Heyde 104/7
Mühlen Hof 81/(149)
Mühlenhoff 36/25, 70/(155)
Mühlen Kamp 75/(10)
Mühlen Kamp, alten 70/(109)
Mühlen Kampf 41/(125)
Mühlenkampwiese 75/19
Mühlen Kamp Wiese 75/19
Mühlen Kolck 84/(5)
Mühlen Kolk 12/(127)
Mühlenkoppel 56/89
Mühlen Koppel 64/43
Mühlen Mohr 84/(5)
Mühlen Moor 84/(5)
Mühlenrehm 25/83, 26/(8)
Mühlenrehmen 12/(128)
Mühlen rehmen 12/(128)
Mühlen Schlag 89/(17)
Mühlenstücken 1/35, 26/(66), 67/47, 70/34
Mühlen Stücken 57/3, 67/47, 70/34
Mühlen Stücken, Hohe 1/(33)
Mühlen Stücken, Niedrige 1/(41)

Mühlen-Stücken-Tannen 1/35
Mühlen-Tannen 81/(25)
Mühlenthor 1/(21)
Mühlenwall, alte 106/(41)
Mühlen Weg 35/(95), 93/(125)
Mühlenwege 65/(149)
Mühlen Wegk 33/(59)
Mühlenwiese 75/19
Mühlen Wiese 30/(121), 64/(166), 70/13, 84/(4)
Mühlen Wiese, kleine 57/6
Mühlen Wiese, Kleine 64/(154)
Mühlenwiesen 70/13
Mühlen Wiesen 36/(135), 41/(126), 56/(176), 59/(81), 70/13, 79/119
Mühlen Wiese, Ohlen 70/(157)
mühlen Wiese, Pasch- 36/(29)
Mühlen Wieße, grothe 71/69
Mühlen Wieße, lütge 71/(134)
Mühlen Wische 64/(166)
mühler Camp, Walck- 23/(100)
mühle, Wind- 67/(148)
Mühl, Harms 30/67, 38/(74)
Mühls-Camp, Große Walck 63/(116)
Mühls-Camp, Kleine Walck 63/(131)
Mühl Wiese, alten 70/(157)
Muhr, Kasten 69/(115)
Mührken 17/2
Muhskolken 83/(73)
Muhß Wiesen 61/(69)
Mu(h)tels Wiesen 36/(82)
Müker 77/63
Muker Mohr 62/60
Mulaap 91/28
Mullen Kamp 75/(10)
Müllenreben 25/83
Mullenrieh 75/(187)
Müllen Wiese 11/(35)
müller Bach, Baak- 1/16
Müller Holtz 70/4
Müllerkamp 67/63
Müllers Horst 68/(145)
Mulsauer Kamp 70/85
Mulsoer Camp 70/85
Mulsow 70/82
Mulsower Kamp 70/85
Mulsowkamp 70/85
Mulsowsche Kamp 70/85
Mulßow 70/82
Multrummel 35/46
Mum(m) Wiese 99/(48)
Munckel 62/(59)
Munckelmohr 62/60
Munckeln 62/(59)
Munckels Mohr 62/60
Müncken 62/(59)
Munkelmaur 62/60
Mürerlock 41/85
Murjan 1/152
Muschen Camp 56/(177)
Muscher Stücken 66/14
Musch, up'e 66/15
Musendörp 25/25
mus, Fleder- 62/12
Muskewiter Horst 56/(178)
Mußehlen 44/97
Mußenbeck 56/(179)
Mußiel 78/25
Müßielenkamp 71/76
Mußielschen Camp 71/76
Mussill 44/97
Mußill 44/97, 78/25
Mußillen 44/97
Mussin 69/82
Must 62/(156)
Müst 61/(69)
Musziel 78/25
Mutels 36/87
Mutels Wiese 36/(82)
Mutsiedel 71/(140)
Muttel Cämp 93/(124)
Muttenbarg 71/56
Mutten Berg 71/56
Mutziedel-Kamp 71/76
Mutzietel Kamp 71/76
Müürken 17/2
Muuß Wiesen 61/(69)

N

Naarser 55/(10)
Nabershee(d) 79/103
Nabers Hei(d) 1/138
Nabers-Heide 79/(85)
Nabers Heide 1/138, 79/103
Nabers Heyde 1/138
Nachbars (!) Haide 1/138
Nachbars Heide 79/103
Nachtkoppel 1/48, 4/4, 8/10, 9/35, 12/36, 13/71, 20/28, 21/20, 26/13, 27/(92), 30/25, 35/41, 37/8, 39/29, 53/17, 57/53, 73/(127), 75/(48), 76/(86), 78/72, 80/8, 81/86, 83/(58), 85/(65), 87/41, 90/(68), 95/54, 99/24, 101/(74), 102/(23), 103/(111), 105/7, 106/55, 107/39
Nacht-Koppel 60/11, 65/(107), 75/(48), 77/47, 96/(55), 101/(74), 103/(111)
Nacht Koppel 1/48, 26/13, 54/(17), 55/11, 74/(117), 93/(71), 99/24, 102/(23)
Nacht-Koppel, Bauer 95/(68)
Nachtkoppel, Ohl 18/(53)
Nächt Wiesen 36/(137)
Nacklasberg 103/15
nack, Päk- 27/6
nack, Schaber- 77/22
Naclasberg 103/15
Naclaß Berg 103/15
Nadderfeld 83/42
Nadderhof 96/21
Nadelweg 63/30
Nadelweg, an'n 63/29
Nädenfeld 89/31
Nädens 41/5
Näfcken Wiese 64/(167)

Nagelgleiß 38/(88)
Nagelischs 38/(88)
Nägelsbarg 21/52
Nahmahdskavel 95/50
Nahsäels 74/76
Naklaßbarg 103/15
narren den Graben 1/157
Narser Kamp 55/(10)
narts, Dove- 36/4
Nartz, Doben 36/4
Nasäs 74/76
Näser Stieg 1/27
Naßen Weck 19/40
Naßer, Vor 55/(73)
natt Düwelskuhl 28/33
Natten Weg 19/40
Natten Weg(e) 19/40
nauts, Hi(n)- 48/24
Neben Koppel 100/(32)
Nebocksmaur 23/52
Nebocksmoor 23/52
Nedam 29/5
Neddefeld 83/42
Nedde Satjen 6/27
Neddel-Horst 87/(64)
Neddelsten Wendung 81/61
Neddelst-Holz-Kafel 35/(96)
Neddelst Wenen 81/61
nedden den Graben 1/157
nedden Graben 1/157
nedden Satgen 6/27
Nedder Camp 62/(157)
Nedderfeld 31/(42)
Nedder Feld 31/(42)
Nedderfelde 83/42, 89/31, 91/(35)
Nedderholtz 81/(150)
Nedderklus 1/57
Neddern Weg 79/(87)
Neddersaten 6/27
Neddersten Koppel 82/(27)
Nedder Weg, uebern 79/(87)
Nedder Wiesen 1/75, 2/24
Nedderwischen 1/75, 2/24
neder Saten 6/27
Nee Damm 29/(5)
Nee Land 20/22
Neen Wischen 27/36
Neesche Camp 87/37
Neeschen Steige 1/27
Neeser Camp 87/37
Neeser Kamp 87/37
Neesesche Kamp 87/37
Neesischen Steige 1/27
Neesischen Stiege 1/27
Nee Stück 20/14
Nee Wisch 32/15
Neewischen Ellern 30/35
Neewischen, Lütt 25/39
Nefcken Coppel 64/(168)
Nei Hoew 17/42, 19/49
Nei Land 19/36
Nei Wische 95/(143)
Nerdenbreetstück 32/25
Nerdenfeld 42/76
Nerder Feld 42/76
Ne(r)dersten Wießen 32/(49)
Nerderste Wise 17/(86)
Nerder Weg 79/(87)
Nest, Ahrens 79/16
nest, Arendes- 79/16, 80/33
Nest, Arenß 79/16
nest, Arnes- 79/16, 80/33
Nest, Ohrns 79/16, 80/33
Nets Koppel 57/(74)
Nettel 75/90
Nettelbusch 46/(55)
Nettel Kolk 75/(53)
Nettel-Orth 65/(108)
Netteluhrt 64/24
Nettel Urt 64/24
Neubrügs Camp 76/(70)
Neubrügs Stücken 76/(71)
neue Brücken Stücken 14/(35)
Neue Cabeln Wiesen 1/7
Neue Gehäge 18/7
Neue Graben 44/49, 71/99, 72/(6)
neue Hof 22/(57)
Neue Koppel 31/40
Neue Land 22/55
Neue Landt 19/36
Neue Mohr 29/(4)
neuen Damme 18/(52)
neuen Gärten 17/42
Neuenhof 79/76
neuen Hof 36/(136)
Neuen Höfe 19/49
neuen Kleinauer Kampff 75/152
neuen Koppel 4/44
neuen Laak 17/(87)
neuen Land 20/22
Neuenlande 13/47, 95/(142)
neuen Lande 3/39, 13/47, 20/22
Neuen-Lande 2/(11)
neuen Rögnitz 74/22
neuen Schulkamp 25/92
Neuenstiege, Hof in 22/59
Neuen Stiegs Bruch 22/(58)
Neuen-Stiegs Wiesen 22/60
neuen stiegischen Wischen 22/60
neuen Stücken 47/62
Neuen Stücken 47/62, 76/(87)
neuen Viest Stücken 23/39
neuen Wiese 63/(153), 87/(65)
Neuen Wiese 62/41
neuen Wiesen 2/42, 25/39, 33/(61), 47/(113), 53/57, 61/(70)
Neuen Wiesen 10/(65), 51/(66)
neuen Wischen 85/(66)
Neuer Kleinower Kamp 75/152
Neue theil 55/(70)
neue Wiese 9/48, 11/6, 61/(70), 73/(70), 75/74, 87/(65), 90/51
Neue Wiese 47/(113), 53/57, 55/(7), 56/(30), 57/67, 57/68, 64/64, 73/(70), 75/74, 76/(88)
Neue Wiesen 2/42, 22/75, 25/39
Neue Wiesen theil 55/(59)
Neue Wieße 16/(56)

Neues Gehege 18/7
Neugen 68/26
Neugenicht 68/26
Neu Kabel Wiese 1/7
Neu Kafel Wiesen 1/7
Neukavel Wiese 1/7
Neu Kavel Wiesen 1/7
Neu Kleinauer Camp 75/152
neu Kleinauer Horst 75/151
Neu Kleinauer Wiesen 75/(153)
neu Kleinower Kamp 75/152
Neukoppel 4/(44)
Neu-Land 11/(66)
Neulandt 13/47
neuwe Graben 71/99
neuwe Kafelwische 1/7
Neuwen Lande 95/(142)
Neuwen stiege 22/60
Neu Werder 22/38
neuwe Wische 89/(71)
Neuwe Wische 95/(143), 97/(72)
Neuwiese 75/74
Neu Wiese 40/75, 41/(127), 61/(70), 65/(150)
Neuwiesen, kleinen 25/39
Neuwiesen Stücken 23/(89)
Neu Wieße 32/15
Neu Wische 14/(89), 67/35
newe Graben 71/99
Newen Warlow 69/23
Newe Primer 19/5
Newe Werder 22/38
newe Wiese 51/(66)
Newe Wiese 64/64
New Primer 19/5
Neyen stige 22/60
Neyen Teich 62/(158)
nichel, Hohen- 38/21
Nicolaus Kamp, S. 4/(49)
Niderholts 81/(150)
Nie Brüg 72/(8)
nie Brügs Wiesen 41/(128)
Nie Brun 19/(106)
Niedamm 29/5
Niedels 36/59
Nieder Camp 62/(157)
Nieder Enden 68/(146)
Niederfeld 9/(40), 83/42
Niederfeldern 89/31
Niederfeldt 83/42
Niederholz 83/(100)
Nieder-Klüß 1/57
Niedersaaten 6/27
Niederwiesen 1/75
Nieder Wiesen 1/75
Niederwisch 30/(122)
Niederwische 1/75
Niederwischen 1/75
Niedrige Mühlen Stücken 1/(41)
Nie Ell 14/23
nieen Wiesen 2/42
Niefck 101/(75)
Niefcken, Langen 101/(3)
Niefcken, Möllen 101/(5)
Niefck, lang 101/(3)
Niefindes Horst 72/(110)
Niefken 101/(75)
Niefken, Langen 101/(3)
Niefken, Mollen 101/(5)
Niegen Prymere 19/5
Nie Häg 18/7
Nie Hee(d) 77/102
Nie Hof 105/2
Niekamp 52/(101)
Nie Kauhwei(d) 65/3
Niekavelwischen 1/7
Nie Koppel 64/60, 81/19
Nieland 3/39, 10/44, 23/50 25/(72), 62/47, 69/21
Nie Land 13/47, 22/55, 91/9
Nie Länder 95/(142)
Nielkenkuhl 67/28
Niels 67/30
Nielser Hoew 67/37
Niemans Stücken 26/(67)
Nienbrüggen 14/(35)
Nien Dämm 81/29, 91/20
Niendorfer Diek Loch 31/20
Niendörper, Hogen 76/8
Niendörper, Siden 76/7
Niendörper Wischen 77/3
Nien Gor(de)ns 7/37
Nien Grabens 68/67
Nien Hoew 40/35, 79/76
Nien Hof 10/27, 43/44, 45/66, 47/78, 48/18, 67/69
nien Höfen 19/49
Nien Kamp 85/26
Nien-Kamp 62/(159)
Nien Kampf 17/1
Nienkarcker Hörn 81/(151)
Nien Klenow 75/152
Nienland 2/(11)
Nienlande 11/(66), 13/47
Nien Lande 2/(11)
Nienlandt 25/(72)
Nien Lant 19/36
Nien Primer, Dorfstede zum 19/20
Nien Primer, Feldtmarck zu 19/5
Nien Prun 19/(106)
Nien Slag 52/35, 53/57
Nienstiegsche Hof 22/59
Nienstieg'scher Hof 22/59
Nienstiegsche Wischen 22/60
Nienstieg'sche Wiesen 22/60
Nien Stück 57/(98)
Nienstücken 19/(107), 23/(19), 26/(68)
nien Stücken 76/(87)
Nien Stücken 23/(19), 42/(72), 47/62, 76/(87)
Nien Up Stall Cavellen 97/(73)
Nien Upstall Wiesen 97/(73)
Nien Warlow 69/23
Nien Weed 76/4
Nien Weg 57/61
Nienwiese 21/(85), 51/(66), 63/(153)
Nien Wiese 9/48, 56/30
Nienwiesen 23/(89), 25/39
Nien Wiesen 20/(56), 30/35, 63/(153), 97/(72)
Nienwieße 40/75

Nien Wießen 43/(107), 47/(113)
Nienwischen 9/48
Nien Wischen 2/42, 22/75, 74/44
Nieperwieße 40/(91)
Nie Poppelbarg 50/11
nie primer 19/5
nie primer, Dorffstede 19/20
Nieschemour 38/27
Niescher Weg 23/23
nieß, Lange- 47/(109)
Niestadt 19/4
Niestädter Stägen 79/73
Niethorst 36/59
Nie Wee(d) 72/18
nie Wiese 75/74
Nie Wiese 11/6, 95/(143)
nie Wiesen 76/(88)
Nie Wiesen 53/57, 97/(72)
Nie Wießen 38/(89)
Nie Wisch 9/48, 11/6, 40/75, 48/85, 57/76, 64/64, 67/35, 69/17, 73/(70), 90/51
Nie Wische 11/6
Nie Wischen 9/48, 62/41
Niewischenbusch 32/(50)
Niewischen Camp 69/17
Nie Wische, Ohl 54/(41)
Niewischer Kolck 76/(89)
Nihäven 19/49
Nilandsch Weg 19/40
Nils Wiese 67/30
Nobben 12/57
Nobbenstücke 12/57
Nöcht Wiesen 36/(137)
Nögenicht 68/26
Nohrt 48/24
Nohrts Camp 48/(133)
nöhrz, U- 52/72
Nohtstall 100/16
Noors, Blank 66/17
Nords 48/24
Norsenbarg 58/16
norts, Dobe- 36/4
norz, Duwe- 36/4
nößen, Boh- 97/(28)
Nothstall 100/16
Noth Stall 100/16
Notstall 100/16
Nünnen Kuhl 73/(37)
Nyenwisch 73/(70)

O

Oarskar 17/48
oben der Wische 14/(109)
oben Soll 5/24
Ober Feld 89/(72)
Oberfeldt 89/(72)
Ober-Klüß 1/61
öber, Schall- 74/(120)
öberste Kabel 14/(90)
Öberste Koppel 57/(60)
öbersten Heidstücken 35/52
öberste Sprinckschlag 100/(34)
överst Holz-Kafel 35/(97)
Ober-Teich 82/(3)
Ochsenberg 43/75
Ochsenbergs Ried 43/(76)
Ochsenbrack 22/48
Ochsenbucht 72/68
Ochsengrund 39/4
Ochsenkoppel 22/11
Ochsen Werder 22/11
Ochsenzunge 11/(67)
Ockelland 87/(3)
Ockel Land 87/(3)
Öckel Lande 87/(3)
Oehrns Wiese 63/(154)
Oertzen Winkel 54/(27)
Oewerfuhr 12/60
Oewerlandsche Barg 83/41
ofen, Back- 72/(49)
ofen Horst, Back- 12/(23)
ofenstelle, Teer- 50/16
Öfer, Ellen 17/43
Öfer, Kron 17/(80)
ohl Brans 12/(73)
Ohle Fruen Hof Acker 86/48
ohlen Dieck, achtern 70/(156)
Ohlen Hof 68/34
Ohlen Lande 36/(138)
Ohlen Mühlen Wiese 70/(157)
ohlen Wießen 38/10
Ohlhofs Heide 59/(82)
Ohl Kamp 61/(71)
ohl Magd Wiese 75/(163)
Ohl Nachtkoppel 18/(53)
Ohl Nie Wische 54/(41)
Ohr 5/38
ohr, Bar- 4/14
Öhr, Berger 103/57
Öhr, Bergger 103/57
ohr, Brawt- 83/(78)
Ohrde, Grehten 65/(130)
Ohrde, Gretten 65/(130)
Ohrde, Heidt 65/(133)
Ohrde. Krohns 65/90
Öhrden 63/7, 67/(121)
Ohrden, Löschen 65/(145)
Öhrdens Wiese 63/(154)
Öhren 63/7
öhren, Barken- 64/12
Öhren, Löößgen 66/(70)
Ohr, Hin 62/(78)
ohr, Krohns- 65/90
Ohr, Lange 3/12
Öhr, langen 9/(23)
Öhrn 63/7
Ohrns Nest 79/16, 80/33
Ohrnsriet 106/20
Ohrns Riet 83/35
ohrsche Eeken, Bar- 4/14
Ohr, Schwiens 101/(80)
Ohrsk Lanken Stück 20/(57)
ohr Stück, Fagels- 19/(90)
Ohrt 5/38, 6/(47), 35/(98), 63/(155), 70/(158), 71/(141), 81/(152)
Ohrt, Balcken 19/(82)
Ohrt, Banneurs 55/(31)
Ohrt, Barger 103/57
Ohrt, Belscher 67/(77)
Ohrt, Beßen 36/(93)
Ohrt, Bollen Berger 73/(08)
Ohrt, Boltgen 62/(95)
Ohrt, Briescken 59/(43)
ohrt, Buhr- 4/(28)
Ohrt, Butter 81/(106)

ohrt, Claß- 43/(85)
Ohrt, Diercks 62/(105)
Ohrte, Bullen 89/40
Ohrten, Bolten 62/(95)
Öhrten, Bolten 62/(95)
Öhrter, Langen 81/3
Ohrte, Voß 64/19
Ohrt, Foß 64/19
Ohrtgen, Baaken 64/12
ohrt, Gose- 1/(93)
Ohrt, Gose 13/58
Ohrt, Graboer 100/(23)
Ohrt, Greven 36/60
Ohrt, Groten 62/(119)
Ohrt, Haßen 39/(39)
Ohrt, Hindersten 16/(45)
Ohrt, Hinnen 62/(78)
Ohrt, Hütten 10/(56)
Ohrt, Kählers 68/66
Ohrt, Kämpf 95/(120)
ohrt, Kiehl- 36/26
Ohrt, Kiel 93/(116)
ohrt, Klöthen- 82/1
Ohrt, Klumpen 13/(10)
Ohrt, Knir Hocken 42/20
Ohrt, Kocks 56/(156)
Ohrt, Köster 10/(59)
Ohrt, Krienser 7/(60)
Ohrt, Krohns 73/74
Ohrt, Krusen 58/37
Ohrt, Lange 12/(18), 72/(48)
Ohrt, langen 9/23
Ohrt, Langen 10/(61)
Ohrt, Lütten 57/(97)
Ohrt, Meyen 73/(125)
Ohrt, Panschen 37/(19)
Ohrt, Pießen 67/(125)
Ohrt, Plaers 56/(183)
Ohrt, Quäen 72/(112)
Ohrt, Rukiken 46/(60)
Ohrt, Saschen 64/(177)
ohrts Camp, Hinter- 35/(73)
Ohrt, Scheper 63/6
Ohrt, Schlachten 68/(161)
Ohrt, Schreven 68/(164)
Ohrt, Stafgen 38/(103)
Ohrt, Streit 3/10, 58/1, 81/(168)
Ohrt, Tiedemans 81/(170)
Ohrt, Ties Vehen 70/20
Ohrt, Voß 64/19
Öhrt, Warlower 69/31
Ohrt Wieße 32/(51)
Ohrt, Winckel 41/(140)
Ohrt, Wollenweber 1/(73)
Ohrt, Wulfs 7/(67)
ohrt, Wullenweber- 1/(73)
Ohrt, Zaegen 44/95
Ohrt, Zägen 68/(178)
Ohrt, Ziegen 68/(178)
Ohrt, Ziester 67/56
Ölbarg 93/93
Ölckers Baum 44/(50)
Ölckers Bohm 44/(50)
Ölckers Grenzmal 44/(50)
olden Heidt Camp 65/(151)
Olden Herrse Stücke 16/(57)
Olden Hoff, achter 59/(83)
Olden Hoppen Hof 67/(122)
olden Suden Wiesen 61/(72)
Olen Hof 47/73
Olen Land 47/67
Olen Wischen 72/1
Oll Bäk 95/26
Oll Bleek 7/33
Oll Dambecker 95/59
Oll Dämm 32/22, 81/16, 85/30
oll Elden 2/(48)
Oll Ell 7/26, 13/1, 79/122
Oll Försterkoppel 9/46
Oll Gor(de)ns 7/15
Oll Güritz 11/(2)
Oll Häg 18/9
Oll Hee(d) 77/105
Oll Hoew 77/17
Oll Hof 26/2
Oll Kauhwei(d) 65/71
Oll Kavel 50/2
Oll Kirchhof 92/3
Oll Koppel 77/121
Oll Kuhl 73/(9)
Oll Land 19/37
Oll Muchow 83/15
Oll Pierkoppel 11/(38), 78/72
Oll Poppelbarg 50/14
Oll Schultenkamp 59/28
Oll Voßbarg 75/18
Oll Wee(d) 76/5
Oll Wischen 38//10
Oll-Wischen Koppel 24/3
Oll Wischen, Lütt 38/12
Ollendeelsgrünn' 61/4
Ollendeelskoppel 78/2
Ollendeelsland 5/22
Ollendeelswisch 85/14
Ollendeilskoppel 78/2
Ollendeilslock 21/34
ollen Foohrt, foer den 25/74
Ollen Hoew 38/31, 79/70
Ollen Hof 78/18
Ollen Höfen 73/(94)
ollen Höfen, hintern 73/(94)
Olln Damm 27/24, 103/18
Oll'n Damm 11/29
Olln Fort 25/74
Olln Hoew 43/22
Olln Knick 56/7
ollwisch, Lütt- 38/12
Ol Wee(d) 72/17
ol Wisch 72/1
Omelfort 70/12
Opfersteen 1/60
Orde, Langen 42/(120)
Orden, Schwien 101/(80)
ordt, Kurren- 52/(98)
orn, Bock- 45/(83)
Ort 35/(98), 63/(155)
Ort, Adder 3/(33)
Ort, Ahrens 83/(75)
Ort, Barger 103/57
ort, Bischofs- 7/24
Ort, Breuels 80/(45)
ort, Buknechts- 44/121
Ort, Bullen 89/40
ort, Bur- 4/(28)
ort, Butter- 21/10
ort, Düwels- 58/34
Orte, Grabowschen 100/(23)

Orte Kählung 65/(69)
Orte, langen 84/(31)
Orter Dannen 40/22
orter Schlag, Bur- 4/(28)
Orter Stücken 40/59
Ort, Ficken 68/(108)
Ort, Gaugelsen 77/11
ort, Gaus- 40/44
Ort, Gehls 103/35
Örtgen, Fra 38/(71)
Ortgen, Jaspar 95/(116)
Örtgen, Jaspers 95/(116)
Ort, Gersten 49/(46)
ort, Gläsken- 77/72
Ort, Gogelschen 77/11
Ort, Gose 1/(93)
Ort, Grethen 65/(130)
Orth, Bahl 76/(53)
Orth, Barcken 66/37
Orth, Bauer 66/(51)
Orth, Beneurs 55/(31)
Orth, Buchweitzen 72/(97)
Orth, Cählers 68/66
orth, Cosser- 90/15
Orth, dreikantige 1/(20)
Orth, Düster 12/20
Orth, Fischer 60/(2)
Orth, Gänse 1/(93)
orth, Gläsken- 77/72
Orth, Groten 66/(61)
Orth, grothen Weser 69/(108)
Orth, Hintersten 69/31
Ort, Hinnelst 69/31
orth, Jadern- 45/(95)
Orth, Jaspar 95/(116)
Orth, Kamer 45/14
Orth, Kiel 36/26, 95/(121)
Orth, Klumps 13/(10)
Orth, Kosser 90/15
Orth, Koster 90/15
Orth, Lange 1/(133)
Orth, Langen 12/(18), 72/(48)
Orth, Maitjen 73/(125)
Orth, Möllers 63/(151)
Orth, Mueßer 66/(72)
Orth, Nettel 65/(108)
Ort, Holtbohms 11/(1)
Ort, Hostmanns 52/82
Orth, Paßgen 36/(140)
Orth, Passower 93/28
Orth, Sager 55/(66)
orth, Sajen- 71/113
Orth, Scheupen 77/(16)
Orth, Schmuchel 73/40
Orth, Streit 54/(21), 101/(31)
Orth, Tavieger 78/(45)
Ort, Hunde 14/16
Orth, Vagts 18/42
Orth, Warlower 69/31
Orth, Weser 69/66
Orthwiese 78/(43)
Orth, Zegen 68/(178)
Orth, Ziegen 66/50
Ort, Jastrams 12/(113)
Ort, Kählers 68/66
Ort, Kählerß 68/66
ort, Kamer- 45/14
ort, Kamp- 1/(91)
ort, Keil- 36/26
Ort, Kiel 31/8
ort, Kiel- 36/26
ort, Kirchen- 83/1
ort, Kleinen Bullen- 89/(67)
ort, Klump- 13/(10)
Ort, Krons 6/16
Ort, Krusen 58/37
Ort, Kuelpers 6/(42)
Ort, Kurren 52/(98)
Ort, Lange 1/(133), 3/12
ort, Langen- 9/(23)
Ort, langen 9/(23), 70/(146)
ort, Lembckens- 77/65
Ort, Lembckens 77/65
Ort, Pagel 18/42
Ort, Pagels 12/(129), 69/94
Ort, Passower 93/28
Ort, Puster 65/3
Ort, Püster 65/3
ort, Scheper- 63/6
Ort, Schlachten 68/(161)
Ort, Spitzen 89/(16)
Ortsche Kolk 69/32
Orts Koppel, Krohns 65/90
ort, Streit- 16/(17), 18/16, 50/(34), 51/(63), 101/(31)
Ort, Streit 24/(1), 53/(8), 56/(10), 58/1, 58/(27)
Ortstück, Fünf 95/(96)
Ort, Tobacks 11/(4)
ortt, Schultzen- 19/12
Ort, upn 5 95/(96)
ort, Vogels- 19/(90)
Ort, Vörrelst 69/24
Ort Wiesen, Langen 51/(98)
Ort Wisch 78/(43)
Ortwischen 91/18
Ort, Wischen 32/(51)
Ortwischenstücken 91/15
Ort, Wollen-Webers 1/(73)
Ort, Wollweber 1/(73)
Ort, Ziegen 68/(178)
Oske(r)barg 33/32
Ossenbarg 43/75, 70/54
Ossenbrack 22/48
Ossenbucht 72/68
Ossendamm 53/32
Ossengrund 39/4
Ossenkoppel 22/11, 64/50, 86/25, 94/22, 95/51
Ossenwei(d) 98/4
Oster Coppel 42/(122)
Osterfeld 42/97
Oster Feld 42/97
Osterfelde 42/97
Oster Felde 42/97
Osterhei(d) 27/53, 42/102
Osterheide 42/102
Oster Heide 27/53
Oster Heyde 27/53, 42/102
Oster Koppel 42/(122)
Oster Rieht 42/(123)
Osterriet 27/54
Oster Rieth 27/54
Östering 104/8
Ostroh 68/(147)
Otten Ende 35/(99)
Otten Kampf 35/(99)
Ottens Ende 35/(99)
Otterfang 93/46

Otterkuhl 87/38
Otter Kuhl 87/38
Otterkuhlen 3/5
Otter Kuhlen 3/5
Otternbarg 10/40
Övelgunde 64/(169)
Overlandt 25/(110)
öwer, Ell- 17/43
öwer, Schei(d)- 51/74
Öwer, Witt 1/134, 13/78, 79/106

P

Paapen Camp 31/2
Paapen Holtz 31/(3)
Paapenland 31/2
Paapen Rieth 103/(112)
Paap-Stücken 87/(66)
Paarpann 63/(156)
Paartschen 47/54
paasche, Ram- 65/(153)
Paetauen-Wiese 11/(68)
Pagelbörn 68/(148)
Pagel-Börn 68/(148)
Pagel Born 68/(148)
Pagel Krohn 38/(90)
Pagell Gründen 38/(91)
Pagel Ort 18/42
Pagels 44/(166)
Pägels Barg 65/50
Pägels Berg 65/50
Pagels Born 68/(148)
Pagels Camp 56/(180)
Pagels Dieck 68/(149)
Pagels Immenhäf 44/106
Pagels Immhäf 44/106
Pagels Kamp 75/(21)
Pagels Ort 12/(129), 69/94
Pagel Uhrt 18/42
Pagen Kolck 76/(90)
Pahlen Mohr 79/95
Pahl, Hexen 56/(83)
Pahlmwiese 76/(91)
Pahls 41/(34)
Pahlsbarg 41/(129)
Pahls Beck 41/(130)
Pahlser Wisch 41/1
pahl, Tabacks- 1/120
Pahl Wege 16/(58)
Pahl Wiese 19/(28)
Pahl Wiesen 7/(64)
Pahr 67/(29)
Pahren Horst 65/62
Pahren Mittel Holtz 73/10
Pahrpan 67/(123)
Pahrpann 63/(156), 67/(123)
Paiten 72/84
Paiten Middel Hold 72/86
Päknack 27/6
Palas 70/(159)
Palasch Moor 70/(17)
Palaßen-Mohr 70/(17)
Paleßer fort 40/(68)
Pallesten, Groten 21/(65)
Pallesten, Lütgen 21/(81)
Palm Horst 76/(92)
Palm Mohr 1/142
Palmmoor 1/142, 79/95
Palmmour 1/142, 79/95
Palm Wiese 57/(99), 76/(91)
Palmwische 57/(99)
Pals Bruch 41/(32)
Pampen Fohrt 36/(139)
Panckenholtz 44/67
Pandtfohrts Camp 65/(152)
Panfohrts Camp 65/(152)
Pank(e)n Holt 44/67
Pannekost 85/(67)
Pannen Kost 85/(67)
Panner Kost 85/(67)
Pannerviertel 45/4
Pannerwisch 22/74, 40/69, 69/91
Panniest 16/(59)
Pannkokenslag 53/56
pann, Paar- 63/(156)
pann, Pahr- 63/(156), 67/(123)
pann, Par- 67/(123)
pan, Pahr- 67/(123)
pan, Par- 63/(156)
Panschen Ohrt 37/(19)
pan Wiesen, Par- 63/(156)
Papenberg 105/16
Papen Camp 75/128
Papen Ende 9/(64)
Papen Gorn 54/23
Papen Horst 99/(49)
Papenhorst, Groth 75/68
Papenhorst, Klein 75/68
Papenhost 75/68
Papenkamp 18/(54), 31/2, 75/128
Papenkolk 43/4
Papenmohr 75/94, 79/(21)
Papen Mohr 4/(45), 75/94, 79/(21)
Papenmohrsche Kolck 75/(95)
Papenmohrschen Wiesen 75/94
Papenmoor 75/94
Papenmoorsche Wiese 75/94
Papenmour 75/94
Papen Radt 38/(92)
Papen Stücke 87/(66)
Papenwiese 75/157
Papen Wiese 65/32
Papenwische 55/(61)
Papenwischer Theilholtz 55/(60)
Päperbarg 103/6
Päperberg 103/6
Päperkuhl 17/8, 35/14
Papersheide 54/23
Papert 54/23
Paper Wiese 54/(24)
Päper Wieße 12/(130)
Paperwisch 55/(61)
Paperzbarg 54/23
Papisten 103/(113)
Pappeldamm 35/1
Papstrücken 87/46
Papstrüken 87/46
Paradies 61/5
Parat 48/19
Parchimer Dannen 1/11
Parchimschen Tannen 1/11
Parchner Tannen 1/11
Pareir Camp 58/(52)
Pareir Camps Kipl 58/(53)
Paren 48/65

Paren Horst 65/62
park, Sau- 4/(23)
Parlang 17/12, 17/15
Parlang, Korten 17/15
Parlang, tenß Schmaln 17/12
Parpan 63/(156)
Parpann 67/(123)
Parpan Wiesen 63/(156)
Parpen Kamp 48/75
pars, Cum- 16/(35)
Parten 48/65
Parten Mittel Horst 72/(111)
Parthen-Mittel-Horst 72/(111)
Partschen 47/54, 56/(181)
Paschenkamp 52/59
Paschen Middelholt 72/66
pasche, Ram- 65/(153)
Paschmühlen Wiese 36/(29)
Paßauf 64/52
Paßeck 51/(101)
Paßgen Orth 36/(140)
Passower Ort 93/28
Passower Orth 93/28
Passup 64/52
Paßup 64/52
Paß up 64/52
Pasten Wisch 21/(38)
Pastoren Busch 41/(87)
Pastoren Kamp 95/(144)
Pastor Wiese 86/6
Pathen Pfenning 69/(125)
Patjen 72/84
Pauchen Kamp 68/14
Pauerwischen 1/2
Pauken Kamp 68/14
paul, Borg- 105/18
paul, Dorps- 103/31
Paulrönn' 81/87
paul, Schulten- 91/14
paul, Smäd- 103/8, 105/19
Paul, Staken 90/27
Paurwinckel 81/72
Paur Winckel Lake 2/(41)
Pauvern 72/10, 74/16
Pauwern 72/10
Pauwerwische 1/2
Pegels Dieck 68/(149)
pehr, Kum- 70/(106)
pehr, Kump- 64/18
pei, Camp- 70/(106)
pei, Kum- 64/18
Peiß, Kuhn 52/73
peis Wiese, Kuhr- 52/73
peitsch, Kur- 52/73
peiz, Kuhl- 52/73
Pennenhot 49/(59)
Penngs Kählung 48/30
Penniest 16/(59)
Penns Hofe 48/(134)
Penns Kählen 48/30
Penns Kötel 48/30
Penns Kuhl 48/15
Penns Kuhlen 48/15
Pensradt 58/(54)
Peperberg 45/42, 103/6
Peperkuhl 17/8
Peperwiesen 12/(130)
Peperwische 12/(130)
Perdeul 41/40
Perdöhl 41/40
Pereböm 74/90
Perseck 51/(40)
Perssohl 25/3
Peßelow, feld 17/(88)
Pe(s)städsche Hof 33/15
Pest 22/55
Pestbarg 57/48
Pesterschen Hof 33/15
Pestgrund 79/17
Pest-Grund 79/17
Pesthütten 34/34
Peter Bäume 74/90
Petersberg 11/(15)
Petersdamm 31/(55)
Peußwart 70/72
Pezollenhals 25/(6)
Pezollenkuhl 25/3
pfahl, Hexen- 56/(83)
Pfahl, Hogen 68/(116)
pfahl, Tobacks- 1/120
Pfand Wieße 67/(124)
Pfannig 71/72
Pfanninck 45/16
Pfanterholtz 45/16
Pfarr Acker 68/28
Pfarrhause, Kamp beim 7/50
Pfarrwiese 105/29
Pfarr Wiese 83/3, 83/63, 86/6, 95/16, 105/29
Pfarr Wiesen 97/5
Pfarrwohrte 95/(145)
Pfarrworthe 95/(145)
Pfeifensack 90/5
Pfennigs Moor 12/(131)
Pfenning, Pathen 69/(125)
Pferde Coppel 46/(56)
Pferdehagen 66/31
Pferde Hagen 66/31
Pferdekoppel 4/4, 5/35, 14/(91), 18/31, 26/13, 39/29, 83/(34), 102/(50)
Pferde-Koppel 96/(56)
Pferde Koppel 11/(38), 16/(22), 22/72, 30/25, 44/(167), 45/(103), 49/(60), 53/(28), 55/(17), 60/(6), 61/(73), 65/78, 73/(127), 74/(117), 82/(9), 97/(74)
Pferdekoppel, alte 39/(36)
Pferdekoppel, alten 9/35
Pferde-Koppell 64/(170)
Pferde Wiese 21/(86)
Pferd, weißen 34/20
pfhulen, Ile- 1/83
Pfingsthege 98/(25)
Pfingsthegede 90/(69)
Pflanzberge 18/17
pflichter Wiese, Halb- 1/14
pflichter Wiesen, Halb- 1/14
Pflichter-Wiesen, Halb 1/14
pflichter Wische, Halb- 1/14
Pford, Blohm Heidische 44/(24)
Pfortstücken 97/(37)
Pfuhle, Langen 95/(133)
Pfuhlen Camp 81/83
Pialck 68/(168)
Pialcken 68/(168)

Pialcken, Strohkircher 68/(168)
Pialken, Crentzeliner 68/(103)
Pialken, Strohkircher 68/(168)
Pichersche Breite 65/(85)
Picherschen Busch 47/(114)
Picherschen Weg 70/43
Picker Maur 69/8
Pieckel Stücken 57/(100)
Piejahlken 68/(168)
Piekdus 33/9
Pielcken 56/(182)
Pielcken Busch 49/17
Pielcken Stücken 56/(182)
Pielcken Wiesen 56/87
Pielk 56/87
Pielken Hof 68/(150)
Piepensack 90/5, 95/3, 96/27
Piepen Sack 90/5, 95/3
Pieppen Berg 59/(84)
Pierbarg 50/26
Pierd, Witt 34/20, 36/1
Pierhagen 66/31
Pierkoppel 18/31, 22/72, 34/15, 60/11, 65/78, 77/47, 78/20, 80/8, 93/30
Pierkoppel, Oll 11/(38), 78/72
Pieschen 69/(126)
Pießell Wiesen 75/(189)
Pießen Ohrt 67/(125)
Pietscher Holt 41/(7)
pietsch, Reth- 78/(92)
Pietsietz 41/(131)
Pietsker Busch 77/109
Pietzer Holtz 41/(7)
Pigahlcke 68/(168)
Pigatschen Hägen 48/34
Pijaaz 48/34
Pijalken 68/(103)
Pijasken 69/20
Pijast 69/20
Pikskamp 30/44
Pikswisch 30/40
Pilcke 72/76
Pilckenbusch 49/17
Pilck Wiesen 56/87
Pilken 72/76
Pinkenbusch 49/17
Pipensack 95/3
Pisack 68/87
Pischar 48/(135)
Pisel 7/30
Pißbarg 73/30, 79/61
Pitschar 48/(135)
Plaan 2/(15)
Plaars 55/18
Plaast 44/35, 51/49
Plaasten 23/22
Plaaz 48/32
Plachkoppel 5/3
placht Reh Horst, Af- 42/(61)
Plack 11/(7)
Pläcken, Wisch 14/(110)
Plack, Lütt 11/(7)
Plack-Wiese 11/(7)
Plaers Ohrt 56/(183)
Plaesten 21/(87)
Plagerhof 62/23, 67/6
Plager Hof 67/6
Plahn 3/(57), 98/6
Plahn Stücken 2/(15)
Plahn Tannen 2/14
Plahst 59/(85)
Plahten Sahl 95/(146)
Planberge 40/24
Plancken 6/(10)
Plandt Berg 68/(151)
Plänerhorst 75/(190)
Plänerwiese 75/148
Plänerwisch 75/148
Plan, Grot 96/12
Planies 43/45
plan, Köster- 96/17
Plansch 17/7
Plan Tannen 2/14
Plantbarg 40/24, 75/(191), 80/17
Plarß 38/32
Plasch 15/34, 17/51
Plaschen 23/22
Plaschn 15/34
Plaskaw, hintersten 17/51
Plaskow 17/50
Plaskow, Feldt 17/50
Plaß 44/35
Plaßkower furtt 19/(108)
Plaßkower Röthlitz 17/(89)
Plaßkower Sidlist 17/(90)
Plaßkow, wüst Feldmarck 17/50
Plast 21/(87), 23/22, 44/35, 51/49
Plasten 15/34, 23/22
Plasten, Schar 101/(78)
Plast, Feymer 23/(70)
Plast, Feyner 23/(70)
Platen furtt 19/(108)
Plater Camp, Huts 48/(119)
Plater Mohr, Huts 48/(120)
Platgen 62/23
Platschen 23/22
Platschower Wiesen 97/(75)
Platten Busch 62/23
Platten Soll 95/(146)
Platten-Wiesen 95/(146)
Platz 19/(91), 51/49
platz, Bauer- 19/(85)
Platz, Bauer 19/(85)
platz, Buer- 19/(85)
Platz, Buller 14/(48)
platzen, Pulle- 14/(48)
platzen, Schaar- 101/(78)
Platz, Fahren 19/(91)
Platz, Gerichts 12/51, 88/(4)
Platzkow 17/50
Platzkower Wische 100/(33)
platz, Plitz- 51/31
Platz, Pohl 17/(91)
platz, Por- 23/(90)
platz, Vorn- 19/(91)
Plaucher Wiesen 68/54
Plauenwischen 68/54
Plauer Bach 68/(53)
Plauer Beck 67/(126)
Plauer Kamp 68/(152)

Plauert Wisch 55/(62)
Plauer Wiese 68/54
Plauer Wiesen 68/54
Plazen 23/22
plecken, Wisch- 87/(73)
plichter Wiese, Halb- 1/14
plichter Wischen, Halw- 1/14
Pliece 66/2
Plier Fort 70/(160)
Pliesch 65/96, 66/2
Pließ 65/96
Pließck 65/96
Plietsch 6/20
plietsch, Sand- 6/(18)
Plietzen 6/20
Pliezen 6/20
Plische 6/20
Plitsche 6/20
Plitzplatz 51/31
Plobt Mohr 30/(123)
Plockauer Camp 68/(153)
Plocken 44/4
Ploener Wiese 75/148
Plog 44/4
Ploge 44/4
Ploger Behck 67/(126)
Plogers Mohr 44/(168)
Ploggen 44/4
Plogo(w) 44/4
Plogs Mohr 44/(168)
Plog Wiesen 68/54
Ploken 44/4
Plöns 101/11
Ploorz 55/18
Plorz 38/32
Ploßger Weg 44/(169)
Plückerbusch 78/1
Plügers Camp 68/(154)
Plüggenbusch 77/126, 78/1
Pluggen Wiesen 77/126
Plüggenwiese 77/126
Plumpensahl 65/14
Poack, Großen 56/(127)
Poack, Kleinen 56/(155)
Poackschen Heide 56/(155)
Poackschen Heide, Großen 56/(127)
Pobbel Mohr 33/30
Pockrent 63/(157)
Poddaram 38/34
Podentzen, großen 71/54
Podentzen, lütgen 71/(135)
Poegern 38/22
Pofer 72/10
Poggendiek 75/14
Poggen Horst 42/(45)
Poggenpohl 35/(100)
Poggen Sieck 86/(65)
Poggensieke 86/(65)
Poggen Sieke 86/(65)
pohle, Ihlen- 1/83
pohl, Ihl- 1/83, 105/8
Pohl, Ihl 1/83
pohl, Ihlen- 1/83, 79/7, 94/11
pohl, Il- 1/83
Pohl, Langen 95/(133)
Pohlmannschen Busch 105/(57)
Pohl Platz 17/(91)
pohl, Poggen- 35/(100)
pohl, Röth- 105/38
pohl, Waßer- 21/(66)
Po(h)r Clatz 56/(67)
Pöhrtgen, Ruhm 64/(175)
Poitenhorst 72/84
Poiten-Horst 72/84
Poiten Middelholt 72/86
Poiten-Mittelholz 72/86
Pokrent 63/(157)
polatzer beke 41/(130)
Pölcken, groten Waßer 21/(66)
Polck, Enten 77/(127)
pole, Il- 1/83
pöle, Langen- 95/(133)
Polen (Sing.: Pol) 7/1
Polhof 105/(58)
Politz 41/(34)
pol, Ihlen- 79/7
Polkron 38/(90)
Poltzer Todten Wegk 20/(58)
pöl, Water- 21/(66)
Polzerbarg 30/30
Pool, Enten 11/(57)
pooß, Lie- 70/(148)
Pöpelmohr, Lütt 33/(57)
Pöppelbarg 58/18
Poppelbarg, Nie 50/11
Poppelbarg, Oll 50/14
Pöppel-Berge 50/11, 50/14
Pöppelmaur 33/30
Poppelmohr, groß 33/30
Poppenholt 42/105
Poppenwisch 92/6
Poqurent 63/(157)
Poren 73/10
Porenhost 65/62
Pörk 56/68
Por Klatz 56/(67)
Porlang, Korten 17/15
Porlang, Langen 17/12
Porm 48/65
Porpenhee(d) 48/75
Porplatz 23/(90)
Porten Grund 39/(28)
Portenhorst 40/(9)
Portschens 47/54
Posoll 25/3
Poßoll 25/3
Postbarg 71/46
Postdamm 38/41, 59/14
Post Damm 52/(78)
Posteek 51/(101)
Postena, Große 19/(73)
Postena, Kleine 19/(74)
Postgraben 27/22
Posthei(d) 64/73
Postheide 64/73
Postland 56/66
Postmaur 26/3, 43/71, 77/70
Postmohr 12/(15)
Post Mohr 12/(15), 15/(48), 68/(155), 76/(93)
Postmohr, hinteres 72/(104)
Postmoor 26/3, 43/71
Postweg 19/2, 23/12, 33/4, 36/33, 49/38, 52/(78), 57/63, 73/71, 79/91
Postwege 36/33
Postweg, Heide Stücken am 23/12

Postwisch 64/30
Pöterlande 12/(76)
poth, Kläter- 21/43
Pötterkuhl 9/1, 35/4
Pötter Kuhl 9/1
Pötter Lande 12/(76)
Pötter Wieße 12/(132)
Pott, Kläter 21/43
pott, Kloeter- 21/43
Pou(e)rvk 56/6
Pouger 38/22
Pour Grein 56/(185)
Pour Klatzen Coppel 56/(184)
Pourzen 47/54
Pouwer 74/16
Pouwisch 70/101
Pouwischenholt 70/102
Pover 72/10, 74/16
Povern 70/(161), 74/16
Pracherbarg 16/18
Pracher Berg 39/(24), 56/(9)
Pracherberge 16/18
Pracher Loch 54/8
Pracherlock 54/8
Prackelbarg 16/18
Prager Barg 75/(192)
Prange 2/(54)
Praßkuhl 30/26
Prasthorst 43/(108)
Pravin 71/(142)
Prediger Koppel 68/28
Prediger-Weg 83/(101)
Predigerwiese 95/16
Preelosen 71/38
Preeß Wiesen 10/48
Preesterbarg 7/50, 35/13
Preesterie 41/47
Preesterkamp 25/78, 51/53
Preesterkoppel 7/51
Preesterwisch 11/9, 41/76, 51/58, 75/157, 94/1, 95/16
Prehns-Wiese 64/82
Prehrlaasen 71/38
Prehrstrup 67/(127)
Preirlasen 71/38
Preisteracker 68/28, 77/86
Preisterbarg 105/16
Preisterbrak 56/61
Preisterhow 28/19
Preisterkamp 79/81
Preisterkoppel 4/5, 105/12
Preisterlak 65/32
Preisterland 86/15, 93/10
Preisterwee(d) 78/64
Preisterwisch 67/27, 79/112, 83/3, 83/63, 86/6, 92/11, 97/5, 105/29
Preis Wischen 10/48
Prell 77/(136)
Prellen 78/78
Prell Wiesen 77/(136)
Prenß Wische 64/82
Prerlaß 71/38
Preseck 51/(40)
Prestine 41/(132)
Prestro 67/(128)
Pret(g)en Wiesen 30/(124)
Pretzier 68/42
Prevaken 51/42
Preyr Laase 71/38
Prezier 68/42
prian, Püp- 23/(91)
Pricier 68/42
Prick Puhl 48/(136)
Pridel 6/21
Priemer 16/30, 18/(1), 23/(47), 25/(52)
Priemerbarg, Grot 101/30
Priemerbarg, Lütt 101/29
Priemer Berg 101/30
Priemer, Lütt 19/5
Priemer Wald 16/30
Prierlaase 71/38
Priesk Koppel 31/34
Prießck 31/34
Prießen 44/(170)
Prießkoppel 31/34
Prieß, Sag 29/(38)
Priestor Baur Wiese 86/(66)
Priesterberg 35/13, 105/16
Priester Berge 53/(5)
Priester Camp 1/(23)
Priester Hegen 53/(6)
Priester Hoeve 28/19
Priesterkamp 95/(144)
Priester-Kamp 96/16
Priester Kamp 1/(23), 95/(144)
Priester-Koppel 4/5
Priester Weg 75/(193)
Priester Wiese 1/(8), 4/5, 65/32, 85/44
Priester-Wiese 83/3
Prieswischen 20/4
Prieten 30/8
Prietens 30/8
Prietens, Lütgen 30/(118)
Prignitzer Fuhrt 42/(108)
Prilentz 19/(109)
Prilentzsche Berg 19/30
Primer 17/(92)
Primer, Alten 19/(80)
Primerberg 19/(110)
Primer Berg 101/30
Primer bergk 19/(110)
Primer bergk, alten 19/(110)
Primer Busch, alte 19/(81)
primer, Dorffstede nie 19/20
Primer, Dorfstede zum Nien 19/20
Primer, Feldtmarck zu Nien 19/5
Primer, große 17/53, 18/(47), 19/(1)
Primer, New 19/5
Primer, Newe 19/5
primer, nie 19/5
Pringnitz 30/(125)
Prinswischen 10/48
Prinzenkavel 64/82
Prinzen Kavel 64/82
Prison Wische 20/4
Pritzier 68/42
Prizier 68/42
Prödöhl 41/40
Profkuhl 58/2
Prof Kuhl 58/2
Projen Kamp 69/(127)
Provisor Wiese 1/(89)
Provkuhl 58/2
Prun, Nien 19/(106)
Prymere, Niegen 19/5

Pubeys Camp 48/53
Pubeys Kuhlen 48/(137)
Puddegrehn 56/(185)
Puddies 70/(162)
Puddischen 70/(162)
Pudegreste 56/(186)
Puderam 38/34
Pudewitz 56/(187)
Pudors Wießen 38/(93)
Pudwische 70/101
Pueneck 101/19
Puetsack 47/47
Puggel 67/(129)
puhl, La- 77/68
Puhl, Prick 48/(136)
Puhn Eichen 101/19
Puhtsack 47/47
Pui 38/22
Pujer 38/22
Pujert 38/22
Pulleplatzen 14/(48)
Pulve Kuhl, Grot 72/(57)
Pulver 53/2
Pulvers Birkmoor 72/(32)
Pulverschen Dickt 72/58
Pulverschen Horst 72/36
Pulvers Dickt 72/58
Pulvers Ford 72/(38)
Pulvers Horst 72/36
Pulvers Kuhl, Lütt 72/(60)
Pulvers Middelbrok 72/66
Pulvers Middel Holdt 72/59
Pulvers Middel Holt 72/59
Pulvers Middelholtbrok 72/59
Pulvers Mittelbruch 72/66
Pulvers Mittelholz-Bruch 72/59
Pulver, tendest den 72/58
Pumpäselkuhl 94/29
Pumpbaek 71/(66), 71/67
Pumpbäk 46/3, 71/(66), 71/67
Pumpbaekschen Tannen, Großen 71/(64)
Pumpbäk'schen Tannen, Großen 71/(64)
Pump Beck 71/67
Pump Born 46/3
Pumpelhee(d) 77/51
Pümpelheide 77/51
Pumpel Host 77/51
Pumpelkamp 20/26, 23/17
Pumpel Kuhl 62/(18)
Pümpelwisch 11/27
Pumper Kuhl 62/(18)
Pumpkoppel 57/65
Pun Ecken 101/19
Punicken 101/19
Punicken, Hogen 101/18
Puning 101/19
Puning, Hogen 101/18
Puppinkkamp 48/53
Püpprian 23/(91)
Purbizer Holtz 70/102
Purgiers Kamp 69/(128)
Purgies Kamp 69/(128)
Pur Mohr 53/(1)
Purris 70/(162)
Pur(r) Mohr 53/(1)
Pur Wiese 70/101
Purwischen Holt 70/102
Purwischen Holz 70/102
Pur Wisch'schen Stücken 56/(187)
Püsserkaten 106/18
püste, Re- 68/(158)
Puster Ort 65/3
Püster-Ort 65/3
püst, Re- 68/(158)
Putdischen 70/(162)
Putisch 70/(162)
Püttbarg 44/60
Pütten 62/20
Putteramsch 38/34
Püttstücken 44/60
Putzenholz 71/(4)
Puviten 48/53

Q

Quacken Lande 68/(156)
Quacker Lande 68/(156)
Quack Lande 68/(156)
Quäen Ohrt 72/(112)
Quast 77/81
Quaster Stüte 50/7
Quehr-Enden 2/(21)
Quehrstücke 64/(171)
Quer Ende 29/(34), 103/(114)
Quer Enden 63/(158)
Quer Kamp 92/(26)
quer Lande 79/81
Quer-Länder 79/81, 80/24
Quer Stück 48/(138)
Querstücke 48/(138)
quer Stücke 2/(21)
Querstücken 28/(51), 36/(141)
Quer Stücken 12/(133), 14/(92), 21/(88), 23/(92), 30/(126), 32/(52), 35/(101), 43/(109), 46/(57), 56/(188)
Quirrnkuhl 47/31
Quirrn Kuhle 47/31
Quitzcken Berg 59/(25)
Quitzenberg 59/(25)
Quoevel 14/6
qurent, Po- 63/(157)

R

Raade 106/(39)
Raadwiesen Hof 21/(90)
Raasstücken 101/42
Räbel Berg 70/66
Raben 45/(104)
Raben Raum 56/(189)
Raben Hoeppel 42/(48)
Raben Horst 42/(47), 64/80, 73/(25)
Rabenhost 64/80, 77/101
Raben Kamp 97/(76)
räben, Lind- 25/60
Rabenshörst 73/(25)
Rabens Hörst 73/(25)
raben, Somm(e)- 103/32
Rabenß Camp 96/(57)
Raben Sumpf 64/(81)
Rabunschen 35/(102)
Rack 44/74, 44/75
Räck, achtern 30/(127)
Rackau 70/(163)
Rackow 70/(163)

Rackower Kamp 70/(164)
Racks 44/74, 44/75
Racks, Breeden 44/74
Racksfohrt 44/(36)
Racks, smallen 44/75
Rad 40/31, 74/66, 83/46
räd, Achter- 30/11
Radam 52/47
ra(d), Bo- 80/38
Raddenhöfen 36/9
Rad(d)en, Vier 26/(73)
Raddenwiese 36/43
Radde Wiese 31/10
Rade 16/(60), 47/(115), 83/46, 106/(39)
rade, Bohn- 80/38
rade, Bonn- 80/38
Rade Camp 29/(35)
Rade, Gaenschen 77/(107)
rade, Gänschen- 77/(107)
Rade, Gänschen 77/(107)
rade Hellen- 47/36
rade, Jens- 77/104
Rade Kamp 89/(11)
Radeland 87/(67)
Rade Land 34/(31)
Radelande 64/(174)
Rädels 35/20
Raden 22/42, 43/(110)
Raden Camp 43/(111), 63/28
raden, Elf- 25/(100)
raden, Elfs- 25/(100)
raden, Els- 25/(100)
raden, Ils- 25/(100)
Radenkamp 63/28
Radensche Berg 83/44
raden, Weß- 25/91
Raden Wiese 4/(46)
Rade, Ruwen 83/(104)
Rades Mohr, Heiligen 105/22
Radesmoor, Hilligen 105/22
rade, Tans- 50/15
Radeuort 80/(20)
Radevort 80/(20)
Radewiese 31/10
Rade Wiese 4/(46), 31/10, 54/(18), 55/(6), 64/(172), 75/(16)
Radewiesen 10/20, 21/(89), 35/(103), 42/27, 75/(16)
Rade Wieße 26/(69)
Radewiße 16/(60)
Rädfiner Wischen 65/58
rad, Gehnsck- 77/104
rad, Gehnscken- 77/104
Rad Heide 59/(86)
ra(d), Jens- 77/104
Rad Kamp 59/5
Rad Land 51/48
Rad, Langen 52/87
Rad, Rohr 52/(104)
rad, Roode- 52/(104)
Radschen Hof 83/(102)
Radt 61/16
ra(d), Tans- 50/15
radt, Bann- 81/(100)
Radt-Bruch 61/(74)
Radte 59/5
Radten 52/90
Radt, Gaenscher 77/104
radt, Gentzen- 77/104
radt, Heel- 47/36
Radt-Heide 61/(75)
radt, Hohl- 47/36
Radt Horst 61/(76)
radt, Jentzel- 77/104
Radt-Kafel 35/(103)
Radt, Papen 38/(92)
radt, Pens- 58/(54)
Radt Wiese 61/16
Radt, Wilsen 55/19
Radt Wise 12/(71)
Rad Wiese 54/(18)
Rad Wiesen, Hill 47/36
Rad, Wilsen 55/19
Ra(d) wisch 18/38, 31/10, 37/11, 42/27
Raeck, achtern 30/(127)
Räfelberg 70/66
rafe, Sommer- 103/32
Rahde Busch 18/(55)
Rahde Lande 18/(56)
Rahden 22/42
Rahden, achter 30/11
Rahde Wiese 18/38
Rahd Kamp 59/5
Rahge Ratt 52/(102)
Rahlkampf 4/(47)
Rahlwisch 10/20
Rahm 17/(93)
Rahn 73/86
Rähncke Busch 72/(82)
Rähnckehorst 72/(83)
Rahne 73/86
Rahnen 73/86
Rahn-Kamp 69/(129)
Raid 13/24
Raimße Kolck 77/(29)
Rämel 18/19
Rämelbarg 18/13, 41/17, 68/31
ram, Klodd- 57/66
Rammer Beumen 62/(62)
Rammer Böhm 62/(62)
Rammer gestüde 49/8
Rammer Lehmkuhlen 50/1
Rampaasche 65/(153)
Rampasche 65/(153)
Rampfihn 44/40
Rampfin 44/40
Rampfinische Forth 44/(45)
Ramphien 44/40
Ramphiensche Ford 44/(45)
Ramphiensche Fordt 44/(45)
Ramphiensch Kolck 44/(43)
Ramphiens Kolck 44/(44)
Rampin 44/40
ram, Podda- 38/34
ram, Pude- 38/34
ramsch, Putte- 38/34
Ramßer Mohr 47/(116)
Ramtzer Mohr 47/(116)
Ramvin 44/40
Rancken Wiesen 39/(45)
Ranken Wiesen 51/(64)
Rantzaus Koppel 75/7
Rantzen Kolck 30/36
Rantzin 38/(94)
Rantzows Koppel 75/7
Ranzen Kölk 30/36

Ranzin 37/(14)
Raß Busch 96/(10)
Raßstücken 101/42
Raß Stücken 101/42
raster Berge, So- 59/(91)
Rast Stücken 101/42
Rastücken 96/(58)
Ratge, achtern 30/11
Ratgen 38/(95)
ratgen Mohr, Ise- 30/(105)
ratgen Wiesen, Ise- 30/68
Räth, achter 30/11
Rathkstück, achter 30/11
Rathsack 10/10
Raths Acker 22/5
Raths Camp 22/5
Raths Kamp 22/67
Rath Ste(e)m 20/(59)
Rat, Jens den 77/104
Ratsack, Brüning 10/10
Rats Camp 22/5
Ratsherrnwisch 1/121
Ratskamp 22/67
Ratt 40/31, 59/5, 61/16
Ratt, Dicke 52/90
Ratten 52/90
Ratten Häfen 36/9
Ratten, Langen 52/87
Ratten Wiesen 36/43
Rattenwisch 36/43
Ratter Barg 40/32
ratt, Hee(d)- 47/36
Rattin 13/(100)
Ratt, Langen 36/9
Ratt, Rahge 52/(102)
ratt, Wilsen- 55/19
Ratzen Wische 54/(42)
Raubart 75/32
Räubenbarg 103/5
Räubenkamp 52/57
Räubenstücken 69/6
Raubergen, Forderst 14/(56)
Raubergen, Hinterst 14/(69)
Raubergen. Lütt 14/(86)
Räubusch 103/(115)
Rauden, Veertig 69/54
Rau(d), Hunnert 44/69
Rau(d), Tein 44/72
Räuen Berg 103/5
Rauf 68/41
Räufkoppelbarg 11/25
Rauhbarg 21/29
Rauhberg 21/29
rauhe Horst 12/(134)
Rauhe Horst 72/(45)
rauhen Deich 1/36
rauhe Teich 1/36
Rauhe Teich 1/36
raume Heyde 1/12
Raumen 62/(160)
Raurbarg 41/95
Raurwisch 77/34, 78/55
Raurwischen 47/30
Rausengor(de)n 65/18
Rausengorn 65/18
Räwelbarg 70/66
rawen, Somme- 103/32
Räw, Langen 48/51
Rebahns Heide 79/(11)
Rebelberg 70/66
reben, Müllen- 25/83
Reckenzienschen Forthe 89/(73)
Redelst 35/20
Redewinschen Fohrt 61/(77)
Reeberge 1/137
Reehagen 71/68
Reeh-Coppel 95/23
Reekstücken 49/24
Reen 19/(111)
reers, Rund- 53/(62)
Reerswiesen 40/53
Reertsen Holtz 53/64
Reertsen Horst 53/(62)
Reeter Enden 66/(73)
Reets Wieße 38/16
Reetwiese 51/71
Reet Wiese 30/59
Reetwiesen 30/59
Reetwisch 30/59, 37/3, 42/22
Reetwischen 36/30
Reewisch 81/(153)
Refel Berg 70/66
Registratorkoppel 56/16
Rehagen 3/48
Rehbarg 1/137, 14/39, 93/97
Rehberg 1/137
Rehberge 1/137
rehberg, Fern- 1/(180)
Rehberg, Fern 1/(180)
Rehberg, fernen 1/(180)
Rehbiesch 78/(92)
Rehbusch 38/(96)
Reh Buschs 38/(96)
Reh Dies 48/21
Reheberge 1/137
Reheberge, fernen 1/(180)
Rehe hagen 19/(112)
Rehert 44/(171)
Rehezen 53/64
Rehhagen 3/48, 5/(8), 19/(112), 48/49, 71/68
Rehhagenheide 79/(8)
Reh Horst 55/(63)
Reh Horst, Afplacht 42/(61)
Reh Horst, Lange 42/(63)
Reh Horst, Runde 42/(62)
Rehkoppel 95/23
Reh Koppel 95/23
Rehmel 5/19
rehmen, Mühlen- 12/(128)
Rehm, Hodüschen 83/(88)
rehm, Möller- 25/83
rehm, Mühlen- 25/83, 26/(8)
Rehrers 62/(161)
Rehrsche Wiese 53/64
Rehrser Wiese 53/64
Rehr Wiese 70/(165)
Rehsen Wiese 40/53
Reht Hof Wiesen 33/(62)
Rehtitz 48/21
Reht Wiese 41/64, 63/(159)
Reht Wiese, Kleine 64/(163)
Reht Wiesen 51/71
Rehwiese 66/(74)
Reh Wiese 77/(122), 84/(7)
Rehwisch 66/(74)

Reibeins 22/(89)
Reich Eiken 9/19
Rei(d) 38/16
Reidt Wiese, großen 64/(121)
Reidt Wiese, Lütte 64/(163)
Reiersche Wiese 40/53
Reier Söllen 90/52
Reierst 62/(161)
Reigeichen, Kielerheide 9/19
Reigeiken 9/19
Reigern Kolk 42/4
reig, Schülp- 65/59
Reihersoll 90/52
Reiher Soll 90/52
Reiht, achter 30/11
Reimers Mohr 41/(133)
reinen Kolk 27/(93)
Reinken Wisch 14/(93)
Reinke Wisch 14/(93)
Rei(r)ßenwisch 40/53
Reirzen 53/64
Rei(r)zen 52/29
Reirzendammslag 53/68
Reit 13/24
Reit, achter 30/11
Reit Cavell 62/(162)
reiten, Ise- 30/68
Reiter Horst 65/(76)
Reiterkamp 65/(77)
Reith 58/(19)
Reith, achter den 30/11
Reitietsch 48/21
Reitkuhl 102/14
Reitwisch 41/64, 67/18
Reit Wisch 41/64
Reitwischen 12/42, 51/71
Remel 5/19, 12/65, 18/13
Remelberg 41/17
Remelberge 18/13
Remelstücken 5/19
Rencken Camp 67/(130)
Rendten-Camp 67/(131)
Rennschlag 25/70
Rens 54/2, 56/4
Rensch Wisch 30/41
Rensdannen 52/31
Rense 54/2, 55/(64), 56/4
Rense, Volsrader 54/2
Renskamp 52/22
Renß 56/4
Renße 54/2
Renßwiese, Grote 56/(129)
Renßwiese, Lütge 56/(172)
Rens Wiesen 30/41
Renswisch 30/41
Renswischen 52/21
Repel Berg 2/(12)
Reper Camp 68/(157)
Reper Kamp 68/(157)
Repieß 68/(158)
Repiest 68/(158)
Repiste 68/(158)
Reppen Strang 64/(173)
Reppoßen 70/(166)
Repüst 68/(158)
Repüste 68/(158)
Repziener Soll 93/3
Resen 40/53
Resenberge 26/(70)
Reth 13/24
Rethdieck-Wiese 36/(28)
Rethhofwiese 38/(97)
Rethmoorschen Tannen 71/(65)
Rethpietsch 78/(92)
rethstück, Hahl- 95/(111)
Reth-Teich 36/30
Rethwiese 30/59, 70/(167), 77/(122)
Reth Wiese 30/59, 41/64
Re(t)h Wiese 77/(122)
Rethwisch 30/59
Retitsch 48/21
Retmoorschen Tannen 71/(65)
Retsch Camp 48/(139)
Reucken 96/(51)
Reugbarg 14/(94)
Reuster Kamp 24/37
reuter Cabeln, Land- 105/(55)
Reuter Horst 65/(76)
Reuterkoppel 1/(102), 9/(65)
Reuter-Koppel 1/(102)
Reuter Laack, Große 19/(25)
Reuter Laack, Kleine 19/(26)
Revelberg 70/66
Revel Berg 2/(12)
Rewelsberg Stücken 2/(12)
Reyersohl 90/52
Ribbeziner Soll 92/(27)
Ridewege, Gr(oße) 69/40
Ridewege, Kleine 69/39
Riecken Stück 65/(109)
Rie(d) 44/31, 64/(7), 94/12
Ried, Ahlas 44/118
Rie(d), Ahlas 44/118
Rie(d)bäk 97/14, 100/8
Riedelwisch 81/(154)
Rieden, Twüschen 14/26
Rieden, Viehe 62/(171)
Rieden, zwischen 14/26
Rieden, zwischen den 14/26
Ried, Kauffelds 12/11
rie(d), Koster- 44/83
Rie(d), Laaser 44/9
Ried, Lieps 72/70
Ried, Middelst 44/117
Ried, Mittelste 44/117
Ried, Ochsenbergs 43/(76)
Rie, Doven 56/(110)
Riedt 83/53
Riedtsche Horst, Arenß 83/(76)
Riedt-Stücken 76/(94)
Riedwegen, grothen 69/40
Riedwegen, Kleinen 69/39
ried, Wien- 44/31
Riege, Ther 43/(10)
Rieh 43/(10)
Rieh, Ahlas 44/118
rieh, Bahl(d)amms- 70/9
Rieh, Becker Camps 75/(109)
Rieh, Dicken 64/(7)
Rieh, Dröge 90/(29)
Riehe, Faulen 65/(101)
Riehenstücken 76/(94)
Riehen Stücken 76/(94)
Riehete, crumme 12/(13)

rieh, Kort Elden- 14/(78)
Rieh, Koster 44/83
Rieh, Laasen 44/9
Rieh, Mittelste 44/117
Riehm Segen 83/52
rieh, Mullen- 75/(187)
Rieh'n 63/75
rie, Hosen- 54/(37)
rieh, Schlons- 36/72
Rieh, Stauskarren 14/(100)
Rieh, Suden 55/(1)
Rieht 27/12
Rieht, achter 30/11
Rieht, achter Langén 103/(110)
Rieht, Buhrwinckels 81/(105)
Rieht, Depe 27/74
Riehte, Holle 95/(111)
Riehte, krumme 12/(13)
Riehte, Krumme 12/(13)
Riehte, Liepsche 72/70
Riehtfelde 81/42
Rieht, Köster 27/48
Rieht, Mittelste 27/(91)
Rieht, Oster 42/(123)
Rieht Wieße 16/(61)
Rieh, Ut Jans 68/(172)
Riekaße 74/84
Rieken Lande 69/34
Riekhost 74/84
Rie, Lange 100/(30)
Rien, Bodewischen 76/(58)
Rienow 21/(91)
Rien, Wesel-Heidschen 76/(104)
Rieselung 69/76, 76/31
Rieselwisch 31/9
Rieselwischen 66/3
Rie-Stücken 76/(94)
Riet 81/42, 99/22
Riet, Bäker 27/12
Rietberge 97/(77)
Riet, Brei(d) 81/59
riet, Bu- 103/64
riet, Buar- 103/64
Riet Camp 43/63
Rietdämm 107/15
Riet, drögen 90/(29)
Riete 10/(66)
Riete, Ahrens 83/35
Riete, Güstmarische 30/(90)
Riete, Harnische 30/(92)
Riete, Krumme 12/(13)
Riete, Liepsche 72/70
Rieten 72/70, 95/(147), 96/9
Riet Enden 40/28
Rietenn' 40/28
rieten, Slons- 36/72
rieten, Twischen- 25/(118)
Riete, Tiefen 27/74
riet, Füchten- 42/99
riet-Graben, Teer- 43/12
Riet 20/(60)
riet, Hagen- 74/9
rieth, Ahrens- 83/35, 106/(11), 106/20
Rieth, Alas(en) 44/118
Rieth, Bauerwinkels 81/(105)
Rieth, Beckstücker 99/22
Rieth, breite 81/59
Rieth, Cavel 101/32
Riethe 44/31
riethe, Ahrens- 106/20
Riethe, Drögen 90/(29)
Riethe, Krumme 12/(13)
rieth, Hahl- 95/(111)
rieht, Knick- 90/(47)
Rieth, Köster 27/48
Rieth, Krummen 44/(157)
Rieth, Laasen 44/9
rieth, Lang Elden- 14/(81)
Rieth, langen 95/(136)
Rieth, Langen 12/(117)
Rieth, Mittel 94/12
Rieth, Oster 27/54
Rieth, Paapen 103/(112)
riethskoppel, Küster- 4/24
Riethstücken 76/(94)
Rieth, Theer 43/(10)
Riethwiesen 83/53
Rieth Wiesen 83/53
Rietkamp 43/63
riet, Kamps- 55/34
Riet, Kauhfelds 12/11
riet, Kavel- 101/32
riet, Köster- 27/48
Riet, Lange 95/(136)
Riet, Liepsche 72/70
Riet, Middelst 44/117
riet, Ohrns- 106/20
Riet, Ohrns 83/35
riet, Oster- 27/54
riets Horst, Knick- 90/(46)
riets Kafelwisch, Lang- 105/(56)
Riet, Sma(l) 21/2
Riet, spitzen 87/(70)
riet-Stücken, Hole- 95/(111)
riett, Arends- 106/20
Riet, Warlsch 90/54
Rietweg, 1. 69/40
Rietweg, 2. 69/39
Rietwiese 83/53
Rietwisch 91/31, 104/21
Rietwischen 83/53
Rieweg 76/(95)
Riewegs Kamp 76/(95)
Rinow, waßer 21/(91)
Riscken Land 69/34
Rissenland 69/34
Rite 91/31
rith, Brüg- 105/(43)
Rithe, Alaß 44/118
Rith, Ruhm 97/(81)
ritswische, Brüch- 105/(41)
Ritzbusch 75/140
Ritzmans Camp 56/(190)
Rockenförde 71/(109)
Rockengrund 63/52
Rocken Grundt 63/52
Röckenits 76/35
Rockenkamp 4/(48)
Rockensfohrt 71/(109)
rockest heyde, Rode- 12/(21)
Rocks föhrde 71/(109)
Rocks Förden 71/(109)
rocks Heide, Rod- 44/(172)
rocks heide, rode- 12/(21)
rocks Heide, Rode- 12/(21)
rocks Heyde, Rod- 12/(21)

rocks Heyde, Roth- 12/(15)
Rocks Heyde, Roth 12/(21)
Rodatz Mour 1/6
Ro(d) Bäk 62/72
Rod, breed drey 1/50
Ro(d), Breet dree 1/50
Rodcken, Coßer 96/(33)
Rödcken, Langen 96/(51)
rode Bäcke 79/31
Ro(d)e Bäk 1/16
Rodebecke 62/72
Rode Beecke 62/72
Ro(d)e Brügg 69/79
Ro(d)e Fleut 34/8
Rode, Fünf 1/47
Rode Grundt 59/(87), 62/(61)
Rodeland 70/(46)
Rodelande 68/(159)
Ro(de)landshee(d) 52/56
Rodelandt 25/66
roden, Achter- 22/56
roden Beck 63/12
Roden, Dren 96/(34)
Rodenfort 64/51
roden Land 51/48
Rodenland 51/48
Roden Lande 64/(174)
Rodenlann' 25/66
Roden, 6 95/(157)
Roden Söck'n 45/18
roden Stücken 97/(43)
Roden Stücken, grothen 97/(43)
Roden Stücken, lütgen 97/(85)
Roden, Vier halb 25/(119)
Roden Vorde 64/51
Roden Werder 22/38
roden, Weß- 25/13
Roder Grund 59/(87)
Rode rockest heyde 12/(21)
roderocks heide 12/(21)
Roderocks Heide 12/(21)
Ro(d)e See 34/6
Rodewiese 18/38
Rodewiesen-Koppel 18/(29)
Ro(d), Fiw 1/47
Rodrocks Heide 44/(172)
Rodrocks Heyde 12/(21)
Ro(d), Small dree 1/49
Ro(d), Unecht fiw 1/39
Roede Beeck 62/72
Roegnitzer Wiese 70/7
Röelken Busch 8/(25)
Roerschen Hoefen 30/(128)
Röersch Hoefen 30/(128)
Roer Stücken 30/(129)
Roethkuhlschen Tannen 71/74
Roetigs 48/(140)
Röfe Camp 97/(79)
Rofen 13/75
roffs, Somme- 103/32
Rögbarg 51/25
Rogcken Kamp 4/(48)
rögen, Hill- 105/22
Roggenfeld 22/13
Roggen Feld 22/13
Roggenfelde 22/13
Roggenicz 72/11
Roggenitz, alte 72/11
Roggenkoppel 36/56, 65/(65)
Röggens, Grot 74/22
Röggens, Lütt 74/24
Roggen, Vier 98/(33)
Röggenzenwisch 41/69
Röggnitz 72/11
Rögken 96/(43)
Rogken Felde 22/13
Rögken, Lange 96/(51)
rogkes heide, Rothe- 12/(21)
Rognitz 74/22
Rögnitz 31/7, 36/76, 52/24, 69/61, 71/82, 72/11, 74/22 76/35, 77/28
Rögnitz, alte 72/11
Rögnitz Berg 74/19
Rögnitz, bey der 27/(94)
Rögnitzer Kamp 76/(96)
Rögnitz, Grot 74/22
Rögnitz Kamp 76/(96)
Rögnitzkoppel 69/60
Rögnitz, Lüt 74/24
Rögnitz Moor 74/20
Rögnitz, neuen 74/22
Rögnitz Stücken 69/60
Rögnitz Wiese, große 74/22
Rögnitz Wiese, kleine 74/24
Rögnitz Wiesen 70/7, 71/(91)
Rögnitz, Wiesen an der 75/82
Rögnitz Wisch 41/69
Rögnitzwischen 70/7, 75/82
Rögniz 72/11
Rögniz 70/7
Rögnizwisch 45/(105)
Rohcken-Grund 63/52
Rohdeland 25/66
Rohden, achter 22/56
Rohden, drey 96/(34)
Rohds Kamp 48/(141)
Rohebeke 62/72
Rohken Grund 63/52
Rohland 68/(159)
Röhlcken-Mohr 63/55
Röhleck 41/(134)
Rohlck 41/(134)
Röhlken Mohr 63/55
Röhmschen Wiesen 63/74
Röhnschlag 25/70
Röhpens Camp 67/33
Röhp-Kuhlen 67/(132)
Rohr 30/(129)
Rohrbarg 87/40
Rohr, Breite 4/19
Rohrbusch 77/34
Rohr Damm 52/(103)
Rohrdamme 52/(103)
Rohr Dieck 89/39
Rohrdiek 89/39
Rohrdump 61/(79)
Rohr Horst 93/77
Rohr Horst, Lütte 93/(78)
Röhrig 17/44
Rohrkamp 4/19
Rohr Kampf 60/(23)
Rohr Koppel 36/47
Rohr Mohr 83/(11)

Rohrmoor, Gross 83/(11)
Rohrmoor, Klein 83/(10)
Rohr Rad 52/(104)
Rohrschnees 79/56
Rohr Schneise 79/56
Rohrsow 66/(75)
Rohrstück 30/(129)
Rohr Stücken 30/(129)
Rohr Teich, Klein 86/(58)
Rohrwier(d)el 80/40
Rohr Wiese 10/(67), 47/30
75/82, 77/34
Rohr Wiesen 20/8, 41/95,
75/82, 78/55, 103/(116)
Rohr Wieße 47/30
Rohrwisch 89/47
Rohrwischen 20/8
Rohsenwinckel 95/9
Rohtsohlsche Cafeln 99/6
Rohte Fohrt 64/51
Rohte Kuhl 30/50
Rohten Behck 63/12
Röhten, Coßer 96/(33)
rohten Grund 19/(113)
Rohten Halß 81/(155)
Rohten Halß Mohr
81/(156)
Röhten, Hufen 96/(43)
Röhten, Langen 96/(51)
Röht Kuhl 70/59
Röht Kuhle 89/(74)
Roht Sahl 95/(12)
Röht Sahl 27/42
Röht Soll 46/21
Röht Wische 14/(95)
Roken Grund 65/52
Roland 70/(46)
Rölcken Mohr 63/55
Rölkenmaur 63/55
Römismaur 63/74
Römsche Wiese 63/74
Rondel 5/10
Rönitz Stücke 69/(130)
Rönne 46/58
Rönniz 69/(83)
rönn', Paul- 81/87
Rönnschlag 25/70
Rönnslag 25/70
Rönschlag 25/70
Roocken Föhren 71/(109)
Rooderad 52/(104)
Ro(o)dt Gärten 22/30
Röpen 67/33
Röpen, Lütten 67/32
Röpens Wieße 67/(133)
Rosch Busch 96/(10)
Rosenbusch 22/37
Rosengarten 26/1, 65/18
Rosengor(de)n 62/85,
100/12
Rosenkuhl 102/12
Rosenkuhl Slag 102/11
Rosenstrat 26/1
Rosenwinckel, ahm felde
97/(78)
Rosenwinckell 95/9
Rosenwinckelschlag 95/9
Rosenwinkel 95/9
Rosewinckel 95/9
Rosnitzer Wiesen 78/(79)
Roß Busch 96/(10)
Roß Stücken 96/(58)
Roßtannen 1/(165)
Rosstücken 96/(58)
Röster Buschs 24/37
Röt 97/22
Rote Grund 40/(15)
Roten Bäcks Stücken
62/(73)
Roten Grundt 62/(61)
Röterberg 13/3
rote werder 22/38
Rothdammschen Hofe
52/(105)
rothe Fuhrt 64/51
Rothe Grund 62/(61)
Rothe Grundt 19/(113)
Röthe, Lütte 49/(57)
Rothen Born 106/(56)
rothen Stücken 97/(43)
rothen Stücken, schmahlen
97/(85)
Rotherogkes heide 12/(21)
Rothe Soll 27/42
Rothkälcken 105/38
Röthkuhl 70/59, 105/38
Röth Kuhl 45/19
Röth Kuhle 71/75
Röthlitz, Plaßkower
17/(89)
Röth, Lütt 49/(57)
Rothorst 32/20
Röthpohl 105/38
Rothrocks Heyde 12/(15)
Roth Rocks Heyde 12/(21)
Roth Soll 95/(12)
Röth Sölle 95/(12)
Rötkuhl 20/7, 46/20,
70/59, 99/6, 105/38
Rötkuhlsche Dannen
71/74
Rötsahl 27/42, 46/21
Rotstück 30/50
Rottenbarg 19/41
Rott Garten 22/30
Rottgor(de)ns 22/30
Rott Zahl 46/21
Rouskölk 30/52
Rouven 13/75
Roven 13/75
Rüben Camps Stücken
97/(79)
Rübenkamp 19/(114),
97/(79)
Rüben Kampe 97/(79)
Rüben Stücken 69/6
Rüb-Kamp 97/(79)
Rübsahls Stück 97/(80)
Ruchel 71/81
Ruchel Camp 71/85
Rucheldannen 71/84
Ruchel, Göhlensche 71/81
Ruchelkamp 71/85
Ruchelkoppel 71/77
Rucheln 71/81
Ruchent 31/(39)
Rückell Busch 56/(191)
Ruckenzien 47/(117)
Rucks 17/3, 35/36
Ruckschen 14/21
Ruckschen Tannen 14/20
Rucksen 14/21
Rucks Kamp 14/20
Rucksmohr 14/(96)
Rudel 79/32
Rudick 48/(142)
Ruecks 14/21

Ru(e)cks Camp 35/36
Rue(h)m Felde 30/(130)
Rues Wiesen 10/(68)
Rugboort 75/32
Rugboortwischen 74/45
Ruge Horst 42/(17), 72/(45)
Rugel 71/81
Rugell Wiesen 71/81
Ruge Moor 80/34
Rugenbarg 103/40
Rugen Barg Stücken 103/40
Rugen Berg Stücken, schmahlen 103/(126)
rugen Dieck 1/36
Rugen Diek 1/36, 86/37
rugen Horst 72/(45)
Rugen Karck Stücken 16/(62)
Rugensien 47/(117)
Rugen Strange 63/(160)
Rugenwiesen 83/(103)
Ruge Summhorst 72/(45)
ruge Wiesen 103/(117)
Ruggel 71/81
Rugitz 57/78
Rug Lock 29/1
Rug Mour 80/34
Rugstiert Wenn' 57/73
Rugstiert Wenn'n 57/73
Rugustin 69/30
Ruhbarg 50/6
Ruhestätte 13/(101)
Ruhkiep 74/(118)
Ruhkieten 45/45, 45/46
Ruhkiets Möhren 62/(163)
Rühmde 83/72, 84/(35)
Rühmde Schlag 84/(36)
Rühme 84/(35), 101/(7)
Rühmen 29/(36), 62/(160)
ruhm Felde 30/(130)
Ruhm Pöhrtgen 64/(175)
Ruhm Rith 97/(81)
Rühm Schlage 84/(36)
Ruhmsegen, Grosse 83/52
Ruhmse(ge)n, Klein 83/50
Ruhmsegen, Lange 83/54
Ruhmsegen, Mittelst 83/51
Rühmten 83/72
Ruhm Wiesen 83/72
Rühr Wisch 41/95
Ruhten, Achter 22/56
Ruhten Berg, 10 95/(173)
Ruhten, 6 95/(157)
Ruhten, Sieben 106/(58)
Ruhten, Vier 81/(173)
Rukark 44/88
Rukick 67/(134)
Rukiehten Wiese 49/(61)
Rukiep 38/15, 51/32
Rukiet 51/32
Rukiet, Brei(d) 45/45
Rukiet, Small 45/46
Rukiken 46/(59), 51/32
Rukiken Ohrt 46/(60)
Ruks 35/36
Rukschen Dannen 14/20
Ruksen 14/21
Rumen 40/19, 63/43
Rumen Wische, großen 95/(99)
Rumer Barg 40/18
Rumohr 103/(118)
Rumpen Wiesen 10/29
Rumsägen, Grot 83/52
Rumsägen, Langen 83/54
Rumsägen, Lütt 83/50
Rumsägen, Middelst 83/51
runde Berg 5/(60), 11/(16)
runde Cavel 33/(63)
runde Holtwiese 35/(104)
Runde Kamp 12/(83), 75/132
runde Mohr 103/(118)
Runde Moor 63/(42), 79/123
runden Berg 11/(16)
runden Busch 103/(119)
runden Busch, achtern 65/(154)
runden Camp 12/83
Runden Camp 57/(101)
runden Felde 97/(82)
runden Höfen 14/(97)
Runden Höfen 14/(97)
runden Horst 63/(161)
runden Kamp 45/39
runden Kuhle 63/(162), 64/(176)
runden Mohr 63/(42), 103/(118)
Runden Mohr 56/(192), 63/(42)
runden Mohr-Stücken 103/(120)
Runden Strang 63/(163)
Runden Strangen 63/(163)
Rundentheil 75/55
Runden Wiese 95/(148)
Runden Wiesen 36/(142)
Runden Wisch 95/(148)
Runde Reh Horst 42/(62)
runder Kamp 75/132
Runde Scharpen Horst 42/(55)
Rundes Moor 79/123
Rundesoll 106/(57)
Runde Theil 1/173
runde Wiese 25/(112), 95/(148)
Runde Wiese 21/(92), 41/(135)
runde Wische 14/(98)
runde Wiße 12/(135)
Rundhorst 73/(5)
Rund Horst 68/(160)
rund Mohrstück 103/(120)
Rundreers 53/(62)
Rundt Wiese 78/51
Rundwiese 3/(21)
Rundwisch 3/(21)
Run'n Barg 45/60
Runn' Deel 1/173, 5/10
Run'ndeil 75/55
Run'n Holtwisch 101/27
Run'n Kamp 45/39, 75/132
Runn' Kuhl 93/32
Run'n Kuhl 77/103
Run'n Mour 79/39, 79/123
Runn Wisch 78/51
Run'n Wisch 78/51
Rupen 31/(39)
Rupenwischen 10/29
Rupsch 17/3

Ruschen 57/78, 101/(76)
Ruschen Holtz 57/78
Ruschenholz 57/78
Ruschen Holz 57/78
Ruschen Wiese 57/77
Rüßchen 101/(76)
Russenkuhl 19/7
Ruten, Breit Drei 1/50
Ruten, Drey 96/(34)
Ruten, Fünf 1/47
Ruten, schmalen Drei 1/49
Ruten, Unecht Fünf 1/39
Rüter-Camp-Moor 65/(77)
Rüterkoppel 68/39
Rüter Lack 19/(25)
Rüterskamp 7/(65)
Ruthen, Achter 22/56
ruthen, breiten Drei- 1/50
Ruthen, breiten drei 1/50
Ruthen, 3 97/(35)
Ruthen, fünf 1/47
ruthen, Fünf- 106/(14)
Ruthen, 5 97/(40)
Ruthen, Kurzen 3 97/(60)
Ruthen, Langen 3 97/(63)
Ruthen, schmalen drei 1/49
Ruthen, schmahlen 3 1/49
Ruthen, sechß 95/(157)
Ruthen, 6 95/(157)
Ruthen Stücke, 5 105/(48)
Ruthen-Stücken, drey 97/(35)
Ruthen-Stücken, Fünf 97/(40)
Ruthen Stücken, fünf 1/47
Ruthen Stück, 6 95/(157)
Ruthen, unechten 5 1/39
Ruthen, Vier 97/(95)
Ruthen Wiese, Drey 96/(35)
Rütings Graben 103/(121)
Rütings-Graben 103/(121)
Rütings Stücken 103/(122)
Rütter Coppel 71/(143)
Ruucksen 17/3
Ruupen 31/(39)
Ruwen Köhlinge 62/(164)
Ruwen Rade 83/(104)

S

Saager Moor 67/2
Saaglaf 48/(148)
Saal 13/39
saal, Brand- 103/38
Saale, Kuh 95/(131)
Säälen 94/38
saalen, Ihlen- 91/26
Saalsberg 13/41
Saaltannen 13/43
Saar Lande 48/(143)
Saaß 67/66
Saaten, Baben 6/25
saaten, Nieder- 6/27
Saaten, Vordersten 6/26
Saat Höuel 22/(90)
Sabock 43/64
Sabuck 43/64
Sachsen Grundt 63/47
sachs, Kau- 69/87
Sack 73/(83)
Sackelaunen, Groth 14/36
Sackelaunen, Lütt 14/(87)
Sackeldannen 14/36
Sackeltannen 14/36
Sackels Hörn, Lütt 52/40
Säckels Kamp 52/(106)
sack, Pfeifen- 90/5
sack, Piepen- 90/5, 95/3, 96/27
Sack, Piepen 90/5, 95/3
sack, Pipen- 95/3
sack, Puet- 47/47
sack, Puht- 47/47
sackseck, Hawer- 7/43
sacksschlag, Habe- 8/(3)
Sadamschen Stücken 71/45
Sadeßt 98/(26)
Saege 1/(162)
saegs Wiese, Hop- 77/10
Saelen 90/25
Saelen Coppel 86/15
Saelsche Kamp 90/(24)
säels, Nah- 74/76
Safahnens Camp 76/(97)
Säfihn 70/(47)
Säg 73/15
Säg, Breed 72/30
Sagbuck 12/63
Säge 1/(162)
Sagebock 12/63, 43/64
Sagebuck 43/64
Sage Kuhle 73/15
Sagekuhlen Stücke 33/(64)
Sag(e)laff 17/(94)
Sagelaff 67/(135)
Sagelack 45/36
Sagelaf, breite 25/(97)
Sagelappen, Langen 70/48
Sagel Hof 56/(193)
Sagelhoff 56/(193)
Sageloff 71/(57)
Sageloof 55/(65)
Sage Loppen, langen 70/48
sägen, Grot Rum- 83/52
sägen, Langen Rum- 83/54
sägen, Lütt Rum- 83/50
sägen, Middelst Rum- 83/51
Sagen Mohr 67/2
Sägen Wiese 41/(136)
Sager, grothen 29/(30)
Sagerinschen Hegen 70/(168)
Sager Orth 55/(66)
Sägers Holtz 59/(88)
Sagers Koppel 29/(37)
Sägers Wießen 38/(98)
Saggermaur 67/2
Sagger Mohr 67/2
sägholt, Hopp- 77/13
Saglaff 45/36, 71/(57)
Saglaf(f) 16/(63)
Saglaft 71/(57)
saglappen, Lang- 70/48
Saglappen, Langen 70/48
Sagloff 41/(137)
Sag Prieß 29/(38)
sägs Wiese, Hoop- 77/10
Sagwisch 74/(119)

Sägwisch 90/8
sägwisch, Hopp- 77/10
Sahafelaff 48/(148)
Sa(ha)velachter Wiesen 48/(147)
Sahl 13/39, 42/(85)
Sahlau 48/(144)
sahl, Brand- 103/38
sahl, Bund- 85/38
Sählcken 9/4, 85/8, 101/(45), 104/(44)
Sahldannen 13/43
Sählen 81/45, 86/15, 95/41
Sählen Berg 70/(28)
Sählen, Langen 95/41
Sählenstücken 9/4
sählen, Wied- 81/43
Sahler Stücken, Deep 103/(56)
sahl, Hoppen- 26/(54)
sahl, Kahn- 24/24
Sahl, Kahn 24/24
Sählken 9/4
Sahl, Kronß 97/(59)
Sahl, Mentzendorfer 93/88
Sahl, Plahten 95/(146)
sahl, Plumpen- 65/14
Sahl, Roht 95/(12)
Sahl, Röht 27/42
sahl, Röt- 27/42, 46/21
Sähls 44/107
Sahlsbarg 13/41
Sählsberg 70/(28)
Sählsche 73/(128)
Sahlschen Berge 70/(28)
Sahlschen Camp 63/(164)
Sählsche Stieg-Stück 95/(149)
sahls Stück, Rüb- 97/(80)
Sahlstücken 13/40
Sahl Stücken 43/(112)
Sahmwiets Wischen 73/(91)
Sahner Uhr(t) 71/113
Sahns, alte 77/15
Sahnschen Wiesen 77/2
Sahns, Große 77/14
Sahns, Langen 77/2
Sahns, Lütt 77/23
Sahn Wiesen 74/11
sahn, Wietz 75/(22)
Sahnwischen 74/11
Sahnwit 74/(7)
Sahnwitt 74/(7)
Sahnwitzer Wiesen 74/11
Sahnzer Hoew 77/23
Sahren 55/(15)
Sahren Beeck 62/71
Sahrensien 71/17
Sahrhoefen 85/7
Sajen orth 71/113
Salchen Wiesen 63/(165)
Sälchen Wiesen 63/(165)
Sale, Karlins 4/(38)
saler Stücken, Deb- 103/(56)
sale, Snhüuer 87/(69)
Salhe, Schnüer 87/(69)
Sälist 44/107
Sälist, Lütgen 44/(160)
sall-Stücken, Up- 97/(94)
Salschen 63/(164)
Salschen Camp 63/(164)
Salschen Wiesen 63/(165)
Salunien Berg 36/(143)
Samels Fort 73/(68)
Samschen Fort 73/(68)
Samwitzschen Fort 73/(68)
Sanbarge, Wietten 65/(161)
Sanck, Vagel 96/(64)
Sanct Helenen 70/2
Sanct-Klasen 1/82
Sandbarg 1/135, 17/1, 66/29, 81/26, 84/(38)
Sandbargfeld 79/96
San(d)bargs Maur 17/26
Sand-Bargs-Schlag 84/37
Sandbarg, Witten 49/34
Sandberg 1/135, 13/(11), 65/(161), 69/(131), 81/26, 99/9
Sandberg, Ackerwohrden 84/(18)
Sandberge 21/(93), 81/26
Sand Berge 1/135
Sandbergen 1/135
Sand Bergen 55/(14), 66/29
Sandbergfeld 79/96
Sandberg-Feld 79/96
Sandbergsmoor 17/26
Sandberg-Stücken 99/9
Sandbergswiese 68/48
Sandberg, Weißen 59/(21)
Sandberg, Weißer 49/34
Sandblänk 9/(10)
Sandbreiten 98/(27)
Sand Camp 47/(118), 62/(165)
Sande 47/(119)
Sande, blancken 49/(29)
sande, Blanken- 49/(29)
Sandecken 96/11
Sandenn' 40/26
Sande, weißen 38/24, 42/96, 64/(195)
Sande werder 22/40
Sande, Wietten 38/24
Sande, witten 27/55
Sande, Witten 20/20
Sandfelde 60/(30)
Sandfohrt 56/(194)
Sandfort 65/88, 70/(169), 75/160, 76/17, 77/125
Sandforth 9/(42), 75/160, 76/17
Sandforths Kamp 78/(93)
Sandforts Camp 70/(170)
Sandfortswiese 76/17
Sandfuhrt 72/(9)
Sandfurt 77/125
Sand Furt 77/125
Sandfurth 75/160
Sand Furth 3/(11)
Sand, großen 68/80
Sand, Groten 68/80
Sandgrund 105/(59)
Sandhafer 39/17
Sandhawer 39/17
Sandhoew 15/20
Sandkamp 67/67, 92/7, 100/20
Sand-Kamp 100/20
Sand Kämpen 66/(76)
Sandkavel 99/9
Sand, kleinen 68/79

Sandkolsch Kamp 70/96
Sandkoppel 48/28
Sandkrugen 40/7
Sandkuhlenslag 93/44
Sandkuhls Camp 70/96
Sandkuhlsche Kamp 70/96
Sandlache 14/(99)
Sand-Lacke 1/116
Sandlacke 1/(116)
Sand Lahcke 1/(116)
Sand, Lütten 68/79
Sandmeer 24/(15)
Sand Mehr 24/(15)
Sandorf 28/(52)
Sandplietsch 6/(18)
Sandschneis 13/44
Sandscholle 41/(28)
Sandstück 9/11
Sand-Stück 38/(99)
Sandstücken 9/11, 10/46, 45/51, 90/(40), 101/(77)
Sand Stücken 40/26, 90/(40), 97/(83)
Sandstücken, Altenteils 9/(12)
Sandstücken Tannen 5/(17)
Sandt-Berge 84/(38)
Sandtbergen, beyden 1/135
Sandt Camp 67/67, 93/(126), 100/20
Sandtfohrt 65/88
Sandtforth 75/160
Sandt Gründen 36/(144)
Sandtkamp 92/7
Sandt Kamp 62/(165)
Sandtstücken 97/(83)
Sandt Stücken 9/11, 95/(150), 103/(123)
Sandtwerder 22/40, 35/2
Sandwarder 22/40, 35/2
Sandweg 42/35
Sand Weges Stücken 20/(61)
Sand, weiße 27/55
Sand Werder 22/40, 35/2
sandwerder, Amts- 35/2
Sand, Witt 27/55, 42/96
sangk, Vogel- 96/(64)
Sangs Mohr 66/(77)
sangs Stücken, Vagel- 96/(64)
sang, Vagel- 92/8
Sanitz, Große 77/14
Sanitz, Lü(tte) 77/23
Sankt Clasen 1/82
Sankt Helenen 70/2
sank, Vogel- 96/(64)
Sanneböm 68/46
Sannenbarg 68/48
Sannen Barg 68/48
Sanneviet 73/(91)
Sann', up'n 51/11
Sann', Witten 20/20
Sant Camp 62/(165)
Santfort 75/160, 76/17
Santkühlischen Kamp 70/96
Santvorde 77/125
Sappel Wiese 71/2
Sarm 55/(15), 56/(11)
Sarncken Brüg Wiese 75/(117)
Sarnzien 71/17
Sarren 55/(15)
Sarren Kreutz 78/(101)
Sasch 68/16
Sasche 46/22, 67/66
Saschen Grund 63/47
Saschen Kamp 48/(146)
Saschen Ohrt 64/(177)
säs, Na- 74/76
Saspel Camp 48/(145)
Saß 46/22, 68/16
Saße 68/16
Saßen 46/22
Saßen Camp 48/(146)
Sassengrund 48/92, 63/47
Sassen Grund 48/92
Saßischen-Grund 63/47
Satans 71/45
saten, Baben- 6/25
saten, Nedder- 6/27
Saten, neder 6/27
saten, Vör- 6/26
Sater Bäumen 6/(22)
Satgen, baven 6/25
Satgen, nedden 6/27
satgen, Vor- 6/26
Sätien 38/(102)
Satjen, Nedde 6/27
Satkleisen 69/51
satz, Boln Ste- 65/(79)
Sauer Kuhl 63/18
Saupark 4/(23)
Saywende 70/(171)
scarm, Ba- 63/(45)
Schaaf Brücke 24/(8)
Schaafdamm 95/17
Schaaf Damm 95/17
SchaafDamms Wiese 95/16
Schaaftrift 18/14
Schaafwaschhorst 94/(50)
Schaal Horst 44/54
Schaap Wiesen 63/(166)
Schaarplatzen 101/(78)
Schabernack 77/22
Schableck 27/38
Schafbrücken 95/(151)
Schafdamm 35/51
Schafdamme 35/51
Schäfer Acker 84/(39)
Schäferbruch 11/17
Schäfer Brücke 11/(69)
Schäfer Camp 18/44, 29/21, 100/6
Schäfer Cohte 29/9
Schäfer Coppel 75/(194)
Schäfer Coppell 24/(22)
Schäferei 62/(166)
Schäferey 62/(166), 75/122
Schäferey Ellern 93/83
Schäferkamp 1/64, 4/51, 7/17, 18/44, 106/(21)
Schäfer Kamp 75/(194), 84/(40), 87/21
Schäferkamp, Grot 100/6
Schäferkamp, Lüt 100/(4)
Schäfer Koppel 34/(37), 64/4
Schäfer-Koppel, Große 100/6
Schäfer-Koppel, Kleine 100/(4)

Schäfer Stücken 29/(39)
Schäferteich 8/9
Schäferwiese 11/17, 18/(41), 77/71, 100/3
Schäfer Wiese 4/6, 55/(23), 64/(178), 73/(87), 100/3
Schäferwiesenkolk 77/70
Schäfer Wise 12/(136)
Schaff Damm 35/51
Schaffelaff 48/(148)
Schäffer Coppell 12/32
Schäfferwiese 11/17
Schäffer Wiese 4/6, 64/(178)
Schäfferey 11/(70)
Schäfferey, Alte 53/(11)
Schaf Stall 29/6
Schaftannen, Große 41/29
Schaftannen, Kleine 41/(30)
Schafwäsche 8/9, 18/23, 93/24
Schafwasch Horst 93/102
Schalen Berge 63/(167)
schälen, Ut- 2/(53)
schäle, Ut- 2/(53)
Schalhorst 44/54
Schallaß 44/54
Schallhorst 44/54
Schall Horst 44/54
Schall-Hörst 44/54
Schallöber 74/(120)
Schanieß 74/(121)
Schanß 74/(121)
Schanz 7/32
Schapbargen 57/21
Schapbrügg 78/68, 81/94
Schapdamm 35/51, 95/17
Schapdannen, Grote 41/29
Schapdiek 94/23
Schapdrift 18/14, 74/86
Schapkoppel 57/21
schapp, Brot- 40/41
schapp, Melk- 40/73
Schäpskuhl 17/49
Schapstall 29/6
Schapwasch 18/23, 90/41, 91/1, 93/24, 94/30, 106/33
Schapwäsch 86/17
Schapwaschenslag 26/15
Schapwasch Horst 93/102
Schapwaschhost 93/102
Schapwee(d) 47/33, 79/83
Schapwei(d) 80/31
Scharbenskolk 42/56
Scharfen, langen 63/(143)
Scharm 63/(45)
Scharm, Korten 63/(45)
Scharnser Kolck 74/33
Scharnser Wiesen 74/(30)
Scharpen Hege 56/(195)
Scharpen Horst, Lange 42/(60)
Scharpen Horst, Runde 42/(55)
Scharpen Kolk 42/56
Schar Plasten 101/(78)
Schatzkamer 77/106
Schauenkamp 15/49
Schauenkoppel 15/49
Schauens 38/(100)
Schaugenhof 13/61
Schaugenwiesen 13/60
Schaugenwischen 13/60
Schaukenhof 13/61
Schaulacker 77/85, 81/53
Schaulbarg 31/31
Schaulkamp 16/20, 30/56 36/39, 40/36, 43/20, 45/43, 46/12, 47/65, 48/42, 49/11, 52/79, 57/30, 59/15, 63/58, 67/45, 68/21, 69/70, 70/24, 71/37
Schaulkolk 64/70
Schaulkoppel 14/2, 23/6, 23/37, 25/92, 33/12, 36/37, 65/47
Schaulland 19/34
Schaulstücken 94/24
Schaulwisch 15/11, 19/19, 30/57, 40/1, 45/11, 47/42, 48/79, 52/18, 57/25, 63/64, 67/43, 69/71, 70/81, 76/26, 77/90, 78/19
Schaulwischen 44/57
Schaumanns Busch 52/71
Schaun 15/49
Schausterkraug 64/36
Schausterkuhl 48/86
Schausterwisch 94/10
Schauster-Wisch 94/10
scheden, Mark- 84/(32)
schede sten 1/60
Schede Wiese 83/(48)
Schee(d)bom 52/88, 61/7
Schee(d)busch 1/43
Schee(d)klies 53/36
Schee(d), Kramßer 48/4
Schee(d)koppel 53/12
scheed, Mark- 98/1
Schee(d)stücken 74/92
Scheel Wischen Holtz 53/65
Scheeper Camp 31/41
Scheeperkuhl 58/(25)
scheer, Knip- 1/13
scheer Wiese, Knip- 1/13
scheer-Wiesen, Knip- 1/13
Scheeßelbarg 25/21
Scheewen Berg 100/15
Schefen Barg 100/15
Schei(d)barg 5/6, 19/51
Scheid Berg 5/6
Schei(d)bom 67/15
Scheidebaum 20/(62)
Scheide Baum 38/(101), 61/7, 62/(167)
Scheide, Breesgarder 63/56
Scheide Busch 1/43
scheide, Feld- 78/(40)
scheide, Feldt- 78/(40)
Scheidehost 83/(48)
Scheide, Kleinower 76/(77)
Scheide Koppel 53/12
Scheide, Kuhstorfer 67/23
Scheidelaake 57/75
Scheidel Stücken 102/(42)
scheide, Marck- 97/(68)
Scheidenbaum 67/15
Scheiden Laack 31/(58)
Scheiden Lache 31/(58)
Scheiden, Marck 97/(68)
Scheide, Straßer 14/(105)
Schei(d), Kauhstörper 67/23
Schei(d)lak 57/75

Schei(d)öwer 51/74
Schei(d)stieg 90/37
Scheiselberge 25/21
Scheitelberg 25/21
Scheiter Busch 4/(50)
Schelb Wiese 64/(179)
Schelcken Baum 1/(188)
Schelcken Bohm 1/(188)
Schelfwiese 57/(102)
Schellen Wiese 89/(75)
Schellschen Camp 71/(144)
Schell Wiesen Holtz 53/65
Schelp Kuhle 22/(91)
Schelplock 36/75
Schelpwisch 53/65
Schelpwische 55/(67)
schemel, Drei- 5/27
Scheperbarg 101/38
Scheper Brüg 73/(88)
Scheperdiek 8/9
Scheperie 75/122
Scheperienholt 93/83
Scheperkamp 7/17, 11/27, 18/44, 29/21, 31/41, 64/4, 87/21
Scheper Kamp 4/(51), 24/(22), 100/6
Scheperkat 29/9
Scheperkoppel 100/6
Scheper Ohrt 63/6
Scheperort 63/6
Schepers Camp 6/15
Schepers Höfe 6/(24)
Schepers Höfen 6/(24)
Schepers Kamp 6/15
Scheperwee(d) 70/68
Scheperwiese 102/(21)
Scheper Wiese 12/(136)
Scheperwisch 4/6, 31/5, 77/71, 94/20, 100/3, 101/28, 105/28
Scheper Wisch 73/(87)
schere, Knip- 1/13
Scherings Koppel 1/77
scherr, Knip- 1/13
scherr, Knipp- 1/13
scher-Wiese, Knip- 1/13
Scheunen Stelle 51/(102)
scheunen, Ziegel- 1/124
scheune, Ziegel- 1/124
Scheune, Ziegel 68/(177)
Scheun Koppel 53/15
Scheunstele Wiese 51/(102)
Scheupen Orth 77/(16)
scheure, Ziegel- 1/124
Scheveberg 100/15
Schevenberge 43/37
Schevenbleck 43/(113)
Schew Barg 63/19
Schewen Barg 26/31, 27/63, 43/37, 100/15
Scheyde Baum 63/(168), 67/15
Schibenbarg 62/43
Schibenwisch 93/47
schicht, Börm- 69/49
schicht, Klump- 69/50
Schied-Busch 1/43
schiefe Berg 100/15
Schiefe Berg 63/19
schielcken Bauwme 1/(188)
Schieleken Baum 1/(188)
Schieren Stücken 92/10
Schierfurt 65/23
Schierhorst 43/2
Schierhorst, große 43/2
Schierhorst, Kleine 27/51
Schierhorst, Lütt 27/51
Schießhause 1/108
Schieß Hause 1/108
Schieß Hofe 1/108
Schiess Loek 58/(8)
Schiet Busch 56/(196)
Schiffkuhl 17/49
Schiffskuhl 17/49
Schilf Hobbel 75/(9)
Schilf Wiese 54/(43), 64/(179)
Schilf Wiesen Stück 64/(180)
Schillerkoppel 27/31
Schillingstücken 9/15
Schillings Stücken 9/15
Schinckenwiese 79/(133)
schinken, Büchsen- 22/10
schinken, Bücksen- 12/39, 22/10
Schiphusenkuhl 64/28
Schlachten Ohrt 68/(161)
Schlachten-Ort 68/(161)
Schlachter Koppel 1/118
Schlächter-Koppel 1/118
schlaege, Krum- 16/(52)
Schlag 59/17
Schlag auf dem Berg 95/24
Schlag, Bahlen 89/(18)
Schlagbaum 69/(132), 77/33
schlag, Berg- 95/24
Schlagbohm 77/33
Schlag, Brestücken 95/(79)
Schlag, Brete Stücker 101/(60)
Schlag, Burorter 4/(28)
Schlag, Diecks 89/(14)
Schlag, Diestelgrund 8/(17)
Schläge, Außen 53/(14)
Schlage, Faust 67/70
schlage, Ihs- 96/(44)
schläge, Kämpfen- 8/6
Schlage, Lehmbergschen 8/4
Schläge, Lüthen 86/(64)
Schlägen, Bauer 93/(109)
(s)chlägen, Iß- 96/(44)
Schlage, Rühm 84/(36)
schlag, Flecken- 49/(40)
schlag, Groten Sot- 53/58
schlag, Habesacks- 8/(3)
Schlag, Hauer 84/(23)
schlag, Horster Zu- 94/6
schlag, Isenholz- 69/(113)
Schlag, Kathen 4/10
schlag, Kempen- 8/6
Schlag, Kraus Eich 89/(16)
Schlag, Küsterey 4/24
schlag, Landwehr- 83/(96)
Schlag, Lehmberger 8/4
schlag, Lütten Sot- 53/59
Schlag, Mittel 4/(43), 84/(34)
Schlag, Mühlen 89/(17)
schlag, öberste Sprinck- 100/(34)

schlag, Renn- 25/70
schlag, Röhn- 25/70
schlag, Rön- 25/70
schlag, Rönn- 25/70
schlag, Rosenwinckel- 95/9
Schlag, Rühmde 84/(36)
Schlag, Sand-Bargs 84/(37)
Schlag, Schwien Ahren 101/(80)
Schlägstücke 34/(18)
schlag, Tannen Zu- 83/12
schlag, Tod- 72/(73)
schlag, unterste Sprinck- 100/(36)
schlag, Vierer Zu- 107/(45)
Schlag, Viersche 89/(15)
Schlag, Wäßerungs 8/(28)
Schlag, Weterings 89/(20)
Schlag, Woold 89/2
schlag, Zu- 54/5
Schle Dorn 3/25
Schleedorn 3/25
Schleers 43/7
Schlehen Stücke 86/(67)
Schlehpkows Kamp 102/(7)
Schleserberg 31/(30)
Schleser Eck 29/23
Schles(ing)er Mohr 30/(131)
Schlesische Holtz 31/12
Schleuschers Wiesen 39/(46)
Schleuse 25/76
Schleuser-Holtz 12/31, 43/73
Schleuserholz 12/31, 43/73, 44/(173)
Schleuser Holz 43/73
Schleuser Tannen 25/(77)
Schließgen 70/21
Schließke 70/21
Schließken 70/21
Schlietzen 70/21
Schlons Berg 36/84
Schlonshorst 36/(74)
Schlons horst 36/(74)
Schlonsrieh 36/72
Schloß 19/29
Schloßdiek 35/9
Schloßgarten 42/7
Schloßkoppel 57/57, 75/(13)
Schluem 19/(68)
Schluem, Große 19/(68)
Schluem, Kleine 19/(69)
Schlum 19/(68)
Schlüsen Stück 57/(103)
Schlüser holtz 12/31
Schlüser Holtz 12/31
Schlüßen Dam 12/(137)
Schlüßer Holtz 12/31
Schlüßer Holtze 43/73
Schmaal 98/(28)
schmaalen Stück 21/(94)
schmaale Wiesen 21/(95)
Schmachtin 47/18
Schmachtinsche Mohr 47/(120)
Schmäde Winckel 97/(84)
Schmädgens-Wisch 87/(68)
Schmahle Halß 68/(162)
schmahle Horst 81/(157)
Schmahlen 20/(63), 21/(94), 21/(95), 99/(50)
schmahlen 3 Ruthen 1/49
Schmahlen, Grittelschen 14/(63)
Schmahlen Halß 68/(162)
Schmahlen Heidt Berg Stücken 103/(124)
schmahlen Kriefnis 103/(125)
Schmahlen Lande 28/(53), 43/(114)
Schmahlen, langen 99/(42)
schmahlen Lehmkuhle 25/(113)
Schmahlen, Lieper 14/(82)
schmahlen rothen Stücken 97/(85)
schmahlen Rugen Berg Stücken 103/(126)
schmahlen Stücken 97/(86), 98/28, 99/(50), 101/53, 103/(127)
Schmahlen Stücken 25/(114)
Schmahlen Wiese 21/(95)
Schmahles Stück 89/(76)
schmahles Stücke 41/80
Schmahlestücken 101/53
schmahle Stücken 89/(76)
Schmahlgründen 21/(96)
Schmahlgrundt 21/(96)
schmahlhafsch Stück 103/(128)
Schmahl Horst 72/(61)
Schmahl Jarchen 28/(54)
Schmahlstück 51/(103)
Schmahl Stücken 23/(93), 93/(127)
Schmal Bäck 12/(138)
Schmale Linden-Stücken 107/(40)
Schmalen 15/28, 99/(50)
schmalen Claas 23/(94)
schmalen drei Ruthen 1/49
schmalen Drei-Ruten 1/49
Schmalen, Groth-Grittelsche 14/(63)
Schmalen Hals 68/(162)
Schmalen Halswiese 4/(21)
Schmalen Jähnen 17/(95)
Schmalen, Lange 99/(42)
Schmalen, Lieper 14/(82)
Schmalen, Lütt Grittelsche 14/(84)
Schmalenstück 21/(94)
Schmalen Stück 23/(93)
schmalen Stücken 41/80, 71/41
Schmalen Stücken 23/(93)
Schmalen-Stücken 97/(86)
Schmalen-Stücken, langen 99/(42)
Schmale Soll-Stücken 107/(41)
schmale Stück 41/80
schmale Wiese 84/(41)
Schmale Wiese 86/3
schmale Wische 21/(95)
Schmale Wische 84/(41)

Schmal Flaß Wiese 95/(152)
Schmalhorst 72/(61)
Schmalhorst-Bruch 72/(63)
Schmalken Kavel 20/(63)
Schmalken Stück 20/(63)
schmalle Horst 72/(61)
Schmallen Kläßgen 17/10
schmallen Lang Stücken 41/80
schmallen Wiesen 85/(68)
Schmall-Wiese 95/(153)
Schmall Wieße 95/(153)
Schmaln Parlang, tenß 17/12
schmal Streidahl 103/(129)
Schmal Winckel 97/(87)
Schmar 57/40
Schmarre 57/40
Schmarrehorst 57/(104)
Schmarren 25/27
Schmarrenstück 25/27
Schmarrewiese 57/(105)
Schmarsenstücken 25/27
Schmede-Wiese 95/49
Schmeds Wiese 95/49
Schmed Winkel 97/(84)
Schmeerwinkel 97/(84)
Schmehrwische 57/(105)
Schmerwinckel 97/(84)
Schmerwinkelstück 97/(84)
Schmets Wiese 95/49
Schmiede-Acker 96/(59)
Schmiede Caweln 104/(45)
Schmiedekamp 1/(84)
Schmiede Kamp 1/(84)
Schmiedel Stücken 23/(95)
Schmiedels Wiesen 23/(96)
Schmiede Wiese 86/1
Schmiede Wiese, Herren 1/(182)
Schmielen Stücken 23/95)
Schmielens Wiesen 23/(96)
Schmielerswiesen 23/(96)
Schmielis 70/(172)
Schmielitz 98/7, 99/5
Schmielk 98/7
Schmielsche Wiese 23/(96)
Schmiels Wiese 23/(96)
Schminkenberg 11/(14)
Schmöler Berg 22/3
Schmöler Bergen 22/3
schmöler furtt, Lüttken 21/(82)
Schmuchel 73/40
Schmucheln 3/27, 73/40
Schmuchel Orth 73/40
Schmuckeln 73/40
schmucken Stücken 1/81
Schmucken Stücken 1/81
Schmuckstücken 1/81
Schmuck-Stücken 1/81
Schmugel 73/40
Schmustin 67/(136)
Schnaackshorst 72/(93)
Schnäckhorst 72/(93)
Schnakenhorst, Grot 72/(93)
Schnakenhorst, Lütt 72/(94)
Schnakenwinkel 77/64
Schnappaufskamp 22/(66)
schnees, Barken- 77/108
schnees, Born- 41/16
schnees, Eikstrang- 48/91
schnees, Rohr- 79/56
schnees, Spring- 79/55
Schneider Kamp 74/51
Schneidermoor 83/(18)
Schneidermoorschen Tannen 83/(14)
Schneise, Rohr 79/56
Schneise, Spring 79/55
Schneise-Tannen 81/(10)
schneis, Sand- 13/44
Schneis, Witt 29/20
Schnell(e)nberg 44/86, 44/89
Schnellenberg, Großer 44/86
Schnellen Berg, Kleiner 44/89
Schnese, Block 72/(44)
Schnese, Krumme 72/(46)
Schnibbelwisch 55/25
Schniettel Heßern 68/(163)
Schniggen Kamp 95/(154)
Schnuben 59/(27)
Schnuben Tannen 59/(27)
Schnüer Salhe 87/(69)
Schoggens 52/50
Scholacker 87/34
Scholbarg 80/10, 107/20
Scholgor(de)n 107/17
Scholkoppel 11/17, 20/27
scholle, Sand- 41/(28)
Scholstücken 21/25
Scholwisch 21/14, 80/43
Scholwischen 107/3
Schöne Buchen 78/(94)
Schöne-Buchs-Horst 76/(98)
Schön Hasselhei(d) 64/63
Schön Hassel Heide 64/63
Schönhaßel-Heide 64/63
Schorns Wiese 74/(30)
Schornßer Wiese 74/(30)
Schornster Kolk 74/33
Schorn Wiese 74/(30)
Schorsflott 77/(100)
Schosterbarg 105/25
Schosterdrei(h) 1/15
Schreienhude 56/(197)
Schreitweg 19/(115)
Schrenkwader 51/23
Schret Stück 19/(116)
Schrevenberge 81/(158)
Schreven Ohrt 68/(164)
Schrickwasser 51/23
Schriwen Horst 43/(115)
Schrodamm 30/14
Schröders Dickt 79/(53)
Schröders Hof 90/31
Schröders Hörst 71/(112)
Schröders Kamp 71/39
Schrumpf 81/(159)
Schüen Stück 65/(110)
Schüen Wiesen 56/5
Schuer Camp 47/22
schuer, Immen- 13/25
Schuern Holt 47/44
Schuern Holtz 47/44
Schuer Wieße 47/44
Schufhuts Wiese 41/96
Schulacker 23/(51), 45/43, 95/(155)

Schülb Wiese 41/(138)
Schul Garten 59/15
Schulkamp, neuen 25/92
Schulkolk 64/70
Schulmeister Wiese 27/(95), 76/26
Schülpen Wiesen 40/63
Schülpreig 65/59
Schülp Wiese 40/63
Schülpwischen 40/63
Schultenacker 81/57
Schultenbarg 23/56, 51/15
Schulten Berg 102/24
Schulten Camp 32/7
Schultendiek 90/30
Schulten Häfen 70/38
Schulten Häven 70/38
Schultenhoew 70/38
Schulten Hofen 70/38
Schultenholt 44/11
Schulten Holt 44/11
Schulten Horst, Clas 44/(30)
Schultenkamp 5/27, 7/19, 7/38, 9/44, 10/26, 12/53, 13/23, 14/42, 15/21, 16/21, 17/32, 25/63, 25/93, 26/17, 27/25, 29/13, 32/7, 33/11, 34/23, 35/22, 36/14, 37/18, 38/28, 39/11, 40/38, 41/12, 42/100, 43/41, 45/59, 46/16, 47/4, 47/92, 48/43, 49/18, 50/28, 51/21, 52/33, 56/44, 56/59, 57/15, 57/35, 59/11, 61/12, 63/60, 67/49, 68/9, 69/67, 70/22, 71/18, 73/14, 74/58, 75/135, 76/14, 76/40, 77/27, 77/76, 78/47, 79/77, 83/19, 87/36, 91/23, 97/7, 98/10, 99/15, 103/67, 105/24, 106/9, 107/1
Schulten Kamp 74/77
Schultenkamp, Grot 30/9
Schultenkamp, Lütt 30/53
Schultenkamp, Oll 59/28
Schultenkavel 19/12
Schulten Kavels 19/12
Schultenkoppel 33/8, 52/80, 66/43
Schultenland 19/53
Schulten Land, Heiden 73/(29)
Schultenmaur 17/24
Schultenmoor 17/24
Schultenpaul 91/14
Schultensoll 90/(50)
Schultenstück 20/23, 21/6
Schulten Wiese 11/3
Schultenwisch 11/3, 14/9, 21/13, 36/22, 40/46, 41/61, 42/15, 45/12, 48/77, 52/19, 61/22, 63/63, 67/50, 69/72, 70/79, 71/12, 75/91, 76/27, 78/63, 79/114, 80/41, 83/4, 87/35, 90/16, 91/8, 95/34, 104/20, 105/35
Schultkamp, Oll 59/28
Schult Wiese 43/(116)
Schultz Acker 41/12
Schultz Camp 36/14, 40/38
Schultzen Acker 20/23, 28/(55), 33/11, 35/22, 63/60, 104/24, 107/1
Schultzen-Berg 102/24
Schultzen Bergen 70/(173)
Schultzen Busch 56/(198)
Schultzen Camp 6/(48), 10/26, 14/(30), 26/17, 38/28, 39/11, 42/100, 43/41, 47/4, 48/43, 59/28, 63/60, 68/9, 73/14, 81/57, 99/15, 103/67
Schultzen Höfe 70/38
Schultzen Hofen 70/38
Schultzen Höfen 29/13, 70/38
Schultzen Holtzwisch 16/(64)
Schultzenkamp 81/57, 90/(21), 95/(156), 104/24
Schultzen Kamp 5/27, 9/44, 62/(168), 66/43, 67/49, 73/14, 77/76, 96/(60)
Schultzen Koppel 65/(155)
Schultzen-Mohr 66/42
Schultzen ortt 19/12
Schultzenwiese 81/(160)
Schultzen Wiese 23/(97), 54/(44), 61/22, 63/63, 99/(51)
Schultzen Wisch 73/(129), 76/27
Schulwiese 31/(56), 44/57, 74/(122), 95/37
Schulzenacker 69/67, 105/9
Schulzen Acker 14/(30), 15/21, 25/93, 44/(174), 47/4, 61/12, 69/67, 77/76, 83/19, 87/36
Schulzen-Acker 105/9
Schulzenberg 14/39
Schulzencamp 13/23
Schulzen Camp 36/14, 101/(79)
Schulzenkamp 5/27, 5/(39), 6/(48), 34/23, 74/58, 75/135, 79/77
Schulzen Kamp 14/(30), 27/25, 34/23, 38/28, 43/41, 44/(174), 69/67, 71/18, 75/(120), 78/47, 83/19, 85/(69), 87/36, 98/10, 101/(79)
Schulzen Kamp, alte 98/(12)
Schulzenkämpe 77/76
Schulzen Kämpe 90/(21)
Schulzen Koppel 43/(117), 75/135
Schulzen Land 42/100
Schulzen Stück 21/6
Schulzenwiese 31/(57), 61/22, 74/(123), 75/91
Schulzen Wiese 14/9, 27/(96), 61/22, 69/72, 71/12, 83/4, 87/35, 97/(88), 99/(51), 107/(42)
Schulzen-Wiese 103/(130)
Schulzewiese 80/41
Schünenkoppel 53/15
Schünenstä(d) 56/5
Schün Koppel 24/(27)
schünsche Dannen, Tegel- 1/115

Schünstä(d) 7/20
Schün Städe 59/(89)
Schünsted 59/(89)
schün, Tegel- 1/124
Schuren Holz 47/44
Schurenkamp 47/22
Schuren Kamp 47/22
Schurschs 39/(47)
Schusterwall 1/(95)
Schütten Wiese 11/(71)
Schütters Wiese 11/(71)
Schütt Graben 12/(139)
Schützengor(de)n 1/108
Schuwut 41/96
schwaden, Drey- 14/(51)
Schwaden, Drey 14/(51)
Schwaden, dreyen 14/(51)
Schwaden Wiesen, 3 81/(112)
Schwadenwischen, Sechs 81/(165)
schwanz, Wiehen- 95/(170)
Schwarten Berge 68/81
schwarten Grund 5/(58)
Schwartkops Werder 81/(161)
Schwart Mohr, Groot 31/18
Schwart Mohr, Lütt 31/19
Schwart Moor, Grot 31/18
schwart Staemmen 42/(51)
schwartze Berg 73/(41)
Schwartze berg 22/(92)
Schwartze Berg 5/14, 16/16, 22/14, 51/4, 73/(41)
Schwartze Mohr 62/7
Schwartzenberg 44/111
schwartzen Berg 5/14, 25/37, 49/1
Schwartzen Berg 101/23
Schwartzenberge 49/1
schwartzen Berge 25/1, 62/(169), 68/81
Schwartzen Berge 18/(57), 22/14, 22/(15), 62/(169)
Schwartzen Borg 44/111
Schwartzen Lande 43/49
schwartzen Mohr 62/7
Schwartzen Mohr 36/11
schwartzen Mohre 62/7
schwartzen Wiesen 43/5
Schwartzen Wieße 44/3
Schwartzen Wießen 44/3
Schwartze Wiesen 43/5
Schwarzberg 25/1, 101/23, 106/(7)
Schwarzberger-Tannen 106/5
Schwarze Berg 41/20, 43/38, 49/1, 68/81, 81/14, 101/23
Schwarze Horst 54/(31)
Schwarze Mohr 15/(53), 31/18
Schwarzenberg 68/81, 106/(6)
Schwarzen Berg 106/(7)
Schwarzen Berge 25/1
schwarzen Bergen 49/1
schwarzen Land 43/49
schwarzen Wiese 43/5
Schwarzen Wiesen 44/3
Schwarzer Berg 5/14, 49/1, 106/5
schwarze Wiese 44/3
Schwedencamp 23/46
Schwedenkamp 23/46
Schwein Ahren 101/(80)
Schwein-Caven-Camp 66/46
Schwein-Caven-Stücken 66/(78)
Schweinehagen, Kurtzen 76/(83)
Schweinekobenhorst 72/67
Schweinekuhl 19/8, 23/45
Schweinekuhle 36/(145)
Schweine Kuhle 8/7, 106/16
Schweineweide 18/36, 83/17, 105/5
Schweinfohrt 79/(134)
Schwein Grund 31/24
Schwein-Hagen 76/28
Schweinhagensche Stück 81/(163)
Schwein Halben Stücken 81/(164)
Schweinhorst 75/(195)
Schwein-Kamp 66/(79)
Schwein Kuhle 19/8
Schweinkuhlen 78/(96)
Schweinkuhlenberg 78/39
Schweinkule 77/(137)
Schweins-Kuhl 84/(12)
Schweins Magen 68/83
Schweins Tannen 84/(2)
Schweinwiese 1/113
Schwein Wiese 1/113
Schwemmel Berg 42/(11)
Schwen 55/(68)
Schweriner Dannen 71/114
Schweriner Tannen 71/114
Schweriners Dick 77/4
Schwerinsche Dick 77/4
Schwerinsche Dickt 77/4
Schweuehorst 72/(80)
Schweue Horst 72/(80)
Schwien Ahren Schlag 101/(80)
Schwien Kuhlen 73/27
Schwien Orden 101/(80)
Schwienskuhl 42/(33), 42/34
Schwiens Magen 68/83
Schwiens Ohr 101/(80)
Schwöh Horst 72/(80)
scote, uth- 1/(62)
Seblan(n) 17/(96)
6 Enden Stücken 64/(181)
6 Roden 95/(157)
6 Ruhten 95/(157)
6 Ruthen 95/(157)
6 Ruthen Stück 95/(157)
Sechs-Schwadenwischen 81/(165)
sechß Ruthen 95/(157)
6 Stücken 64/(182)
sechs Stücken 64/(182)
Secken Coppel 75/(196)
Secken Coppell 24/(23)
Secken Koppel 24/(23)
seck, Per- 51/(40)
seck, Pre- 51/(40)
Sedel Stücken 102/(43)
Seebeck 65/61

Seeberg 35/(105)
Seeberge 35/(105)
See Bläck 68/50
Seebläk 46/19
See-Blänck 68/50
Seebleck 65/61, 68/50
Seeblenk 68/50
Seeblink 68/50
Seecken Koppel 93/(128)
Seedannen 93/98
See, Dröge 81/95, 82/13
See, Drögen 81/95, 82/13
See, faulen 21/(61)
See, Gartz 22/(79)
See, Gartzer 22/(79)
Seegbarg 32/(53)
Seege 1/(162), 2/6
Seegen 94/(5)
seegs Holz, Hoop- 77/13
See, Hern 22/7
see, Herren- 22/7
See, Herren 22/7
See, Herrn 22/7
Seehoff 59/(90)
Seehorst 81/(75)
See Horst 81/(75)
See Horstbruch 83/(22)
Seehörste 83/(22)
Seehörsten 81/(75)
Seek 51/41
See Kafel 35/(106)
Seepenbarg 4/7
Seerback 56/50
Seer-Banck 56/50
See, Ro(d)e 34/6
Seer Wischen 32/(54)
Seetannen 82/(14)
See-Tannen 93/98
See, trockenen 81/95
Seewien 70/(47)
Seewin 70/(47)
Sefcken Berg 70/(174)
Sege 1/(162)
Sege, Bred 72/30
Segefien 70/(175)
Segen Stede 70/(176)
segen, Grosse Ruhm- 83/52
se(ge)n, Klein Ruhm- 83/50
Segen, Langen 83/45
segen, Lange Ruhm- 83/54
segen, Mittelst Ruhm- 83/51
Segen, Riehm 83/52
Segersey 65/96
Segersie 65/96
Segg'brauk 21/11
Seggebrook 21/11
Seggebruch 21/11, 22/73
Sehe, faulen 21/(61)
Sehe, Gartz 22/(79)
Sehfiehn 70/(47)
Sehlecken Stücke 86/15
Sehls 44/107
Sehlschen Berg 70/(28)
Sehlschen Camp 71/(145)
Sehlschen, Grot 44/107
Sehlschen Stücken, Grot 44/107
Sehlscken, Lütt 44/(160)
Sehrbank 56/50
Seigersin 65/96
Seihlscken-Stücken 73/(128)
Seikbanck Bruch 56/(49)
seil, Brand- 53/54
seite, Wild- 39/(22)
Seitien 38/(102)
Selitz 73/(132)
Semmerinsche Camp 6/(49)
Sempslag 100/5
Sengels Camp 76/(99)
Separationsdamm 72/51
Separations-Damm 72/51
Serrahn 1/92, 12/48
Serrahnbrücke 12/48
Serßer Wiesen 30/(132)
Seute Grund 39/21
Seutin 39/3
Seutis 38/(102)
Sevien 70/(47)
Sevin 70/(47)
Sewien 70/(47)
Seytinn 38/(102)
Sibenitsche Berg 23/43
Sibirien 3/10
Si(d)e 33/14
Si(d)e Koppel 46/34
Siden Bokhöst 68/69
Siden Kavel 23/40
Siden Kavels 7/42
Siden Niendörper 76/7
Sidlist, Plaßkower 17/(90)
Sieben Bäume 78/(95)
Sieben-Bäum-Stücken 80/(26)
Sieben Eichen 19/52
7 Eichen 19/52
Sieben Ende 95/(158)
Sieben Enden 95/(158)
Sieben Ruhten 106/(58)
Siebenstücken 97/(89)
sieben Stücken 68/(165)
Sieben Stücken 97/(89)
Sieberts Kuhl 21/46
Sieck, Poggen 86/(65)
Siecks Koppel 56/(215)
Siede, Halb 64/(123)
Siedelist 73/(132)
Siedelitz 6/23, 41/49, 48/(149), 67/(137)
Siedelitz, Vock 48/67
siedel, Mut- 71/(140)
Siedelstrohm 69/57
Siedel Strohm 69/57
Siedel Strohms Camp, große 69/56
Siedenwiesen 33/14
Sieden Wiesen 35/(107)
Siederstroum 69/57
Siedlitz 53/29, 67/(137), 69/84, 70/(179)
Siefer 13/76
Siefer Cavel 9/47
Siefer Dannen 13/9
Sieferkamp 13/74
Siegen Strange 70/(177)
Siehlens 43/50
Sieh Liest 67/(137)
Siehlsen Camp 43/50
Siehn, Lüttgen 47/(112)
Sieken 56/(215)
sieke, Poggen- 86/(65)
Sieke, Poggen 86/(65)
Siel Camp 66/33

Siel(e)ns 43/50, 44/2
Sielers 43/(118)
Sielitz 16/5, 30/(133), 38/23, 69/84
Sielitzer Camp 43/50
Sielitz, Lütten 16/5
Sielkamp 66/33
Sielnsen 44/2
Siels 44/2
Siemcken Camp 56/(199)
Siemcken Mohr 56/(200)
Siem Langck 70/(178)
Siemsen 23/(98)
Siem Stücken 23/(98)
Siems Wieße 47/(121)
Si(e)nna 39/(48)
Siepen 33/25, 46/(61)
Siepen, Groten 33/(48)
Siepen, Lütgen 33/(56)
Sier 33/14
Sierack 43/62
Sierackenbarg 43/27
Sierck 64/8
Siercken 14/19
Si(e)rocken 43/62
Sierockenberge 43/27
Sierrocken 71/47
Siesloek 59/1
Sießblann 17/(96)
Sieß Lande 70/(37)
Sieß Loch 59/1
Sießlocker Mohr 59/1
Sieß Louck 58/(8)
Siest 51/(3)
Siesteruhrt 67/56
Sietlitz 6/23, 17/41, 41/49, 48/(149), 56/(201), 58/(55), 65/33, 67/(137), 101/43
Sietlitz, cort 103/(85)
Sietlitzen 70/(179)
Sietlitzer Coppel 75/(197)
Sietlitzer Holt 70/(180)
Sietlitz, großen 71/50
Sietlitz, langen 103/12
Sietlitz, lüttge 71/(138)
Siets Wiese 69/(133)
Siett, Wiltz 39/(22)
Siet, Wanzlitzer 10/45
Siet, Wilt 39/(22)
sietz, Piet- 41/(131)
Siever 13/74, 13/76
Sieverdannen 13/9
Siever Kabel 9/47
Sieverkavel 9/47
Siever Kaveln 9/47
Sieverkoppel 10/13
Sieverstannen 13/9
Siever-Tannen 13/9
Siever Tannen 13/9
Sieverwischen 13/76
sieve Wörten 6/(5)
Siewert'sche Kuhle 21/46
Silberberg 68/27
Silber Berg 42/(88)
Silberböcke 104/17
Silber-Bock, Grot 94/3
Silber-Bock, Lütt 94/(49)
Silber Kuhl 68/(166)
Silitz 36/(146)
Silitze 6/(23)
Silitzer Holtze 70/(180)
Simcken Wiese 57/(52)
Sims Horst 75/(70)
Sintzen-Soll 101/(81)
Sißelohck 59/1
Sitlitz 56/(201), 73/(132)
Sitlitzer Wege 6/(50)
Sit(z)litz 30/(133)
Sivers Horst 13/73
Siver Tannen 13/9
Slachterbarg 44/98, 63/50
Slachterkoppel 1/118
Slachterstieg 19/59
Slag 59/17
slag, Arften- 53/70
slag, Backaben- 86/48
slag, Bäk- 63/12
slag, Barg- 95/24
Slag, Blocksbarg 102/39
Slagbom 96/15
Slag, Breeden 63/11
slag, Buten- 86/29, 89/21, 105/14
Slag, Christinen- 53/43
slag, Deelung- 63/10
Slag, Drüdd' 76/2
Slägen, Mittel 87/(6)
slag, Felgen- 95/53
Slag, Grotwischen 104/2
Slag, Grotwischer 104/2
slag, Heed- 63/13
slag, Hof- 62/50
slag, Holt- 102/20
Slag, Ierste 76/16
slag, Kamp- 53/52
slag, Kauhdrift- 63/8
Slagkoppel 63/41
Slag, Krumm 53/67
slag, Moelen- 53/21, 90/26, 93/65
Slag, Nien 52/35, 53/67
slag, Pannkoken- 53/56
slag, Reirzendamm- 53/68
slag, Rönn- 25/70
Slag, Rosenkuhl 102/11
slag, Sandkuhlen- 93/44
slag, Schapwaschen- 26/15
slag, Semp- 100/5
slag, Stapel- 53/73
slag, Tau- 77/112, 83/12
slag, To- 54/5, 94/6, 95/36
Slag, Windmoelen 102/18
slag, Zuden- 53/69
Sleinz 43/7
Sleser Eck 29/23, 30/1
Slienzerkamp 66/36
Slöhdorn 3/25
Slonsbarg 36/84
Slonsrieten 36/72
Slüser Dannen 14/25
Slüser Holt 12/31
Slüßer Holt 43/73
Slüs, vört 25/76
Smachtin 47/18
Smä(d)kamp 38/36
Smä(d)koppel 74/85
Smä(d)paul 103/8, 105/19
Smä(d)winkel 36/44
Smä(d)wisch 31/1, 86/1, 95/49
Smalen 71/41
Small dree Ro(d) 1/40
Smallen 36/40, 36/58
Smallen Dämm 83/69
Smallen Kavel 38/49
Smallen Racks 44/75

Small Maur 15/58
Smalln Damm 27/23, 103/13
Small Rukiet 45/46
Small Stücken 41/80, 45/56, 101/53
smal, Mittel- 15/(71)
Sma(l) Riet 21/2
Smal Wisch 86/3
Smarr 57/40
Smarrenstücken 25/27
Smeerkuhl 67/55
Smittwisch 30/31
Smökerkamp 48/50
Smölener Koppel 23/34
Smuckstücken 1/81
Smugel 3/27, 73/40
Snaksbusch 13/72
Snaksmaur 15/26
Snellenbarg, Grot 44/86
Snellenbarg, Lütt 44/89
Snellenbarg-Stücken 44/85
Snellümlop 1/70
Snhüuer sale 87/(69)
S. Nicolaus Kamp 4/(49)
Sniederecken 28/5
Sniederkamp 74/51, 103/49
Sniederuhrt 62/5
Snippelwisch 55/25
Snippenkörken 71/86
Söck'n, Roden 45/18
Soddeldey 23/(27)
Soegenkuhl 9/37
Soegenkuhle 9/37
Soegenmöör 15/30
Soegenstück 9/7
Soehlwisch 94/38
Soehring 103/66
Soehrland, hinne 42/(39)
Soelcken-Stück 9/4
Soelen 81/45, 90/25, 96/26
Soelengraben 104/16
Soelenwisch 90/23
soelen, Wied- 81/43
soeler Bäk, Brand- 103/63
Soelken 85/8
Soelwisch 94/38
so genante Capelle 89/(45)
Sögncke 48/(150)
Sohl 49/(62)
Sohlstücken 79/92
sohl, Hilgen- 90/(60)
sohl, Pers- 25/3
sohl, Reyer- 90/52
sohlsche Cafeln, Roht- 99/6
sohl, Teigen- 90/(70)
Sohr 78/(67)
Sohre Kamp 1/128
Sohren 63/(169)
Söhren 43/(119), 48/(151), 63/(169), 67/41, 71/92, 81/(166), 97/(90)
Söhrenbarg 87/28
Söhren-Beeck 62/71
Söhrenberg 87/28
Sohren Kamp 1/128
Sohren Mohr 81/78
Sohren Wiese 4/(54)
Söhren Wiesen 71/92
Söhring 25/(51), 71/92, 95/33, 103/66
Söhring Stücken 104/(46)
Söhrings Berg 83/(23)
Söhrings Strang, Große 81/(162)
Söhrings Strang, Kleine 81/(135)
Söhrings Wiesen 81/(166), 103/66
Söhrken 71/92
Söhrkenkamp 71/88
Sohr Mohr 81/78
Sohrmoor 81/78
Söhrnberg 81/51
Söhrns Berg 83/(23)
Sohrwischen 36/90
Soitgen Mohr 66/(80)
Sölckenstück 9/4
Soldatenhaut 27/61, 29/14, 42/18
Sölken 85/8
Soll 5/24, 46/10, 79/92, 93/3
Söll 90/25
Soll, Adder 95/(61)
Soll, Bären 95/(65)
Soll, Blanken 28/(39)
soll, Brand- 103/38
Soll, Brand 93/(66)
soll, Bült- 106/34
Soll, Crambeer 95/(14)
Soll, Cramber 95/(14)
Soll, Dicke 106/(47)
Söllen 90/25
Söllen, Reier 90/52
Söllen Wiese 90/23
Söllen, Wriht 81/(177)
Sölle, Röth 95/(12)
soll, Flagen- 90/58
Soll, Flagen 90/58
Soll, Grot 95/41
Soll, Hilgen 90/(60)
Soll, Ihlen 89/48
soll, Ilen- 89/48, 91/26
Soll, Kahn 24/24
Soll Kamp 24/21
Soll, Krambehr 95/(14)
Soll, Krieg 95/40
Soll, Krog 81/(138)
Soll Koppel 86/15, 106/(37)
Soll, Kuh 95/(131)
soll, Lang- 106/(4)
Soll, Langen 106/(4)
Soll, Lausche 68/84
Soll, Lütt 95/42
Sollock 86/28, 94/26, 97/25
Soll, Platten 95/(146)
soll, Po- 25/3
soll, Reiher- 90/52
Soll, Reiher 90/52
Soll, Repziener 93/3
Soll, Ribbeziner 92/(27)
Soll, Roth 95/(12)
Soll, Röht 46/21
Soll, Rothe 27/42
soll, Runde- 106/(57)
soll, Schulten- 90/(50)
Soll, Sintzen- 101/(81)
Sollstücken 17/11, 79/92
Soll Stücken 28/(56), 101/(45), 103/(131)
Soll-Stücken 79/92, 107/(43)
Soll-Stücken, Breite 107/(32)

Soll-Stücken, Hinterste 107/(34)
Soll-Stücken, Schmale 107/(41)
soll-Wiese, Möhren- 90/11
Soll-Wiesen 95/(146)
soll, Wilken- 106/12
Soll, Wilken 106/12
sollwisch, Möören- 90/11
Soltkoppel 56/20
Soltsot 28/13
Soltstücken 17/11
Solt Stücken 17/11
Sömergraben 56/1
Sommeraben 103/32
Sommerawen 103/32
Sommeroffs 103/32
Sommerrafe 103/32
Sommershorst 72/65
Sommers Horst 72/65
Sommers Werder 79/108
Sommers Wiesen 103/(132)
Sommraben 103/32
Sonnenberg 81/82
Sonnenberg, hohe 81/82
Sonnenberg, kahle 81/(80)
Sontags Mohr 65/(111)
Soor Wiesen 36/90
Soraster Berge 59/(91)
Sorgenfrei 23/(27)
Soring 95/33
Söring 95/33, 99/20
Söringe 97/(90)
Söringen 97/(90)
Söringk 95/33
Söringsberg 83/(23)
Sorings Strenge 81/(162)
Söring Wiese 104/15, 105/1
Sörunge 81/(166)
Sot, Grot 105/11
Söten Höfell 42/(124)
Sothhof 49/(63)
Soth Koppel 49/(63)
Sotkoppel 70/53
Sot, Lüt 105/17
Sotschlag, Groten 53/58
Sotschlag, Lütten 53/59
sot, Solt- 28/13
Sour Kämpen 95/(159)
Sourkoppel 53/16
Sour Koppel 53/16
Sparlingsen'n 66/44
Speckbarg 102/33
Speck Cämpen 77/26
Specken 12/66, 26/20, 43/34, 47/(122), 48/73
Speckenbrauk 64/61
Speckenbrook 64/61
Specken Camp 12/66
Specken Höfe 86/27
Speckenkolk 26/20, 43/34
Specken Wießen 43/34
Speckenwiße 16/(65)
Specking 5/35
Speckkämpen 77/26
Specklake 66/(81)
Specklande 47/(123)
Speckmanns Tüsch 79/(59)
Specks Hoefen 19/(117)
Specks Horst 72/(113)
Speckunge, achter der 86/27
Speckwiese 43/34
Speck Wiese 26/20
Speken 12/66
Sperlingsende 66/44
Speukerbarg 31/23
Spicker-Kamp 64/(183)
Spieker Kamp 64/(183)
Spiel Böhms Camp 24/(34)
Spill-Böhm Kamp 24/(34)
Spitzberg 49/(64)
spitze Horst 44/(46)
Spitzen Ort 89/(16)
spitzen Riet 87/(70)
Spitzhorn 54/(45)
Spitzhorst 44/(46)
Spitz Horst 44/(46)
Splach 14/32
Splag 14/32
Spliethoewenstücken 25/22
Spliethof 25/24
Spliethöfen 25/24
Spliethoff 25/24
Spliethöven 25/24
Splithöfen 25/24
Split Höfen 25/24
Splitthofe 25/24
Splitthöven Stücken 25/22
Spöcke Horst 73/(8)
Spöcker Horst 73/(8)
Spöckhorst 12/(19)
Spohnn Camp 11/(72)
Spökenhof 86/27
Spornhorst 32/(55)
Spräkel Horst 83/(27)
sprei(d), Flaß- 10/42
Sprickel Horst 68/2, 83/(27)
Sprickelwiese 68/2
Sprickel Wiese 68/2
Sprickl Wiese 68/2
Spriethoef Stücken 25/22
Spriethöfen 25/24
Sprinck 92/(28)
Sprinck Borne 29/(40)
Sprinck Bruch 3/51
Sprinck Camp 100/(34)
Sprinck, Haßel 3/52
Sprinckschlag, öberste 100/(34)
Sprinckschlag, unterste 100/(36)
Sprinck Stücke 5/37
Sprinck Stücken 9/(66), 97/23
Sprinck-Stücken 95/(160)
Spring 3/51, 13/21, 25/(115), 97/23
Springbarg 25/86
Springbarge 25/86
Springberg 25/86
Springberge 25/86
Springborn 25/(116)
Springk 3/51
Springk Stücken 35/(108)
Springschnees 79/55
Spring Schneise 79/55
Spring Stück 97/23
Spring Stücke 98/(29)
Springstücken 5/37, 35/(108)
Spring Stücken 9/(66)
Sprink 106/(8), 106/(10)
Sprinkstücken 9/(66)

Spröckel-Horst 103/(133)
Sprückel Horst 103/(133)
Sprüng' 3/1
Sprünge 3/1
sprüngen, West- 25/32
Spuntstück 16/(66)
ßielitz, Vock- 48/67
ßoll, Krie(g)- 95/40
ßoll, Po- 25/3
Staafen Stück 38/(77)
Staafk 41/86, 48/54
Staafk Koppel 41/86
Staaft 48/54
Staar 38/(104)
Staavck 48/54
Stäbel 65/54
Stäbelinsche Horst 54/13
Stäbelinsche Host 54/13
Stäbelsche Host 65/46
Staben 15/13
stacken-Horst, Heu- 81/(127)
Stacken Horst, Heu 81/(127)
Stackenuhrt 14/3
Stackwisch, Groth 11/34
städ, Börm- 26/9
stä(d), Dörp- 25/16, 33/19, 41/33, 50/30, 63/59, 64/32, 68/37, 79/69, 92/1
städe, Bahl- 56/(95)
städe, Bohn- 56/(100)
städe, Dorf- 25/16
Städe, Dorf- 27/(75)
Städe, Dörp 102/(37)
städe, Kahl- 62/28
stade, Mal- 70/(154)
städen, Dörp- 32/38, 87/(45), 93/80
städen, Drögel- 69/48
Städen, Hälften 32/(42)
städen, Hoppen- 25/33
städen Horst, Kar- 95/(30)
Städenhost 103/22
Stadenkoppel 103/22
städen, Middag- 76/13
städen, Veh- 88/(8)
städer Barg, Kahl- 62/28
Städe, Schün 59/(89)
Stad Freiheit 22/22
stä(d), Hemp- 26/28
städ, Kahl- 74/14
stä(d), Kirch- 49/36
stä(d), Koeler- 74/32
städ, Mahn- 33/18
städ, Melk- 36/53
stä(d), Middag- 1/122, 1/151, 12/14, 70/107, 74/6, 79/2
Städ, Middags 72/(69)
stä(d), Mieler- 13/16, 61/14
stadsche Wiese, Bever- 95/(71)
stä(d), Schün- 7/20
stä(d), Schünen- 56/5
stadt, Dorf- 95/(85)
Städt, Dorf 32/38, 68/37
städt, Dorp- 1/44
städte, breiten Dorf- 85/(49)
städte, Dorf- 20/(37), 64/32, 68/37, 87/(45), 93/80
Städte, Dorf 63/59, 85/(52), 92/1
städte, Dorp- 85/(52)
städte, Kahle- 95/(119)
städte, Melker- 12/(120)
städten, Dorf- 1/44, 25/16
Städten, Dorf 20/(37), 21/(60), 23/(67), 33/19, 63/59, 95/(85)
städter Forth, Zegen- 70/(186)
städter Hof, Dorf- 63/66
Stadtfelde Lassann 1/45
Stadtfohrt 77/(119)
Stadt Fuert 77/(119)
Stadtgraben 22/(4)
stadt, Jahnken- 65/25
Stadtknechtes wisch 1/(63)
Stadt Lande 22/5
Stadtlann' 22/5
Städt, Melcker 12/(120)
stadt, Nie- 19/4
städtsche Hof, Pe(s)- 33/15
Stadtweg 73/42
Stad Werder 22/25
stä(d)wieden, Melk- 21/48
Staemmen, Schwart 42/(51)
stäette, Mieler- 13/16
Stafcke 56/79
Stafeke 41/86
Stäfenitzen 70/76
Stafen, Möllen 70/(153)
Staffen, Mahl 70/(153)
Staffertskuhl 65/43
Stafgen Ohrt 38/(103)
Stafke 56/79
Stäfke 41/86
Stäfken Wiese 41/86
Stäfnitz 71/22
Stafs, Hohen 38/(77)
Stäg 95/22, 104/23
Stägdämmen 95/22
Stäge 24/(47), 79/71
Stägel 57/42
Stägen, Grabower 79/71
Stägen, Niestädter 79/73
Stägkoppel 40/29
Stähgen 14/7
Stahlbarg 93/106
Stahl Camp 67/(138)
Stahnt 67/(139)
Stahr 56/(202)
Stäkenbarg 52/53
staken Horst, Hew- 81/(127)
Staken Paul 90/27
Stallbaum 2/(51)
Stallbohmsche Wiese 2/(51)
stall, Bollen- 74/(105)
Stallbum 2/(51)
Stall Cavellen, Nien Up 97/(73)
stall, Koppel- 74/(114)
stall, Lütten Up- 96/19
stall, Noht- 100/16
stall, Not- 100/16
stall, Noth- 100/16
Stall, Noth 100/16
Stall, Schaf 29/6
stall, Schap- 29/6

stalls Stück, Auf- 97/(94)
Stall Stücken, Up 97/(94)
stall, Swien- 44/110
stall, Swin- 44/110
stall, Up- 96/19, 97/(94), 105/(61)
stall Wiesen, Nien Up- 97/(73)
stals Stück, Auf- 97/(94)
Stämm- Cavel 105/(60)
Stämmen 92/12, 93/82
Stämmenbarg 26/34
Stämmencamp 18/6
Stämmenhof 104/19
Stämmenkamp 18/6
Stämmenkolk 75/40
Stämmenland 52/93
Stämmen Wiese 4/(52)
Stammen, Winckel 2/(45)
stämmen, Winckel- 2/(45)
Stämmenwisch 47/43
Stämme, Winckel 2/(45)
Stämmkohlhof 98/(31)
Stämm Wiese 98/(30)
Stämm-Wiese 47/43
Stämm Wiese, Hasen 97/13
Stämmwiesen 98/(30)
Stämm Wiesen 81/63
Stämmwischen 81/63
Stamp 71/(146)
Stampenhof 43/(121)
Stampen Wiese 43/(121)
Stampmour 38/18
Stam Stücken 98/(32)
Stäm-Wiese 76/(100)
Stancke Fort 72/(114)
Stanck Fahrt 72/(114)
Standkoppel 60/3
standt, Lütten Up- 96/19
Stane Host 78/(59)
Stanerkamp 78/(50)
Staner Kamp 78/(50)
Staner Wiesen 78/(61)
Stangelbusch 12/37
stangen, Zoll- 22/21
stange, Vogel- 1/(26)
Stantz 17/6
Stantzen 16/25, 17/5, 17/6
Stantz, Lieper 16/25
Stanufen 59/(27)
Stanzen 16/25, 17/5, 17/6
Stapelsbarg 53/74
Stapelslag 53/73
Stapenberg 10/15
Stäpnitz 70/76, 71/22
Stär 38/(104)
Stareschen Hof 15/(74)
Starfcke 38/54
Starkenkoppel 90/3
stäte, Dorf- 68/37
Stäte, Dorf 63/59, 64/32, 82/7
stäten Stücken, Dorf- 85/51
Stat Graben 22/(4)
statische Horst, Car- 95/(30)
Stätsche Wiese, Dorf 64/32
stätte, Ruhe- 13/(101)
stättschen Strang, Kohl- 62/(35)
Stau, Befer 95/(71)
Staucken 44/100
Staucken, Lütt 44/(161)
Staudick 68/22
Staudieck 68/22
Staudien 68/22
Staudinck 68/22
Stauding 44/(175), 68/22
Stauenwiese 15/13
Staur, Drog 71/(119)
Stauskarren-Rieh 14/(100)
Staußecken Barg 62/(57)
Stäußen, groth 14/24
Stäußen, lüth 14/(83)
Stauwisch 3/36
Staveck 48/54
Staven 15/13
Stäven 70/(181)
Staven Mohr 38/(105)
Stebelin 54/(46)
Stebelinschen Wege, beym 54/(47)
Stebnitz 70/76, 71/22
Stechel 52/27
Sted, Cahrstaedter Middags 72/89
sted, Dorp- 32/38
sted, Dörp- 68/37
stede, Dorf- 32/38, 79/69
Sted, Eldenaisch Middags 12/14
stede, Mahn- 33/18
Stede, Mohr 33/(58)
steden, Car- 95/(30)
steden, Dorp- 105/(45)
Stedenhorst 103/22
stede nie primer, Dorff- 19/20
Stede, Segen 70/(176)
stede zum Nien-Primer, Dorf- 19/20
Sted, Fresenbrügger Middags 72/(92)
Sted, Güritzer Middags 72/(50)
sted, Schün- 59/(89)
stedte, Dorf- 79/69, 87/(45)
Stedte, Dorf 41/33
stedte, Kahl- 62/28
stedten, Dorf- 25/16, 87/(45)
stedten Horst, Caar- 95/(30)
stedte, Viehe- 86/(42)
stedt, Veh- 86/(42)
Steegen 5/(56), 68/(167)
Steegen Höfen 14/7
Steem, Rath 20/(59)
Steenbarg 13/26, 30/33, 32/36, 45/47, 47/64, 48/11
Steenborg 9/18, 27/20
Steenborg, Grot 27/21
Steenborg, Lütt 27/19
Steendamm 1/101
Steenerbarg 5/42
Steenern Maur 27/33
Steenfatten Holt 27/11
Steenfeld 50/4
steen, Gielchen- 75/56
Steengrund 13/27, 40/16
Steenhobbel 28/26
Steen Hobeln 28/26
Steenkavel 33/21
Steenkoppel 44/101, 47/89

steen, Liggen- 71/70
steen, Liken- 44/70
steen, Opfer- 1/60
Steenwisch 95/46
Steert 40/51
Steffens 40/34
Steffensbarg 40/34
Steffens Grund 47/(124)
Steffens Hof, achter 54/19
Steffens Kamp 52/44, 53/30
Steg 95/22
Stege 1/(189), 79/71, 95/22
Stege, Hohen 70/104
Stegen 5/(56), 14/7, 95/22
stegen, Hoch- 70/104
stegen, Hog- 70/104
Stegen, Hogen 26/(51)
Stegen, Hohen 70/104
Stegen, Lütgen 26/(64)
Stege Stücken 40/29
Steg, Karck 57/(93)
Stegkoppel 20/35, 30/34
steg, Walzen- 75/36
Stehen Borg 9/18
Stehenbrinck 76/(101)
stehende Kopf 50/(8)
Stehen, Lingen 71/70
Stehenwiesen 76/(102)
Stehnn, Lingen 44/70
Stehn Wiese, grothe 11/(13)
Stehn Wiese, lütg 11/(12)
Steige, grühnen 1/100
Steige, Neeschen 1/27
Steige, Neesischen 1/27
Steig, grünen 1/100
steig, Güritzer Kirch- 1/176
steig, Kirch- 22/54, 28/1
Steig, Kirch 51/43, 81/17
Steilen Grund 13/(102)
steilen Grunde 13/(102)
Stein Bäk 69/(52)
Steinbarg 27/19
Steinberg 13/26, 28/4, 45/47, 47/64
Steinberge 47/64
Steinborg 9/(20), 28/4
Stein Breden 99/(52)
Steinbreider Stücken 99/(52)
Stein-Brincks Wiese 76/(101)
Stein Burg 27/20, 28/4
Stein Camp 48/11
Steindamm 1/101
Stein Damm 1/101, 41/(139)
Steindamme 1/101
Steinen, Gielchen 75/56
steinerbrügg, Grot- 103/14
steiner Brügg, Grot- 103/14
Steinersbarg 101/20
Steinfatter Holz 27/11
Steinfeldt 50/4
Steingrund 13/27, 40/16, 79/(67)
Steinhöfen 28/(57)
Steinhorst 36/(147)
Steinkamp 50/4
Steinkampf 4/(53)
Steinkavel 69/53
stein, Klöben- 9/(30)
Steinkopf 3/(26)
Steinkoppen Kamp 14/(101)
Steinkuhl 57/55
stein, Liegen- 71/70
stein, Liggen- 71/70
Stein, Lingen 71/70
Stein Möhr 69/53
Stein Wiese 76/(102)
Stein-Wiese, große 11/(13)
Stein-Wiese, kleine 11/(12)
Stein Wiese, Liggen 71/70
Stein Wische 11/(13)
Steinwisch, Groth 11/(13)
Stelbaums Wiesen 2/(51)
Stelbeumen 2/(51)
stele Wiese, Scheun- 51/(102)
Stellbäumen 2/(51)
Stellböhmen Wiesen 2/(51)
stell, Döerp- 25/16
stell, Dörp- 1/44
Stelle, alte Dorf 33/19
Stelle, Alte Dorf 32/38
stelle, Berbaum- 87/(48)
stelle, Bleich- 93/(49)
stelle, Dorf- 33/19, 63/59, 79/69, 92/1
Stelle, Dorf 1/44, 64/32, 68/37
stelle, Hoppen- 25/33
stelle, Jancken- 65/25
stelle, Kirchen- 49/36
Stelle, Köhler 74/32
stelle, Miele- 83/64
stelle, Mittags- 1/122, 1/151, 70/107, 72/(50)
Stelle, Mittags 1/122
stellencoppel, Dorf- 82/(7)
stellenkoppel, Dorf- 50/30
Stelle, Scheunen 51/(102)
stelle, Teerofen- 50/16
stelle, Vieh- 23/(53)
Stemberge 26/34
Stembkafelwische 105/(60)
Stemen 14/(102), 17/(97)
Stem Lande 103/(134)
Stemm Camp 18/6
Stemmen 47/43, 97/(91)
stemmen Wiesen, Winkel- 2/(45)
Stemm, Gulcken 75/56
Stemms 44/(29), 72/34
Stemm Wiese 58/(56), 95/(161)
Stemm Wiese, Grosse 84/(8)
Stemm-Wiese, Große 84/(8)
Stemm Wiese, Kleine 84/(9)
Stemm-Wiese, Lütge 84/(9)
Stemm-Wiesen 95/(161)
Stemm-Wiesen, großen 97/(91)
Stemm Wisch 92/12
Stemmwische, Große 84/(8)

Stemmwische, Klein 84/(9)
Stem Stücken 103/(135)
Stemwiese 84/(8)
Stem-Wiese 95/(161)
Stem Wische 14/(103)
Stem Wiße 17/(98)
stena, Große Po- 19/(73)
stena, Kleine Po- 19/(74)
stenhorst, Witt- 75/(203)
sten, schede 1/60
Sten Wise 17/(99)
Stepenitz 70/75
Stepsen 71/97
Steps Horst 71/(100)
Steps Hörst 71/(100)
Sterlin Kolck 75/(52)
Stermin 69/45
Stermins Kamp 69/44
Sternuben 59/(27)
Stern und halbe Mond 71/(105)
Stern und Halbmond 71/(105)
Stert, alter 79/122
stertische verndell, Kalver- 1/(99)
stert, Kalber- 1/(99)
stert, Kalver- 1/(99)
Stert Wissen 3/19
Stert Wisch 3/19
Stesatz, Boln 65/(79)
stesche Koppel, Dorf- 82/(7)
stet, Alte Wal- 36/(35)
stete, Bleich- 64/(96)
Stete, Hohen 69/(111)
steten Horst, Dörp- 92/(16)
Stette, Kirch 49/36
stettenhof, Mahn- 33/18
Steu Berg 89/(10)
Steu Kamp 89/9
Steußen 14/24
Steußen, Grohten 14/24
Steußen, Lütgen 14/(83)
Steußgen Berge 62/(57)
Steu Wiesen 89/8
Stevenitzschen Stücken 70/76
Stevens Hof, achter 54/19
Stever Wiese 1/121
Stever wisch 1/121
Stewenitz 70/76
Stewnitz 70/76
Steyl Grundt 13/(102)
stich, Torf- 74/36
Stiebel 65/45
Stiebelt 65/45
Stiefel 65/45
Stiefel Wiese 93/(72), 93/79
stieg, Achterüm- 105/20
stieg, Bodder- 46/11
Stieg, Breuder 62/(80)
Stiege, Bresegarschen 63/(93)
stiege, Dömitzer Carck- 35/(63)
Stiege, Grabouschen 89/(57)
Stiege, gronen 1/100
stiege, Hof in Neuen- 22/59
Stiege, Karck 61/(50)
Stiege, Möllenbecks 97/(69)
Stiege, Möllenbeckschen 97/(69)
Stiege, Muchowschen 93/(7)
Stiege, Mühlen Backs 97/(69)
Stiege, Neesischen 1/27
stiege, Neuwen- 22/60
Stiegenkoppel 12/89
Stiegen Wiese, Möllenbecks 97/(69)
stieg, Fichten- 93/50
stieg, Flügel- 51/51
Stieg, Grönen 1/100
Stieg, grünen 1/100
stieg, Gürtzer Kirch- 1/176
stieg, Hee(d)- 45/38
stieg, Immen- 62/39
stiegischen Wischen, neuen- 22/60
Stieg, Juncker 49/(52)
stieg, Kirch- 22/54, 26/7, 28/1, 47/3, 51/43, 68/49, 81/17, 87/27
Stiegkoppel 19/42
Stieg-Koppel 19/42
stieg, Moelen- 104/9
Stiegmour 93/89
Stieg, Näser 1/27
Stiegs Bruch, Neuen 22/(58)
stiegsche Hof, Nien- 22/59
stieg, Schei(d)- 90/37
stieg'scher Hof, Nien- 22/59
stieg'sche Wiesen, Nien- 22/60
stiegsche Wiesen, Nien- 22/60
Stiegs Coppel, Grün 12/89
Stiegs Heide, Breuder 62/(80)
stieg, Slachter- 19/59
Stieg, Stolper 107/23
Stieg-Stück, Sählsche 95/(149)
Stiegs Wiesen, Neuen- 22/60
Stiekdegen 14/(104)
Stiemminsche Wiesen 69/45
stiert, Hamel- 38/38
Stiert, Kälber 23/21
stiert, Kalver- 23/21
stiert, Kalwer- 23/21
Stiertwisch 3/19
stige, Neyen- 22/60
Stigen Koppel, Grüne 12/89
Stille Kuhle 81/(167)
Stips 71/97
St. Jürgens Kamp 79/(132)
St. Nicolai 1/82
St. Nicolaus 1/82
St. Nicolay 1/82
Stoben Berg 69/(134)
Stoekerbarg 44/100
Stoer 44/55
Stoerschen Barg 75/139
Stoerschen Damm 44/56

Stoffers Käling 67/(140)
Stoharck 48/(152)
Stoh Dieck 68/22
Stöhr 44/55
Stöhrsche Kamp 44/(176)
Stöhrschen Damm 44/56
Stöhrschen Wiesen 44/55
Stökamp 89/9
Stökampswisch 89/8
Stollen Burwinckel 95/(162)
Stollenteichwinckel 95/(162)
Stolper Stieg 107/23
Stoppels Koppel 73/17
Stoppenbarg 10/15
Stoppen Barge 10/15
Stoppenberg 10/15
Stoppen Berg 10/15
Stör 44/55
Storfken Stück 38/54
Störsche Damm 44/56
Sto(r)vk 56/79
Storvt 38/54, 48/54
Storvten 39/32
Stouer wisch 1/121
Stovding 68/22
Stoven, Mölln 70/(153)
Stöver Wiese 1/121
Stöver Wiesen 1/121
Stragerholtz 69/(135)
Strag Stücken 69/(136)
Strakstück 58/9
stranck 1/67
Stranck 69/85
Sträncken 48/(153)
Stranck, Heiden 89/28
Strang 1/67, 5/26, 25/46, 47/20, 56/33, 66/11 ,69/85, 74/72, 77/98
strang, Arre- 65/(70)
strang, Bädel- 81/(99)
Strang, Bran 62/(99)
Strang, Bröder 65/(100)
strang, Bus- 63/(97)
strang, Busch- 63/(97)
Strang, Dwer 62/(29)
Strange 1/67, 5/26, 56/33, 61/(80), 66/11, 77/98
Strange, Bran 62/(99)
Strange, Busch 63/(97)
Strange, Gläviner 13/(90)
Strange, Glienschen 13/(91)
Strange, hinterm 77/(66)
strang, Eich- 49/2
strang, Eik- 49/2
Strange, Köhlingschen 62/(139)
Strange, Mittel 62/(31)
Strangen 23/55, 25/46, 74/72
Strangen, Runden 63/(163)
Strangenstücken 74/72
Strang(en)s Wiesen 23/55
Strange, Rugen 63/(160)
Strangesche Weg 25/44
Strange, Siegen 70/(177)
strange, Voll- 9/38
Strang, großen 63/27
Strang, Große Söhrings 81/(162)
Strang, Groten 63/27
strang, Hee(d)- 89/28
strangk, Heiden- 89/28
strang, Kauh- 63/32
Strang, Kleine Söhrings 81/(135)
Strang, Kohlstättschen 62/(35)
strang, Mittel- 62/(31), 65/(74)
Strangmohr 1/65
Strang Mohr 1/65
Strangmour 1/65
Strang, Reppen 64/(173)
Strang, Runden 63/(163)
Strangsche Weg 25/44
strangschnees, Eik- 48/91
Strangsheide 25/(45)
Strang Stücken 69/85
Strangs Wiesen 23/55
Strangs Wisch 23/55
sträng, Vier- 65/20
strang, Vull- 9/38
Strang Wiesen 65/(112)
Strappen Strauch 77/(138)
straße, Land- 63/68
Straßer Scheide 14/(105)
strat, Rosen- 26/1
Strauch 30/(134), 33/7, 38/13, 43/(120), 47/1, 48/41, 54/(48), 73/65
Strauchen Hof 33/7
Strauchen Kamp 34/(28)
Strauchen Koppel 34/26
Strauchen Wiesen 38/13
Straucherstuecken 73/65
Strauch, Janecken 51/(91)
Strauch, Strappen 77/(138)
Strauch Stück 58/9
Strauch Wieße 32/(56)
Strauckhann 75/158
Strauen 43/(122)
Strauer 71/10
Straug Wieße 32/(56)
Strauhstücken 32/4
Strauk 34/26, 38/13, 51/56
Strauks 48/41
Straußbeck 51/(104)
Strauß Beck 39/(12)
Strauv 56/28
Streh Dahl 103/48
Strehdahlen 103/48
strehtze, Bu- 12/99
Streidahl 103/48
Streidahl, schmal 103/(129)
Streit Berg 16/(29)
Streit Camp 51/(82)
Streitfelde 81/48
Streit Heide 28/7
Streit-Holtz 35/(109)
Streit Horst 60/(24), 75/(88)
Streitkampff 51/(82)
Streit Ohrt 3/10, 58/1, 81/(168)
Streitort 16/(17), 18/(16), 50/(34), 51/(63), 101/(31)
Streit Ort 24/(1), 53/(8), 56/(10), 58/1, 58/(27)
Streit Orth 54/(21), 101/(31)
Streitstück 48/(154)
Streit Tannen 80/(32)

Streittannen, Große 79/(34)
Streittannen, Kleine 79/(29)
Stremins Camp 69/44
Streminsche Barg 69/44
Streminsche Wischen 69/45
Stremmeenden 69/(43)
Stremmin 69/45
Strenge, Sorings 81/(162)
Strengwiese 65/(156)
Strepell 40/(92)
Streudalen 103/48
Streus Mohr 3/(38)
strich, Born- 73/59
Strichelgraben 44/51
Strichel Horst 44/(48)
Strichwisch 36/21, 70/78, 71/11
Strickzähnkuhl 63/(170)
Stridahl 103/48
Striebel 74/41
Striebeln 74/41
Striebelwiesen 74/41
Striebel Wiesen 74/41
Striegel Horst 44/(48)
Striemwiese 15/10
Striemwiesenstücken 15/(9)
Striemwisch 15/10
Striepers Kuhl 42/(43)
Strietfeld 81/48
Strietgrund 5/(57)
Strieth Barg 16/(29)
Striethei(d) 28/7
Striet Heid 24/(35)
Strieth Lande 97/(92)
Strievelwiesen 74/41
Striewel 74/41
Striggel 44/(48)
Striggel, lange 71/(95)
Striggel, Lange 71/(95)
Stripp 74/56
Strippen 74/56
Strith Lande 97/(92)
stro, Back- 63/(82)
Strocken Busch 59/(92)
Strödamm 85/29
Ströer 44/73
Stroerheide Kamp 78/(97)
ströer Horst, Gülden- 44/(144)
Stroer Kamp 78/46
Stroer-Wiese 71/10
Stroer Wiesen 78/49
Strof 61/(81)
strof, Dock- 61/30
Strofs 61/(81)
Stroh 46/40, 47/1, 61/(82), 73/63, 77/74
Stroh, Baack 63/(82)
stroh, Bahl- 63/(83)
Stroh, Bahl 48/(93)
stroh, Bock- 48/59
Stroh Camp 100/(18)
Stroh, Dauck 61/(30)
Strohemohr 38/(106)
stroh, Faß- 67/(145)
Stroh, Gohl 68/(109)
Strohhoew 77/93
Stroh Hof 61/(82)
Strohhoff Wiesen 56/28
Stroh-Kamp 100/(18)
Strohkircher Heide 65/(157)
Strohkircher Pialcken 68/(168)
Strohkircher Pialken 68/(168)
Strohmei 36/80
Strohm, Elb 22/23
Strohmeyn 51/(72)
Ströhmeyschen Wiesen 51/(72)
Stroh Mohr 38/(106)
Strohms Camp, große Siedel 69/56
strohm, Siedel- 69/57
Strohm, Siedel 69/57
strohm, Zarndes- 12/(27), 44/(33)
strohm, Zarten- 12/(27), 44/33
Strohm, Zarten 12/(27), 44/(33)
Stroh Stück 32/4, 73/63
Strohstücken 32/4
Stroh Stücken 73/63
Strohte Wische 73/63
Stroh Wiese 73/63
Stroh-Wiesen 73/63
Strohwisch 77/74
Stroidämm 85/29
Stroier 44/73
Stroier, Hinnelst 44/71
Strommei 36/80
Strömten 48/71, 57/44
strom, Tzarndes- 12/(27), 44/(33)
Strom Wiesen 57/44
strom, Zarten- 12/(27), 44/(33)
Stroocken Busch 59/(92)
Stroocken Wischen 73/65
Stroppen Werder 22/40
stro, Pre- 67/(128)
Strops Werder 22/40
stroum, Sieder- 69/57
Strove 56/28
Stroven 56/28
Struck 34/26
strücken, Pap- 87/46
Struckhann 75/158
Struckhohn 75/158, 76/(103)
Struckhohn Wiese 75/(155)
Struckhohn Wiesen 75/(155)
Struckhon 75/158
Struckhonsche Wiesen 75/(155)
Struckmore 4/(55)
Strug, Bewer 95/(74)
Struk 73/65
strüken, Pap- 87/46
Struker Dämm 74/70
strup, Prehr- 67/(127)
Struß Lang 44/(177)
Struven, Haar 87/(55)
Stubben 26/24, 62/34
Stubben, alten 51/(79)
Stubben, aulen 77/(32)
Stubben Camp 100/10
Stubben Dieck 64/(184)
Stubben Diecker Berg 64/(185)

Stubbendiek 64/(184)
Stubbenhorst 79/5
Stubbenhost 79/5
Stubbenkoppel 57/41, 100/10
Stubben-Koppel 100/10
Stubben Stück 57/41
Stubben, Uhlen 77/(32)
Stubbenwiese 75/(150)
Stubben wiese 12/(140)
Stubben Wiese 30/(135), 43/(123), 55/(29), 64/(186), 71/(147), 75/(150)
Stubben Wiese, große 64/(186)
Stubben Wieße 63/(171)
Stubben Wießen 30/(135)
Stubbenwisch 55/(29)
Stubbenwischen 65/17
Stuben Camp 100/10
Stubenwiese 75/(150)
Stuben Wieße 38/(107)
Stubsins Wiesen 75/(150)
Stubwiesen 13/82
Stub Wise 12/(140)
stück, achter Rathk- 30/11
Stück, Aufstalls 97/(94)
Stück, Aufstals 97/(94)
stück, Babenbreet- 32/8
Stück, Behrböhm 30/(70)
stück, Benietzen- 36/(92)
Stück, Bercken 5/40
stück, Berg- 32/32, 43/(79), 73/53, 101/41
Stück, Blohmen 10/11
Stück, Boewelst 26/39
stück, Bohmlang- 19/83
Stück, Bolbrüggen 25/13
Stück, Brack 57/49
stück, Brand- 30/(94)
Stück, Brand 30/(94)
Stück, Brandes 62/(98)
stück, Brandt- 30/(74)
Stück, Brandt 30/(94)
Stück, Bree(d) 20/17
stück, Breite- 101/(60)
stück, Breiten- 33/(42)
Stück, Brinck 73/(102)
stück, Brüggen- 33/(43)
Stück, Büttels 64/(102)
Stück, Camp 21/(58)
Stück, Chor 23/24
Stück, Cort 23/24
stück, Creuz- 93/(118)
Stück, Dahjen 41/45
stück, Dam(m)- 35/(62)
stück, Damman- 20/16
stück, Dehl Kanzel- 20/(38)
stück, Dick- 41/46
stück, Dieck- 44/(65)
stück, Diek- 41/46
Stück, Dorf 71/25
Stück, Dorfs 23/(67)
stück, Dörp- 71/25
stück, Drad- 30/16
stück, Drift- 62/(110)
Stück, Drift 29/(27)
Stück, Dwas 102/(6)
Stück, Dwer 24/(32)
Stücke, Ahnwends 81/(96)
stücke, Barch- 99/12
Stücke, Behrbom 99/(26)
stücke, Brand- 13/69
Stücke, breden 101/(60)
Stücke, breit 89/(52)
Stücke, Breit 89/(52)
Stücke, Breith 89/(52)
stücke, Dam- 41/38
Stücke, Dannen 74/57
stücke, Dwas- 58/(46)
stück, Eekstüden- 19/(89)
stücke, Fahren- 41/92
Stücke, 5 Ruthen 105/(48)
stücke, Gildt- 32/(40)
stücke, Heid- 1/(172), 2/(1)
stücke, Heyd- 43/(91)
stücke, Heydt- 26/49
stücke, Hohen- 2/26
stücke, Horn- 2/(8)
stück, Eich- 101/(46)
Stück, Eich 101/(46)
stück, Eik- 50/24
stücke, Kiehl- 64/(151)
stücke, Kiel- 33/(51), 43/(95)
stücke, Klath- 41/90
Stücke, Kleine 58/(13)
stücke, Kloster-Heiden- 12/69
Stücke, Krieges 89/(32)
Stücke, Krohns Bergschen 1/40
Stücke, Krum 13/5
Stücke, Kurtze 59/(67)
stücke, Kurtze Barck- 93/(11)
Stücke, Lange 13/(96)
Stücke, Langen 12/77, 44/5, 65/(144), 97/(66)
stücke, Langen Barck- 93/10
Stücken 56/77, 63/(172), 104/36
Stücken, Achterholtschen 80/(16)
Stücken, Alassen 44/109
stücken, Allee- 79/38
stücken, Altenteils Sand- 9/(12)
Stücken am Postweg, Heide 23/12
stücken, Arwten- 50/21
Stücken, Bach 95/20
stücken, Bäck- 95/20, 102/(32)
Stücken, Bäck 71/14, 93/(22), 95/20
stücken, Baek- 71/14
Stücken, Bähk 59/(37)
stücken, Bäk- 7/39, 63/48, 81/20, 93/104, 95/20, 99/13
Stücken, Bäk 101/(58)
stücken, Barg- 73/53, 99/12
Stücken, Barg 93/10, 99/12, 101/41, 101/(59)
Stücken, Bargen 41/(99)
stücken, Barken- 5/40, 33/33, 101/9
Stücken, Barken 5/40
Stücken, Barken Büschen 5/11
stücken, Bauwerschaft-Wendt- 41/(100)

stücken, Beck- 93/104, 95/20, 99/13
Stücken, Beck 99/13
stücken, Beeck- 95/20
Stücken, Beeck 99/13
Stücken, Beerbaum 99/(26)
Stücken, Beerböhmschen 47/93
Stücken, Behrbaums 67/76
Stücken, Behrböhm 99/(26)
stücken, Bend- 87/(10)
Stücken, Bend 87/(10)
stücken, Bendt- 87/(10)
stücken, Berg- 101/(59)
Stücken, Berg 74/(88), 99/12, 102/(35)
stücken, Bergk- 93/10
Stücken binnen Bohms 1/46
Stücken, Binnenbohms 1/46
stücken, Bläßen- 40/23
Stücken, Bleeß 40/23
Stücken, Bli(e)schen 23/49
Stücken, Block 29/(25)
stücken, Böck- 101/55
stücken, Bohm- 103/10
Stücken, Bohm 5/36
Stücken, Bohn 40/(79)
stücken, Bohnen- 5/36, 37/6
Stücken, Bohnen 5/36, 37/6
stücken, Bom- 103/10, 104/32
stücken, Boom- 103/10
stücken, Borg- 101/41
Stücken, Borg 101/41, 102/(35)
stücken, Borm- 107/13
stücken, Born- 1/53, 22/1, 44/99, 73/59
Stücken, Born 1/53, 67/(83), 73/50
Stücken, Bornn 44/99
Stücken, Borns 22/1
stücken, Brahm- 13/42
stücken, Brak- 97/24
stücken, Bram- 13/42
stücken, Brand- 30/(74)
Stücken, Brand 30/(74)
stücken, Brandt- 89/(49)
Stücken, Brandt 30/(74), 43/(82)
Stücken, breden 79/82, 98/(13), 102/(13), 103/77, 103/78
Stücken, Breden 23/(61)
Stücken, breden Heidt Berg 103/(76)
Stücken, Breeden 101/(60)
stücken, Bree(d) Hee(d)- 95/6
stücken, Breet- 20/17
Stücken, Breet 23/(61), 25/(96), 79/82
Stücken, Breiden 49/23, 76/10
Stücken, Breite 80/(1)
Stücken, Breite-Linden 107/(31)
Stücken, breiten 79/82, 90/(64)
Stücken, Breiten 66/(56), 79/82, 101/(60)
Stücken, Breite Soll 107/(32)
Stücken, Bret 23/(61)
Stücken, Brie 101/(8)
Stücken, Briesen 19/35
Stücken, Briest 101/(8)
stücken, Brinck- 73/(102)
Stücken, Brinck 3/23, 73/(102)
stücken, Brink- 3/23
Stücken, Brügen 65/(119), 105/(42)
Stücken, Brüger 65/(119)
Stücken, Brüggen 107/22
stücken, Brüh- 44/79
Stücken, Brümmel 103/(80)
stücken, Büdel- 25/4
Stücken, Buet 23/(62)
Stücken, Bunten 41/37
stücken, Busch- 45/49
Stücken, Busch 77/(11)
Stücken, Büschen 9/(52)
Stücken, Buschkoppel 18/(35)
Stücken, Bußen 95/(82)
Stücken, Buten 23/(62)
Stücken, Büten 25/4
Stücken, Butenbohms 1/51
Stücken buten Booms 1/51
stücken, Camp- 96/(47)
Stücken-Camp, Heyd 2/3
Stücken, Cars Fahr 99/(23)
Stücken, Cavel 41/(3)
Stücken, Cavell 101/(63)
Stücken, Caveln 35/(61)
stücken, Chaussee- 64/5, 70/94
Stücken, Cohten Cuhl 75/(169)
Stücken Coppel 75/(198)
Stücken, Cor 23/24
Stücken, Cordes 23/24
Stücken, Cors 23/24
Stücken, Crahen 96/18
stücken, Crahn- 96/18
Stücken, Crahn 96/18
Stücken, Creutz 96/(50)
stücken, Creuz- 96/(50)
Stücken, Cron 3/6
Stücken, Dahms 55/(38)
Stücken, Dam 101/(66)
stücken, Damm- 41/38, 45/34, 66/45, 101/(66)
Stücken, Damm 41/38
Stücken, Dammcken 71/44
Stücken, Dammß 71/44
Stücken, Damsken 45/34
Stücken, Damvien 70/(36)
stücken, Dannen- 74/57, 91/10, 98/6
Stücken, Dannen 102/(4)
Stücken, Debsaler 103/(56)
Stücken, Deels 1/59
Stücken, Deep Sahler 103/(56)
stücken, Dehls- 1/59
Stücken, Dehls 1/59
Stücken, Deich 41/46

Stücken, Deip-Kuhl 80/(23)
Stücken, Dewei 90/44
Stücken, Dicken Busch 103/(88)
stücken, Dieck- 44/(65)
Stücken Dieck 89/(26)
Stücken, Dieck 41/46
Stücken Diecks Coppel 89/(25)
stücken, Diek- 41/46
Stücken, Diestel 64/(106)
Stücken, Diestell 40/(80)
Stücken, Doden-Manns 79/(93)
Stücken, Dohl 56/(109)
stücken, Dorf- 23/(67), 71/25, 78/(88), 103/(89)
Stücken, Dorf 23/(67), 35/(64), 79/69
Stücken, Dorfstäten 85/51
Stücken, Dorp 23/(67)
stücken, Dörp- 3/32, 15/33
Stücken, Dörp 3/32
Stücken, Doven Landt 35/(66)
Stücken, Drefiensten 48/55
stücken, Dreisch- 49/10
Stücken, Drey Böhms 44/1
Stücken, drey Ruthen 97/(35)
stücken, Drift- 47/11
Stücken, Drift 14/31, 40/(81), 42/(114)
Stücken, Drunckel Behrs 16/(37)
Stücken, Duhlschen 73/57
stücken, Dwas- 101/40
Stücken, Dwer 29/(28), 65/(126)
Stücken, Dwör 61/(32)
Stücken, Eck 101/(46)
Stücken, Ecks 14/(53)
stücken, Eek- 98/3
Stücken, Eich 101/(46)
stücken, Eick- 14/(53)
Stücken, Ellen 14/(54)
Stücken, Eschen 10/19, 23/(68)
Stücken, Espen 23/(69)
stücken, Fahren- 41/92
Stücken, Fahren 41/92
Stücken, Fahrnser 74/99
Stücken, Fahrnßer 74/99
Stücken, Fahr Weges 16/(37)
Stücken, Fangel 36/(106)
Stücken, Fehlken Dohr 103/(93)
stücken, Fehren- 30/2
Stücken, Fehren 30/2
Stücken, Feilitzen 70/(120)
Stücken, Felgen 97/(36)
Stücken, Fertagen 97/(97)
Stücken, Fier 106/(3)
stücken, Fiern- 30/2
stücken, Flachs- 28/(41)
Stücken, Flieder 30/(84)
Stücken, Floetweges 23/(71)
Stücken, Flotwegs 23/(71)
Stücken, Fohrt 81/(117), 97/(37), 104/40
stücken, Förster- 94/(42)
stücken, Fort- 101/51
Stücken, Forth 97/(37)
Stücken, Fresen 17/(72)
Stücken, Fünf 87/(47)
Stücken, 5 64/(111)
Stücken, fünf Ruthen 1/47
Stücken, Fünf Ruthen 97/(40)
Stücken, Gahren 14/(57)
Stücken, Garn 21/51
stücken, Garten- 14/15, 21/51
Stücken, Gelinsen 43/25
stücken, Gerichts- 1/79
Stücken, Glienschen 69/(103)
Stücken, Glienscken 73/(109)
stücken, Goos- 87/(29)
Stücken, Goose 87/(29)
stücken, Gor(de)n- 14/15, 21/51
stücken, Gose- 87/(29)
stücken, Graben- 15/(63)
Stücken, Graben 23/(72), 33/(46), 61/(39), 87/(13)
Stücken, Grabowschen 80/(15)
Stücken, Grohten Dreschs 16/(42)
Stücken, große Heidt- 35/53
Stücken, großen 2/(30), 97/(44)
Stücken, Großen 2/(30), 101/9
Stücken, groß Heide 87/(11)
Stücken, Grot 21/24, 107/9
stücken, Grot Dannen- 48/31
Stücken, Groten 76/43
Stücken, Groten Boem 23/48
Stücken, Grothen 97/(44)
Stücken, grothen Roden 97/(43)
Stücken, Grot Sehlschen 44/107
Stücken, Grott Bohm 23/48
Stücken, Grott Drambrow 23/(73)
Stücken, Grot Wischen 40/27
Stücken, Grund 101/(4)
stückengrund, Baum- 41/22
Stücken, Gründen 2/(19)
Stücken, Haaf 96/(41)
Stücken, Haf 96/(41)
Stücken, Hafern 20/(43)
stücken, Häg- 49/16
Stücken, Häge 47/10
stücken, Hagen- 25/95, 83/38, 97(46), 99/10
Stücken, Hagen 97/(46), 99/10

Stücken, Hagens 99/10
Stücken, Hagenschen 83/38
Stücken, Hahnmohr 5/4
Stücken, Halb 40/30, 56/(138)
Stücken, halbe 79/86
Stücken, halben 79/86
Stücken, Halben 56/(138), 79/86, 81/(123)
stücken, Halw- 40/30
Stücken, Halw 79/86
Stücken, Hassel 12/(9)
stücken, Haßel- 12/(9)
Stücken, Haßell 12/(9)
stücken, Hav- 59/(13)
stücken, Häve- 59/(13)
stücken, Hee(d)- 45/53, 52/81, 76/3, 76/47, 79/41, 107/12
Stücken, Heege 47/10, 49/16
Stücken, Hege 49/16
Stücken, Hegen 47/10
stücken, Hei(d)- 3/47, 16/9, 18/39, 73/23
stücken, Heid- 18/39
Stücken, Heid 1/(172)
stücken, Heide- 1/(172)
Stücken, Heide 2/(1), 23/(76), 81/(125), 97/(47)
stücken, Heidt- 1/172, 2/(1), 47/17, 62/(127), 73/42, 97/(47)
Stücken, Heidt 12/(108)
Stücken, Heidt Berg 103/(98)
Stücken, Heiligen 86/30
stücken, Hempf- 26/28
stücken, Heyd- 71/73
Stücken, Heyd 1/(172), 2/(1)
stücken, Heydt- 12/(108)
Stücken, Heydt 23/(76), 62/(127), 100/(25)
Stücken, heyligen 89/(61)
stücken, Hin'n- 102/26
Stücken, Hinn 23/38
Stücken, Hinnen 23/38, 40/(86), 102/26
Stücken, Hinten 23/38
stücken, Hinter- 23/38
Stücken, Hinterste Achter 104/(41)
stücken, hinterste Langen- 68/55
Stücken, hintersten Bohm 104/32
Stücken, Hinterste Soll 107/(34)
Stücken, Hoefen 2/(5)
Stücken, Hoener 42/(36)
stücken, Hoew- 103/47
stücken, Hof- 46/7, 73/45, 76/46, 89/(62), 101/12
Stücken, Hof 46/17, 59/(13), 96/(41), 99/(37)
stücken, Höf- 59/(13)
Stücken, Höfen 103/47
Stücken, Hog 28/16
Stücken, Hog Barg 62/74
Stücken, Hogen 26/(52), 79/43
Stücken, Hohe Mühlen 1/(33)
Stücken, Hohen 16/13, 25/53
Stücken, Holeriet 95/(111)
stücken, Honig- 1/158
Stücken, Honig 1/158
Stücken, Hoorn 2/(8)
stücken, Hoppen- 25/33
Stücken, Hoppen Hoefes 48/(118)
stücken, Hoppenhof- 7/10
Stücken, Hoppen Höfes 32/9
Stücken, Horst 103/44
Stücken, Hörsten 23/(83)
stücken, Host- 102/25, 103/44
Stücken, Host 102/25, 103/44
Stücken, Höwegs 76/(71)
Stücken, Höwers 76/(71)
Stücken, Hüner 42/(36)
stücken, Hus- 47/9, 64/37
stücken, Immen- 15/23
Stücken, Immen 15/23
stücken, Immenhof- 70/92
Stücken, Jahmser 74/97
stücken, Jesen- 36/50
Stücken, Jeßen 36/50
stücken, Kälber- 23/21
stücken, Kamp- 23/16, 57/8
Stücken, Kamp 96/(47)
stücken, Kämp- 99/8
stücken, Kark- 78/36
Stücken, Kark 78/36
Stücken, Kasell 57/(94)
stücken, Käsmoor- 25/34
Stücken, Katen 45/74
stücken, Kath- 44/(153)
stücken, Kaurz- 23/24
stücken, Kesemohr- 25/34
stücken, Kiehl- 89/(65)
Stücken, Kiehl 32/(45)
stücken, Kiel- 28/(46), 32/(45)
Stücken, Kiel 23/(85), 28/(46), 56/19, 69/(117)
Stücken, Kiepen 55/(46)
Stücken, Kierch Weg 42/78
Stücken, Kiwitz 104/(42)
Stücken, Klatz 41/90
stücken, Klee- 67/22
Stücken, Klee 28/9
stücken, Klei- 28/9
Stücken, Kleine 3/(7)
Stücken, Kleiniv 3/16
Stücken, Kley 28/9
Stücken, Klind 27/27
stücken, Klink- 25/68
stücken, Klump- 76/48
Stücken, Klus 1/57
Stücken, Klüschen 2/(31)
Stücken, Klüßen 2/(31)
Stücken, Kock 56/(157)
stücken, Kohlhof- 21/(73)
Stücken, Kohlhof 21/(73)
Stücken, Kohlhöfs 28/10, 45/(97)
Stücken, Kohlhöfschen 47/(107)
Stücken, Kohr 23/24

Stücken, Kolck 48/(127), 69/88
Stücken, König 26/(60)
Stückenkoppel 69/13
stücken, Koppel- 48/45, 79/44, 91/17, 101/17
Stücken-Koppel, Hüner 49/(50)
Stücken, Korten 57/19, 105/27
stücken, Korten Heid- 35/52
Stücken, Korthen 86/(31)
Stücken, korthen Brack 97/24
Stücken, Koß 96/(49)
Stücken, Kosse 42/(32)
Stücken, Krahn 96/18
stücken, Kran- 96/18
stücken, Kranich- 3/6
Stücken, Kranß 96/18
stücken, Krehmen- 81/(137)
stücken, Kreutz- 15/(27), 93/(118)
Stücken, Kreutz 15/(27), 95/(128)
Stücken, Kriewes 2/(4)
Stücken, Krohns Mohr 80/(29)
stücken, Kron- 3/6
stücken, Krum- 25/(109), 30/3, 44/108, 101/33
Stücken, Krum 23/(86), 27/41, 61/(58), 63/(139), 101/33
Stücken, Krumen 61/(58)
stücken, Krumm- 27/41
Stücken, Krumm 30/3, 38/19, 51/34, 101/14, 101/33
Stücken, krummen 5/55
Stücken, Krummen 27/41, 30/(112), 32/16, 38/19, 43/(99), 44/108, 45/(100), 56/(159), 62/(49), 63/(139), 80/(22)
Stücken, Krutz 14/(80)
stücken, Krütz- 56/80
Stücken, Krütz 16/(15), 93/(118), 95/(128), 96/(50)
Stücken, Kuen 23/31
stücken, Kuhl- 13/28, 40/66
Stücken, Kuhl 23/45, 41/(118)
Stücken, Kurtze Back 93/(119)
Stücken, kurtzen 86/(31)
stücken, Kurze Heide- 35/52
Stücken, Kurzen 86/(31)
Stücken, Kurzen Braach 97/24
Stücken, kurzen Hagen 83/38
Stücken, Laers 51/(97)
Stücken, Lanck 61/(60)
stücken, Land- 21/26
Stücken, Lands 63/35
Stücken, Land-Wehr 2/(10)
stücken, Lang- 44/5, 87/15, 101/(72)
Stücken, Lang 41/82, 44/5, 61/(64)
Stücken, lange 71/(131), 96/(52)
Stücken, Lange 3/49, 9/13, 12/77, 46/(51), 95/(55)
Stücken, Lange Breede 86/(62)
stücken, Lange Hagen- 83/39
stücken, Lange Heide- 35/53
stücken, Langen- 44/5, 70/61, 78/35, 94/31
Stücken, langen 9/13, 18/43, 20/19, 29/(32), 36/55, 75/130, 90/34), 97/66, 98/(22), 102/(3)
Stücken, Langen 4/42, 7/40, 9/13, 10/(62), 12/77, 16/(53), 18/43, 19/(100), 20/19, 21/28, 25/82, 28/35, 36/55, 38/20, 39/31, 41/82, 45/27, 56/(164), 59/(70), 61/(64), 62/(37), 63/54, 66/(67), 68/55, 69/11, 70/61, 75/130, 76/45, 81/(143), 83/(97), 86/(63), 90/(34), 94/31, 95/(55), 98/(22), 101/(72), 105/26
Stücken, Langen Bäck 93/(120)
Stücken, Langen Braach 97/(62)
Stücken, langen Brack 97/(62)
Stücken, Langen Camp 21/(76)
Stücken, langen Hagen 83/39
stücken, Langen Hagen- 83/39
stücken, Langen Hei(d)- 35/53
stücken, Langen-Heid- 35/53
Stücken, langen Mohr 52/86
Stücken, langen Schmalen 99/(42)
stücken, Larchen- 87/22
Stücken, Lasen 44/8
stücken, Läuschen Kiel- 15/(69)
stücken, Lehm- 101/(49), 103/45
Stücken, Lehm 101/(49), 102/(9), 103/45
stücken, Lehmkuhl- 43/(101)
Stücken, Lehmkuhls 74/87
stücken, Leim- 103/45
Stücken, Liepser 79/63
stücken, Linden- 107/38
Stücken, Lohnschen 45/70
Stücken, Lüten 47/23
(Stücken), Lütgen Camp 21/(79)
Stücken, Lütgen Dreschs 16/(54)
Stücken, lütgen Roden 97/(85)

Stücken, Lütt 7/41
Stücken, Lütt Drambrow 23/(88)
Stücken, lütten 104/36
Stücken, Lütten 71/33
Stücken, Lüttgen Heidt 93/(121)
stucken, Mahlen- 70/34
stücken, manck den Bendt- 87/(10)
Stücken, Marck 28/(50)
Stücken, Maßien 2/(17)
Stücken, Maßiener 2/(17)
Stücken, Maßiner 2/(17)
stücken, Maur- 25/80, 28/17
Stücken, Meuen 5/32
stücken, Meyn- 5/32
stücken, Middel- 70/93
Stücken, Miehlwiß 73/67
Stücken, Miesen 101/47
Stücken, Mietenbarg 99/(44)
Stücken, Miettel Holtzer 93/(123)
Stücken, Misen 101/47
Stücken, Mittel-Holtz 81/(147)
stücken, Mittelwiesen- 95/(140)
stücken, Moelen- 67/47, 70/34
stücken, Moen- 5/32
Stücken, Möhlen 1/35
stücken, Mohr- 25/80
Stücken, Mohr 2/(9), 28/17, 36/(133), 74/(83), 90/(43), 95/(141), 99/(47), 102/45
Stücken, Möhr 16/(55), 17/21
stücken, Möhren- 17/21
Stücken, Möhrs 44/(163)
stücken, Möllen- 1/35
Stücken, Mollen 1/35
Stücken, Moost 36/42
stücken, Mühlen- 1/35, 26/(66), 67/47, 70/34
Stücken, Mühlen 57/3, 67/47, 70/34
Stücken, Mühlenberg 56/64
Stücken, Muscher 66/14
Stücken, Neubrügs 76/(71)
Stücken, neue Brücken 14/(35)
Stücken, neuen 47/62
Stücken, Neuen 47/62, 76/(87)
Stücken, neuen Viest 23/39
Stücken, Neuwiesen 23/(89)
Stücken, Niedrige Mühlen 1/(41)
Stücken, Niemans 26/(67)
stücken, Nien- 19/(107), 23/(19), 26/(68)
Stücken, nien 76/(87)
Stücken, Nien 23/(19), 42/(72), 47/62, 76/(87)
stücke, Nobben- 12/57
stücken, öbersten Heid- 35/52
Stücken, Orter 40/59
stücken, Ortwischen- 91/15
Stücken, Paap 87/(66)
stücken, Pfort- 97/(37)
Stücken, Pieckel 57/(100)
Stücken, Pielcken 56/(182)
Stücken, Plahn 2/(15)
Stücken, Pur Wisch'schen 56/(187)
stücken, Pütt- 44/60
stücken, Quer- 28/(51), 36/(141)
Stücken, Quer 12/(133), 14/(92), 21/(88), 23/(92), 30/(126), 32/(52), 35/(101), 43/(109), 46/(57), 56/(188)
stücken, Ra- 96/(58)
stücken, Raas- 101/42
stücken, Raß- 101/42
Stücken, Raß 101/42
Stücken, Rast 101/42
stücken, Räuben- 69/6
stücken, Reek- 49/24
stücken, Remel- 5/19
Stücken, Rewelsberg 2/(12)
Stücken, Rie 76/(94)
Stücken, Riedt 76/(94)
stücken, Riehen- 76/(94)
Stücken, Riehen 76/(94)
stücken, Rieth- 76/(94)
Stücken, roden 97/(43)
Stücken, Roer 30/(129)
Stücken, Rögnitz 69/60
Stücken, Rohr 30/(129)
stücken, Ros- 96/(58)
Stücken, Roß 96/(58)
Stücken, Roten Bäcks 62/(73)
Stücken, rothen 97/(43)
Stücken, Rüben 69/6
Stücken, Rüben Camps 97/(79)
Stücken, Rugen Barg 103/40
Stücken, Rugen Karck 16/(62)
Stücken, runden Mohr 103/(120)
Stücken, Rütings 103/(122)
Stücken, Sadamschen 71/45
stücken, Sahl- 13/40
Stücken, Sahl 43/(112)
stücken, Sählen- 9/4
stücken, Sand- 9/11, 10/46, 45/51, 90/(40), 101/(77)
Stücken, Sand 40/26, 90/(40), 97/(83)
Stücken, Sandberg 99/9
stücken, Sandt- 97/(83)
Stücken, Sandt 9/11, 95/(150), 103/(123)
Stücken, Sand Weges 20/(61)
Stücken, Schäfer 29/(39)
stücken, Schaul- 94/24
stücken, Schee(d)- 74/92
Stücken, Scheidel 102/(42)
Stücken, Schieren 92/10
stücken, Schilling- 9/15

Stücken, Schillings 9/15
stücken Schlag, Bre- 95/(79)
Stücken, Schmahl 23/(93), 93/(127)
Stücken, schmahle 89/(76)
stücken, Schmahle- 101/53
Stücken, schmahlen 97/(86), 98/(28), 99/(50), 101/53, 103/(127)
Stücken, Schmahlen 25/(114)
Stücken, schmahlen Heidt Berg 103/(124)
Stücken, schmahlen rothen 97/(85)
Stücken, schmahlen Rugen Berg 103/(126)
Stücken, Schmale Linden 107/(40)
Stücken, schmalen 41/80, 71/41
Stücken, Schmalen 23/(93), 97/(86)
Stücken, Schmale Soll 107/(41)
Stücken, schmallen Lang 41/80
stücken, Schmarsen- 25/27
Stücken, Schmiedel 23/(95)
Stücken, Schmielen 23/(95)
stücken, Schmuck- 1/81
Stücken, Schmuck 1/81
Stücken, schmucken 1/81
Stücken, Schmucken 1/81
stücken, Schol- 21/25
Stücken, Schwein-Caven 66/(78)
Stücken, Schwein Halben 81/(164)
Stücken, sechs 64/(182)
Stücken, 6 64/(182)
Stücken, 6 Enden 64/(181)
Stücken, Sedel 102/(43)
Stücken, Seihlscken 73/(128)
stücken, Sieben- 97/(89)
Stücken, sieben 68/(165)
Stücken, Sieben 97/(89)
Stücken, Sieben-Bäum 80/(26)
Stücken, Siem 23/(98)
Stücken, Small 41/80, 45/56, 101/53
stücken, Smarren- 25/27
stücken, Smuck- 1/81
Stücken, Snellenbarg 44/85
stücken, Sohl- 79/92
Stücken, Söhring 104/(46)
stücken, Soll- 17/11, 79/92
Stücken, Soll 28/(56), 79/92, 101/(45), 103/(131), 107/(43)
stücken, Solt- 17/11
Stücken, Solt 17/11
stücken, Spliethoewen- 25/22
Stücken, Splitthöven 25/22
Stücken, Spriethoef 25/22
Stücken, Sprinck 9/(66), 95/(160), 97/23
stücken, Spring- 5/37, 35/(108)
Stücken, Spring 9/(66)
Stücken, Springk 35/(108)
stücken, Sprink- 9/(66)
Stücken, Stam 98/(32)
Stücken, Stege 40/29
Stücken, Steinbreider 99/(52)
Stücken, Stem 103/(135)
Stücken, Stevenitzschen 70/76
Stücken, Strag 69/(136)
Stücken, Strang 69/85
stücken, Strangen- 74/72
stücken, Strauh- 32/4
stücken, Striemwiesen- 15/(9)
stücken, Stroh- 32/4
Stücken, Stroh 73/63
stücken, Stü(d)e- 74/94
stücken, Suden- 57/14
Stücken, Sumpf 87/(71)
stücken Tannen, Sand- 5/(17)
Stücken-Tannen, Mühlen 1/35
Stücken, Tatter 103/(136)
Stücken, tenst den 85/(70)
Stücken, Tharen 41/79
Stücken, Theil 1/59
Stücken, Tohren 41/79
stücken, Torf- 101/13
Stücken, Trien Mohr 103/(137)
stücken, Trift- 14/31, 45/35
Stücken, Trift 36/13
Stücken, Twehl 13/(103)
Stücken, up'n 30/55
Stücken, Upsall 97/(94)
Stücken, Up Stall 97/(94)
Stücken, Vagelsangs 96/(64)
Stücken, vertagen 97/(97)
stücken, Vier- 79/42, 96/(62)
Stücken, Vier 30/(137), 62/(172), 96/(62), 99/54, 107/2
stücken, Vor- 40/(93)
Stücken, Vorbrand 30/(138)
Stücken, Vorderste Achter 104/(47)
stücken, vorderste Langen- 68/55
Stücken, Vordersten Bohm 104/(48)
Stücken, Vorn 21/33
stücken, vortagen 97/(97)
Stücken, Wall 99/(55)
Stücken, Wals-Mohr 2/37
Stücken, Waßer 13/(106)
Stücken, Wäterung 105/(37)
stücken, Wedderkuhl- 25/(121)
Stücken, Wehr 56/(212)
Stücken, Wend 47/(126)

Stücken, Wendt 23/(101), 65/(160)
Stücken, Wett 56/(213)
Stücken, Wieck 38/(110)
stücken, Wienbarg- 7/48
Stücken, Wiesch 103/(139)
Stücken, Wiesen 21/(99)
Stücken Wiesen, Camp 21/(59)
Stücken Wiese, 10 85/(73)
Stücken, Wis 99/4
stücken, Wisch- 95/(171), 99/4
Stücken, Wisch 96/(66), 99/4
Stücken, Wische 95/(171)
Stücken, Witt Cavel 99/(56)
Stücken, Wrieth 45/(108)
Stücken, Zietlietzer 101/(85)
Stücken, Zween 63/(185)
Stücke, Olden Herrse 16/(57)
Stücke, Papen 87/(66)
stücke, Quehr- 64/(171)
Stücke, quer 2/(21)
stücke, Quer- 48/(138)
stücker Barg, Bäuk- 101/55
Stucker Berg 65/(113)
Stucker Camp 12/85
stücker Dannen, Moelen- 1/35
Stucker Eck 13/64
Stucker Kamp 12/85
Stücker Kamp 12/85
Stücke, Rönitz 69/(130)
stücker Rieth, Beck- 99/22
Stücker Schlag, Brete 101/(60)
stücker Weg, Beck- 93/(110)
stückerwischen, Langen- 68/2
Stücke, Sagekuhlen 33/(64)
stücke, Schläg- 34/(18)
Stücke, Schlehen 86/(67)
Stücke, schmahles 41/80
Stücke, Sehlecken 86/15
Stück, Espen 23/(69)
Stücke, Sprinck 5/37
Stücke, Spring 98/(29)
Stücke, Sumpf 87/(71)
stücke, Teich- 41/46
Stücke, Tharen 41/79
Stücke, Twer 67/(142)
Stücke, Voß Kuhlen 103/37
stücke, Water- 13/(106)
Stücke, Wege 63/(181)
stücke, Weinberg- 8/2
Stücke, Wende 63/(79)
Stück, Fagelsohr 19/(90)
Stück, Fahren 41/92
Stück, Fehrm 30/2
Stück, Fiesch Dieck 12/87
Stück, Flachs 28/(41)
Stück, Fleder 30/(84)
stück, Flieder- 30/(84)
stück, Fünf Ort- 95/(96)
stück, Garten- 21/51
stück, Groß- 97/(44)
stück, Grot Wischen- 40/27
stück, Grund- 30/(89)
Stück, Grundt 101/(4)
stück, Hagen- 25/95, 97/46
stück, Hahlreth- 95/(111)
stück, Halb- 79/86, 89/(60)
Stück, Härden 79/(130)
stück, Hee(d)- 48/5
stück, Hei(d)- 94/35
Stück, Heide 94/35
Stück, Heidt 61/(41)
stück, heit- 1/(172)
stück, Heuweg- 30/19
Stück, Heyd 71/73
Stück, Hinten 62/(128)
stück, Hobbel- 15/54
Stück, Hog 16/13, 44/78
stück, Hohen- 2/26
Stück, Hohenigeln 38/21
Stück, Honig 1/158
stück, Honnig- 1/158
stück, Horsten- 23/(83)
stückischen Wischen, lang- 95/(135)
Stück, Jesen 36/50
Stück, Jungfern 62/(132)
Stück, Kabel 43/23
Stück, Kahsten 57/(92)
Stück, Karcken 62/(135)
Stück, Karckwegs 42/78
stück, Kat- 45/74, 48/20
Stück, Kiel 28/(46)
stück, Kihl- 63/(127)
Stück, kleine Marcrohnen 21/(80)
Stück, kleines Makronen 21/(80)
stück, Kley- 28/9
stück, Klink- 25/68
stück, Klint- 27/27
Stück, Klintzen 27/27
stück, Klump- 25/58
Stück, Kohlhof 21/(73)
Stück, Kort Lang 39/(42)
stück, Kron- 30/(110)
stück, Krum- 65/(142)
Stück, Krum 12/52, 48/(130), 65/(105), 76/(82), 81/89
Stück, Krumm 12/52, 13/5, 15/43, 23/(86), 32/16, 36/32, 39/14, 44/108, 81/89
Stück, Krumme 31/(54)
stück, Krummen- 81/89
Stück, Krummen 57/(96)
stück, Krummüm- 61/18
Stück, Kuhl 23/45, 41/(118)
Stück, Lack 44/(158)
stück, Lancken- 36/36
Stück, Lancken 9/31
Stück, Landtwehr 2/(10)
Stück, Landwehrungs 99/(43)
stück, Lang- 19/(100), 20/19, 21/28, 33/(55), 56/(164)
Stück, Lang 20/19, 41/82
Stück, lange 19/(100)

Stück, Lange 19/(100), 41/82
stück, Langen- 75/130
Stück, langen 70/61
Stück, Lang Haber 33/(54)
Stück, Langwiesen 20/(53)
stück, Larß- 51/(97)
stück, Leer- 51/(97)
Stück, Lehm 101/(49)
Stück, Lehmkuhl 73/(122)
stück, Maus- 36/42
Stück, Moer 36/(133)
Stück, Nee 20/14
stück, Nerdenbreet- 32/25
stück'n, Fahren- 41/92
Stück, Nien 57/(98)
stück'n, Lendschowschen Bohm- 104/34
stück'n, Verwasterowschen Bohm- 104/(35)
Stück, Ohrsk Lanken 20/(57)
Stück, Quer 48/(138)
Stück, Riecken 65/(109)
stück, Rohr- 30/(129)
stück, Rot- 30/50
Stück, Rübsahls 97/(80)
stück, rund Mohr- 103/(120)
Stück, Sählsche-Stieg 95/(149)
stück, Sand- 9/11
Stück, Sand 38/(99)
stückschen Anwenden, Langen- 95/(134)
stück'schen, Bohm- 104/31
Stückschen Busch, Lang 96/(53)
Stückschen Wiesen, Vier 96/(63)
stückschen (Wischen), Bom- 104/31
Stückschen (Wischen), Lütt 104/28
stücksche Wiese, Langen- 95/(135)
Stück, Schilf Wiesen 64/(180)
Stück, Schlüsen 57/(103)
Stück, schmaalen 21/(94)
stück, Schmahl- 51/(103)
Stück, Schmahles 89/(76)
Stück, schmahlhafsch 103/(128)
Stück, schmale 41/80
stück, Schmalen- 21/(94)
Stück, Schmalen 23/(93)
Stück, Schmalken 20/(63)
stück, Schmarren- 25/27
stück, Schmerwinkel- 97/(84)
stücksch'n, Lüt- 104/28
Stück, Schret 19/(116)
Stück, Schüen 65/(110)
stück, Schulten- 20/23, 21/6
Stück, Schulzen 21/6
Stück, Schweinhagensche 81/(163)
Stück, 6 Ruthen 95/(157)
stücks Kafel, Klever- 35/(76)
stück, Soegen- 9/7
Stück, Soelcken 9/4
stück, Sölcken- 9/4
Stück, Spring 97/23
stück, Spunt- 16/(66)
Stück, Staafen 38/(77)
Stück, Storfken 38/54
stück, Strak- 58/9
Stück, Strauch 58/9
stück, Streit- 48/(154)
Stück, Stroh 32/4, 73/63
Stück, Stubben 57/41
Stück, Suden 61/(83), 64/(187)
stück, Tens- 85/(70)
Stück, Tens 85/(70)
Stück, Tharen 41/79
stück, Thorn- 41/79
stück, Tourn- 41/79
stück, Trift- 21/3
Stück, Überfort 12/60
Stück, Vertagen 97/(97)
Stück, Vohrwiesen 10/(72)
Stück, Vör 33/(65)
stück, vorderste Grund- 30/(89)
stück, Vortagen- 97/(97)
Stuckwartshof 15/2
Stuckwarts Hof 15/2
stück, Weid- 43/33
stück, Wiedowen-Camp- 13/(108)
Stück, Wiesen 21/(99)
stück, Zielitz- 38/23
stück, Ziemen- 23/(98)
stück, Zilis- 30/(133)
Stück, zweibreitsches 10/23
Stüd, Düvel 3/53
Stüd, Düwel 3/53
Stüde 3/40, 49/8, 73/54, 74/94, 75/133
Stü(d)e 3/40, 73/54, 75/133, 80/12
Stü(d)ebarg 46/1
Stüde, Baur 74/96
Stüdeberge 71/(58)
Stüde Camp 71/(58)
stü(d)e, Düwel- 3/53
Stüdekamp 50/7
Stüd(e)kamp 50/7
Stü(d)ekavel 74/96
stüde, Kiel- 74/95
Stüde, Kiel 74/95
Stü(d)ekoppel 74/91
Stüden 2/(55), 73/54
stüden, Eich- 19/(89), 22/47
Stüdenkamp 103/39
stüden, Kiel- 74/95
stüdenstück, Eek- 19/(89)
Stüderkamp 103/39
Stü(d)eschen Barg 75/139
Stü(d)estücken 74/94
stuecken, Straucher- 73/65
Stueß 58/36
Stuffe 38/(77)
Stufft 59/(3)
Stühl 80/12
Stuhß 58/36
Stumm' 36/54
Sturchen Hägen 46/(62)
Sturen Hegen 46/(62)

Stüssenbarg 62/(57)
stuß, Fuchs- 18/(3)
Stust 58/36
Stüte, Quaster 50/7
Stuubeßen Horst 42/(46)
Stüüd 75/133
Stuve, E(e)ck 26/(46)
Stuve, Hare 13/51
Stuvwischen 13/82
Stuwaßen Gründen 15/1
Sude 64/23
Su(d)e 64/23
Suden Brock 57/64, 57/76
Sudenkavel 57/17
Sudenkolck 84/(6)
Suden Kolck 84/(6)
Suden Kolk 84/(6)
Suden Rieh 55/(1)
Suden Stück 61/(83), 64/(187)
Sudenstücken 57/14
Suden Wiese 67/(141)
Sudenwiese, Kleine 57/71
Suden Wiese, Lang 57/71
Suden Wiesen 53/(63), 61/21
Suden Wiesen, olden 61/(72)
Sudenwisch 57/59, 57/71
Suden Wisch, Lütcke 55/(55)
Sudenwischen 57/47, 61/21
Sudewische 55/(69)
Sueden Wiesen 67/(141)
sueringe, Ebel- 89/55
Suerkoppel 28/34
Suer Kuhl 63/18
Süer Landt 42/(39)
Suer Maur 81/78
Suhl Wiesen 69/89
Suhren Kuhl 63/18
Suhren Wiese 73/(130)
Suhring 103/66
Sührken 78/75, 105/1
Suhrwiesen Koppel 4/(54)
Sülsberg 26/35
Sülte 28/13
Sültekamp 7/18
Sulten 28/13
Sültenbarg 26/35
Sülterkamp 7/18
Sülter Kamp 7/18
Sültze 28/13
Sülwerbarg 68/27
Sülwerbuck 94/3, 104/17
Summhorst, Ruge 72/(45)
Sump 30/(136), 63/(173), 86/43, 87/(71)
Sump, Davids 65/66
Sump, Deepen 64/88
Sump, Drögen 67/7
Sümpel 44/84
Sumpen Wießen 63/(173)
Sumpf 87/(71)
Sumpf, Brandten 65/(63)
sumpf, Davids- 65/66
Sumpf, Davids 65/66
Sumpf, Kahl 65/(68)
Sumpf, Raben 64/(81)
Sumpf-Stücke 87/(71)
Sumpf-Stücken 87/(71)
Sumpf, Trocken 67/7
Sumpweg 87/17
Sump Wisch 88/(5)
Sundborn 42/106
Sunder Horst 78/42
Sünn'born 42/106
Sünnenbarg 81/51
Sünnenbarg, Hog 81/82
Surs 36/90
Süße Grund 39/21
Süßenhöfel 42/(124)
Suude 64/23
Swansvit 27/16
Swarte Barg 22/14
Swarten Barg 1/5, 5/14, 16/16, 24/42, 25/1, 32/37, 40/20, 41/20, 43/38, 44/111, 49/1, 68/81, 69/10, 81/14, 89/2, 101/10, 101/23, 106/5
Swarten Kamp 58/1
Swart Koppel 83/31
Swart Kuhl 78/9
Swart Land 43/49
Swart Maur 31/18, 36/11, 62/7
Swartwader 21/44
Swart Weg 1/169
Swart Wisch 43/5, 44/3
Swienbarg 68/83
Swienbucht 63/22
Swiendrift 74/67
Swienhagen 76/28
Swienkaben 66/46, 93/101
Swienkabenhorst 72/67
Swienkamp 23/45
Swienkavel 19/67, 48/35
Swienkoppel 53/25
Swienkuhl 8/7, 17/17, 19/8, 28/29, 45/33, 46/2, 65/93, 103/42, 105/15, 106/16
Swienkuhlen 73/27
Swienkuhlenbarg 78/39
Swienmaur 81/37
Swienmaurgraben 81/36
Swiensbarg 1/112
Swiensholt 54/11
Swienskuhl 31/24, 42/34
Swiensmag 27/27
Swienstall 44/110
Swiensüm 74/77
Swiensümlop 75/121
Swienswei(d) 18/36, 30/43, 52/63
Swienswisch 1/113
Swienwee(d) 47/52, 47/84, 61/20, 67/39, 69/90, 70/69, 71/75, 74/1, 78/17, 83/17, 105/5, 107/16
Swienweed 78/17
Swienwei(d) 35/26, 56/23, 58/32, 66/19
Swinstall 44/110
Swins-Weid 19/67
Sydeliste 41/49
Syringer Wiesen 78/75
Szantfurd 77/125

T

Tabackspahl 1/120
Tabaksuhrt 7/25
Tafelland 35/23
Tägenkamp 48/57

tagen-Stücken, Fer- 97/(97)
tagen Stücken, ver- 97/(97)
tagen stücken, vor- 97/(97)
tagen Stück, Ver- 97/(97)
tagenstück, Vor- 97/(97)
tagen, Ver- 97/(97)
Talase 70/(182)
Tanckns Kählen 48/(155)
Tannen 25/(117)
Tannen, Aaskuhlsche 43/17
Tannen, Aaskuhl'sche 74/81
Tannen, achtern 36/(148)
Tannen, Anaun 79/49
Tannen, Bäk'n 94/8
Tannen, Bauer 71/(59)
Tannen, Bauern 71/(59)
Tannenberg 25/69, 26/30
Tannen Berg 25/69, 101/82
tannen, Brand- 79/27
Tannen, Brand 81/91
Tannen, Büdner 81/24
Tannen, Blocksbergsche 14/12
Tannen, Caarstedter 1/175
Tannencamp 18/11
Tannen Camp 63/(100), 107/(30)
Tannen-Camp 101/48
Tannen Caveln 21/30
Tannen, Dohl'sche 74/103
Tannen, Fahren 74/99
Tannen, Glaashorster 64/77
Tannen, Gohrker 68/77
Tannen, Grosse 79/(68)
Tannen, Großen 79/(48)
Tannen, grossen oder hohen 83/21
Tannen, Großen Pumpbäckschen 71/(64)
Tannen, Großen Pumpbäk'schen 71/(64)
tannen, Große Schaf- 41/29
tannen, Große Streit- 79/(34)
Tannen, Güritzer 73/34
Tannen, Haege 79/(48)
Tannen, Hasenmohrschen 80/(32)
Tannen, Hegen 32/(43)
Tannen, Heilige Geist 1/177
Tannen, Herren 64/78
Tannen, Heylig Geist 1/177
tannen, Hof- 94/28
tannen, hohen Feld- 70/65
Tannen, Hohenfelder 70/65
Tannen, Hohe Thuns 10/43
Tannen, Horken 14/(37), 15/(38)
Tannen Horst 3/(9)
Tannen, Hühner 9/21
Tannen, Hüner 9/21
Tannenkabeln 85/19
Tannenkamp 3/(9), 18/11, 22/(61), 38/(67), 110/(35)
Tannen Kamp 44/61, 64/(188), 84/(42), 107/(30)
Tannen, Karstaedter 1/175
Tannen-Kaveln 26/(71)
Tannen, Kellerkuhls 10/22
Tannen, Keller Kuhls 10/22
Tannen, Kiebitzberger 1/164
tannen, Kirchen- 1/177
tannen, kleine Schaf- 41/(30)
tannen, Kleine Streit- 79/(29)
tannen, Königs- 34/24)
Tannen Koppel 79/(100)
Tannen-Koppel 25/53
Tannen, Krievse 3/(46)
Tannen, Krohn 79/54
Tannen, Liepser 81/(10)
Tannen, Miesen 10/45
Tannen Mohr 1/(190)
Tannen, Moor 74/100, 79/57
Tannen, Mühlen 81/(25)
Tannen, Mühlen-Stücken 1/35
Tannen, Parchimschen 1/11
Tannen, Parchner 1/11
Tannen, Plahn 2/14
Tannen, Plan 2/14
Tannen, Rethmoorschen 71/(65)
Tannen, Retmoorschen 71/(65)
Tannen, Roethkuhlschen 71/74
Tannen, Ruckschen 14/20
tannen, Roß- 1/(165)
tannen, Saal- 13/43
tannen, Sackel- 14/36
Tannen, Sandstücken 5/(17)
Tannen, Schleuser 25/(77)
Tannen, Schneidermoorschen 83/(14)
Tannen, Schneise 81/(10)
Tannen, Schnuben 59/(27)
Tannen, Schwarzberger 106/5
Tannen, Schweins 84/(2)
Tannen, Schweriner 71/114
tannen, See- 82/(14)
Tannen, See 93/98
Tannen, Siever 13/9
Tannen, Siever- 13/9
tannen, Sievers- 13/9
Tannen, Siver 13/9
Tannen, Streit 80/(32)
Tannen, Techentiner 79/60
Tannen, Trommel 49/6
Tannen, Trümmel 49/6
Tannen, Tuckhuder 78/31
Tannen, Vastrower 17/28
Tannen, Vietgester 93/107
Tannen, Wanzlitzer 1/64
Tannen, Welziensche 43/52
Tannen, Welziner 43/52

Tannen, Wiedbraaks 81/(77)
Tannen, Wierbrachs 83/(9)
Tannen Wiese 93/81
Tannen Zuschlag 83/12
Tans-Busch 98/11, 99/(53)
Tansra(d) 50/15
Tansrade 50/15
Taschenkamp 78/6
Taße 2/39
Tassenkamp 78/6
Taterbusch 1/127, 18/40, 89/3
Tatergrund 39/6
Tater Hägde 58/(33)
Tater Hege 58/(33)
Tater Höres 5/(13)
Taterkolk 27/45
Tater Kuhl 4/(16)
Taternbarg 10/24
Tater Wiese 4/(16)
Tatter Stücken 103/(136)
Taubelangck 63/(174)
Tauben Berg 101/35
Taubenholtz 101/(83)
Tauber 56/(203)
Taubnitz 62/46
Tauchnitz 62/(45), 78/12
Tauchnitzer Hee(d)hoew 78/21
Tauchnitzer Kamp 78/14
Tauchnitzer Kiel 78/16
Taucken 56/41, 56/47
Taucknitz 62/46
Taucknüs 62/46
Tauers 56/(204)
Tauerschen Barg 101/21
Tauers Heide 56/(204)
Tauers Horst 56/(205)
Tauers Wiesen 56/41, 56/47
Taueschen Berg 101/21
Taugenisser Hoev 78/21
Taugeniss Kiel 78/16
Taugift 48/80, 81/11
Taugnitzer Heide 78/21
Taugnitzer Wiesen 78/12
Tauknitzer Kamp 78/14
Tauknitz Kamp 78/14
Täulck 36/81
Tauschenberg 101/21
Tauslag 77/112, 83/12
Tavieger Orth 78/(45)
Taxenhäg 42/83
Taxus Haege 42/83
Tebelskamp 50/32
Techans Holtz 64/(189)
Techentiener Wiese 75/64
Techentiner Dannen 79/60
Techentiner Tannen 79/60
Teempze 81/71
Teensfeld 43/36
Teens Felde 43/36
Teeraben 50/16, 93/91
Teerofenstelle 50/16
Teermour 79/33
Teerriet-Graben 43/12
Teers 43/10, 56/(206)
Teerß 56/(206)
Teertschen 47/6
Teertschen Busch 47/(125)
Tegams Holtz 64/(189)
Tegelbarg 13/19
Tegelie 31/29
Tegeliekuhlen 93/42
Tegelkavel 42/19
Tegelkuhl 68/(169)
Tegelmour 1/146
Tegelschün 1/124
Tegelschünsche Dannen 1/115
Tegesbarg 63/39
Tehren Wiese 55/(24)
Teich 1/38, 44/52, 48/82
Teich, alten 12/55
Teichdamm 64/(190)
Teiche 89/6
teich, Enten- 12/2
Teich, Flete 37/15, 38/5
Teich, großen 82/(21)
Teich, Kleine 82/(3)
Teich, Klein Rohr 86/(58)
teich, Land- 8/1
Teich, Looser 48/82
Teich, Meuen 86/36
Teich, Neyen 62/(158)
Teich, Ober 82/(3)
Teich, rauhe 1/36
Teich, Rauhe 1/36
Teich, Reth 36/30
teich, Schäfer- 8/9
Teichs Gartten 84/(43)
Teichstücke 41/46
Teich, Unter 82/(12)
Teich, Wall 64/(194)
Teich, Werlschen 89/6
Teichwiese 1/38, 6/52
Teich Wiese 85/48, 93/(62)
teichwinckel, Stollen- 95/(162)
Teichwische 1/38
Teich, Woabylische 82/(3)
Teigelkoppel 69/86
Teigelwisch 52/12
Teigensohl 90/(70)
Teilholz 67/(5)
Tein Rau(d) 44/72)
Teiren Wisch, Grot 55/(24)
Teiren Wisch, Lütcken 55/(54)
Teirzen 47/6
Tellerkoppel 64/(25)
tendest den Pulver 72/58
tendest der Weterunghe 89/19
Tensstück 85/(70)
Tens Stück 85/(70)
tenß Schmaln Parlang 17/12
tenst den Jehser Berg 96/(45)
tenst den Stücken 85/(70)
Tenst Feld 43/36
Terbunck 55/(2)
Ter Bunk 55/(2)
Ternosen Wiese 1/114
Ternosen wisch 1/114
Ternosenwische 1/114
Ternosenwischen 1/114
Terr Bunk 55/(2)
Ter(r) Bunk 55/(2)
Terschen Busch 47/(125)
Toßen Camp 79/(135)
Teufels Wieße 67/26
Teulk 36/81
Thal, Joachims 42/3
Tharen Stück 41/79

Tharen Stücke 41/79
Tharen Stücken 41/79
Thater Grund 5/(59)
Theer Rieth 43/(10)
theich, Kuhe- 52/(97)
Theilen 62/15
theil, Greven- 55/(28)
Theil-Holtz 55/(70), 67/(5)
Theilholtz, Papenwischer 55/(60)
Theilhöltzung 55/(70)
Theil, Kuhl- 56/45
Theil, Kurtzen 56/3
Theil, Langen 56/2
theill, Holtz- 21/7
theil, Neue- 55/(70)
theil, Neue Wiesen- 55/(59)
Theil, Runde 1/173
theil, Runden- 75/55
Theils Bruch, Lange 56/2
theils Damm, Alten- 76/(50)
theilshof, Alten 61/4
theils Hofland, Alten- 61/4
Theil Stücken 1/59
theil, Viel- 55/(72)
Thent Camp 48/(156)
Thermohr 79/33
Ther Moor 79/33
Ther Riege 43/(10)
Theul 36/81
Thieden Brandwiese 75/87
Thieden Coppel 63/(175)
Thiergarthen 14/(106)
Thies Veh 70/20
Thomskamp 17/25
Thoms Kamp 17/25
Thomskolk, Grosser 79/22
Thoren Wiesen 81/(169)
Thor, Feilcken 103/(93)
thor, Mühlen- 1/(21)
Thornstück 41/79
Thorwiese 1/17
Thor-Wiesen 1/17
Thorwischen 1/(105)
Thrien Thüt Wiese 4/(56)
Thuns Tannen, Hohe 10/43
Thur, Clock 101/(64)
Thur, Klock 101/(64)
Thüt Wiese, Thrien 4/(56)
Tie(de)manns Mour 2/13
Tiedemans Ohrt 81/(170)
Tieden Branden 75/87
Tieden-Brand-Wiese 75/87
Tiedenkolk 43/9
Tiefbruch 14/22
Tiefe Grund 41/19, 49/32
Tiefe Lake 12/(44)
Tiefe Moor 39/34
Tiefen Ford 81/(171)
Tiefen Mohr 74/(102)
Tiefen Riete 27/74
tiefe Wiese 95/(163)
Tiefe Wiese 37/13
Tielßen Wiesen 59/(93)
Tiembcken Wiese 41/63
tier, Winter- 33/29
Ties Blanck 66/(82)
Tieß Mohr 38/(108)
Ties Vehen Ohrt 70/20
Tiesweh 70/20
Ties Werder 10/(69)
Tilsenbarg 103/27
Timmen Camp 26/(72)
Timmenwinckel 44/(178)
Timmer Horst 9/(67)
Timmermanns Kamp 44/(179)
timp, Drei- 94/27
Timpen 42/29, 47/40
Timpen Holt 41/63
Timpenhoppenhof 105/40
Timpen Hoppenhof 105/40
Timpenkoppel 46/33
Timpenwisch 75/147
Timpenwische 79/(136)
Timphorst 75/145
Timphost 75/145
Timpwiese 75/147
Timp Wiese 75/147
Tiscken Kolck 73/(12)
Tobacks Ort 11/(4)
Tobackspfahl 1/120
Todschlag 72/(73)
Todte Landt 81/(172)
todten Camp 68/(170)
Todten Kamp 69/(137)
Todten Lande 81/(172)
todten Man 79/94
todten Mann 1/140
Todten Mann 1/140
Todtenmanne 1/140
Todtenmoor 8/12
Todten Moor 6/3
todten Moore 8/12
Todtenweg 38/(109)'
Todten Weg 61/(84)
Todten Wegk, Poltzer 20/(58)
Togerschen Berge 101/21
Togeschen Berge 101/21
Toggerschen Camp 57/38
Tohren 63/(176)
Tohren Stücken 41/79
Tohr, Felcken 103/(93)
Tohr Wiese 1/17
Tohs Kolck 79/22
Tohten Grund 59/(94)
Tölke 36/81
Tölk Wiese 36/81
Tonnen Forth 66/(83)
Tonnen Wiese 66/(84)
Tönners Kamp 44/(180)
Tön(n)ß Camp 44/(180)
Toomskolk 79/22
Topsche Kuhl 81/40
Torfbarg 11/33
Torff Mohr, Grosse 45/75, 47/71
Torff Mohr, Malißer 24/(6)
Torfkoppel 7/8, 70/84
Torfkuhl 97/6
Torfkuhlen 28/(58)
Torflock 52/42
Torfmaur 12/47, 14/11, 15/44, 17/45, 19/14, 25/9, 30/64, 44/12, 46/38, 47/13, 56/65, 57/10, 58/40, 59/1, 64/39, 65/60, 68/30, 71/9, 71/83, 72/24, 81/28, 86/11
Torfmohr 44/12
Torf Mohr 11/(45), 22/2, 24/(6), 65/60, 68/30, 75/(31)

Torf Mohr, Weisse 48/33
Torfmoor 4/13, 12/47, 14/11, 17/45, 22/2, 25/9, 40/7, 65/60, 68/30
Torf Moor 35/38
Torfmoor, großen 31/(51)
Torfmoor, Wehninger 35/38
Torfmour 4/13, 22/2, 35/38
Torfstich 74/36
Torfstücken 101/13
Torfweg 95/38
Torfwischen 74/46, 103/25
Tornosen Wiesen 1/114
Toslag 54/5, 94/6, 95/36
Toter Mann 79/94
Touker 56/41, 56/47, 57/38
Tournstück 41/79
Trabohn 54/(30)
Tra(d) 42/35
Trallaken 19/(118)
Tram 36/18
Tramm, Großer 31/(17)
Trappenberg 79/(137)
Trauckel 36/(149)
Traulcke 36/(149)
Trebser Mohr 55/(71)
Trebzer Lehmkuhlen 51/(105)
Trenn Mohr 87/(8)
Trering 70/(183)
Tribens 23/(99)
Triebens Wiesen 23/(99)
Triebenswießen 23/(99)
Trien Camp 68/(171)
Trienenk Kamp 70/(184)
Trienhei(d) 75/98
Trienheide 75/98
Trienheide-Wiesen 75/(103)
Trienheidschen Wiesen 75/(103)
Trienheidts Wiesen 75/(103)
Trien Horst 62/(170)
Trienkamp 68/(171)
Trienkuhl 46/25
Trien Mohr 103/2
Trien Mohr Stücken 103/(137)
Trienwiese 75/(103)
Trien Wiese 85/(71)
Trien-Wiese 2/(36)
Trien Wiesen 97/(93)
Trienwisch 14/(107)
Trien Wise 14/(107)
Trifft, Lange 23/25
Trift 15/(31), 22/52, 36/13, 51/47, 62/(110), 95/(164)
Trift Koppel 86/(34)
Trift, Liepser 79/66
trift, Schaaf- 18/14
Triftstück 21/3
Triftstücken 14/31, 45/35
Trift Stücken 36/13
Triftwiese 66/28
Trinde Wische 97/(93)
Trinenkoppel 5/31
Tringen, Hasen 103/(97)
Trinheidt 75/98
Trisniza 66/1
Trittbusch 12/6
trockenen See 81/95
Trocken Sumpf 67/7
Trocknen, Heu 6/32
trog, Backel- 69/15
Trohn Heide 104/(6)
Trommel Tannen 49/6
Trost Wiesen 62/11
Tröswischen 62/11
Trotzenburg 1/104
Trotzenkamp 5/(23)
Trummeldannen 49/6
trummel, Mul- 35/46
Trümmel Tannen 49/6
Trun Büschen 103/20
Trunhei(d) 103/20
Tuchmacher Wall 1/(98)
Tuckehut 78/31
Tuckhude 78/31
Tuckhuder Dannen 78/31
Tuckhuder Tannen 78/31
Tuck Huth 78/31
Tuhrn 63/(176)
tünen, Tüschen- 52/55
Tunnerbusch 73/50
tunsdannen, Hogen- 10/43
Turmbarg 21/32
tüschen Graben 1/156
Tüschentünen 52/55
Tüsch, Speckmanns 79/59
Tüt 93/15
tut, Dicke- 36/(28)
Twähl 32/33
Twälen 2/2
Tweer Kafel, kurze 97/(57)
Twehlen 2/2
Twehl Stücken 13/(103)
Tweibrei(d) 10/25
Tweibreidsbarg 10/23
Tweihecken 74/21
Tweite Wenn' 57/67
Twelen Ende 51/30
Twerlande 79/81
Twer-Stücke 67/(142)
Twiet 51/14
Twischenrieten 25/(118)
twischen Vier 25/7
twüschen de Weg' 32/33, 51/30, 75/1
Twüschen Rieden 14/26
Tzarndes strom 12/(27), 44/(33)
Tzude 64/23

U

Ub bock 53/31
Überfort Stück 12/60
Ueberländer 83/(40)
Ueberlandsberg 83/41
uebern Nedder Weg 79/(87)
Ufer 10/(70)
Ufer, Elden 10/(70), 17/43
Ufer, Große 19/(75)
Ufer, Lütcke 19/(64)
Ufer, weiße 1/134
Ufer, Weiße 1/134
Ufer, weißen 1/134
Ufer, Weißen 13/78
Uhlenbarg 11/18
Uhlenbusch 11/(42)
Uhlenhorst 45/5, 52/1, 64/55
Uhlen Horst 45/5
Uhlenhost 45/5, 51/76, 64/55

Uhlenkamp 69/3
Uhlen Stubben 77/(32)
uhr, Koster- 90/15
Uhr, Lang 3/12, 12/(18), 72/(47), 72/48
Uhrt 5/38
Uhrt, Barger 103/57
uhrt, Barken- 66/37
uhrt, Bischofs- 7/24
uhrt, Bodder- 21/10, 56/37
uhrt, Buknechts- 44/121
uhrt, Bullen- 89/40
uhrt, Düwels- 58/34
uhrt, Evers- 78/11
Uhrt, Franken 5/29
Uhrt, Gälers 103/35
Uhrt, Gehrken 94/2
uhrt, Gläsken- 77/72
uhrt, Gogel- 77/11
uhrt, Goos- 13/58
uhrt, Hunn'- 14/16
uhrt, Jogen- 27/39
uhrt, Kellings- 73/26
uhrt, Kiel- 31/8, 67/65
uhrt, Klöten- 81/93, 82/1
Uhrt, Koelers 68/66
uhrt, Krauns- 65/90
uhrt, Krons- 73/74
Uhrt, Krusen 58/37
Uhrt, Langen 78/41, 81/3
Uhrt, Lembken 77/65
uhrt, Nettel- 64/24
Uhrt, Pagel 18/42
Uhr(t), Sahner 71/113
uhrt, Siester- 67/56
uhrt, Snieder- 62/5
uhrt, Stacken- 14/3
uhrt, Tabaks- 7/25
Uhrt, up'n 22/22
uhrt, Voß- 64/19
uhrt, Zägen- 44/95, 66/50
Uhr, Zegen 71/(111)
Ulenhorst 56/(207)
Ülkenbarg 19/30
umb den Walle 75/(199)
ümlop, Snell- 1/70
ümlop, Swiens- 75/121
Ümlopwischen 65/16
ümstieg, Achter- 105/20
ümstück, Krumm- 61/18
üm, Swiens- 74/77
Under Bergs Wiesen 3/34
unechten 5 Ruthen 1/39
Unecht fiw Ro(d) 1/39
Unecht Fünf Ruten 1/39
Unierz 52/72
ünnern Barg 3/34, 25/37
Unöhrz 52/72
unten den Berge 26/(41)
unter den Gräben 1/157
Unter Kamp 45/(106)
unterm Berge 25/37
untern Bargs Wiesen 3/34
Unternbeumen 64/(191)
unterste Julsche Holtz 53/71, 53/72
unterste Sprinckschlag 100/(36)
Unter-Teich 82/(12)
uort, Rade- 80/(20)
Upbocken 53/31
Up-bocken 52/43, 53/31
up Bouken 53/31
up'e Binn 65/42
Up, Lur 55/20
upn 5 Ort 95/(96)
up'n Koster 103/71
up'n Lenschowschen 104/34
up'n Stücken 30/55
up'n Uhrt 22/22
up, Pass- 64/52
up, Paß- 64/52
Upp, Luhr 55/20
Upsall-Stücken 97/(94)
Upstall 96/19, 97/(94), 105/(61)
Up Stall Cavellen, Nien 97/(73)
Upstall, Lütten 96/19
Up Stall Stücken 97/(94)
Upstall Wiesen, Nien 97/(73)
Upstandt, Lütten 96/19
Ürenbarg 30/28
urt, Evers- 78/11
Urt, Nettel 64/24
Utbrand 77/8
Utbrands-Birken 77/8
Utbrands Kork 77/9
Utbrans Birken 77/8
Utbrans Kolk 77/9
Utbrou(d) Maur 52/69
Utgliekung 103/23
uth dem Brande 77/8
uthscote 1/(62)
Ut Jans Rieh 68/(172)
Utschäle 2/(53)
Utschälen 2/(53)

V

Vagel Sanck 96/(64)
Vagelsang 92/8
Vagelsangs Stücken 96/(64)
Vagts Orth 18/42
Vähr Dorn 73/49
Välen Möhre 79/(102)
Välen Mööre 79/(102)
Vallen Mooren 79/(99)
Vampel 59/(95)
Varenhorst 68/(173)
Varglasche Wische 95/(165)
Varns 62/(63)
Vars Winckel 34/(32)
Vastrau 43/(124)
Vastrower Tannen 17/28
Vaust 67/70
Veertig Rauden 69/54
Veeschmohr 44/76
Veesch-Mohr 44/76
Vehbrügg 26/25
Vehen Ohrt, Ties 70/20
Vehl Miet 44/(181)
Vehrings Wiesen, große 79/(104)
Vehrings Wiesen, lüt 79/105
Vehspern 71/(148)
Vehst 44/63
Vehstäden 88/(8)
Vehstedt 86/(42)
Vehster Barg 44/62
Veh, Thies 70/20
Veir 38/14

velachter Wiesen, Sa(ha)- 48/(147)
Vellholtz 56/(208)
Vennewischen 25/62
Ventzier 67/(143)
Venziersche Mühle 33/5
Verdeck 12/62
Vergäudung 57/13, 67/40
Ve(r)goch 35/42
Verklaser Dickt 18/(10)
verndell, Kalverstertische 1/(99)
Versunck, Karcken 54/(20)
versunk, Kirch- 52/28
Vertagen 97/(97)
Vertagen Stück 97/(97)
vertagen Stücken 97/(97)
Verwalterhösten 41/54
Verwasterowschen Bohm-stück'n 104/(35)
Veschen 44/63
Vicken Beck 70/51
Vicken Cämpen 66/(85)
Vicken Kamp 52/92
Vicken Kämpen 78/64
Vicken Wiese 54/(9)
Viehe Rieden 62/(171)
Viehestedte 86/(42)
vie(h)n, Lands- 47/35
Viehr 106/(3)
Viehr, alten 9/9
Viehstelle 23/(53)
Vieh Wiese 63/(177)
Vielancks Heide 56/55
Vielank 56/55
Vielanker Barg 51/9
Vielanksche Koppel 56/55
Viel theil 55/(72)
Vier 13/(104), 25/7, 65/(114), 79/45, 89/12, 90/(38), 106/(3), 107/(44)
Vierbarg 2/18, 5/16, 9/9, 24/38, 25/2, 106/1, 107/14
Vier Barg 24/38
Vierberg 5/16, 9/9, 25/2, 106/1
Vierbusch 96/(61)
Vier Enden 56/(209), 61/(85), 95/(166)
Vierer Zuschlag 107/(45)
Vier, Grot 107/2
Vier halb Roden 25/(119)
vierischen Graben 89/(77)
Vierkamp 13/(105)
Vierkant 93/77
Vierkoppel 106/(3)
Vier, Lütt 107/7
Vier Mohr 6/(53)
Vier Rad(d)en 26/(73)
Vier Roggen 98/(33)
Vier Ruhten 81/(173)
Vier Ruthen 97/(95)
Viersche Graben 25/8
Vierschen Wege 89/(78)
Viersche Schlag 89/(15)
Viers Koppel 89/(15)
Vierstäng 65/20
Vierstücken 79/42, 96/(62)
Vier Stücken 30/(137), 62/(172), 96/(62), 99/(54)
Vier-Stücken 107/2
Vier-Stückschen Wiesen 96/(63)
viertel, Panner- 45/4
Viertelsherren Wiesen 1/(86)
Viertelswiese 1/(86)
Viertels Wiese 1/(86)
Vierthels Wiese 1/(86)
Vier, twischen 25/7
Vier-Wiese 2/(32)
Vier Wiesen 107/(46)
Vier-Wiesen 2/(32)
Vieß-Dohm 85/(25)
Viest 48/(157)
Viesten 23/39
viesten, Bour- 70/23
Viest Stücken, neuen 23/39
Vietambel 103/(138)
Vietgester Dannen 93/107
Vietgester Tannen 93/107
Vietzen Heide 56/(210)
Vietzen Mohr 56/(211)
Vietzer Horst 56/(27)
Viezenkamp 57/28
Viezer Horst 56/(27)
Ville Kuhle 73/(131)
Viresche Mohr 13/(66)
Visdomsche Wiesen 85/(25)
Visunck, Karcken 54/(20)
Vitzen Camp 57/28
Vlocksmaur 30/12
Vochel 44/15
Vockell 44/15
Vockel Wiesen 44/15
Vock Siedelitz 48/67
Vockßielitz 48/67
Vöddels Koppel 85/24
Vöddelst dree Böm 43/58
Vöddelst Ellernkoppel 89/42
Vöddelst Koppel 7/13, 57/1, 90/36, 91/22, 103/11
Vöddelst Wisch 80/6, 93/81
Voerderst Frieholt 36/79
Voernsch Heide 62/12
Vogel Heerd 93/(90)
Vogelkamp 73/39
Vogel Kamp 73/39
Vogelsangk 96/(64)
Vogelsank 96/(64)
Vogels Kafel 44/15
Vogelsort 19/(90)
Vogelstange 1/(26)
vogts Wiese, Holtz- 1/(126)
vogts Wiese, Holz- 1/(126)
Vohr 66/(60)
Vohrde, Klihzinges 12/(26)
Vohr Ende 10/(71)
Vohr Hööfen 46/(63)
Vöhr Wiesen 63/(179)
Vohrwiesen Stück 10/(72)
Voigts Wiese, Holtz 1/(126)
Vokel 44/15
Vokel Holtz 44/(182)
Vollstrange 9/38
Volschen Dam 44/(183)
Volsrader Rense 54/2
Vookel 44/15
Vooß Barg 12/68
Vooß Cuhl 103/37
Vooß Höffken 17/(100)

Vooß Horst 42/(13)
Vooß Kuhl 65/84
Voran 26/18
Vorbör Winckel 95/(167)
Vorbrand Stücken 30/(138)
Vorcks Brook 64/(192)
Vorckshof 64/(193)
Vordahr 73/49
vör de Friehölter 69/55
Vorden 22/50
vordere Breeslach 75/(78)
Vordere Breeslach 75/(78)
Vorde, Roden 64/51
vorderst Breeslag 75/(78)
Vorderste Achter Stücken 104/(47)
vorderste Bauer Koppel 60/(12)
vorderste Breeslach 75/(78)
Vorderste Breslach 75/(78)
vorderste Breslag 75/(78)
vorderste Eller Koppel 89/42
vorderste Fiest 18/(58)
Vörderste Gönsiten 19/72
vorderste Grundstück 30/(89)
Vorderste-Langehorst 75/(38)
vorderste Langenstücken 68/55
Vorderste Lang Horst 75/(38)
Vordersten Bohldamm 57/(106)
Vordersten Bohm Stücken 104/(48)
vordersten Camp Wege 36/(150)
Vordersten Camp 57/(107)
vordersten Gründen 59/(19)
Vordersten Saaten 6/26
vördersten Wischen 19/27
vorderste Wisch 19/27
Vorder-Wiese 95/19
vorde, Sant- 77/125
Vördorn 73/49
Vordt 97/(96)
Vörfeld 73/61
Vorgöhren 65/(158)
Vörgorck 35/42
Vorhoeft 6/(7)
Vörhoew 5/46
Vörholtkoppel 35/45
Vorhorn 11/(21), 73/38
Vörhorn 73/38
Vor Horn 11/(21), 73/38
Vor-Jahms 19/58
Vor Kamp 70/(185)
Vor-Kamp 65/(6)
Vörkavel 38/53
Vor Kavelln 45/(107)
Vorkoppel 95/(168)
Vörkoppel 72/28
Vör Koppel 78/10
Vor-Koppel 65/(6)
Vörlanken 19/63
Vörlanksch Weg 19/61
Vörlank'sch Weg 19/61
Vörlann' 20/10, 21/33
Vor Mohr 24/(17)
Vormoor 24/(17)
Vor Naßer 55/(73)
Vornhorst 43/30
Vornhost 26/22, 43/30
Vorn Kamp 67/(144)
Vorn Kaveln 43/(125)
Vornplatz 19/(91)
Vorn Stücken 21/33
Vorns Wiesen 21/(97)
Vorns Wießen 19/27
Vörrelst Koppel 38/55, 44/10, 45/30, 46/14, 47/55, 61/13, 69/27, 74/29, 78/10. 85/24, 87/5, 107/26
Vörrelst Langen 36/24
Vörrelst Maur 107/11
Vörrelst Ort 69/24
Vörrelst Wisch 40/42
Vörrelst Wischen 38/1
Vörrerst Koppel 27/30
Vörrerst Wisch 27/32
Vörr(e)st Gansieten 19/72
Vörr(e)st Wisch 19/27
Vörr-Karw 96/(65)
Vörsaten 6/26
Vorsatgen 6/26
Vors Beck 63/(178)
Vör Stück 33/(65)
Vorstücken 40/(93)
Vortagenstück 97/(97)
vortagen stücken 97/(97)
vort, klysinges 12/(26)
vort, Rade- 80/(20)
vört Slüs 25/76
Vörwarder 22/25
Vörwastrowschen (Wischen) 104/29
Vorwercks Hoff 64/(193)
Vorwerder 22/25
Vorwerks Hof 64/(193)
Vorwiese 35/(110), 95/19
Vor Wiese 43/(126), 63/(179), 95/19
Vorwiesen 16/(67), 21/(97)
Vorwinckel 6/12
Vörwisch 95/19
Vorwische 95/19
vör Zielistraun 69/56
Vosberge 68/18
Voshoeven 25/81
Voskuhle 103/37
Voskuhlen 25/79
Voskule 42/(14)
Voßbarg 1/72, 7/29, 12/68, 13/70, 19/62, 20/1, 45/77, 47/70, 51/44, 52/45, 56/72, 61/2, 67/25, 68/18, 71/61, 75/20, 81/68, 83/30, 85/16, 87/12, 93/100, 106/23
Voss Barg 85/16
Voß Barg 24/(41), 48/(158), 68/18
Voßbarg, Oll 75/18
Voßbeck 63/(180)
Voßberg 51/44, 61/2, 68/18, 69/(138), 71/61, 75/20, 106/23
Voß-Berg 1/72, 72/(115), 93/100
Voßberge 1/72, 85/16
Voß Berge 68/18, 106/23
Voßberge, hintern 98/(34)
Voßberg, Kleinen 69/(118)
Voßbergen 71/61, 87/12

Voß Enden 48/(159)
Voß Grund 20/(64)
Voß Gründen 20/(65)
Voßhoewel 25/81
Voßhorst 62/4
Voß Horst 42/(13)
Voß Hörst 62/4
Voß Horst, forderste 62/8
Voß Horst, Hinterste 62/3
Voßhost 62/4
Voßhost, Grot 62/3
Voßhost, Lütt 62/8
Voßkamp 87/39
Voßkolk 42/12
Voß Kolk 42/12
Voßkuhl 26/26, 27/34, 42/92, 103/37
Voß Kuhl 30/(139)
Voßkuhle 14/33
Vosskuhlen 15/39
Voßkuhlen 14/33, 15/39, 25/54, 25/79, 42/92, 59/(23), 65/84
Voß Kuhlen 25/54, 42/(14), 59/(23)
Voß Kuhlen Stücke 103/37
Voß Ohrt 64/19
Voß Ohrte 64/19
Voßuhrt 64/19
Voßwiese 97/(98)
Voß Wiesen 97/(98)
Voß-Wiesen 97/(98)
Votüdel 48/46
Vullstrang 9/38

W

Wabel, Kleine 81/(136)
Wabelsche Backe 81/15
Wabelsche Bäcke 81/15
Wadel, Camp 36/77
Wäden 27/52, 42/104
Wädenwisch 51/62
Wader, Blag 13/6
Wader, Blank 51/1
Waderfohren 93/1
Wadergrund 33/34
Wädering 105/(37)
Waderkoppel 50/22
Waderkuhl 51/24, 68/19
wader, Schrenk- 51/23
Waders Holtz 38/11
wader, Swart- 21/44
Waderwischen 21/39
Wade Wiesen 42/(104)
Wäde Wiesen 27/52
wagen, Brut- 107/8
Waggeleitschen Garten 25/(120)
Wägners Barg 7/34
Wägners Büsche 83/67
Wähkoppel 104/15
Wahrenberg 5/21, 5/22
Wahr, Hohe 32/35
Wähter Kuhlen 20/(67)
Wähterling 59/(4)
Wal, Borck 7/32
Walck Mühle, Groten 63/(116)
Walck Mühle, Klein 63/(131)
Walckmühler Camp 23/(100)
Walck-Mühls-Camp, Große 63/(116)
Walck-Mühls-Camp, Kleine 63/(131)
Wald, Priemer 16/30
waldt, Borch- 95/35
Waldwisch 102/46
Walk-Mähl, Groht 63/(116)
Walkmähl, Lütt 63/(131)
Wall 1/(21)
Wallachskoppel 4/3
wall, alte Mühlen- 106/(41)
Wall, Alter 1/(21)
Wallbarg 49/30
Wallberg 49/30
Wall Berg 49/30
wall, Borch- 11/(52), 95/35
wall, Borg- 7/32, 41/98, 42/1, 44/81, 83/60, 86/(22), 93/76, 95/35, 97/11
Wall, Borg 95/35, 97/11
wall, Burch- 93/76
wall, Burg- 83/60, 95/35
Wall Dieck 89/(38)
Wall, Eier 41/74
Walle, umb den 75/(199)
wall, Schuster- 1/(95)
wallsmoor, Burg- 83/(59)
Wall Stücken 99/(55)
Wall-Stücken 99/(55)
walls-Wiesen, Borg- 97/(29)
Wall-Teich 64/(194)
Wall, Tuchmacher 1/(98)
Walsch Mour 2/37
Wals-Mohr-Stücken 2/37
Walstet, Alte 36/(35)
Walthorst 81/62
Walt Wiesen 75/(200)
Walzensteg 75/36
Wanczebergk 26/(38)
Wansberge 24/13
Wanschen Berge 26/(38)
Wantzenberge 26/(38)
Wantzlitzer Camp 9/(68)
Wanzbarg 24/13
Wanzbergk 26/(38)
Wanzlitzer Dannen 1/64
Wanzlitzer Siet 10/45
Wanzlitzer Tannen 1/64
Wapen, Koppelower 93/94
Wappen 93/94
Wap Wise 14/108
warder, Busch- 22/38, 35/7
warder, Eddelmanns- 35/8
War(d)erhof 17/37
warder, Sand- 22/40, 35/2
warder, Vör- 22/25
Warf 21/16
Warff 22/17
Warffe 22/17
Warff Wiesen 22/17
Warfwischen 22/17
Warlawer-Mohr 69/(139)
Warlitzer Keil 64/75
Warlitzer Kiel 64/75
Warlower Hogen 68/(174)
Warlower Öhrt 69/31
Warlower Orth 69/31
Warlow, große 69/27
Warlow, Kl(ein) 69/23

Warlow, Newen 69/23
Warlow, Nien 69/23
Warlowschen Mohr 2/37
Warlsch Riet 90/54
Warnowschen Koppel 4/(57)
warten, Hohen- 32/35
wärter Koppel, Holz- 24/(5)
wart, hohe 32/35
wartshof, Stuck- 15/2
warts Hof, Stuck- 15/2
waschenslag, Schap- 26/15
wäsche, Schaf- 8/9, 18/23, 93/24
waschhorst, Schaaf- 94/(50)
wasch Horst, Schaf- 93/102
wasch Horst, Schap- 93/102
waschhost, Schap- 93/102
wasch, Schap- 18/23, 90/41, 91/1, 93/24, 94/30, 106/33
wäsch, Schap- 86/17
Waschs Wischen 47/88
Waschwisch 47/88
Wäsekuhlen 81/27
Wäselhee(d) 75/161, 76/1, 78/83, 79/12
Wäselheed 78/83
Wassenland 69/63
Wasserberg 9/(28)
Waßer Berg, Blanke 51/(2)
Waßer, beym lange 85/(61)
Waßer, beym Langen 85/(61)
Waßer, Blancken 51/1
Wassergrund 49/(37)
Waßergrund 33/34
Waßerpohl 21/(66)
Waßer Pölcken, groten 21/(66)
waßer Rinow 21/(91)
wasser, Schrick- 51/23
Waßer Stücken 13/(106)
Wässerung 87/18
Wäßerungs-Schlag 8/(28)
Waßer-Wiese 20/(66)
Wasserwiesen 20/(66)
Waßer Wiesen 20/(66)
Wasterau 67/(145)
Wasterow 77/49, 77/50
wasterowschen Bohmstück'n, Ver- 104/(35)
Wastracken 43/(124)
Wastroh 67/(145), 77/49
Wastrow 43/(124), 77/49
wastrowschen (Wischen), Vör- 104/29
wastrow, Wo- 104/(35)
Waterdamm 65/(159)
Waterfahren 93/1
Water Fahren 93/1
Wätering 87/18, 89/19
Wäteringen 87/18
Water Kuhls Horst, Lange 42/(64)
Waterling 59/(4)
Waterpöl 21/(66)
Waterstücke 13/(106)
Wäterung Stücken 105/(37)
Wau(d) 13/37, 33/13
Wauden 43/24
Waudsche Weg 13/36
Wäwerbarg 48/26
Wäwerbusch 47/50
Wäwersholt 38/11
Weber Holt 38/11
weber Ohrt, Wollen- 1/(73)
weber ohrt, Wullen- 1/(73)
weber Ort, Woll- 1/(73)
Webers Holtz 39/(49)
Webers-Ort, Wollen 1/(73)
Weber Wiese 47/50
wech, gröne 4/32
Weck, Naßen 19/40
Wedderkuhlstücken 25/(121)
Weden 27/52
Wedene Wiesen 51/62
Weders Holtz 38/11
Wedings Kamp 12/56
Wee(d) 41/94, 44/28, 49/21, 59/2, 62/22. 64/6, 67/34, 69/36, 71/3, 74/4, 77/1
wee(d), Bäuner- 79/18
wee(d), Buern- 79/15
wee(d), Daglöhner- 70/98, 79/24
Weeden 42/104
wee(d), Koh- 68/78
Wee(d)koppel 41/2, 45/3, 61/19, 70/70, 72/7, 77/24 78/72, 81/92, 83/32, 104/15
Wee(d)koppel, Grot 78/60
Wee(d)koppels 107/19
Weedkoppels, Grot 78/60
Weed, Nie 72/18
Weed, Nien 76/4
Wee(d), Ol 72/17
Wee(d), Oll 76/5
wee(d), Preister- 78/64
wee(d), Schap- 47/33, 79/83
wee(d), Scheper- 70/68
wee(d), Swien- 47/52, 47/84, 61/20, 67/39, 69/90, 70/69, 71/75, 74/1, 78/17, 83/17, 105/5, 107/16
weed, Swien- 78/17
Weeg, Bahl 77/94
Weg, Ahnwendsch 73/56
Weg, alte Heydt 75/(162)
weg, an'n Nadel- 63/29
weg, baben Kark- 25/(90)
weg, Bahl- 36/45, 63/62, 77/94
Weg, Bahl 77/94
Weg, Bähl 36/45
weg, Barken- 89/30
weg, Bäuner- 74/43, 105/4
Weg, Beckstücker 93/(110)
weg, Bier- 49/38
Weg, blanken 10/(52)
weg, Blocks- 13/(85)
weg, Bohl- 63/62
weg, Böl- 36/45
weg, Brauk- 81/60
wegck, Balen- 77/94
Wegck, Hollen 30/(101)
Weg, Clas 68/(102)
Weg, Dartinsch 51/18
weg, Doden- 19/55, 39/7, 62/64, 64/40, 67/71

Weg, Doden 19/55
Weg, Dömitzer 36/(103)
Weg, Dovenholtsche 19/(10)
weg, Drad'- 26/11
Weg, Drög 19/3
Weg, Drogen 19/3
Weg, drögen 19/3
Weg, Dubbelaascher 69/2
Weg, Düpsch 19/45
Weg, Düp'sch 19/45
Weg, Düsterfortsche 99/16
weg, Düwels- 81/49
Wege, Bahl- 63/62
wege, Bähl- 36/45
wege, Beier- 48/(96)
Wege, beym Stebelinschen 54/(46)
wege, Bohl- 63/62, 77/94
wege, Böhl- 36/45
Wege, Bredehorster 47/(94)
wege, Brodischen Mist- 35/(58)
Wege, Dartinischen 51/18
Wege, Deboischen 7/12
Wege, Dömitzer 36/(103)
Wege, Drögen 19/3
Wege, Flagischen 93/(112)
wege, Flot- 22/16
wege, Floth- 22/16
wege, Flott- 22/16
wege, Fuhr- 49/(43)
wege, Glaß- 6/(37)
wege, Graß- 56/(120)
wege, Gr(oße) Ride- 69/40
Wege, grünen 20/18, 42/80
wege, Heer- 63/(119)
Wege, Heer 73/(111)
wege, Heu- 29/(31)
Wege, Hogen 23/(81)
Wege, Hohlen 30/(101)
Wege, Holtz 28/23
wege, Hove- 25/(104)
weg, Eiken- 57/56
wege, Kirch- 16/6, 42/78, 48/(125), 62/64, 63/(128), 73/58
Wege, Kirch 27/(83)
Wege, Klaarschen 55/(48)
wege, Kleine Ride- 69/39
Wege, Langschen 55/(51)
Wege, Lentzer 1/78
wege, Lentzeschen 1/78
Wege, Lenzner 1/78
Wege, Mest 19/(105)
Wege, Mist 19/(105)
wege, Mittel- 35/(93)
wege, Mohr- 36/(134)
wege, Mühlen- 65/(149)
Wege, Natten 19/40
wegen, Feld- 30/(82)
Weg, engen 38/(68)
wegen, grothen Ried- 69/40
wegen, Kleinen Ried- 69/39
Wegen, zwischen 14/(111), 30/(82)
Wegen, zwischen den 14/(111), 28/(59), 85/(74)
Wege, Pahl 16/(58)
wege, Post- 36/33
weg, 1. Riet- 69/40
Wege, Sitlitzer 6/(50)
Weges Stücken, Fahr 16/(37)
weges Stücken, Floet- 23/71
Weges Stücken, Sand 20/(61)
Wege Stücke 63/(181)
Wege, Vierschen 89/(78)
Wege, vordersten Camp 36/(150)
Wege, Wismarischen 41/(141)
Wege, Ziegel 73/(133)
weg, Fracht- 17/27, 100/13, 106/(49)
weg, Fuhr- 80/(28)
Weg, Flügels 51/51
Weg, Galiencken 19/(9)
Weg, Galiner 13/34
Weg, Galinken 19/(9)
Weg, Galliniken 19/(9)
Weg, Godemser 107/27
Weg, Gouselsche 60/(10)
Weg, Graß 56/(120)
Weg, Grön 20/18, 23/8, 42/80, 53/19
Weg, grüne 20/18, 96/(36)
Weg, Hee(d)dour(en)sch 65/89
weg, Heide Stücken am Post- 23/12
weg, Heu- 28/22
Weg, Heu 81/18
weg, Hö- 81/18
weg, Hofe- 13/92
Weg, hohe 20/12
Weg, Hohe 11/(19)
Weg, Holl 26/29
weg, Hollänner- 34/14
Weg, Hollen 63/(123)
Weg, Holln 81/44
weg, Holt- 28/23
Weg, Jam(en)sch 19/56
Weg, Jannerahlsche 70/32
Weg, Jäßer 56/14
weg, Kaark- 42/78
weg, Kalk- 15/41
wegk, Hohe- 11/(19)
Wegk, Hohlen 26/29
weg, Kirch- 16/6, 20/34, 31/(53), 42/78, 43/56, 63/(128), 73/58, 98/(20), 104/27
Weg, Kirch 31/(53)
weg, Klei- 21/31
Wegk, Mühlen 33/(59)
weg, Knick- 22/31
weg, Koeler- 34/7
Wegkoppel, Deibowsch 7/12
Wegk, Polzer Todten 20/(58)
Weg, Krögerbomsch 101/37
Weg, Krüßer 15/50
weg. Krütz- 43/(100)
Weg, Lang 74/61
weg, Mangens- 62/24
weg, Maur- 19/48
weg, Middel- 50/25
Weg, Middeldrummsche 74/63

Weg, Mittel 35/(93)
Weg, Mittelsten 81/60
weg, Moelen- 21/19, 27/57, 39/5, 46/23, 52/91
weg, Möhlen- 59/(34)
Weg, Moor 19/48
weg, Mour-' 87/19
Weg, Mühlen 35/(95), 93/(125)
weg, Nadel- 63/30
Weg, Natten 19/40
Weg, Neddern 79/(87)
Weg, Nerder 79/(87)
Wegners Kamp 73/35
Weg, Nien 57/61
Weg, Niescher 23/23
Weg, Nilandsch 19/40
Weg, Picherschen 70/43
Weg, Ploßger 44/(169)
weg, Post- 19/2, 23/12, 33/4, 36/33, 49/38, 52/(78), 57/63, 73/71, 79/91
Weg, Prediger 83/(101)
Weg, Priester 75/(193)
weg, Rie- 76/(95)
weg, Sand- 42/35
weg, Schreit- 19/(115)
wegs Kamp, Hö- 76/(70)
wegs Kamp, Rie- 76/(95)
wegs Stücken, Flot- 23/(71)
wegs Stücken, Hö- 76/(71)
wegs Stück, Karck- 42/78
weg, Stadt- 73/42
Weg, Strangesche 25/44
Weg, Strangsche 25/44
Weg Stücken, Kierch 42/78
wegstück, Heu- 30/19
weg, Sump- 87/17
Weg, Swart 1/169
weg, Todten- 38/(109)
Weg, Todten 61/(84)
weg, Torf- 95/38
Weg', twüschen de 32/33, 51/30, 75/1
Weg, uebern Nedder 79/(87)
Weg, Vörlanksch 19/61
Weg, Vörlank'sch 19/61
Weg, Waudsche 13/36
Weg, Zielitzer 66/24
weg, 2. Riet- 69/39
Wehde Grundt 68/(175)
Wehde Wischen 27/52
Wehn Eichen 25/5
Wehninger Torfmoor 35/38
Wehr Camp 69/(18)
wehre, Land- 1/71, 83/(95), 87/(62), 91/(34)
Wehre. Land 87/(62)
wehre, Lande- 1/71
wehre, Landt- 2/(10)
wehren, Lan- 99/(43)
wehren, Land- 99/(43)
Wehr, Land 1/71, 68/75, 69/(120), 73/(36), 77/(6), 84/(30)
wehr, Lande- 68/75
wehr, Landt- 2/(10), 73/(36)
wehrschlag, Land- 83/(96)
Wehr Stücken 56/(212)
Wehr-Stücken, Land 2/(10)
wehr-Stück, Landt- 2/(10)
wehrs Wiese, Land- 77/(6)
wehrungs-Stück, Land- 99/(43)
Wehsel Heide 75/161, 76/1
Wehsel Heide, Zare 78/80
Wehsel Heyde 79/12
Weht Lande 44/(184)
Wei(d) 30/22, 36/64, 85/47
weid, Bäuner- 23/10, 23/35
weid, Bö(de)ner- 21/8
wei(d), Daglöhner 23/1, 43/35, 51/67
weide, Camp- 36/77
Weide, Criwitzer 54/10
weide, Gänse- 21/(62), 22/28
weide, Kälber- 22/(26)
Weidekoppel 85/47
Wei(de)koppel 15/23, 27/37
Weiden 96/9
Weidenhöbbel 1/(132)
Weiden Höbel 1/(132)
weiden, Kamp- 36/77
weiden, Koh- 36/73
weide, Schweine- 18/36, 105/5
Weide Winckel 95/(169)
weid, Goos- 22/28
wei(d), Kauh- 19/65, 25/50, 66/35, 96/6
wei(d), Koh- 1/12, 56/86
Wei(d)koppel 5/36, 6/29, 23/2, 36/68, 40/72, 43/15
Wei(d), Kort 73/43
weid, Kuhnen- 13/38
Wei(d), Lang 73/44
wei(d), Nie Kauh- 65/3
wei(d), Oll Kauh- 65/71
wei(d), Ossen- 98/4
wei(d), Schap- 80/31
Wei(d)stück 43/33
wei(d), Swien- 35/26, 56/23, 58/32, 66/19
wei(d), Swiens- 18/36, 30/43, 52/63
Weid, Swins 19/67
wei(d), Zägen- 75/146
Weigel 58/17
Weinberg 7/45, 8/2
Weinberge 13/(107)
Weinberg, Lucas 1/(103)
Weinberg, Lukas 1/(103)
Weinbergstücke 8/2
Weis Berg 31/23
Weisen 69/66
weiße Berg 31/23, 73/13
Weiße Berg 31/23, 51/5
weiße Moor 1/144
Weißen Berge 7/(66)
weißen Galere 67/(149)
weißen Mohr 58/(57)
weissen Moor 71/78
weißen Pferd 34/20
Weißen Sandberg 59/(21)
weißen Sande 38/24, 42/96, 64/(195)
weißen Ufer 1/134
Weißen Ufer 13/78

Weißer Berg 35/37
Weißer Sandberg 49/34
weiße Sand 27/55
Weisse Torf Mohr 48/33
weiße Ufer 1/134
Weiße Ufer 1/134
weitenkamp, Bok- 33/24
weitens Ford, Bock- 72/(71)
Weit Länder 44/(184)
weitzenberge, Buch- 93/(111)
weitzen Camp, alte Buch- 65/(98)
weitzen Camp, Bock- 46/(41)
weitzen Camp, Buch- 31/(21)
weitzenkamp, Buch- 31/(21)
weitzen Kamp, Buch- 73/(103)
weitzen Mohr, Bock- 30/(71)
weitzen Orth, Buch- 72/(97)
wels Wisch, Mahm- 72/17
Welt Graben 93/(25)
Weltzins Horst 75/58
Welzien 43/53
Welziensche Tannen 43/52
Welzin 43/53
Welziner Dannen 43/52
Welziner Tannen 43/52
Welzinshost 75/58
wende, Ahn- 63/(79)
wenden, Ahn- 14/(44), 101/(56)
wenden, An- 95/(62)
Wendenkirchhof 22/19
wenden, Langenstückschen An- 95/(134)
wende, Say- 70/(171)
Wende Stücke 63/(79)
Wendfeld 81/84
Wendfelde 81/84
Wendischen Kirchhof 22/19
Wendisch Wisch 63/70
Wendsche Wiese 63/70
wendsch Weg, Ahn- 73/56
wendskoppel, Ahn- 7/16
wends Stücke, Ahn- 81/(96)
Wend Stücken 47/(126)
Wendtfeld 81/84
Wendtfellde 81/84
Wendtfelt 81/84
Wendt Stücken 23/(101), 65/(160)
Wendtstücken, Bauwerschaft 41/(100)
Wendung 46/(64)
wendung, Ahn- 21/(56), 81/(97)
Wendung, Dütschauer 81/47
wendunge, An- 86/(50)
Wendung, Neddelsten 81/61
Wen-Ecken 25/5
Wenen, Düscher 81/47
Wenen, Neddelst 81/61
wenn', Al- 32/2
Wenneicken 25/5
Wenn Eken 25/5
Wenn-Enden 25/(122)
Wenn, Ierste 57/68
Wenn'n, Rugstiert 57/73
Wenn', Rugstiert 57/73
Wenn', Tweite 57/67
Wennwisch 25/62
Wennwischen 25/62
Wensch Bruggen 25/(123)
Wentfellde 81/84
Wentzel Camp 63/(182)
Wenwischen 25/62
Werder 79/120, 81/(161)
werder, Amtssand- 35/2
Werder Berg 35/33
Werder, Brodische 35/8
Werder, Brodsche 35/8
werder, Brücken- 75/(167)
werder, Busch- 22/38, 35/7
Werder, Jancken 36/(119)
Werder, Neu 22/38
Werder, Newe 22/38
Werder, Ochsen 22/11
Werder, Roden 22/38
werder, rote 22/38
Werder, Sand 22/40, 35/2
werder, Sande- 22/40
werder, Sandt- 22/40, 35/2
Werder, Schwartkops 81/(161)
Werder, Sommers 79/108
Werder, Stad 22/25
Werder, Stroppen 22/40
Werder, Strops 22/40
Werder, Ties 10/(69)
werder, Vor- 22/25
were, Land- 68/75
were, Landt- 1/71
Werff 21/16, 22/17
Werffe 22/17
werk, Bohl- 44/(131)
werk, Boll- 12/(49)
Wer, Land 68/75
Werlschen Teich 89/6
Wesekuhlen 81/27
Weselheide 78/83, 79/12
Wesel Heide 76/1
Wesel-Heidschen-Rien 76/(104)
Weselkule 78/(98)
Wesell Heide 75/161, 76/1
Weser Orth 69/66
Weser Orth, grothen 69/(108)
Weßelheide 78/83
Weßkuhlenbarg 81/30
Weßraden 25/91
Weßroden 25/13
Westebrüge 25/(123)
Westsprüngen 25/32
Weteringe 86/(68), 89/19
Weteringen 87/18
Weterings Schlag 89/(20)
Weterunghe, tendest der 89/19
Wetterling 59/(4)
Wett Stücken 56/(213)
Wetzien 77/(35)
Wetzin 77/(35)
Wetziner Maur 77/36

Weyde Koppel 106/(59)
Weyden-Höbel 1/132
Weyth Winckel 95/(169)
Wichel Damm 53/32
Wick Cafeln 99/(56)
Wickenkamp 78/(99)
Widditzen 45/26
Widow Camp 13/(108)
Wiecheldamm 36/38
Wieck Stücken 38/(110)
Wiedbraaks Tannen 81/(77)
Wiede-Brock 83/(8)
Wiedelmaur 47/75
Wiedelsmaur 61/9
wieden, Brücken- 70/3
wieden, Brüggen- 70/3
Wiedengraben 27/65
Wieden Höbbel 1/(132)
Wiedenhorst 75/(201)
Wiedenkuhl 93/33, 100/17
Wieden Kuhl 94/30
Wiedenkuhl, Grot 93/41
wieden, Melkstä(d)- 21/48
Wiedkuhlen 81/(174)
Wiedowen Camp 13/(108)
Wiedowen-Campstück 13/(108)
Wiedsählen 81/43
Wiedsoelen 81/43
Wiehenschwanz 95/(170)
Wi(e)ltz 41/88
Wiem, Höner 57/63
Wienbarg 7/45, 8/2, 45/37, 51/7
Wienbargstücken 7/48
Wienberge 7/45
Wienbergen 45/37
Wienckel, Schmäde 97/(84)
Wienecken Berge 56/(214)
Wienkenwisch 11/(37)
Wienried 44/31
Wierbrachs Kolk 83/(8)
Wierbrachs Tannen 83/(9)
Wier(d)el 80/44
wier(d)el, Rohr- 80/40
Wieren 67/(146)
Wies Bleck 13/59
Wiesch, Brügen 68/(96)
Wiesch Coppel 75/(202)
Wiesch Stücken 103/(139)
Wiese, Adams 11/(49)
Wiese, Ahrens 27/(72), 42/(107)
Wiese, alte Magd 75/(163)
Wiese, Alten 38/10
Wiese, alten Mühl 70/(157)
Wiese, Apen 48/72
Wiese, Baaken Holtz 64/(93)
Wiese, Baal 63/73
wiese, Bäck- 75/3, 75/43
Wiese, Bäckerlack 1/9
wiese, Bade- 54/(22)
wiese, Baek- 71/(13)
Wiese, Baer 1/(68)
wiese, Bahl- 49/19, 56/(29), 62/16
Wiese, Bahl 45/(82), 56/(29)
Wiese, Bahren-Heids 76/(55)
Wiese, Bähren 1/(68)
Wiese, Bäk 106/30
Wiese, Barck 75/(165)
Wiese, Barck Mohrs 95/48
wiese, Bären- 90/39
Wiese, Barenkolder 4/(15)
wiese, Barg- 33/(39)
Wiese, Bauer 11/(51), 62/(102), 95/(31)
Wiese, Bauern 86/10
Wiese, Baur 62/(102)
Wiese, Beber 65/(81)
Wiese, Beck 74/49, 75/43
Wiese, Becker 75/(49)
Wiese, Beckerlaack 1/9
Wiese, Beckers 12/(93)
Wiese, Becks 62/(91)
wiese, Beeck- 75/43, 94/1
Wiese, Beer 1/(68)
Wiese, Beeren 1/(68)
wiese, Bek- 106/30
Wiese, Berlings 36/24
wiese, Besen- 51/(80)
Wiese, Besenberg 4/(26)
Wiese, Beverstadsche 95/(71)
Wiese, Bissel 1/(10)
Wiese, Bißel 1/(10)
Wiese, Bleicher 1/90
Wiese, Bobst 59/(40)
wiese, Bock- 40/49
Wiese, Bohnen-Camps 95/(75)
Wiese, Bohrens 52/34
wiese, Bollen- 1/117, 17/38, 31/48, 39/(37), 74/(106), 77/19, 78/62, 105/24
Wiese, Bollen 1/69, 1/117, 5/(50), 14/10, 17/38, 40/47, 47/48, 52/67, 63/4, 66/32, 68/71, 73/(99), 81/5, 83/16, 85/17, 96/8, 97/4, 99/(27), 106/(43), 107/5
wiese, Boors- 52/(94)
Wiese, Borm 21/17
wiese, Born- 21/15, 94/7
Wiese, Botter 58/(41)
wiese, Brand- 56/54, 75/79, 95/(47)
Wiese, Brand 11/(8), 63/34 76/(61), 88/(3), 93/69, 95/(47)
Wiese, Brandhorst 30/47
Wiese, Brandten 11/(8)
Wiese, Brantische 36/(34)
Wiese, Brauert 61/(26)
Wiese, Breesgarnsche 64/(100)
Wiese, Brehde 84/(13)
Wiese, Breite 84/(13), 86/4
Wiese, Breuels 80/(45)
Wiese, Brieg Hof 60/17
Wiese, Briesken 59/12
Wiese, Brinck 57/(51)
Wiese, Brink 79/126
wiese, Brück- 68/(96)
wiese, Brüg- 75/113
Wiese, Brügen 59/(44), 75/113
Wiese, Brüggen 54/(15)
Wiese, Brünings 4/(27)
wiese, Buden- 75/89
Wiese, Buhl 77/(40)
Wiese, Buhr 58/31

wiese, Bullen- 51/68
Wiese, Bullen 1/69, 22/(77), 51/68, 61/1
Wiese, Bült 17/(66), 68/(100)
wiese, Bülten- 87/(51)
Wiese, Bülten 84/(14)
Wiese, Bült Kabel 9/(51)
Wiese, Bünger 79/109
Wiese, Bunzel 55/(35)
Wiese, Bünzel 55/(35)
Wiese, Busch 86/(52)
Wiese, Cabel 97/(33)
Wiese, Campen 41/(73)
Wiese, Capell 89/46
wiese, Cavel- 10/(53)
Wiese, Cavel 30/17, 75/102, 99/(30)
Wiese, Chrons 76/15
Wiese, Claans 95/(122)
Wiese, Clarens 63/37
Wiese, Clus 1/56
Wiese, Coppel 1/32, 95/(127)
Wiese, Cordititsche 34/33
Wiese, Corditsche 34/33, 35/49
Wiese, Cords 23/(64)
Wiese, Cordtitsche 34/33
Wiese, Coßer 95/(83)
Wiese, Cribitz 23/(65)
wiese, Cronsbergs- 76/15
Wiese, Curdische 22/(51), 34/33
Wiese, Cummers 65/(122)
Wiese, Dahlcks 55/22
Wiese, Dalck 55/22
Wiese, Dalk 55/22
Wiese, Dam 60/(22), 64/(104), 68/(105), 77/41, 77/42
Wiese, Dam(m) 60/(22)
wiese, Damm- 61/(28)
Wiese, Damm 55/(39), 60/(22), 61/(28), 64/(104), 65/(67), 86/5
Wiese, Dammlang 75/(111)
Wiese, Dauwken 57/(85)
Wiese, Deichhorst 75/(71)
wiese, Dickäl- 63/(102)
Wiese, Dick-Kamps 76/(65)
wiese, Dieck- 51/83
Wiese, Dieck 30/(78), 62/(88)
Wiese, Diecks 48/76
Wiese, Diener 71/(107)
wiese, Diercks- 58/(44)
wiese, Dohr- 1/17
Wiese, Dorf Stätsche 64/32
Wiese, Drey Blads 94/(40)
Wiese, Drey-Ruthen 96/(35)
Wiese, Duren 71/32
Wiese, Egger 87/31
Wiese, Eich 64/45
Wiese, Eick 64/45
Wiese, Fangelis 30/39
wiese, Fannecken- 71/72
Wiese, Fannerck 71/72
wiese, Fastlabends- 13/(87)
Wiese, Fenzons 63/(106)
Wiese, Föhrensche 49/(41)
Wiese, Fohrt 41/(109), 48/(114), 62/(114)
Wiese, Förster 65/(102)
wiese, Fort- 16/(40), 97/(38)
Wiese, Forth 95/(92)
Wiese, Forths 59/(46)
Wiese, Frantz- 61/(35)
Wiese, Frauwen 62/(115)
Wiese, Freyheits 46/(46)
Wiese, Fuhlbecks 95/(89)
wiese, Fuhrt- 97/(38)
Wiese, Gaarzer 55/32
Wiese, Gänse 11/(60)
Wiese, Gärtners 71/110
Wiese, Gaugel 77/7
Wiese, Gaugelsche 68/74
Wiese, Giehncken 77/(129)
Wiese, Gilde 42/69
Wiese, Gilden 42/69
Wiese, Gill 42/69
Wiese, Gille 42/69
Wiese, Gliehns 61/(38)
Wiese, Glinzenbecksche 69/(105)
Wiese, Glirtz 38/39
Wiese, Gotams 64/(113)
Wiese, Gracken 65/(129)
Wiese, Grage 49/(47), 62/30
Wiese, Grau 49/(47), 62/30
Wiese, Grauen 43/(89)
Wiese, Graven 53/(81)
Wiese, Graw 30/38
Wiese, grohten Gatk 75/(26)
Wiese, Gros(s)e 31/5
Wiese, Grosse 37/4
Wiese, große 11/(43), 27/(80), 73/(69), 93/(75), 100/(24), 104/1, 105/(50)
Wiese, Große 60/(18), 73/(69), 82/(20), 84/(22), 87/24, 90/28
wiese, große Brüg- 75/113
Wiese, große Brug 75/113
Wiese, große Brüg 75/113
Wiese, Große Damm 64/(116)
Wiese, Große Eich 64/45
Wiese, grosse Fistel 75/46
Wiese, große Fistel 75/46
Wiese, Große Hagen 64/41
wiese, Große Kuhl- 56/(124)
wiese, Große Küster- 64/69
Wiese, großen 85/(56), 87/24
Wiese, Großen 81/(120), 82/(20)
wiese, großen Mohnken- 75/(69)
Wiese, großen Reidt 64/(121)
Wiese, große Rögnitz 74/22
Wiese, große Stein 11/(13)
Wiese, Grosse Stemm 84/(8)
Wiese, Große Stemm 84/(8

Wiese, große Stubben 64/(186)
wiese, Großfeld- 79/(129)
Wiese, Groß Gatken 75/(26)
Wiese, Grote 59/(53)
wiese, Grote Renß- 56/(129)
Wiese, grothe 11/(43)
Wiese, grothen Gocken 75/91
Wiese, grothe Stehn 11/(13)
Wiese, Grott Flaß 95/(97)
wiese, Grütt- 3/(20)
Wiese, Guhls 44/127
Wiese, Guhlsche 67/(101)
Wiese, Haalbeck 76/(21)
Wiese, Haber 75/66
wiese, Hafer- 75/66
Wiese, Hafer 75/66
wiese, Hagen- 1/96
Wiese, Hagen 99/(34)
Wiese, Hagens 62/(121)
wiese, Hagencamp- 75/(176)
wiese, Hagenskamp- 64/41
Wiese, halbe 20/5
wiese, halbe Halb- 20/5
Wiese, Halbpflichter 1/14
Wiese, Halbplichter 1/14
Wiese, Hall-Becks 76/(21)
Wiese, Hallmans 81/4
Wiese, Hals 4/21
Wiese, Hambow 95/(39)
Wiese, Häncken 55/(3)
Wiese, Harde 64/(124)
Wiese, Harden 64/(124)
Wiese, Harr 64/(124)
Wiese, Hasen Stämm 97/13
Wiese, Haver 75/66
Wiese Heide, Butter 93/(18)
Wiese, Heid Hörens 4/(12)
Wiese, Heithöfts 4/(12)
Wiese, Helßken 41/(112)
Wiese, Henck 55/(3)
Wiese, Hennecken 62/6
Wiese, Hennken 62/6
wiese, Herren- 56/(142)
Wiese, Herren 1/19, 72/4
Wiese, Herren Schmiede 1/(182)
Wiese, Herrn 64/(129)
Wiese, Heydtbargs 64/(130)
Wiese, Heyers 42/(30)
Wiese, Hin 41/(113), 95/(106)
Wiese, Hincken 20/(44)
Wiese, Hinde 95/(106)
Wiese, Hinn 95/(106)
Wiese, Hinnen 43/14, 62/38
Wiese, Hinsen 61/(42)
wiese, Hinten- 42/(103)
Wiese, Hinter 95/(106), 99/(35)
Wiese, Hinterste 42/(103), 52/(96)
wiese, Hinterste Deich- 30/(96)
Wiese, Hintzen 95/(107)
wiese, Hirten- 75/(154), 81/(128), 106/(19)
Wiese, Hirten 1/119, 3/37, 64/(138), 66/(64), 75/(154), 77/(132), 85/(57), 93/(63), 95/(108), 96/(40), 99/(36), 103/(100), 106/(19), 107/(36)
Wiese, Hirthen 76/(74), 97/(48)
wiese, Hof- 5/44, 33/16, 37/7, 38/(76), 51/(89), 67/58, 68/(115), 69/81, 75/(178), 77/79, 87/33, 91/12, 98/(19), 100/(26)
Wiese, Hof 36/91, 55/(45), 62/(130), 68/(115), 73/72, 76/39, 95/(110)
wiese, Hoff- 64/35
Wiese, Hoff 4/35, 41/62
wiese, Höflings- 68/20
wiese, Hoh- 33/(50)
Wiese, hohen 33/(50)
wiese, Holt- 49/(49)
Wiese, Höltbaum 79/107
Wiese, Hölten 87/(58)
wiese, Holtz- 87/43, 97/(50)
Wiese, Holtz 4/(36), 30/42, 31/5, 35/50, 57/68, 103/(102)
Wiese, Holtzvogts 1/(126)
Wiese, Holtz Voigts 1/(126)
wiese, Holz- 15/6, 97/(50)
Wiese, Holz 20/30, 87/43
Wiese, Holzvogts 1/(126)
Wiese, Hoopsägs 77/10
Wiese, Hopsaegs 77/10
wiese, Horst- 56/(26)
Wiese, Horst 47/(104)
Wiese, Horster 94/(43), 97/(51)
wiese, Hühner- 49/(51)
Wiese, Huner 49/(51)
Wiese, Hüner 49/(51), 62/19, 65/21
Wiese, Hüttbruchs 27/50
Wiese, Iserbergs 95/(117)
wiese, Jacken- 1/(107)
Wiese, Jacken 1/(107)
Wiese, Jäger 52/(36)
Wiese, Jalass 36/20
Wiese, Jalaßen 36/20
Wiese, Jastrams 14/(73)
Wiese, Kaat 47/(105)
wiese, Kabel- 44/(152)
Wiese, Kabels 61/(48)
wiese, Kafel- 32/14
Wiese, Kahl 75/(28)
Wiese, Kahten 48/(124)
wiese, Kälber- 69/78
wiese, Kamp- 75/(181)
Wiese, Kamp 74/42, 77/(133), 97/(52)
Wiese, Kämpen 1/(68)
Wiese, Kapellen 75/74
Wiese, Kätel 9/(56)
wiese, Katen- 83/(93)
Wiese, Katen 106/31
Wiese, Käter 71/79
Wiese, Kathen 79/118
wiese, Kavel- 75/102

Wiese, Kavel 99/(30)
Wiese, Kavels 44/(152)
Wiese, Keck 67/(112)
Wiese, Kehck 67/(112)
Wiese, Keßer 71/35
Wiese, Kiebietz 30/62
Wiese, Kips 61/(51)
Wiese, Kirchen 73/48, 83/1, 90/(63)
Wiese, Kivel 2/(46)
Wiese, Kivits 30/62
Wiese, Kiwits 30/62
wiese, Klaben- 63/37
Wiese, Klahns 95/(122)
Wiese, Kleine 10/(58), 82/(25)
Wiese, Kleine Bleich 86/(24)
Wiese, Kleine Brand 75/79
Wiese, Kleine Brug 75/(116)
wiese, Kleine Brüg- 75/(116)
Wiese, Kleine Brüg 75/(116)
Wiese, kleine Brügen 75/(116)
Wiese, Kleine Damm 64/(152)
Wiese, Kleine Föhren 79/105
Wiese, Kleine Hagen 64/(159)
wiese, kleine Haidt- 58/(49)
wiese, kleinen Mohnken- 75/(69)
Wiese, kleine Mühlen 57/6
Wiese, Kleine Mühlen 64/(154)
Wiese, Kleinen 59/(64), 82/(25)
Wiese, Kleine Reht 64/(163)
Wiese, kleine Rognitz 74/24
Wiese, kleine Stein 11(12)
Wiese, Kleine Stemm 84/(9)
wiese, Kleine Suden- 57/71
Wiese, Klever 94/(44)
Wiese, Klinten 63/33
Wiese, Klocke 64/(155)
Wiese, Klocken 64/(155)
Wiese, Klump 76/48
Wiese, Klus 1/56
Wiese, Knacken 95/(126)
Wiese, Knick 62/(138)
wiese, Knip- 7/(57)
Wiese, Knipscheer 1/13
Wiese, Knipscher 1/13
Wiese, Knüppel 106/(53)
Wiese, Kohlhofsche 49/(53)
Wiese, Koken 75/91
wiese, Koppel- 1/32, 75/(202)
wiese, Koster- 44/82
Wiese, Köster 77/90
Wiese, Kramptzer 1/131
Wiese, Kramps 1/131
wiese, Krams- 1/131
wiese, Krieg- 96/7
Wiese, Krieg 4/(18), 7/(59), 36/(121), 95/(130), 96/7
Wiese, Krieghorst 4/(18)
Wiese, Krog 7/(62)
Wiese, Krögers 64/(156)
Wiese, Krohnsche 21/(74)
Wiese, Kroll 75/(183)
Wiese, Krons Bergs 76/15
Wiese, Kropen 54/(6)
Wiese, Krug 78/(56)
Wiese, Krüger 65/53
Wiese, Krügers 73/(119)
Wiese, Krum 70/(143)
Wiese, Krumme 76/(81)
Wiese, Kruß 57/59
Wiese, Küchen 60/(21)
wiese, Kuh- 51/(95)
Wiese, Kuhhirten 1/119
Wiese, Kuh Hirten 54/12
Wiese, Kuhirten 23/(87)
wiese, Kuhl- 56/(160)
Wiese, Kuhrpeis 52/73
Wiese, Kurtze 94/(47)
Wiese, Küster 41/68, 105/10
Wiese, Laack 62/(148)
Wiese, Laaße 62/(147)
wiese, Lack- 13/77
Wiese, Lack 62/(148)
Wiese, Lahse 62/(147)
wiese, Laken- 83/(94)
Wiese, Lancken 53/(3)
wiese, Land- 3/4
Wiese, Landwehrs 77/(6)
wiese, Lang- 75/(47)
Wiese, lange 20/6, 100/(31)
Wiese, Lange 12/41, 41/72, 55/30, 65/(87), 76/(84), 84/(11)
wiese, Langen- 87/(63)
Wiese, Langen 65/(87)
Wiese, Langenstücksche 95/(135)
Wiese, Lang Suden 57/71
Wiese, Lauwscher 51/65
Wiese, Lembs 90/48
Wiese, Lieper 75/64
Wiese, Liggen Grunds 54/(25)
Wiese, Liggen Stein 71/70
Wiese, Lübben 79/(124)
Wiese, Lütge 20/(54), 70/19
Wiese, lütge Brüg 75/(116)
Wiese, Lütge Hagens 64/(159)
wiese, Lütge Kuhl- 56/(170)
wiese, Lütge Renß- 56/(172)
Wiese, Lütge Stemm 84/(9)
Wiese, Lütgen 63/(145)
Wiese, Lütg Heid 41/(122)
Wiese, lütg Stehn 11/(12)
Wiese, Lüt-Horst 65/(147)
Wiese, Lütt 77/(135)
Wiese, Lütten 64/(162)
Wiese, Lütte Roidt 64/(163)
Wiese, Lütt Marien 11/(10)
Wiese, Macken 73/(123)
Wiese, Malentzer 19/(102)

Wiese, Marien 11/(10), 64/(164)
wiese, Marsellen- 32/11
Wiese, Masch 95/25
Wiese, Matteken 99/11
Wiese, Meihl 73/73
Wiese, Miel 74/64
Wiese, Mielen 74/64
Wiese, Miencken 11/(37)
Wiese, Middel 95/8
Wiese, Mihl 74/64
wiese, Mittel- 12/(123)
Wiese, Mittel 95/8
Wiese, Mittel Holtz 99/(46)
Wiese, Mittelholz 74/31
wiese, Moell- 79/119
Wiese, Mohnken 75/(69)
Wiese, Mohr 57/11, 57/12
Wiese, Mohr-Hofs 40/(90)
Wiese, Möhrensoll 90/11
Wiese, Mollen 11/(35)
Wiese, Möllenbecks Stiegen 97/(69)
Wiese, Möllers 14/(88), 71/90
Wiese, Moor 62/(153)
Wiese, Mücken 75/(188)
Wiese, Müen 99/(48)
Wiese, Muhdels 36/(82)
wiese, Mühlen- 75/19
Wiese, Mühlen 30/(121), 64/(166), 70/13, 84/(4)
wiese, Mühlencamp- 75/19
Wiese, Mühlen Camp 75/19
wiese, Mühlenkamp- 75/19
Wiese, Mühlen Kamp 75/19
Wiese, Müllen 11/(35)
Wiese, Mum 99/(48)
Wiese, Mumm 99/(48)
Wiese, Mutels 36/(82)
Wiese, Näfcken 64/(167)
Wiesen, Altentheils 75/(164)
wiesen, Altentheils Kabel- 43/(77)
Wiesen an der Rögnitz 75/82
Wiesen, Apen 48/72
Wiesen, Bäck 71/(13)
Wiesen, Bäcker-Laack 1/9
Wiesen, Baeck 74/49
Wiesen, Bahl 45/(82)
Wiesen, Bahldamschen 71/5
Wiesen, Bahlen 62/16
Wiesen, Bahlwegs 63/73
Wiesen, Banniser 73/47
Wiesen, Baren 90/39
Wiesen, Bargs 3/34
Wiesen, Baud 75/89
wiesen, Bauer- 1/2, 103/(72)
Wiesen, Bauer 1/2
Wiesen, Bauers 59/(38)
Wiesen, Bäwersen 15/3
Wiesen, Beck 74/49
Wiesen, Beeck 74/49, 81/63
Wiesen, Bek 75/3
Wiesen, Benniser 73/47
wiesen, Birken- 79/126
Wiesenbleiche 13/59
Wiesen, Blenischen 9/36
Wiesen, Blüchert 61/(25)
wiesen, Bödener- 95/11
wiesen, Bohnen- 5/36
wiesen, Bohnen-Camps- 95/(75)
wiesen, Bollen- 10/50
Wiesen, Bollweges 63/73
Wiesen, Bommels 63/(88)
Wiesen, Borgwalls 97/(29)
Wiesen, Born 41/(103)
Wiesen, Borns 21/15, 30/(72)
Wiesen, Borwinckels 95/(66)
Wiesen, Botter 59/(42)
Wiesen, Braak 64/(99)
Wiesen, Brand 63/34, 75/79
wiesen, Brandt- 75/79
Wiesen, breiten Cabel 2/(34)
Wiesen, Bresen 73/(101)
Wiesen, Bresnischen 77/37
Wiesenbrinck 85/(72)
wiesen, Brinck- 76/(62), 79/126
Wiesen, Brinck 79/126
Wiesen, Brügen 68/(96)
wiesen, Brügg- 75/113
Wiesen, Brunck 68/10
Wiesen, Buden 75/89
Wiesen, Büdener 23/35, 65/(82), 104/(38)
wiesen, Büdner- 13/51, 85/11
Wiesen, Büdner 65/(82), 97/(30), 99/2, 103/(81)
Wiesen, Bullen 52/67, 69/(98), 85/17
Wiesen, Burwinckel 95/(81)
wiesen, Busch- 44/(135)
wiesen, Butter- 59/(42)
Wiesen, Cabel 2/(34)
wiesen, Cabel- 43/28
Wiesen, Camp 81/56
Wiesen, Camp Stücken 21/(59)
Wiesen, Carstädter 2/(50)
Wiesen, Carstaedter 2/(50)
wiesen, Cavel- 10/(53), 75/102
Wiesen, Cavel 30/17, 33/3 103/(105)
wiesen, Cavell- 75/102, 97/(33)
Wiesen, Cavelln 63/(98)
Wiesen, Clavens 63/37
Wiesen, Colbatz 41/53
Wiesen, Coppel 1/32
Wiesen, Cors 23/(64)
Wiesen, Cossaten 103/(86)
Wiesen, Coster 103/71
Wiesen, Creutz 94/(39)
Wiesen, Crivitz 61/(54)
wiesen, Cuhr- 68/(104)
Wiesen, Curdische 35/(49)
wiesen, Curr- 68/(104)
Wiesen, Dahlens 23/(66)

Wiesen, Dalen 23/(66)
Wiesen, Dam 61/(28)
Wiesen, Dassen 44/17
Wiesen, Daßen 44/17
Wiesen, Daßer 2/39
wiesen, Deich- 1/38
wiesen, Deilgen- 71/6
Wiesen, deipen 103/(87)
Wiesen, Deppen 20/(36)
Wiesen, Dick Kählungs 63/(102)
wiesen, Dieck- 30/(78), 33/(44)
Wiesen, Dieck 1/38, 15/14, 44/64
Wiesen, Diecks 62/(88)
wiesen, Dik- 33/(44)
Wiesen, Dohr 1/17
wiesen, Drei- 74/(62)
Wiesen, 3 Schwaden 81/(112)
Wiesen, Drevister 74/(62)
Wiesen, Drewißer 74/(62)
wiesenecke, Moor- 17/47
Wiesen, Efken 64/(167)
Wiesen, Elde 81/1
wiesen, Elden- 83/2
Wiesen, Eller Kamps 97/17
Wiesen, Elschen 21/42
Wiesen, Erdbeer 90/62
wiese, Neu- 75/74
Wiese, Neu 40/75, 41/(127), 61/(70), 65/(150)
Wiese, neue 9/48, 11/6, 61/(70), 73/(70), 75/74, 87/(65), 90/51
Wiese, Neue 47/(113), 53/57, 55/(7), 55/(58), 56/(30), 57/67, 57/68, 64/64, 73/70, 75/74, 76/(88)
Wiese, neuen 63/(153), 87/(65)
Wiese, Neuen 62/41
Wiese, Neu Kabel 1/7
Wiese, Neukavel 1/7
Wiese, newe 51/(66)
Wiese, Newe 64/64
Wiesen, Fahren 38/9
Wiesen, Fannecken 71/72
wiesen, Fehr- 13/(89)
Wiesen, Flachs 90/(7)
Wiesen, Flacken 30/(83)
Wiesen, Flas 90/(7)
Wiesen, Flasch 95/(97)
Wiesen, Flot 83/47
Wiesen, Floth 78/(89), 83/47
wiesen, Fohlen- 79/9
Wiesen, Fohlten 77/(128)
Wiesen, Fohrt 97/(38)
Wiesen, Förster 97/(39)
Wiesen, Forths 45/(87)
Wiesen, Frantzen 61/(35)
Wiesen, Fuhlbecks 95/(89)
Wiesen, Fuhrt 51/(86)
Wiesen, Furth 95/(92)
Wiesen, Gaemensker 77/45
wiesen, Gill- 28/(42)
Wiesen, Gliehns 59/(60)
Wiesen, Gogel 77/7
Wiesen, Göhren 59/(48)
Wiesen, Grauen 36/(109)
Wiesen, Gravische 56/(121)
Wiesen, Grawe 35/24
Wiesen, grohte 85/(56)
Wiesen, Groß 19/24
Wiesen, Große Briester 53/(48)
Wiesen, großen 97/(42)
Wiesen, Großen 3/18
Wiesen, großen Holtz 99/(32)
Wiesen, großen Stemm 97/(91)
Wiesen, große Vehrings 79/104
Wiesen, Grote 20/(42)
Wiesen, groth 103/28
Wiesen, Grotten 10/30
Wiesen, Gudausche 56/31
Wiesen, Guhls 44/127
wiesen, Haagen- 25/94
Wiesen, Hagen 1/96
Wiesen, Hagens 48/(116)
Wiesen, Halb 20/5
Wiesen, Halbpflichter 1/14
Wiesen, Halb-Pflichter 1/14
Wiesen, Halbeck 76/(21)
wiesen, Haßel- 79/113
Wiesen, Haßel 79/113
wiesen, Haus- 14/(70)
wiesen, Hegen- 33/(50)
wiesen, Heid- 89/35
Wiesen, Heide 90/(53)
Wiesen, Heidenholts 87/(56)
wiesen, Heider- 64/67
wiesen, Heidt- 89/35
wiesen, Herren- 79/111
Wiesen, Heuers 42/(30)
Wiesen, Heydt 103/(99)
Wiesen, Hill Rad 47/36
Wiesen, Him(!) 20/29
Wiesen, Hingst 2/(52)
wiesen, Hinn- 98/(18)
Wiesen, Hinnen 20/29, 23/(77)
Wiesen, Hinnst 2/(52)
wiesen, Hinter- 73/(112)
Wiesen, Hinter 2/52, 42/(103), 73/(112), 80/5
Wiesen, Hintern 42/(103)
Wiesen, hintersten 2/(52), 3/2
Wiesen, Hintersten 3/2
Wiesen, Hintzen 95/(107)
Wiesen, Hirten 1/119
wiesen, Hocht- 35/44
wiesen Hoefen, Hin- 15/(66)
Wiesenhof 21/(98)
wiesen, Hof- 5/44, 30/(98), 33/16, 43/(93), 47/39, 62/52, 65/36, 70/(16), 71/26, 71/27, 76/39, 78/18, 85/5, 87/33
Wiesen, Hof 2/(29), 12/(110), 23/(78), 41/62, 43/(93), 48/39, 58/(48), 59/(55), 62/52, 63/(122), 69/81, 74/65, 77/79, 78/49, 101/(71)
wiesen, Höf- 103/52
Wiesen Hofen 23/33

Wiesen, Hofen-Cabel 12/3
wiesen Hofen, Cavel(l)- 30/(75)
wiesen, Hoff- 40/37
Wiesen, Hoff 73/72
wiesen Hof, Raad- 21/(90)
wiesen, Hogen- 33/(50)
wiesen, Hollings- 5/45
wiesen, Holt- 42/25
wiesen, Holtz- 13/(93), 25/48, 42/25
Wiesen, Holtz 20/30, 30/42, 35/50, 39/(40), 103/(102)
Wiesen Holtz, Schell 53/65
wiesen, Holz- 25/48, 27/(82)
Wiesen, Holz 30/42
Wiesen, Hoopzegh 77/10
wiesen, Horst- 13/49
Wiesen, Horst 56/(26)
Wiesen, Hörsten 97/(51)
Wiesen, Hütten 56/(148)
Wiese, nie 75/74
Wiese, Nie 11/6, 95/(143)
wiese, Nien- 21/(85), 51/(66), 63/(153)
Wiese, Nien 9/48, 56/(30)
Wiese, Nils 67/30
Wiesen, Immen 51/(59)
Wiesen, Iseratgen 30/68
wiesen, Jacken- 1/(107)
Wiesen, Jacken 1/(107)
Wiesen, Jäßen 44/19
Wiesen, Jeser-Bergs 96/(46)
wiesen, Kafell- 13/4
Wiesen, Kahles 71/(127)
Wiesen, Kahls 71/(127)
Wiesen, Kählung 63/(136)
wiesen, Katen- 79/118
Wiesen, Katen 90/(49)
wiesen, Kavel- 6/14, 75/102
Wiesen, Kavel 2/(34), 103/(105)
Wiesen, Kawel 30/17
Wiesen, Kiepsen 61/(51)
Wiesen, Kievel 2/(46)
Wiesen, Kiewels 2/(46)
Wiesen, Kirchen 97/(53)
Wiesen, Kiwel 2/(46)
Wiesen, Klabens 63/37
Wiesen, Klarhorst 90/1
Wiesen, Klein 30/(109)
wiesen, Kleine Brand- 75/79
wiesen, kleinen Neu- 25/39
Wiesen, Klinten 63/33
Wiesen, Kloster 12/88, 14/(8)
wiesen, Klump- 76/48
Wiesen, Klus 4/2
Wiesen, Kluß 4/2
Wiesen, Kniefken 63/(135)
Wiesen, Knipscheer 1/13
Wiesen, Köhlen 63/(136)
Wiesen, Kohlhoefs 10/33
Wiesen, Köhn 97/(54)
wiesenkolk, Schäfer- 77/70
Wiesenkoppel 13/(71)
Wiesen, Koppel 1/32, 95/(127)
Wiesen Koppel, Alte 24/3
wiesen-Koppel, Rode- 18/(29)
wiesen Koppel, Suhr- 4/(54)
wiesen, Krams- 1/131
Wiesen, Kramß 1/131
Wiesen, Kreyenlaacken 2/33
Wiesen, Kriefs 61/(54)
Wiesen, Kriefses 61/(54)
Wiesen, Krieg 60/25, 61/(55), 96/7
Wiesen, Kropen 54/(6)
Wiesen, Krug 68/(133)
Wiesen, Krügers 73/(119)
wiesen, Kuhl- 13/79, 89/4
Wiesen, Kuhl 51/(96)
Wiesen, Lancken 36/36
Wiesen, Land 3/4
wiesen, Lange- 22/9
Wiesen, lange 76/(84)
Wiesen, Lange 30/63
Wiesen, Lange Holtz 25/48
Wiesen, langen 22/9
Wiesen, Langen 20/6, 36/(123), 75/(47), 100/(31)
Wiesen, Langen Ort 51/(98)
Wiesen, Leiersken 59/8
Wiesen, Libben 79/(124)
Wiesen, Liepen 94/(48)
wiesen, Lieper- 75/64
Wiesen, Lieper 75/64
Wiesen, Liepnitzer 94/(48)
Wiesen, Liepsche 72/72
wiesen, Lübben- 79/(124)
Wiesen, Lühr 69/(122)
Wiesen, Lütg 41/(123)
Wiesen, Lütge 73/31
Wiesen, lütgen 6/11, 75/(186)
Wiesen, Lütgen 85/46
Wiesen, lüt Vehrings 79/105
Wiesen, Main 19/22
Wiesen, Malcronen 21/(83)
Wiesen, Mauker 77/63
Wiesen, Maukerschen 77/63
Wiesen, Mehrtzen 71/31
Wiesen, Meihers 38/6
Wiesen, Melanken 51/57
Wiesen, Mensken 79/117
wiesen, Miehl- 74/64
Wiesen, Mieler 73/67
Wiesen, Mieteln 19/(103)
wiesen, Mittel- 7/27, 12/(123), 56/(174), 62/(152)
Wiesen, Mittel 19/(103)
Wiesen, Mittelholz 74/31
Wiesen, Mohrhorsten 40/48
wiesen Mohr, Mensken- 79/115
Wiesen, Möllenbecks 97/(70)
Wiesen, Möln 79/119
Wiesen Moor, Gr. 3/17
Wiesen, Muddels 36/(82)
wiesen, Mühlen- 70/13
Wiesen, Mühlen 36/(135),

41/(126), 56/(176), 59/(81), 70/13, 79/119
Wiesen, Muhß 61/(69)
Wiesen, Mu(h)tels 36/(82)
Wiesen, Muuß 61/(69)
Wiesen, Nächt 36/(137)
Wiesen, Nedder 1/75, 2/24
Wiesen, Neue 2/42, 22/75, 25/39
Wiesen, Neue Cabeln 1/7
Wiesen, neuen 2/42, 25/39, 33/(61), 47/(113), 53/57, 61/(70)
Wiesen, Neuen 10/(65), 51/(66)
Wiesen, Neuen-Stiegs 22/60
Wiesen, Neu Kafel 1/7
Wiesen, Neu Kavel 1/7
Wiesen, Neu Kleinauer 75/(153)
Wiesen, nie 76/(88)
Wiesen, Nie 53/57, 97/(72)
Wiesen, nie Brügs 41/(128)
wiesen, Nieder- 1/75
Wiesen, Nieder 1/75
Wiesen, nieen 2/42
wiesen, Nien- 23/(89), 25/39
Wiesen, Nien 20/(56), 30/35, 63/(153), 97/(72)
Wiesen, Nienstieg'sche 22/60
Wiesen, Nien Upstall 97/(73)
Wiesen, Nöcht 36/(137)
Wiesen, olden Suden 61/(72)
Wiesen, Pahl 7/(64)
Wiesen, Papenmohrschen 75/94
Wiesen, Parpan 63/(156)
wiesen, Peper- 12/(130)
Wiesen, Pfarr 97/5
Wiesen, Pielcken 56/87
Wiesen, Pießell 75/(189)
Wiesen, Pilck 56/87
Wiesen, Platschower 97/(75)
Wiesen, Platten 95/(146)
Wiesen, Plaucher 68/54
Wiesen, Plauer 68/54
Wiesen, Plog 68/54
Wiesen, Pluggen 77/126
Wiesen, Preeß 10/48
Wiesen, Prell 77/(136)
Wiesen, Pret(g)en 30/(124)
wiesen, Rade- 10/20, 21/(89), 35/(103), 42/27, 75/(16)
Wiesen, Rancken 39/(45)
Wiesen, Ranken 51/(64)
Wiesen, Ratten 36/43
wiesen, Reers- 40/53
wiesen, Reet- 30/59
Wiesen, Reht 51/71
Wiesen, Reht Hof 33/(62)
Wiesen, Rens 30/41
wiesen, Rieht- 83/53
Wiesen, Rieth 83/53
Wiesen, Rögnitz 70/7, 71/(91)
Wiesen, Röhmschen 63/74
Wiesen, Rohr 20/8, 41/95, 75/82, 78/55, 103/(116)
Wiesen, Rosnitzer 78/(79)
Wiesen, Rues 10/(68)
Wiesen, ruge 103/(117)
Wiesen, Rugell 71/81
wiesen, Rugen- 83/(103)
Wiesen, Ruhm 83/72
Wiesen, Rumpen 10/29
Wiesen, Runden 36/(142)
Wiesen, Sa(ha)velachter 48/(147)
Wiesen, Sahn 74/11
Wiesen, Sahnschen 77/2
Wiesen, Sahnwitzer 74/11
Wiesen, Salchen 63/(165)
Wiesen, Sälchen 63/(165)
Wiesen, Salschen 63/(165)
Wiesen, Schaap 63/(166)
wiesen, Schaugen- 13/60
Wiesen, Scharnser 74/(30)
Wiesen, Schleuschers 39/(46)
Wiesen, schmaale 21/(95)
Wiesen, schmallen 85/(68)
Wiesen, Schmiedels 23/(96)
Wiesen, Schmielens 23/(96)
wiesen, Schmielers- 23/(96)
Wiesen, Schüen 56/5
Wiesen, Schülpen 40/63
Wiesen, Schwartze 43/5
Wiesen, Schwartzen 43/5
Wiesen, Schwarzen 44/3
Wiesen, Serßer 30/(132)
wiesen, Sieden- 33/14
Wiesen, Sieden 35/(107)
Wiesen, Söhren 71/92
Wiesen, Söhrings 81/(166), 103/66
Wiesen, Soll 95/(146)
Wiesen, Sommers 103/(132)
Wiesen, Soor 36/90
wiesen, Stämm- 98/(30)
Wiesen, Stämm 81/63
Wiesen, Staner 78/(61)
wiesen, Stehen- 76/(102)
Wiesen, Stelbaums 2/(51)
Wiesen, Stellböhmen 2/(51)
Wiesen, Stemm 95/(161)
Wiesen, Stert 3/19
Wiesen, Steu 89/8
Wiesen, Stiemminsche 69/45
Wiesen, Stöhrschen 44/55
Wiesen, Stöver 1/121
Wiesen, Strang 65/(112)
Wiesen, Strang(en)s 23/55
Wiesen, Strangs 23/55
Wiesen, Strauchen 38/13
wiesen, Striebel- 74/41
Wiesen, Striebel 74/41
wiesen, Strievel- 74/41
Wiesen, Stroer 78/49
Wiesen, Stroh 73/63
wiesen, Strohhoff- 56/28
Wiesen, Ströhmeyschen 51/(72)
Wiesen, Strom 57/44
Wiesen, Struckhohn 75/(155)

Wiesen, Struckhonsche 75/(155)
wiesen, Stub- 13/82
Wiesen, Stubsins 75/(150)
Wiesen Stück 21/(99)
Wiesen Stücken 21/(99)
wiesenstücken, Mittel- 95/(140)
wiesen Stücken, Neu- 23/(89)
wiesenstücken, Striem- 15/(9)
wiesen Stück, Lang- 20/(53)
Wiesen Stück, Schilf 64/(180)
wiesen Stück, Vohr- 10/(72)
Wiesen, Suden 53/(63), 61/21
Wiesen, Sueden 67/(141)
Wiesen, Suhl 69/89
Wiesen, Syringer 78/75
Wiesen, Tauers 56/41, 56/47
Wiesen, Taugnitzer 78/12
Wiesen theil, Neue 55/(59)
Wiesen, Thor 1/17
Wiesen, Thoren 81/(169)
Wiesen, Tielßen 59/(93)
Wiesen, Tornosen 1/114
Wiesen, Triebens 23/(99)
Wiesen, Trien 97/(93)
Wiesen, Trienheide 75/(103)
Wiesen, Trienheidschen 75/(103)
Wiesen, Trienheidts 75/(103)
Wiesen, Trost 62/11
Wiesen, Under Bergs 3/34
Wiesen, untern Bargs 3/34
Wiesen, Vier 2/(32), 107/(46)
Wiesen, Vier Stückschen 96/(63)
Wiesen, Viertelsherren 1/(86)
Wiesen, Visdomsche 85/(25)
Wiesen, Vockel 44/15
Wiesen, Vöhr 63/(179)
wiesen, Vor- 16/(67), 21/(97)
Wiesen, Vorns 21/(97)
Wiesen, Voß 97/(98)
Wiesen, Wade 42/(104)
Wiesen, Wäde 27/52
Wiesen, Walt 75/(200)
Wiesen, Warff 22/17
wiesen, Wasser- 20/(66)
Wiesen, Waßer 20/(66)
Wiesen, Wedene 51/62
Wiesen, Winckelstemmen 2/(45)
Wiesen, Witzahnschen 75/23
Wiesen, Wort 59/(96)
Wiesen, Wulfs Kolck 68/15
wiesen, Zappel- 71/(2)
Wiesen, Zielange 70/(37)
Wiesen, Ziester 78/73
Wiese, Oehrns 63/(154)
Wiese, Ohlen Mühlen 70/(157)
Wiese, ohl Magd 75/(163)
Wiese, Öhrdens 63/(154)
wiese, Orth- 78/(43)
Wiese, Paetauen 11/(68)
Wiese, Pahl 19/(28)
wiese, Pahlm- 76/(91)
Wiese, Palm 57/(99), 76/(91)
wiese, Papen- 75/157
Wiese, Papen 65/32
Wiese, Papenmoorsche 75/94
Wiese, Paper 54/(24)
Wiese, Paschmühlen 36/(29)
Wiese, Pastor 86/6
wiese, Pfarr- 105/29
Wiese, Pfarr 83/3, 83/63, 86/6, 95/16, 105/29
Wiese, Pferde 21/(86)
Wiese, Plack 11/(7)
wiese, Pläner- 75/148
Wiese, Plauer 68/54
Wiese, Ploener 75/148
wiese, Plüggen- 77/126
wiese, Prediger- 95/16
Wiese, Prehns 64/82
Wiese, Priester 1/(8), 4/5, 65/32, 83/3, 85/44
Wiese, Priester Baur 86/(66)
Wiese, Provisor 1/(89)
Wiese, Pur 70/(101)
Wiese, Rad 54/(18)
Wiese, Radde 31/10
wiese, Radden- 36/43
wiese, Rade- 31/10
Wiese, Rade 4/(46), 31/10, 54/(18), 55/(6), 64/(172), 75/(16)
Wiese, Raden 4/(46)
Wiese, Radt 61/16
Wiese, Rahde 18/38
wiese, Reet- 51/71
Wiese, Reet 30/59
wiese, Reh- 66/(74)
Wiese, Reh 77/(122), 84/(7)
Wiese, Rehr 70/(165)
Wiese, Rehrsche 53/64
Wiese, Rehrser 53/64
Wiese, Rehsen 40/53
Wiese, Reht 41/64, 63/(159)
Wiese, Reiersche 40/53
Wiese, Reth 30/59, 41/64
Wiese, Re(t)h 77/(122)
wiese, Reth- 30/59, 70/(167), 77/(122)
Wiese, Rethdieck 36/(28)
wiese, Rethhof- 38/(97)
wiese, Riet- 83/53
wieser Kolk, Miel- 74/(2)
Wieser Kolck, Miel 74/(2)
wiese, Rode- 18/38
Wiese, Roegnitzer 70/7
Wiese, Rohr 10/(67), 47/30, 75/82, 77/34
Wiese, Römsche 63/74
Wiese, Rukiehten 49/(61)
wiese, Rund- 3/(21)

Wiese, runde 25/(112), 95/(148)
Wiese, Runde 21/(92), 41/(135)
wiese, runde Holt- 35/(104)
Wiese, Runden 95/(148)
Wiese, Rundt 78/51
Wiese, Ruschen 57/77
Wiese, Sägen 41/(136)
wiese, Sandbergs- 68/48
wiese, Sandforts- 76/17
Wiese, Sappel 71/2
Wiese, Sarncken Brüg 75/(117)
Wiese, Schaaf Damms 95/16
wiese, Schäfer- 11/17, 18/(41), 77/71, 100/3
Wiese, Schäfer 4/6, 55/(23), 64/(178), 73/(87), 100/3
wiese, Schäffer- 11/17
Wiese, Schäffer 4/6, 64/(178)
Wiese, Schede 83/(48)
Wiese, Schelb 64/(179)
wiese, Schelf- 57/(102)
Wiese, Schellen 89/(75)
wiese, Scheper- 102/(21)
Wiese, Scheper 12/(136)
Wiese, Scheunstele 51/(102)
Wiese, Schilf 54/(43), 64/(179)
wiese, Schincken- 79/(133)
Wiese, Schmahlen 21/(95)
Wiese, schmale 84/(41)
Wiese, Schmale 86/3
wiese, Schmalen Hals- 4/(21)
Wiese, Schmal Flaß 95/(152)
Wiese, Schmall 95/(153)
wiese, Schmarre- 57/(105)
Wiese, Schmede 95/49
Wiese, Schmeds 95/49
Wiese, Schmets 95/49
Wiese, Schmiede 86/1
Wiese, Schmiels 23/(96)
Wiese, Schmielsche 23/(96)
Wiese, Schorn 74/(30)
Wiese, Schorns 74/(30)
Wiese, Schornßer 74/(30)
Wiese, Schufhuts 41/96
wiese, Schul- 31/(56), 44/57, 74/(122), 95/37
Wiese, Schülb 41/(138)
Wiese, Schulmeister 27/(95), 76/26
Wiese, Schülp 40/63
Wiese, Schult 43/(116)
Wiese, Schulten 11/3
wiese, Schultzen- 81/(160)
Wiese, Schultzen 23/(97), 54/(44), 61/22, 63/63, 99/(51)
wiese, Schulze- 80/41
wiese, Schulzen- 31/(57), 61/22, 74/(123), 75/91
Wiese, Schulzen 14/9, 27/(96), 61/22, 69/72, 71/12, 83/4, 87/35, 97/(88), 99/(51), 103/(130), 107/(42)
Wiese, Schütten 11/(71)
Wiese, Schütters 11/(71)
Wiese, schwarze 44/3
Wiese, schwarzen 43/5
wiese, Schwein- 1/113
Wiese, Schwein 1/113
Wiese, Siets 69/(133)
Wiese, Simcken 57/(52)
Wiese, Sohren 4/(54)
Wiese, Söllen 90/23
Wiese, Söring 104/15, 105/1
wiese, Speck- 43/34
Wiese, Speck 26/20
wiese, Sprickel- 68/2
Wiese, Sprickel 68/2
Wiese, Sprickl 68/2
Wiese, Stäfken 41/86
Wiese, Stallbohmsche 2/(51)
Wiese, Stäm 76/(100)
Wiese, Stämm 47/43, 98/(30)
Wiese, Stämmen 4/(52)
Wiese, Stampen 43/(121)
wiese, Stauen- 15/13
Wiese, Stein 76/(102)
Wiese, Stein-Brincks 76/(101)
Wiese, Stem 95/(161)
wiese, Stem- 84/(8)
Wiese, Stemm 58/(56), 95/(161)
Wiese, Stever 1/121
Wiese, Stiefel 93/(72), 93/79
Wiese, Stöver 1/121
wiese, Streng- 65/(156)
wiese, Striem- 15/10
Wiese, Stroer 71/10
Wiese, Stroh 73/63
Wiese, Struckhohn 75/(155)
wiese, Stubben- 12/(140), 75/(150)
Wiese, Stubben 30/(135), 43/(123), 55/(29), 64/(186), 71/(147), 75/(150)
wiese, Stuben- 75/(150)
Wiese, Suden 67/(141)
Wiese, Suhren 73/(130)
Wiese, Tannen 93/81
Wiese, Tater 4/(16)
Wiese, Techentiener 75/64
Wiese, Tehren 55/(24)
wiese, Teich- 1/38, 6/(52)
Wiese, Teich 85/48, 93/(62)
Wiese, Ternosen 1/114
wiese, Thieden Brand- 75/87
Wiese, Thrien Thüt 4/(56)
wiese, Thor- 1/17
Wiese, Tieden-Brand 75/87
Wiese, tiefe 95/(163)
Wiese, Tiefe 37/13
Wiese, Tiembcken 41/63
wiese, Timp- 75/147
Wiese, Timp 75/147
Wiese, Tohr 1/17
Wiese, Tölk 36/81
Wiese, Tonnen 66/(84)

wiese, Trien- 75/(103)
Wiese, Trien 2/(36), 85/(71)
wiese, Trift- 66/28
Wiese, Vicken 54/(9)
Wiese, Vieh 63/(177)
Wiese, Vier 2/(32)
wiese, Viertels- 1/(86)
Wiese, Viertels 1/(86)
Wiese, Vierthels 1/(86)
wiese, Vor- 35/(110), 95/19
Wiese, Vor 43/(126), 63/(179), 95/19
Wiese, Vorder 95/19
wiese, Voß- 97/(98)
Wiese, Waßer 20/(66)
Wiese, Weber 47/50
Wiese, Wendsche 63/70
Wiese, Wiettzahns 75/23
Wiese, Wilcken 43/(127), 93/(129)
Wiese, Wilde 105/(63)
wiese, Wilden- 105/(63)
Wiese, Winckel 2/(40), 87/72
Wiese, Wohlgast 54/(49)
wiese, Woll- 97/(100)
Wiese, Wöste 51/(106)
Wiese, Wuhsten 77/(46)
Wiese, Wüste 76/(107)
wiese, Zahnwitt- 74/11
Wiese, Zahren 55/(9)
Wiese, Zarnbrug 75/(117)
Wiese, Zarrenzin 71/17
Wiese, Zegen 93/(45)
Wiese, 10 Stücken 85/(73)
Wiese, Zierken 64/8
wiese, Zoll- 57/(85)
Wiese, zweibreitsche 10/25
Wieße, achter Bargs 17/(54)
Wieße, Argen 67/(74)
wieße, Bahl- 43/68
Wieße, Bullen 12/43, 26/(44)
Wieße, Commanz 19/(86)
Wieße, Coppel 12/(116)
Wieße Coppell 29/(41)
wieße, Dahlens- 23/(66)
Wieße, Dicken Camps 67/(91)
Wieße, Dickköhlen 63/(102)
Wieße, Fehr 12/46
wieße, Fehrt- 16/(39)
Wieße, Fle(e)ns 47/24
Wieße, Fohrt 44/(142)
Wieße, Grau 32/41
Wieße, grothe Mühlen 71/69
Wieße, Groth Kuhl 12/(106)
Wieße, Heidt 16/(44)
Wieße hinter den Hofe 24/26
Wieße, Hinterste 67/(106)
Wieße, Holtz 12/35, 16/4, 71/(125)
wieße, Kahlen- 63/(136)
Wieße, Kahten 47/(105)
Wieße, Kloster 12/88
Wieße, Krieg 16/(51)
Wieße, Lütg 44/112, 71/(136)
Wieße, Lütge 40/(89)
Wieße, lütge Mühlen 71/(134)
Wieße, Lütg Kuhl 12/(118)
Wieße, Miel 74/64
Wießen, Brischen 20/4
Wießen, Brüge 38/33
Wießen, Brügen 38/33
Wießen, Buhr 12/(97)
wießen, Cors- 23/(64)
Wießen, Diecks 44/64
Wieße, Neu 32/15
Wieße, Neue 16/(56)
Wießen, Gilden 42/69
Wießen, Haßel 30/(93)
wießen, Hinnen- 23/(77)
wießen, Hof- 36/91
Wießen, Hof 38/(76), 42/(118)
Wießen, Hoff 17/40
wieße, Nien- 40/75
wieße, Nieper- 40/(91)
Wießen, Lütge 43/32
Wießen, Ne(r)dersten 32/(49)
Wießen, Nie 38/(89)
Wießen, Nien 43/(107), 47/(113)
Wießen, ohlen 38/10
Wießen, Pudors 38/(93)
Wießen, Sägers 38/(98)
Wießen, Schwartzen 44/3
Wießen, Specken 43/34
Wießen, Stubben 30/(135)
Wießen, Sumpen 63/(173)
wießen, Triebens- 23/(99)
Wießen, Vorns 19/27
Wießen, Zägen 93/(45)
Wieße, Ohrt 32/(51)
Wieße, Päper 12/(130)
Wieße, Pfand 67/(124)
Wieße, Pötter 12/(132)
Wieße, Rade 26/(69)
Wieße, Reets 38/16
Wieße, Rieht 16/(61)
Wieße, Rohr 47/30
Wieße, Röpens 67/(133)
Wieße, Schmall 95/(153)
Wieße, Schuer 47/44
Wieße, Schwartzen 44/3
Wieße, Siems 47/(121)
Wieße, Strauch 32/(56)
Wieße, Straug 32/(56)
Wieße, Stubben 63/(171)
Wieße, Stuben 38/(107)
Wieße, Teufels 67/26
Wiest, Liggengründer 54/(25)
Wietbüschen 105/(62)
Wiethop 81/(175)
Wietsien 67/(150)
Wietten Barg 38/(111)
Wietten Borges Camp 38/(112)
Wietten Sanbarge 65/(161)
Wietten Sande 38/24
Wiettzahns Wiese 75/23
Wietz sahn 75/(22)
Wigrist 23/(102)
Wilcken Wiese 43/(127), 93/(129)
wilde Horst 77/1

Wilde Horst 76/49
Wildenwiese 105/(63)
Wilde Wiese 105/(63)
Wild Feite 40/13
Wildseite 39/(22)
Wilfßen Damm 30/(140)
Wilkensoll 106/12
Wilken Soll 106/12
Will Horst 76/49, 77/1, 78/82
Will'koppel 48/8
Will'Koppel 45/64
Wils 41/88
Wilsen Rad 55/19
Wilsen Radt 55/19
Wilsenratt 55/19
Wilsien 75/58
Wilß 41/88
Wilt Siet 39/(22)
Wiltz 41/88, 48/13
Wiltzien 40/57, 43/53
Wiltzienen 71/49
Wiltzinschen Hoppen Dämme 40/56
Wiltz Siett 39/(22)
Wilz 41/88
Wilzien 75/58
Wilzin 38/8, 40/57
Wimpelkamp 17/30
Winberg 7/45, 8/2
winberg, lukas 1/(103)
Winckel 6/13, 41/10, 48/70, 63/23, 73/3, 87/(72), 97/(99)
winckel, ahm felde Rosen- 97/(78)
winckel, Bar- 95/(66)
Winckel, Baren 83/(77)
Winckel, Böcker 14/(45)
Winckel, Bott 95/57
Winckel, Botter 95/57
winckel, Buhr- 105/(44)
Winckel, Buhr 95/(81)
winckel, Bur- 81/72, 83/(79), 95/(81)
Winckel Busch 63/(183)
winckel, Crons- 15/(62)
Winckeldamm 12/59
Winckel, düster 12/20
Winckel, Düstern 12/20
Winckel Enden 87/(72)
winckel, Flachß- 95/(90)
Winckel, Flachß 95/(90)
Winckelhof 15/(75)
Winckel, Krumen 51/34
Winckell 63/23, 67/(147)
Winckel Lake, Bauern 2/(41)
Winckel Lake, Paur 2/(41)
Winckell, Behren 27/(56)
winckell, Buhr- 81/72
winckell, Krullen- 51/(94)
Winckell-Mohr 63/(184)
winckell, Rosen- 95/9
Winckel, Lütgen 30/(119)
Winckel Ohrt 41/(140)
winckel, Paur- 81/72
winckel, Rose- 95/9
winckel, Rohsen- 95/9
winckelschlag, Rosen- 95/9
Winckel, Schmal 97/(87)
winckel, Schmer- 97/(84)
winckels Rieht, Buhr- 81/(105)
Winckel Stämme 2/(45)
Winckel Stammen 2/(45)
Winckelstämmen 2/(45)
Winckelstemmen Wiesen 2/(45)
winckel, Stollen Bur- 95/(162)
winckel, Stollenteich- 95/(162)
winckels Wiesen, Bor- 95/(66)
winckel, Timmen- 44/(178)
Winckel, Vars 34/(32)
winckel, Vor- 6/12
Winckel, Vorbör 95/(167)
Winckel, Weide 95/(169)
Winckel, Weyth 95/(169)
Winckel Wiese 2/(40), 87/(72)
winckel Wiesen, Bur- 95/(81)
Winckel, Wull 103/(140)
Windmoelenbarg 29/3, 75/124, 96/13, 102/19
Windmoelen Slag 102/18
Windmühl Berg 28/(37), 29/3
Windmühle 67/(148)
Windmühlenberg 29/3
Windmühlen Berg 36/(151)
Wind-Mühlen Berg 96/13
Windmühlenbergk 35/(94)
Windterfelds Camp 86/(44)
Windtmühlen Berge 22/(93)
Winkel 6/13, 41/10, 63/23
winkel, Bären- 27/(56)
winkel, Bodder- 95/57
winkel, Buer- 81/72
winkel, Buhr- 83/(79)
winkel, Burr- 81/72
Winkel, düster 12/20
Winkel, Düster 12/20
winkel, Hasen- 40/45
winkelhorst, Bauer- 81/(102)
winkel, Kreiden- 93/68
winkel, Kreihen- 24/4
Winkel Koppel 41/10
Winkel, Lütt 6/12
Winkelmoor 1/147
Winkelmour 1/147
Winkel, Oertzen 54/(27)
winkel, Rosen- 95/9
winkelschen Felde, Bar- 4/(25)
Winkel, Schmed 97/(84)
winkel, Schmeer- 97/(84)
winkel, Schnaken- 77/64
winkel, Smä(d)- 36/44
winkels Rieth, Bauer- 81/(105)
winkelstück, Schmer- 97/(84)
Winnerwischenbarg 38/2
Winterfelds Kamp 86/(44)
Wintertier 33/29
Wippelkamp 17/30
Wirck Caveln 99/(56)
Wirder 79/120
Wirritz 45/26
Wisbläk 87/(73)

wisch, Amts- 56/84
Wisch, Apen 48/72
wisch, Ba(d)e- 43/29
wisch, Bahl- 63/73
wisch, Bäk- 74/49, 106/30
Wischbarg 91/3
wisch, Bark- 74/15
wisch, Bäuner- 42/21, 45/2, 85/11
wisch, Baur 1/2
Wisch, Behnken 75/74
wisch, Ber- 1/(68)
Wischblecken 87/(73)
Wischble(n)ck 22/43
Wischblenk 22/43
wisch, Bö(de)ner- 91/4
Wisch, Bollen 2/43
wisch, Boren- 90/39
wisch, Born- 94/7
wisch, Borns- 52/34
wisch, Brandkuhl- 93/69
Wisch, Bree(d) 86/4
Wisch, Brinck 92/(14)
wisch, Brügg- 75/113
wisch, Brüggel- 30/51, 40/74
wisch, Brüggen- 45/(85)
Wisch, Brüggmanns 63/69
wisch, Buck- 40/49, 78/76
wisch, Buer- 58/31, 86/10
Wisch, Buhr 58/31
wisch, Bullen- 1/69, 1/117, 2/43, 12/43, 14/10, 17/38, 19/17, 19/77, 23/9, 38/4, 40/47, 44/124, 45/6, 47/48, 48/27, 51/68, 52/67, 57/27, 61/1, 63/4, 66/32, 67/20, 68/71, 71/80, 75/23, 77/19, 78/62, 81/5, 83/16, 85/17, 85/44, 86/26, 90/42, 93/27, 97/4, 103/26, 105/24, 107/5
wisch, Bült- 44/68, 68/(100), 106/(44)
wisch, bur- 1/2
wisch, Daglöhner- 91/5, 97/12
wisch, Dahks- 55/22
wisch, Damm- 86/5, 104/11
wisch, Damp- 104/11
Wisch, Dener 71/(107)
Wisch, Diehns 67/68
wisch, Diek- 15/14, 86/20, 104/12
Wisch, Discher 41/(58)
wisch, Dor- 1/17
wisch, Dorf- 103/25
wisch, Drift- 66/28
wisch, Dull- 103/59
wisch, Dullen- 101/26
wisch, Düwels- 67/26
Wische, Alt 38/10
Wische, Bauer 95/(31)
wische, Baur- 62/(102)
wische, Bracken- 12/(95)
Wische, Brede 84/(13)
wische, Brüchrits- 105/(41)
wische, Bullen- 12/43, 13/8
wische, Bur- 58/31, 61/(102)
wisch, Eckers- 87/31
wische, Clauß- 104/10
Wische, Coßer 95/(83)
Wische, Crohns 76/15
wische, Dahlcks- 55/22
wische, Dieb- 95/(84)
wische, Dieck- 1/(178)
Wische, Dul 103/59
wische, Fahr- 16/(38)
wische, Fort- 95/(92)
Wische, Forth 95/(92)
Wische, Frey 27/(78)
Wische, Gaucken 54/(36)
Wische, Godower 56/31
Wische, Grage 62/30
Wische, Graven 36/(109)
wische, Grentz- 93/(114)
Wische, große 11/(43)
Wische, Große 14/(64)
wische, große Kappel- 89/46
Wische, große Kapellen 89/46
Wische, Großen 81/(120)
Wische, großen Rumen 95/(99)
wische, Große Stemm- 84/(8)
Wische, Grote 67/38
wische, Hagen- 1/96
Wische, Hagens 67/36
Wische, Halbpflichter 1/14
Wische, Hampower 95/(39)
wische, Heid- 89/35
Wische, Hern 21/(67)
Wische, Herren 22/(81)
Wische, Herrn 95/(104)
Wische, Hinten 89/36
wische, Hof- 41/62, 100/(26)
Wische, Hof 42/(118)
wische, Hold- 42/25
Wische, Holt 35/50
wische, Holtz- 12/35, 42/25
Wische, Holtz 14/(71), 27/(82)
wisch, Eik- 64/45
wisch, Ejer- 41/74
wische, Kavel- 89/(64)
wische, Keller- 7/22
Wische, Kievel 2/(46)
Wische, Klaen 95/(122)
Wische, kleine Kapellen 89/(66)
wische, kleine Kappel- 89/(66)
wische, Klein Stemm- 84/(9)
Wische, Kloster 14/(8)
Wische, Knack 95/(126)
wische, Koppel- 11/(65)
Wische, Köster 27/(88)
Wische, Kraß 103/(107)
Wische, Krieg 95/(130), 96/7
Wische, Krisch 96/7
Wische, Kurtze 22/(85)
Wische, lange 22/9, 100/(31)
Wische, Lange 22/9
wisch, Ellerholt- 70/86
Wische, Lütge 27/(90)
Wische, Masch 95/25
Wische, Mühlen 64/(166)
Wischen 59/9, 63/71

wischen, Aantendiek- 12/2
Wischen, achter de 35/50
wischen, achtern Ho- 35/44
Wischen-Acker, Mihl 73/67
wischen, Amts- 65/26
wischen, Baeck- 81/63
wischen, Bahl- 12/34, 62/16
Wischen, Bahlen 62/16
wischen, Bahn- 76/34
wischen, Bäk- 65/29, 75/3, 75/43, 81/63
wischenbarg, Winner- 38/2
Wischen, Basuß 11/(50)
wischen, Bäuner- 13/51, 47/19, 63/5, 72/25, 81/35, 87/24, 105/34
Wischen, Baur 103/(72)
wischen, Bawer- 83/2
Wischen, Bawer 83/2
wischen, Beck- 74/49
wischen, Bleik- 13/59
wischen, Bode- 76/(57)
wischen, Bö(de)ner- 76/15, 77/30, 95/11, 99/2
(Wischen), Bomstückschen 104/31
wischen, Bor- 70/(112)
wischen, Borg- 103/(75)
wischen, Brand- 62/17, 81/85
Wischen, breden 103/(33)
Wischen, Breden 103/(33)
wischen, Breid- 103/(33)
wischen, Brüge- 68/(96)
wischen, Brüh- 44/80
wischen, Büdel- 52/25
wischen, Buden- 75/89
wischen, Buer- 1/2, 14/1, 56/31, 105/30
wischen, Bürger- 72/(98)
Wischen, Bürger 22/(44)
wischen Busch, Köste- 25/(36)
wischenbusch, Nie- 32/(50)
wischen, Büßken- 79/125
wischen Camp, Nie- 69/17
wischen, Daglöhner- 14/4
Wischendämm 107/21
Wischen, Deep 32/18
wischen, Deich- 33/(44)
wischen, Dick- 78/80
Wischen, Dieck 44/64, 85/48
wischen, Diek- 1/38, 44/64, 48/76, 85/48
wischen, Dreekamps- 58/4
wischeneck, Maur- 17/47
Wische, Nei 95/(143)
Wischen, Eikhoewer 65/10
Wischen, Eldisch 21/42
wischen, Ell- 21/42, 81/1, 83/2
wischen, Ellerholt- 13/63
wischen Ellern, Nee- 30/35
Wische, Neu 14/(89), 67/35
Wische, neuwe 89/(71)
Wische, Neuwe 95/(143), 97/(72)
wische, neuwe Kafel- 1/7
wischen, Fahlen- 79/9
wischen, Flaut- 83/47
wischen, Fort- 90/55, 101/50
Wischen, Gohren 73/89
wischen, Gräs- 12/45, 25/31
Wischen, Grot 10/30, 36/89, 57/7, 57/36, 65/52, 103/28
wischen, Grot Fohr- 79/104
wischen, Groth- 45/10
Wischen, Gudowschen 56/31
Wischen, Guhlschen 44/127
wischen, Hä(g)- 67/36
wischen, Hagen- 1/96, 25/94
Wischen, Halwplichter 1/14
wischen, Har- 20/5
wischen, Hauben- 81/6
wischen, Hauhner- 65/21
wischen, Henken- 62/6
wischen, Hill- 25/28
Wischen, Hilligen 87/(57)
Wischen, Hindelsten 3/2
Wischen, Hinden 95/(106)
wischen, Hinn'- 20/29
wischen, Hinnen- 51/73
Wischen, Hinnen 42/(103)
Wischen, Hinnerst 38/3
wischen, Ho- 35/44
wischenhoew, Hoh- 35/44
wischen, Hof- 5/44, 10/31, 36/91, 40/37, 41/62, 47/39, 48/39, 64/35, 65/36, 67/58 71/27, 73/72, 77/45, 78/49, 85/5, 87/33, 91/12
wischen Hof, Hoo- 35/(74)
Wischen, Höfschen 106/(52)
Wischen, Hogen 49/22, 70/83
Wischen, Hogenkampschen 73/84
Wischen, Hogen Kampschen 73/84
wischen, Hoh- 35/44
wischen, Holt- 12/35, 25/48, 51/70, 52/14
wischenholt, Pou- 70/102
wischen Holt, Pur- 70/102
Wischen, Holtz 30/42
Wischen Holtz, Scheel 53/65
wischen Holz, Dul- 103/(91)
wischenholz, Dull- 103/(91)
wischen Holz, Pur- 70/102
wischen, Hoo- 35/44
wischen, Horst- 13/49
wischen, Hufen- 81/6
Wische, Nie 11/6
wische, Nieder- 1/75
wischen, Jaeßen- 44/19
Wischen, Jäßnern 44/19
Wischen, Jesen 44/19
Wischen, Jesnitzer 44/19
wischen, Juncker- 81/(133)

wischen Kafeln, Grau- 35/24
wischen, Katen- 19/18, 23/36, 79/118
Wischen, Katkampschen 65/97
Wischen, Kauell 20/(47)
Wischen Kauhkoppel 19/15
Wischen-Kauh-Koppels 19/15
wischen, Kavel- 6/14, 13/4, 43/28
Wischen, Kleine 30/(109)
Wischen, Kliesfords 12/(25)
wischen, Kloster- 12/88
Wischen, Klüsser 96/28
Wischen, Klüster 96/28
Wischen, Koblentz 35/(78)
wischen, Königs- 70/73
wischen, Koppel- 1/32, 91/21
Wischenkoppel 5/37, 103/66
Wischen Koppel, Oll 24/3
Wischen, Kortsche 34/33
wischen, Krams- 1/131
wischen, Krie(g)- 96/7
wischen, Kuh- 79/110
wischen, Kuhl- 13/79
Wischen, Kurtzen 81/(140)
wischen, Land- 17/(83)
Wischen, Langen 12/41, 22/9, 38/9, 55/30
wischen, Langenstücker- 68/2
Wischen, langstückischen 95/(135)
Wischen, Liepschen 72/72
wischen, Linies- 69/95
Wischen, Loosger 30/23
Wischen, Lüdt 68/(140)
Wischen, Lütt 36/23, 36/86, 51/75, 52/11, 57/6, 57/34, 85/46
wischen, Lütt Fohr- 79/105
wischen, Lütt Nee- 25/39
Wischen, Lütt Oll 38/12
(Wischen), Lütt Stückschen 104/28
Wischen, Mauker 77/63
wischen, Maur- 70/71
wischen, Mensen- 79/117
wischen, Meun- 6/31
wischen, Miel- 74/64
wischen, Moelen- 70/13
wischen, Nedder- 1/75, 2/24
Wischen, Neen 27/46
Wischen, neuen 85/(66)
Wischen, neuen stiegischen 22/60
Wischen, Nie 9/48, 62/41
wischen, Nieder- 1/75
wischen, Niekavel- 1/7
wischen, Nien- 9/48
Wischen, Nien 2/42, 22/75, 74/44
Wischen, Niendörper 77/3
Wischen, Nienstiegsche 22/60
Wischen, Olen 72/1
Wischen, Oll 38/10
wischen, Ort- 91/18
Wischen Ort 32/(51)
wischen, Pauer- 1/2
wischen, Plauen- 68/54
Wischen, Preis 10/48
wischen, Pries- 20/4
wischen, Prins- 10/48
Wischen, Rädfiner 65/58
wischen, Raur- 47/30
wischen, Reet- 36/30
wischen, Reit- 12/42, 51/71
wischen, Rens- 52/21
wischen Rien, Bode- 76/(58)
wischen, Riesel- 66/3
wischen, Riet- 83/53
wischen, Rögnitz- 70/7, 75/82
wischen, Rohr- 20/8
wischen, Rugboort- 74/45
wischen, Rupen- 10/29
Wischen, Sahmwiets (73/91)
wischen, Sahn- 74/11
wischen, Schaugen- 13/60
wischen, Schaul- 44/57
wischen, Schol- 107/3
wischen, Schülp- 40/63
wischen, Sechs-Schwaden- 81/(165)
Wischen, Seer 32/(54)
wischen, Siever- 13/76
wischen Slag, Grot- 104/2
wischen, Sohr- 36/90
wischen, Stämm- 81/63
Wischen, Streminsche 69/45
Wischen, Stroocken 73/65
wischen, Stubben- 65/17
Wischen Stücken, Grot 40/27
wischenstücken, Ort- 91/15
Wischenstück, Grot 40/27
wischen, Stuv- 13/82
wischen, Suden- 57/47, 61/21
wischen, Ternosen- 1/114
wischen, Thor- 1/(105)
wischen, Torf- 74/46, 103/25
wischen, Trös- 62/11
wischen, Ümlop- 65/16
wischen, Venne- 25/62
Wischen, vördersten 19/27
Wischen, Vörrelst 38/1
(Wischen), Vörwastrowschen 104/29
wischen, Wader- 21/39
wischen, Warf- 22/17
Wischen, Waschs 47/88
Wischen, Wehde 27/52
wischen, Wen- 25/62
wischen, Wenn- 25/62
wischen, Ziegen- 93/(45)
Wischen, Ziester 78/73
Wische, oben der 14/(109)
Wische, Ohl Nie 54/(41)
wische, Palm- 57/(99)
wische, Papen- 55/(61)
wische, Pauwer- 1/2
wische, Peper- 12/(130)

Wische, Platzkower 100/(33)
Wische, Prenß 64/82
Wische, Prison 20/4
wische, Pud- 70/101
Wische, Ratzen 54/(42)
Wischer Dämm 85/12
wischerdamm, Brügg- 75/114
wischer Fohrd, Miel- 73/(68)
wischer Ford, Miel- 73/(68)
wischer Forth, Miel- 73/(68)
Wischerhof, Grot 3/17
wischer Kolck, Nie- 76/(89)
Wische, Röht 14/(95)
wischer Slag, Grot- 104/2
wischer Theilholtz, Papen- 55/(60)
Wische, runde 14/(98)
wische, Schelp- 55/(67)
Wische, schmale 21/(95)
Wische, Schmale 84/(41)
wische, Schmehr- 57/(105)
Wische, Stein 11/13
Wische, Stem 14/(103)
wische, Stembkafel- 105/(60)
Wische, Strohte 73/63
Wische Stücken 95/(171)
wische, Sude- 55/(69)
wische, Teich- 1/38
wische, Ternosen- 1/114
wische, Timpen- 79/(136)
Wische, Trinde 97/(93)
Wische, Varglasche 95/(165)
wische, Vor- 95/19
wische, Woll- 97/(100)
Wische, Zaarts 55/(9)
wische, Ziegen- 93/(45)
wisch, Fahren Camps- 55/(8)
wisch, Fangels- 30/39
Wisch, Fenzahms 63/(106)
Wischflagen 95/(172)
wisch, Förster- 45/15, 49/19, 52/17, 56/63, 62/9. 75/5, 87/30
wisch, Fruens- 86/46
Wisch, Gahrts 55/32
wisch, Garners- 71/110
wisch, Gaugel- 68/74
wisch, Gaus- 67/57
Wisch, Gemeine 83/(86)
wisch, Gill- 42/69
wisch, Gogel- 77/7
wisch, Goos- 87/44, 93/51
wisch, Gössel- 65/24
Wisch, Gra(g) 62/30
wisch, Grau- 35/24
wisch, Grauen- 15/(64)
Wisch, grauen 49/(47)
wisch, Graw- 30/38
wisch, Groet- 86/21
Wisch, Große 87/24
wisch, Grot- 103/28
Wisch, Grot 3/18, 10/30, 19/24, 43/31, 45/10, 56/38, 61/17, 63/72, 67/38, 74/42, 76/33, 78/57, 90/28, 93/28, 104/1
wisch, Grot Brauk- 31/15
wisch, Grot Bullen- 30/69
wisch, Grot Dahlck- 55/(41)
Wisch, Grote 37/4
wisch, Groth- 3/18
Wisch, Groth 11/(43), 73/(69)
wisch, Groth Mollen- 11/(35)
wisch, Groth Stack- 11/34
wisch, Groth Stein- 11/(13)
Wisch, Grot Teiren 55/(24)
wisch, Guhls- 53/75
wisch, Hagen- 1/96, 64/41
Wisch, Halß 92/(18)
wisch, Hampo- 95/(39)
wisch, Hasen- 97/13
wisch, Hassel- 79/113
wisch, Hauhner- 62/19
wisch, Häwammen- 42/23, 57/24, 70/80, 91/7
wisch, Häwamms- 30/20
wisch, Hawer- 75/66
wisch, Hee(d)- 45/1, 89/35
wisch, Hei- 63/14
wisch, Hei(d)er- 64/67
wisch, Herren- 1/19, 57/26, 72/4, 79/111
Wisch, Heuers 42/(30)
wisch, Heuts- 20/3
Wisch, Hierer 41/(6)
wisch, Hin- 5/1
wisch, Hinnen- 89/36
Wisch, Hinnelst 80/5, 93/79
Wisch, Hinnerst 15/15, 40/43
Wisch, Hirten 73/(113)
Wischhoef 42/(42)
Wischhoefen 85/12
wisch, Hoe(w)- 103/52
Wischhoewen 32/6
Wischhof 78/22
wisch, Hof- 24/26, 76/39, 83/62
Wischhoff 42/(42)
Wisch, Hog 36/65
wisch, Ho(g)hoster- 30/65
wisch, Hollänner- 53/41
Wisch, Höllen Flicker 72/(105)
Wisch, Höllings 5/45
wisch, Holt- 15/6, 16/4, 30/42, 41/71, 42/25,57/69
wisch, Holz- 15/6
wisch, Hoppsäg- 77/10
wisch, Hösten- 41/60
Wisch, Hüner 49/(51)
wisch, Hunn'- 104/26
wisch, Ierdbeeren- 90/62
wisch, Ilen- 104/25
wisch, Immenhof- 70/88
wisch, Inwoener- 21/17
wisch, Jäger- 53/47, 74/47, 93/96
Wisch, Jägers 92/(21)
Wisch, Jürns 47/37
wisch, Kalwer- 69/78
wisch, Kamp- 104/30
Wisch, Kampen 41/(73)
wisch, Kapell- 89/46

wisch, Katen- 21/12, 93/23, 106/31
Wisch, Kathen 41/(55)
wisch, Kavel- 30/17, 32/14, 75/102
Wisch, Kayser 58/11
wisch, Keller- 7/22
wisch, Kiewitts- 30/62
Wisch, Kihlen 55/(47)
wisch, Kirchen- 73/48, 81/4, 83/1, 103/60
Wisch, Kläns 95/(122)
wisch, Klas- 104/10
wisch, Klaws- 63/37
wisch, Klee- 69/26
wisch, Klinken- 63/33
wisch, Klorhost- 89/51, 90/1
wisch, Klump- 55/21
wisch, Klus- 1/56
wisch, Knirr- 42/20
Wisch, Knirr 42/20
Wisch, Koeste 42/(31)
wisch, Koeter- 71/79
wisch, Koh- 79/110
wisch, Kohhöder- 1/119
Wisch, Kollbohts 41/53
Wischkoppel 21/4
wisch, Koppel- 52/52
wisch, Koster- 44/82, 103/71
wisch, Köster- 41/68, 51/60, 64/69, 79/116, 91/6, 95/37, 96/20, 97/16
wisch, Kränk- 36/67
wisch, Kröger- 65/53
Wisch, Krumm 40/61
Wisch, Krus 24/9
Wisch, Kubbritz 55/(50)
wisch, Kuhl- 89/4
Wisch, Kuhl 89/4
Wisch, Laasen 41/51
wisch, Lak- 13/77
wisch, Land- 3/4
Wisch, Lang 41/72, 78/53, 87/(63)
wisch, lange Hinnen- 89/36
wisch, Langens- 30/63
Wisch, Langen 16/23
wisch, Langriets Kafel- 105/(56)
wisch, Lasen- 41/51
Wisch, Lembs 90/48
wisch, Liepen- 90/22
Wisch, Lieper 75/64
Wisch, Lüt 78/53
wisch, Lütcke Dahlck- 55/(53)
Wisch, Lütcken Teiren 55/(54)
Wisch, Lütcke Suden 55/(55)
Wisch, Lütt 6/11, 18/32, 41/89, 43/32, 44/112, 61/15, 63/(145), 70/19, 73/31
wisch, Lütt Brauk- 31/14
wisch, Lütt Bullen- 30/66
Wisch, Lütte 73/31
wisch, Lüttföhren- 79/105
wisch, Lütt Molen- 11/(41)
wisch, Lüttoll- 38/12
Wisch, Maeitgen 73/(124)
Wisch, Mahmwels 72/17
Wisch, Malcronische 21/(83)
wisch, Massiner- 67/10
Wisch, Matjen 73/(124)
wisch, Maur- 37/13
wisch, Menzen- 79/117
wisch, Meßehr.- 55/(56)
wisch, Middel- 7/27, 95/8
wisch, Miel- 73/67, 74/64
wisch, Mile- 73/67
wisch, Moelen- 67/46, 75/19
Wisch Mohr, Große 3/17
wisch, Möller- 53/38, 71/69
wisch, Möörensoll- 90/11
Wisch, Nee 32/15
Wisch'n, Hof 41/62
Wisch, Nie 9/48, 11/6, 40/75, 48/85, 57/76, 64/64. 67/35, 69/17, 73/(70), 90/51
wisch, Nieder- 30/(122)
wisch, Nyen- 73/(70)
Wisch, ol 72/1
wisch, Ollendeels- 85/14
Wisch, Ort 78/(43)
Wisch, Pahlser 41/1
wisch, Panner- 22/74, 40/69, 69/91
wisch, Paper- 55/(61)
Wisch, Pasten 21/(38)
wisch, Piks- 30/40
Wisch Pläcken 14/(110)
wisch, Pläner- 75/148
Wisch, Plauert 55/(62)
Wischplecken 87/(73)
wisch, Poppen- 92/6
wisch, Post- 64/30
wisch, Pou- 70/101
wisch, Preester- 11/9, 41/76, 51/58, 75/157, 94/1, 95/16
wisch, Preister- 67/27, 79/112, 83/3, 83/63, 86/6, 92/11, 97/5, 105/29
wisch, Pümpel- 11/27
wisch, Ra(d)- 18/38, 31/10, 37/11, 42/27
wisch, Rahl- 10/20
wisch, Ratsherrn- 1/121
wisch, Ratten- 36/43
wisch, Raur- 77/34, 78/55
wisch, Ree- 81/(153)
wisch, Reet- 30/59, 37/3, 42/22
wisch, Reh- 66/(74)
Wisch, Reinke 14/(93)
Wisch, Reinken 14/(93)
wisch, Rei(r)ßen- 40/53
wisch, Reit- 41/64, 67/18
Wisch, Reit 41/64
wisch, Rens- 30/41
Wisch, Rensch 30/41
wisch, Reth- 30/59
wisch, Riedel- 81/(154)
wisch, Riesel- 31/9
wisch, Riet- 91/31, 104/21
wisch, Röggenzen- 41/69
Wisch, Rögnitz 41/69
wisch, Rögniz- 45/(105)
wisch, Rohr- 89/47
Wisch, Rühr 41/95

wisch, Rund- 3/(21)
Wisch, Runden 95/(148)
Wisch, Runn 78/51
Wisch, Run'n 78/51
wisch, Run'n Holt- 101/27
wisch, Sag- 74/(119)
wisch, Säg- 90/8
wisch, Schaul- 15/11, 19/19, 30/57, 40/1, 45/11, 47/42, 48/79, 52/18, 57/25, 63/64, 67/43, 69/71, 70/81, 76/26, 77/90, 78/19
wisch, Schauster- 94/10
Wisch, Schauster 94/10
wisch, Schelp- 53/65
Wisch'schen Stücken, Pur 56/(187)
wisch, Scheper- 4/6, 31/5, 77/71, 94/20, 100/3, 101/28, 105/28
Wisch, Scheper 73/(87)
wisch, Schiben- 93/47
Wisch, Schmädgens 87/(68)
wisch, Schnibbel- 55/25
wisch, Schol- 21/14, 80/43
wisch, Schulten- 11/3, 14/9, 21/13, 36/22, 40/46, 41/61, 42/15, 45/(12), 48/77, 52/19, 61/22, 63/63, 67/50, 69/72, 70/79, 71/12, 75/91, 76/27, 78/63, 79/114, 80/41, 83/4, 87/35, 90/16, 91/8, 95/34, 104/20, 105/35
Wisch, Schultzen 73/(129), 76/27
wisch, Schultzen Holtz- 16/(64)
Wischs, Grau 32/41
wisch, Smä(d)- 31/1, 86/1, 95/49
Wisch, Smal 86/3
wisch, Smitt- 30/31
wisch, Snippel- 55/25
wisch, Soehl- 94/38
wisch, Soel- 94/38
wisch, Soelen- 90/23
wisch, Stadtknechtes 1/(63)
wisch, Stämmen- 47/43
wisch, Stau- 3/36
wisch, Steen- 95/46
Wisch, Stemm 92/12
Wisch, Stert 3/19
wisch, Stiert- 3/19
wisch, Stökamps- 89/8
wisch, Stouer- 1/121
Wisch, Strangs 23/55
wisch, Strich- 36/21, 70/78, 71/11
wisch, Striem- 15/10
wisch, Stroh- 77/74
wisch, Stubben- 55/(29)
Wischstücken 95/(171), 99/4
Wisch Stücken 96/(66), 99/4
Wisch-Stücken 99/4
wisch, Suden- 57/59, 57/71
Wisch, Sump 88/(5)
Wisch, Swart 43/5, 44/3
wisch, Swiens- 1/113
wisch, Teigel- 52/12
wisch, Ternosen- 1/114
wisch, Timpen- 75/147
wisch, Trien- 14/(107)
Wisch, Vöddelst 80/6, 93/81
wisch, Vör- 95/19
Wisch, vorderste 19/27
Wisch, Vörrelst 40/42
Wisch, Vörrerst 27/32
Wisch, Vorr(e)st 19/27
wisch, Wäden- 51/62
wisch, Wald- 102/46
wisch, Wasch- 47/88
Wisch, Wendisch 63/70
wisch, Wenn- 25/62
wisch, Wienken- 11/(37)
wisch, Witwen- 51/61
Wisch, Woest- 61/(86)
wisch, Zägen- 30/45
wisch, Zienken- 64/8
wisch, Zuden- 52/15
Wise, Achter 17/(55)
Wiese, Bremers 26/(12)
Wise, Elln 14/(55)
Wise, Fehr Bargs 17/(71)
Wise, Heinckel 14/(68)
Wise, Hinster Göhren 17/(80)
Wise, Holtz 12/35
Wise, Immen 14/(74)
Wise, Krogmans 12/(58)
Wisen, Ellen 17/(69)
Wise, Nerderste 17/(86)
Wisen, Forderste 17/(73)
Wisen, Hof 14/(70)
Wise, Radt 12/(71)
wiser, Hand- 63/36
Wise, Schäfer 12/(136)
Wise, Sten 17/(99)
Wise, Stub 12/(140)
Wise, Trien 14/(107)
Wise, Wap 14/108
wiske, Kulmolen 1/(54)
Wiskerbarg 48/17
wisk, koster 41/68
Wismarischen Wege 41/(141)
Wisocken Berg 57/(108)
Wiße, Brüg 44/92
Wiße, Coster 44/82
wiße, Fohrt- 16/(40)
Wiße, Frey 42/(115)
Wißelsbohck 56/(112)
wissen Camp, Hinter- 80/2
Wißen, Hienen 17/(79)
wiße, Rade- 16/(60)
Wiße, runde 12/(135)
wiße, Specken- 16/(65)
Wiße, Stem 17/(98)
wiß, Mihl- 73/67
wiß-Stücken, Miehl- 73/67
Wis-Stücken 99/4
Witbruck 81/(77)
Witgler 67/(149)
Witgrafe 58/(58)
Witt Barg 35/37
Witt Caveln 99/(56)
Witt Cavel Stücken 99/(56)
witte Balß 77/(139)
witte berck 21/32
Witte Berg 21/32

Witte Mohr 71/78
Witte Mor 24/(6)
Wittenbaltz 77/(139)
Wittenbalze 77/(139)
Witten Barg 24/11, 52/84, 73/13
Witten Barge 62/(173)
Wittenberge 21/32, 30/(141)
Witten Berge 24/11
Wittenberger Camp 7/(66)
Witten Camp 49/12
Witten Hus 93/20
Wittenkamp 49/12
Witten Kamp 49/12
Witten Koppel 89/(79)
Witten Maur 71/78
Witten Mohr 30/(142)
Witten Mor 24/(6)
Witten Sandbarg 49/34
witten Sande 27/55
Witten Sande 20/20
Witten Sann' 20/20
Witten Wulf 62/(174)
Witten Wulfe 62/(174)
Witt Feld 35/30
Wittgelehr 67/(149)
Witt Graben 53/49
Witti(n)g 3/52
Wittkamp 49/12
Witt Maur 48/33
Witt Mour 1/144
Witt Öwer 1/134, 13/78, 79/106
Witt Pierd 34/20, 36/1
Witt Sand 27/55, 42/96
Witt Schneis 29/20
Wittstenhorst 75/(203)
Witwenwisch 51/61
Witt Ziesterbarg 51/5
Witzahm 75/(22)
Witzahn 75/(22)
Witzahnschen Wiesen 75/23
Witzien 67/(150)
Witziensche Kolk 75/(39)
Witzihn 67/(150)
Witzin 71/49, 77/35
Witzinen 71/49
Witziner Moor 77/36
Woabylische Teich 82/(3)
Wöbbeliner Koppel 76/49
Wö(d)e 2/47
Woest-Wisch 61/(86)
Wohlandt 2/25
Wohld 88/6, 89/1
Wohldhost 81/62
Wohlgast-Wiese 54/(49)
Wohlhorst 81/62
Wohl-Koppel, große 89/2
Wohlthorst 81/62
Wöhrde Koppel 84/(44)
wohrden Sandberg, Acker- 84/(18)
wohrerkoppel, Holt- 28/14
Wohrt 23/(103)
Wohrten 96/14
Wöhrten 55/(12)
wohrte, Pfarr- 95/(145)
Wolfe Kulen 89/(80)
Wolfsbruch 64/49
Wolfskuhl 74/(27)
Wollenweber Ohrt 1/(73)
Wollen-Webers-Ort 1/(73)
Wollweber Ort 1/(73)
Wollwiese 97/(100)
Wollwische 97/(100)
Wolt Horst 81/62
Woold 88/6, 89/1
Woold Schlag 89/2
Wöpliener Barg 76/(105)
Wörden 96/14
Worenbarg 5/21
Worloß Mohr 2/37
Wormhost 30/21
Wort 76/(106)
Wörtelhoev 78/23
Wörtelhoew 78/23
Worten 66/(86)
Wörten, sieve 6/(5)
Worth 77/(140), 78/(100)
worthe, Pfarr- 95/(145)
Wort Wiesen 59/(96)
Wösten Camp, Groht 63/(117)
Wösten Camp, Grot 63/(117)
Wösten Camp, Klein 63/(132)
Wösten Camp, Lütt 63/(132)
Wöste Wiese 51/(106)
Wöst, Hopen 76/(75)
Wöstroh 77/(50)
Wot Kuhl 74/13
Wou(d) 30/54
Wour, Hoh' 32/35
Wowastrong 104/(35)
Wowastrow 104/(35)
Wrengen 71/(176)
Wrieten Horst, Köster 64/87
Wrietenhost, Köster 64/87
Wrieth Stücken 45/(108)
wriet, Kloeter- 74/74
Wriht Söllen 81/(177)
Wrohßien 12/(16), 73/1
wüesten Hoefe 64/(196)
Wuhrd 106/(60)
Wuhsten Wiese 77/(46)
Wulfe, Witten 62/(174)
Wulffs Berg 57/(109)
Wulfsbrauk 64/49
Wulfsbruch 64/49
Wulfs Büschen 80/(25)
Wulfshorst 79/14
Wulfs Horst 42/8, 79/14
Wulfshorst, Grosse 79/14
Wulfshorst, Kleine 79/10
Wulfshost 30/29
Wulfshost, Grot 79/14
Wulfshost, Lütt 79/10
Wulfs Kamp 12/(141)
Wulfs Kolck Wiesen 68/15
Wulfskuhl 9/26, 27/28, 28/24
Wulfs Kuhl 27/28
Wulfskuhlen 9/26
Wulfs Ohrt 7/(67)
Wulf, Witten 62/(174)
Wullenweber ohrt 1/(73)
Wull Winckel 103/(140)
Wulsbarg 52/5
Wußmerberck 40/(54)
Wüste-Camp, Große 63/(117)

Wüste-Camp, Kleine 63/(132)
wüsten Busch 41/(142)
Wüstenhäfen 32/(57)
wüsten Hufen Cavel 11/(48), 12/3
Wüste Wiese 76/(107)
wüst Feldmarck Plaßkow 17/50

Z

Zaarts Wische 55/(9)
Zabramsmaur 52/58
Zackelon 14/36
Zaegen Berg, beym 75/(137)
Zaegen Horst, Grot 42/(67)
Zaegen Horst, Lütt 42/(65)
Zaegen Ohrt 44/95
Zagel Mohr 67/2
Zägenbom 51/55, 52/83
Zägendamm 21/23
Zägenkamp 13/54, 15/52
Zägenkavel 69/42
Zägenmour 79/26
Zägen Ohrt 68/178
Zägenuhrt 44/95, 66/50
Zägenwei(d) 75/146
Zägen Wießen 93/(45)
Zägenwisch 30/45
Zahl, Rott 46/21
zähnkuhl, Strick- 63/(170)
Zahnwittwiese 74/11
Zahren 62/(54)
Zahren Becke 62/71
Zahren Wiese 55/(9)
Zahrgreven 55/(28)
Zanders Cämpen 66/(87)
Zapelschen Fohrt 48/56
Zappel 13/22
Zappelkamp 48/56, 71/7
Zappelwiesen 71/(2)
Zare Wehsel Heide 78/80
Zarlang 48/61
Zarn 62/(54)
Zarnbäk 63/44
Zarnbrug Wiese 75/(117)
Zarndes strohm 12/(27), 44/(33)
Zarner Kölke 72/(116)
Zarnitzer Kölcke 72/(116)
Zarns 72/(56)
Zarnsche Förde 72/(54)
Zarnsche Kölcke 72/(116)
Zarns-Dickt 72/(55)
Zarnser Ford 72/(54)
Zarnsförde 72/(54)
Zarns-Horst 72/(56)
Zarrenbusch 55/(74)
Zarren Kreutz 78/(101)
Zarrens 72/(56)
Zarrenzin 71/17
Zarrenzin-Wiese 71/17
Zarroff 85/7
Zartensche Mohr 50/(37), 51/1
Zartenstrohm 12/(27), 44/(33)
Zarten Strohm 12/(27), 44/(33)
Zarten strom 12/(27), 44/(33)
Zaß 67/66, 68/16
Zatt(er)hof 85/7
Zaukelshürn 52/40
Zauken 52/50
Zeege 1/(162)
Zeek 39/13, 51/41, 53/23
Zegen Caveln 69/42
Zegendorper Grund 102/(5)
Zegen Kabeln 69/42
Zegen Orth 68/(178)
Zegenstädter Forth 70/(186)
Zegen Uhr 71/(111)
Zegen Wiese 93/(45)
zehg, Hoop- 77/13
zehg Wiesen, Hoop- 77/10
10 Ruhten Berg 95/(173)
10 Stücken Wiese 85/(73)
Zehntacker 65/(162)
Zehnt Acker 65/(162)
Zencken Camp 67/(151)
Zerrahn Brücke 1/92
Zerran Brücke 1/92
Zicken 56/(215)
Zideliz 73/(132)
Ziecken 56/(215)
Ziefer 13/76
Ziegelberg 13/19
Ziegelei 1/124
Ziegeley 1/124
Ziegel Hof, oben auf den 27/(97)
Ziegel Hof, unten auf den 27/(97)
Ziegel-Koppel 107/(47)
Ziegel Kuhle 86/39
Ziegel Kuhlen 93/(4)
Ziegel-Mohr 68/(176)
Ziegel Moor 1/146
Ziegelscheune 1/124
Ziegel-Scheune 68/(177)
Ziegelscheunen 1/124
Ziegelscheure 1/124
Ziegel Wege 73/(133)
Ziegenberg, beym 75/(137)
Ziegen Camp 13/54, 16/(68)
Ziegenkamp 13/54
Ziegenkoppel 16/(68)
Ziegen Mohr 79/26
Ziegenmoor 79/26
Ziegenmoorberge 79/(28)
Ziegen Ohrt 68/(178)
Ziegen Ort 68/(178)
Ziegen Orth 66/50
Ziegenwische 93/(45)
Ziegenwischen 93/(45)
Ziehlannen 70/(37)
Ziehms Keller 96/(67)
Ziehster Kamp 78/69
Zielange Wiesen 70/(37)
Zielanzhee(d) 52/61
Zieles 67/(137)
Zielesken 17/41
Zielis 69/84
Zielisch 53/29
Zielisken 17/41
Zielist 65/33
Zielistraun 69/57
Zielistraun, vör 69/56

Zielits 38/23
Zielitz 16/5, 17/41, 30/(133), 38/23, 41/49, 45/32, 52/46, 53/29, 69/84, 71/50, 101/43, 103/12
Zielitzen 70/(179)
Zielitzen, großen 71/50
Zielitzen Kamp 62/(175)
Zielitzer Busch 101/(84)
Zielitzer Hof 66/23, 70/(187)
Zielitzer Holtz, agter 70/(180)
Zielitzer Weg 66/24
Zielitz, Kurtzen 103/(85)
Zielitzstück 38/23
Zieliz, Kurzen 103/(85)
Zieliz, Langen 103/12
Zielkamp 71/76
Ziels 18/34
Zielsten Kamp 62/(175)
Ziemenstück 23/(98)
Zien 47/26
Zienkenwisch 64/8
Zienschen Hofen 47/26
Ziepen 33/25
Zierackenbarg 43/27
Zierackenberg 43/27
Zieracken Kavel 43/58
Zierack Kavel 43/58
Zierken 14/19, 71/47
Zierken Dannen 14/19
Zierken Wiese 64/8
Zierock 71/47
Zierz 40/10
Zierzer Maur 40/10
Zieserkamp 78/69
Ziest 51/(3), 78/69
Ziesterbarg, Düster 51/4
Ziesterbarg, Witt 51/5
Ziester Berg 51/5
Ziestercamp 51/(6)
Ziester Ohrt 67/56
Ziester Wiesen 78/73
Ziester Wischen 78/73
Zietlietz 101/43
Zietlietzer Stücken 101/(85)
Zietlitz 30/(133), 48/(149), 65/33, 67/(137), 73/(132)
Zietlitzberge 77/87
zietlitz, Fanx- 48/67
Zietlitzen 45/32
Zietlitzer Berge 77/87
Zietlitzer Häfen 30/(143)
Zilisstück 30/(133)
Zilitzen Höfen 30/(143)
Ziliz 101/43
Zimlancken 70/(178)
Zingel 22/36
Zingels-Kamp 76/(99)
Zintsen Berg 59/(97)
Zirker Barg 27/18
Zirock 71/47
Zirs 41/35
Zislow 58/8, 59/1
Ziten 56/(216)
Zitlitz 65/33, 73/(132)
Zitlitzer Berge 77/87
Zitlitzer Busch 66/23
Zitlitzer Holz 70/(180)
Zittians Kamp 76/(108)
Zittlitzer Holtz 70/(180)
Zoehring 103/66
Zoll-Camp 57/(110)
Zolldiek 86/38
Zollen 24/21
Zollkavel 5/24
Zollkoppel 5/41, 17/9
Zollstangen 22/21
Zollwiese 57/(85)
Zöpen 48/66
Zöpens Camp 67/(152)
Zorlank 48/61
Zornsbäk 62/71
Zuckeldamm 79/78
Zuckergarten 79/75
Zuckerhaut 103/68
Zuckerhoew 79/75
Zuckerhöfe 79/75
Zuckerhofen 79/75
Zudenslag 53/69
Zudenwisch 52/15
Zuel 69/89
Zuel Barg 69/(140)
Zuelcken Barg 69/(140)
Zugaben 20/33
Zuhl 69/89
Zühl 69/89
zunge, Ochsen- 11/(67)
Zuschlag 54/5
zuschlag, Eichen- 1/66
Zuschlag, Horster 94/6
Zuschlag, Tannen 83/12
Zuschlag, Vierer 107/(45)
Zwälken-Barg 80/4
Zwänck Hägen 61/(87)
Zwantz Fiet 27/16
Zwee Breden 20/(68)
Zween Breden 10/23, 10/25
Zween Breden, Kleinen 20/(49)
Zween Stücken 63/(185)
Zweer Koppel 49/(65)
Zweibreitsches Stück 10/23
2. Rietweg 69/39
Zwenck Hägen 61/(87)
zwey Breiten 10/25
zweybreitsche Wiese 10/25
zwey Möhren 61/(88)
zwischen den Rieden 14/26
zwischen den Wegen 14/(111), 28/(59), 85/(74)
Zwischen Langen Heide 23/(104)
zwischen Rieden 14/26
zwischen Wegen 14/(111)
Zwissenfort 52/66
Zwiß-Grothorst 52/4
Zwißheck 52/2
Zwißkolk 52/9
Zwölkenbarg 80/4
Zwoul 52/20
Zwoulschen Brok 52/7

Personennamen
(Familiennamen)

Die Zahlen beziehen sich auf die Nummern der Orte nach der fortlaufenden Reihenfolge ihrer Behandlung (vgl. Teil I, S. XV–XVII). Das Register enthält nicht die in Flurnamen enthaltenen Personennamen.

A

Aarens 57
Adeler 68
Adelpohl 12
Ahlefeld, von 62
Ahrend 33
Ahrendt 30, (3 ×), 33, 93 (2 ×)
Ahrenß 64, 78, 83 (2 ×)
Ahrent 28, 83
Ahrns 12 (2 ×)
Albrecht 1 (3 ×), 19 (3 ×), 22, 48, 62, 68
Arend 56, 79 (2 ×)
Arends 83 (2 ×)
Arendt 93 (2 ×)
Arenk 61
Arenke 57 (2 ×)
Arenß 45
Arndt 1, 79, 83 (2 ×)
Arneke 57
Arnndt 83
Aveman 95

B

Baack 62 (2 ×)
Bachmeyer 65 (2 ×)
Back 38 (2 ×)
Backe 25, 29, 38 (2 ×)
Bäckman 93
Bade 15 (2 ×), 20, 23, 25, 63
Baguhn 90 (3 ×)
Bahlken 7
Bahreke 59, 67
Bahrke 67
Bahrs 66
Bake 22, 29, 38 (5 ×), 40
Balcke 13, 17 (2 ×), 25 (2 ×), 77
Balecke 20
Baleke 17 (3 ×), 19 (2 ×), 20, 21 (2 ×)
Balyke 22
Bancke 66
Bandtke 78
Bannöhr 56, 58 (2 ×)
Bannor 71
Bannühr 71
Bantz 41
Bantzen 45 (2 ×)
Barcke 59
Barg 16, 43
Barndes 22
Barnekow, von 23
Barnin 68
Bars 7
Barteldt 81
Bartels 33
Bartelt 81 (3 ×)
Bartheldt 81 (2 ×)
Bartheldt(s) 81 (2 ×)
Bartholdt 33
Bartolt 81 (2 ×)
Basow 60
Bäßmann 12 (2 ×)
Bastian 1
Bäte 73
Bätgke 42
Bätke 63
Becker 1, 5, 12 (4 ×), 15 (3 ×), 16 (2 ×), 17 (4 ×), 26, 27, 36 (4 ×), 43 (3 ×), 44 (2 ×), 45 (2 ×), 46, 54 (3 ×), 68, 74, 75, 86
Beckers 54
Beckman 55, 93
Beckmann 58
Beecker 12, 16 (2 ×), 17 (2 ×), 27 (2 ×)
Beeckers 44
Beeckmann 103 (2 ×)
Behre 51
Behrend(en) 36
Behrens 36, 43, 56
Behrmann 81
Behtje 30
Behtke 73 (3 ×)
Beker 22
Bekker(s) 15
Belitz 71 (2 ×)
Belzer 22 (2 ×)
Bencke 73
Benedix 25
Beneur 54
Benke 73
Bennin 62
Benohr 60
Benöhr 55 (2 ×), 71
Bensche 9
Benthake 19
Berch 43 (2 ×)
Berendt 52, 56 (3 ×), 81, 82
Berens 56 (2 ×)
Berenß 52
Berg 16, 43
Bergman 98
Berling 47
Berman 66
Berndes 52
Berndeß 52 (2 ×)
Berndt 53 (5 ×), 56
Bernien 68
Bernndt 81, 83
Betcke 26
Bethje 30
Bethke 73

Betke 42, 69, 77
Bettcke 30
Beuch 67
Beuche 52, 66
Beuerstorf 102
Beug 62 (2 ×)
Bezengel 76
Biel 3
Biell 91
Blanck 62 (2 ×)
Blancke 47, 63 (2 ×)
Blanke 48, 56, 63, 68
Bliesche 36
Blieske 36
Bließke 55
Blische 36 (2 ×)
Blisecke 36
Block 71
Blome 87
Blomhe 1
Blücher 61, 62
Bluet 7
Blum 56
Blunck 86 (2 ×)
Blyßke 38
Boas 57
Bochin 1, 44, 93
Bochinen 89
Bock 81 (2 ×), 83 (3 ×)
Boddicher 71
Böddicher 71
Bodtefeur 46
Bödter 65
Boekman 90
Boelitz 69
Boelze 55
Boetefüer 77
Böhl 38 (2 ×)
Böhlers 71
Bohreß 63
Bohtling 96
Boitefur 45
Bokeler 65 (2 ×)
Bolcke 91
Bold 43
Boldt 56
Bolitz 67 (2 ×)
Bölitz 63
Bölitze 63, 67
Boliz 68
Bollau 81
Bollbrügge 1/(187)
Bolt 43
Bonarten 41
Borchard 97
Borchardt 46, 70
Borcherdt 71, 103
Borcherdth 25
Borchert 1, 25, 70, 97 (4×), 103 (2×)
Borcherth 103 (2 ×)
Bores 63
Borger 47, 63 (2 ×)
Börger 63, 69 (2 ×)
Bornhöfet 65
Borse 57
Borß 68
Bosel, (v.) 92, 105
Bosiege 70 (3 ×)
Boße 95
Bötefüer 80 (2 ×)
Böteführ 80 (2 ×)
Böttcher 71
Bötticher 15
Boye 36
Boythin 90
Brahm 17, 29, 42, 60
Brahme 60
Bram 22 (2 ×), 35 B
Brame 29
Brammert 81
Brande(sche) 1
Brandt 46, 65 (19x), 66 (3x), 67 (3x), 68 (4x), 82, 85 (2x)
Brandt(en) 65
Brandtman 36
Brandtmann 36
Braneke 42
Brann 75
Brauch 21, 36
Brauche 19 (2x), 21(2x)
Brauchen 21
Brawß 77
Brawßen 69
Bredefeldt 71(2x)
Bredfelt 71(3x)
Bredöl 22
Bredol 22
Brehmer 26
Bremer 9 (2 ×), 12, 13 (3 ×), 43 (2 ×), 61, 83
Brendeke 43, 103
Brendke 95, 97, 103 (2 ×), 104
Brendtke 103
Brenneke 43 (2×)
Brennig 103
Brenningk 103
Brill 90
Bringman 68
Brockmöller 53
Bröder 65
Brodt 36
Brohk 93
Broiel 80
Broock 13
Broth 79
Brous 74
Broutze 74
Browche 20
Bruen 99
Bruening 70
Bruhn 97 (2 ×)
Bruhne 40
Brühningk 93
Bruhnstaede 32
Brum 47 (2 ×), 48, 64, 65 (3 ×), 68 (6 ×)
Brumm 61, 74
Brumme 47 (3 ×), 63 (2 ×), 65 (5 ×), 68 (2 ×)
Brummeke 12
Brun 1, 40, 41, 47, 68 (2 ×)
Brune 41
Bruneke 13
Brüneke 10 (3 ×)
Brüninck 12
Brüning 5, 6 (2 ×), 7 (2 ×), 12, 13 (4 ×), 70, 77 (2 ×), 85 (2 ×), 87 (3 ×), 95
Bruningk 1 (3 ×), 12, 24 (2 ×), 26 (2 ×), 29
Brüningk 4 (3 ×), 10, 26
Brünning 87
Brüß 5

Brüßow 86
Brutzow 3
Brüzow 4
Brygenyß 22
Buchholtz 3
Buchin 27, 42, 95
Büchman 90 (2 ×)
Buck 56, 80, 83 (3 ×)
Buckentin 67
Bueß 79, 81, 93
Buheman 1
Buhl 84
Bühring 64
Buhsekuhn 56
Buhske 65
Büllow 40
Bülow, von 57
Bulß 89/ (3 ×)
Bunders 17
Bunnießß 17
Büring 12
Burmeister 52, 58, 63 (2 ×), 99, 101
Busacke 51
Busacker 25 (2 ×), 39, 41, 42 (3 ×), 51
Busch 39, 47, 65, 67 (2 ×), 68, 79, 91 (2 ×)
Büsch 77 (2 ×)
Busche 41, 48, 65, 77 (3 ×), 78
Büsche 77, 79
Buscke 41, 48
Busecke 63
Buseke 48 (2 ×), 49, 63, 65, 67 (5 ×)
Buseken 48
Busekuhn 56
Buske 67
Buskew 67 (2 ×)
Buskuhl 42
Buß 79
Bußacker 39 (2 ×), 40, 42 (5 ×), 43 (2 ×)
Busse 53, 81
Buße 95, 102
Busse(n) 58
Bußke 63
Bußkuhl 41
Butt 26
Buttefur 77, 78

C

Caeckstein 101
Capelle 1
Carbin(er) 62, 64
Carmauß 30 (2 ×)
Carsten 81 (2 ×)
Carstien 51
Claßen 51
Claueke 59
Claus 52
Clausen 25
Clauß 97
Claweke 1
Clawes 83
Cliuath 1 (2 ×)
Clive(n) 74
Cluß 62
Cnap 41
Cofert 74
Colbow 83
Copatz 101
Cordes 96
Cordts 9
Cornels 35 A (2 ×)
Coß 74
Coße 69
Cramber 75
Crammaus 30, 31
Crammin 23
Cratze 1
Crüger 105 (2 ×)
Crützedorp 25
Cusel 74 (2 ×)

D

Daase 12
Däbeler 48 (2 ×)
Dabelstein 70
Daese 95
Dahle 65
Dähling 2
Dahß 28
Dalenbergk 81
Danckhwardt 53
Danehle 57
Dannen 75
Dargeslav, (von), 87, 90, 94, 105
Dase 104
Daske 39
Daße 36, 101
Daucke 62
Dauwke 61 (2 ×)
Desmer 22
Deßem 12
Deters 67
Detert 1
Diehn 9 (2 ×), 44 (2 ×), 79
Diehn(s) 44
Dien 43 (2 ×), 68 (2 ×), 69 (3 ×), 80
Diene 12, 44 (2 ×)
Dihn 44
Dihne 68 (3 ×)
Dinges 9 (3 ×)
Dings 3 (3 ×)
Dinnies 3 (3 ×)
Dithmar 1
Dithmer 41, 73
Ditmar 48
Ditmer 48, 74, 96
Dittel 3
Ditten, von 82, 88, 89, 90, 91, 95
Doddin 68
Dohrman 95
Dorman 102
Douel 85
Douell 1
Dovell 85
Doweke 61 (2 ×)
Drebo 22
Dreckman 52
Drefiede 12
Drenckhan 65 (2 ×), 68
Drepenycht 22
Dreveß 56
Drewes 55 (4 ×), 56 (3 ×), 36, 38, 93
Dreyer 1 (2 ×), 5, 22, 60
Drieße 41
Drost 22

Dryer 22 (2 ×)
Dryse 44
Dube 48
Dude 69, 71
Düde 44, 71 (3 ×)
Düede 71
Düefell 12
Dufe 13
Dülcke 32
Dulleke 42
Duncker 68 (2 ×), 70, 85, 91
Dunker 73
Duve 13
Dyne 22

E

Ebell 1, 19, 81
Eckhof 20
Eckhoff 20, 21
Edeling(s) 44
Efert 105 (2 ×)
Eggerdt 53, 56 (3 ×)
Eggers 23
Eggerstete 91
Eggert 1 (2 ×), 19, 41, 56, 81 (3 ×), 83 (3 ×), 87
Eggerth 41
Eickhorst, von 87, 88, 105
Einkop 96
Eische 13
Elfers 67, 104
Elferß 63
Elfert 65 (4 ×), 67 (2 ×)
Ellerbrok 52
Eluer 65, 67 (5 ×), 68, 105
Elver 65 (2 ×), 67 (3 ×), 69 (2 ×)
Elvers 63
Estorff 12
Euerde(sche) 1
Euerdt 78 (2 ×)
Euerth 105
Evers 78
Evert 56, 78 (5 ×), 91, 105 (3 ×)

F

Fabel 22
Fabelke 19 (2 ×)
Faber 51
Farcklos 9
Fauteig 79
Fehland 16, 47 (2 ×), 65 (4x), 68 (2 ×)
Fehlandt 45, 47 (2 ×), 65, 68 (2 ×)
Fehren 14
Fehren, von 2
Fehrman 19, 21
Feilcke 83, 101
Feileke 103 (3x), 104, 105
Feilke 104
Fell 32
Fenrygk 22
Fentzahn 47 (2 ×), 67 (3 ×), 68 (2 ×)
Fentzan 47 (2 ×), 67 (4 ×) 68 (2 ×)
Fentzmar 89
Ferchlatze 22
Ferchlaze 22 (2 ×)
Ferckłaß 12
Fernygke 22
Feylcke 103
Feylke 104
Fhe 7
Fick 9, 66 (2 ×)
Ficke 56
Fischer 96
Fleißener 103
Fleißner 105
Fleßhendorpe 22
Fohs 74
Fohy 7
Foileke 1
Folmer 12
Fölsche 12
Fos 22
Foß 65, 93
Fowte 79
Fowteke 1
Fraaß 16, 17
Frahm 1, 52
Frahme 52, 89
Framheim 12
Framke 17 (2 ×)
Franck 5, 9, 102
Francke 1, 2, 5, 12 (4 ×), 14, 16, 17, 19 (4 ×), 25, 26, 32, 43 (2 ×), 73, 78, 79, 80 (2 ×), 81
Francke(sche) 1 (2 ×)
Franke 78
Franken 80
Frantzose 23
Frarck 38
Frareke 36 (2 ×)
Fraß 16
Fratze 16
Frederich 36 (2 ×), 42, 57, 63 (3 ×), 68
Fredrich 63 (2 ×), 68
Freese 77 (2 ×), 81
Freeß 12
Freiman 68
Frese 35 (2 ×), 77 (3 ×), 80 (2 ×)
Fresen 21
Freße 77 (2 ×)
Freßeke 78 (2 ×)
Freßke 77
Freundt 12, 14 (2 ×), 43, 44 (2 ×)
Freyman 63 (2 ×), 83
Freytag 9, 80
Friedrich 67
Friehl 38
Friehle 38, 40 (2 ×)
Friel 55
Friele 53, 55 (2 ×), 68
Frieman 46, 63 (2 ×), 67 (3 ×), 68, 70 (2 ×)
Friesen 24
Frihl 61
Frile 38, 40 (2 ×), 41 (2 ×), 54 (3 ×)
Friman 67
Fritz 59
Froe 22
Frost 16
Fründ 73 (2 ×)
Fründt 44

Fryeman 63 (2 ×), 68
Fryle 61

G

Gabbeke 2 (2 ×)
Gade 1 (2 ×), 4, 19, 22 (5 ×), 29, 31, 35 A (2 ×), 35 B (2 ×), 41 (2 ×), 79
Gaetke 21
Gammelien 23
Ganse 68
Gansels 96
Gantzel 90
Gätke 56, 63 (3 ×), 65, 66, [67
Gatken 22
Gättcke 63 (4 ×)
Gatte 101
Gauert 41
Gävert 12
Gayke 22
Gebard 35 B
Geele 29
Gefe 52
Gefert 35 A, 69
Gehrow 53 (3 ×)
Geicke 101 (2 ×)
Geike 102
Geister 25, 27 (6 ×), 28, 42, 43
Gerck 97, 103 (2 ×)
Gercke 1, 97, 103 (2 ×)
Gercken 19
Gerckens 73
Gerdes 22
Gerdeß 22, 91
Gerdt 105
Gergens 22
Gerke 103
Gerkens 22 (2 ×), 38
Gerneke 56
Gerow 37
Gert 77
Gerth 78
Geryke 22
Geuert 1, 35 B
Gevert 76
Gevertt 76
Ghiße 102
Giese 83, 86, 90, 101
Gilbrecht 96
Gildemeister 95 (3 ×)
Gineke 68, 70
Gise 103
Giße 1
Gleimeke 10 (3 ×), 12
Gode 1 (2 ×)
Göde 22
Gode(sche) 22
Godke 36
Godtschow 1 (2 ×)
Goeß 93
Goetke 40, 63 (2 ×)
Göetke 104
Gohtan 95 (2 ×)
Görgen 22
Gorck 41 (2 ×)
Gorcke 48
Görges 44
Goßkauw 32
Goßkauwen 32
Gostike 102
Gotcke 36
Gotham 28 (2 ×)
Gothan 30, 87, 89
Gotke 104 (2 ×)
Gottans 17
Gotthanen 89
Gowche 41
Gowhe 1 (2 ×)
Graaf 7, 9
Grabbert 67
Grabow 38
Gracke 70 (6 ×)
Grake 66, 67
Grantz 1, 1/154
Graßmeyer 26 (3 ×), 28
Graßmeyer(s) 28
Graucke 66
Grauwert 45 (2 ×)
Graweke 41 (3 ×), 66 (2 ×), 70 (2 ×), 77
Grawert 66
Grawicke 70
Grawke 46
Grawke(n) 73
Grebbin 93 (2 ×)
Greell 69
Gref 57
Grell 46, 69
Grelle 46 (2 ×)
Grev 55
Greve 56, 60
Griese 55, 87
Grieße 56
Grimme 12
Grimmer 85
Grise 41
Gröhnwalt 17
Grohten 32
Gronewaldt 77
Gronewoldt 5
Gronewolt 5
Gronhe 1 (2 ×)
Gronhewoldt 1
Grönwoldt 95
Grote 32, 36 (2 ×), 45, 48 (2 ×), 59, 83 (2 ×)
Grouvekenn 66
Growke 67
Gruend 20
Gruendes 35 B
Grundeßhagen 86
Grunhe 1
Grünewalt 95
Grünewold 90
Grünwalt 95 (2 ×)
Grüthmaker 56
Grützmacher 56
Gryse 1
Güelke 102
Guhl 93
Gülcke 83 (2 ×), 90
Guleke 104 (2 ×)
Gulicke 83
Günter 56 (2 ×)
Gurck 12 (2 ×)
Gurcke 41
Güßmer 65
Gutam 28
Guthan 68 (2 ×), 87
Guthanen 89
Guthann 17, 27 (2 ×)
Gutthan 89
Gutthan(s) 89
Gws 22
Gynaph 1

H

Haack 7
Haacker 99
Haban 59, 61 (3 ×), 68 (4 ×)
Habandt 59, 68
Habant 68
Habe 52
Hacke 46
Hacker 99 (2 ×)
Haecker(s) 99
Haese 66
Hafemann 74
Haferhintze 58
Hafer Hintze 58
Hagelstein 89, 91 (3 ×)
Hagelsteinn 83
Hagen 27 (2 ×), 38, 41, 44, 48 (4 ×), 53, 54, 55 (9 ×), 56 (9 ×), 59, 75
Hahn, v. 102
Hake 1, 46
Hammeldorf 60
Hane 22
Haneke 6, 43 (3 ×), 48, 70 (3 ×)
Hanicke 102
Hann 12/11, 13, 26 (2 ×)
Hanne 12, 25 (2 ×), 26 (7 ×), 32, 44
Hanniesche 33 (2 ×), 35 A
Hannieske 23
Hann(ische) 18
Hanow 77
Hans 54
Hanß 35A
Hanyke 22
Harde 93 (2 ×)
Hardeloff 65 (2 ×)
Hardenagke 22
Harder 96
Härder 93
Hardloff 77 (6 ×), 78 (2 ×)
Harlof 77, 79 (2 ×), 85, 86, 105
Harloff 74, 77 (4 ×), 78, 79
Harmst 87
Hartig 52
Hase 53 (2 ×), 56 (2 ×), 57, 105
Haße 81, 91, 102
Hasselman 1
Haveman 66, 79 (5 ×)
Hecht 75, 83 (5 ×)
Hechtt 83
Heidman 64
Heimbek 42
Hein 23
Heineke 26, 27, 38 (5 ×), 41, 42 (2 ×)
Heinke 45, 47
Heintze 23
Heiße 1, 7
Heitge 38
Heitman 38, 105 (2 ×)
Hencke 19, 47
Henke 77
Hennecke 64
Henneke 25
Henninck 25 (3 ×)
Henning 25 (3 ×), 64, 70, 74 (2 ×), 77
Henningk 28, 74
Hermeß 36
Heuwer 67
Heydeman 64
Heydemann 36
Heydtman 105 (2 ×)
Hildebrand 83
Hillbrand 95
Hillebrandt 95
Hinrich 1, 90
Hinrick 1 (2 ×)
Hintz 67
Hintze 12 (2 ×), 23, 35 A, 58 (4 ×), 59, 63, 67, 73, 81 (3 ×), 83 (2 ×), 90, 105
Hintz(sche) 12
Hobe 97
Höcker 78
Hofe 32
Hofman 35 A
Höken 46 (2 ×)
Holst 17, 68 (2 ×), 70, 95
Holste 36
Holstein, v. 64
Holtz 70
Hombke 70 (2 ×)
Homcke 74, 76 (2 ×)
Homcken 76
Honicke 70 (3 ×)
Horstman 52 (2 ×)
Horstmann 28
Hotche 68
Houwer 12
Hower 7
Hövelman 43
Huesch 62 (2 ×)
Hugk 1
Hundt(en) 67
Hun(sche) 1
Hupperand 33 (2 ×)
Hytzke, von 94

I

Ide 66, 102
Ihde 77
Imme 1 (2 ×)
Isebarn 43, 68 (9 ×), 70 (7 ×), 77 (2 ×)
Isebein 78, 81, 90
Isebeinn 78
Iseben 1
Isebern 65, 68 (2 ×)
Iseberner 66 (2 ×)
Iserloht 62
Ißbein 81, 95
Ißebeinn 83
Iven 81

J

Jabelheitt 66 (3 ×)
Jabes 98
Jacob 9, 13, 15, 17 (4 ×), 21, 53 (2 ×)
Jahlers 59 (2 ×)
Jahn, v. d. 86, 87, 88
Jahnck 30
Jalaß 73 (2 ×), 83
Jalasse 73 (2 ×)
Jalatz 46, 60 (2 ×), 61, 68 (2 ×), 73

Jalatze 31 (2 ×), 56, 59 (2 ×)
Jalaze 33
Jalis 68 (3 ×), 70 (2 ×)
Jalitz 46, 59 (4 ×), 68
Jalitze 59 (2 ×), 61
Jancke 25, 52, 93
Jancken 25
Jandt 71
Janecke 36 (4 ×), 51 (2 ×)
Janeke 1 (2 ×), 12 (2 ×), 26, 36 (6 ×), 38, 40 (3 ×), 43 (11 ×), 47 (3 ×), 52 (2 ×), 56 (6 ×), 63
Janeken 36, 40 (2 ×), 43
Jante 40 (2 ×), 48 (2 ×)
Jantie 71
Jantje 71
Jantke 39, 48, 53 (2 ×), 71
Jan(t)ke 71
Jarmer 73 (4 ×)
Jarnatz 81 (2 ×)
Järneke 58
Jasteram 12, 17
Jastram 3 (8 ×), 5, 7, 9, 10 (5 ×), 12, 13, 14, 17 (4 ×), 25 (2 ×)
Jätke 104
Jätte 104
Jauch 63
Jauche 30 (4 ×), 48, 63
Jauert 32
Jauwert 40, 41, 45, 48
Jawerth 41
Jehrow 68
Jelatze 31, 33, 36
Jelaze 22 (2 ×)
Jelbrecht 10, 12 (3 ×)
Jencke 46, 68 (3 ×)
Jenckell 46
Jendrich 20
Jengell 97, 104 (2 ×), 105 (3 ×)
Jennerjahn 61
Jenscke 59
Jentzenick 54 (2 ×)
Jerau 53
Jeri(n)ck 56
Jeringk 41
Jerneke 41, 56
Jerow 68 (2 ×)
Jesse 41
Jeße 86 (2 ×)
Jeßell 43
Jesse(sche) 1
Jestrem 73
Jeve 60
Joche 41 (2 ×)
Jockan 71 (3 ×)
Jockann 78
Jocop 22 (2 ×)
Jokan 67 (4 ×)
Jorck 91
Jost 89
Jouche 24, 27, 67
Jouwert 32
Jouwerth 32
Jowerdt 41
Jowert 45, 48
Jowerth 1
Jüch 90
Jüech 97
Jüeche 97
Juege 90
Jungbloht 58
Jungbluet 30
Junge 12
Jupke 22
Jurgenn 1
Jürgens 42 (2 ×)
Jurges 27 (2 ×), 42
Jurgke 41
Jyneke 68 (2 ×)

K

Kaaß 57
Kaaste 57
Kaeckstein 101
Kaeß 56
Kafel 97
Kagest 56
Kahl 67 (2 ×)
Kahle 89
Kalaß 5, 83
Kalatz 6
Kalatze 73
Kalatz(en) 73
Kämp 62, 64
Kann 42
Kanne 30
Karckhof 87
Karmauß 15
Karße 70
Kasen 57
Kaße 68
Kastorp 83
Kätelhöhn 3
Kätelhöne 12
Kaucher 20, 31
Kauchert 20, 83
Kaurub 83
Kaurup 81, (83 (4 ×)
Kaurupp 81
Kawlitz 56
Kemp 79
Kenckel 42
Kenckell 27, 42 (4 ×)
Kerckhoff 68
Kerstendes 22
Kerstens 22, 81
Ketelhan 85, 87
Ketelhöen 14
Ketelhon 87
Ketelhone 85 (2 ×), 87
Ketelhöne 14
Kethellhoene 14
Ketlhone 87
Kettelbwter 22, 87
Ketz 58
Keude 51, 60, 64
Kieffe 93
Kiencke 48
Kirchhoff 66, 68
Kistenbrecher 86
Klaen 90 (3 ×), 96, 98, 103
Kläfeke 47, 56, 68
Klafke 56, 68 (2 ×), 70 (2 ×)
Klähne 67
Klamber 74
Klan 97
Klän 98
Klär(f)cke 39
Klaß 97
Klaueke 47, 56

Klauicke 85
Klauschinck 89
Klauwatze 19
Klauwschinke 89
Klauwschinken 89
Kleifuß 66
Kleinow 48
Kleinsorge 48, 51
Klementh 24, 41
Klemrow 103
Klenow, von 75
Klibe 74
Kliebe 74
Kliefath 93
Klimaß 22
Klinke 101 (4 ×)
Kliuathe 1
Kliuit 67
Kliuitt 66 (2 ×)
Klock 38
Klockau 97
Klockow 97
Kloeck 39
Kloek 38
Klöhn 90
Kloke 38 (2 ×), 46, 48 (2 ×), 65
Klopejogen 22
Klopesage 22
Kludt 81, 83, 105 (2 ×)
Klüfer 6
Klüß 41, 43, 70, 71 (2 ×)
Klüßdorf 41
Klüße 43, 68, 70 (2 ×) 71, 85, 86
Klüßendorf 25
Klüßke 43
Klut 74, 83
Kluth 74 (2 ×)
Klutt 74
Klutz 6, 43 (2 ×)
Klütz 69
Klutze 70 (2 ×), 85
Klützendorff 12, 80
Klüver 91 (3 ×)
Klwsliwe 22
Klwsloe 22
Klynschmyt 22
Knake 98 (2 ×), 104
Knape 41, 55
Knohp 89
Knop 62
Kocher 22
Kock 83 (3 ×), 95
Köckenhof 43
Koep 41
Koeßfeldt 12
Kogeler 1 (2 ×)
Kohlcke 19
Köhncke 79 (2 ×)
Köhne 3, 32
Koke 22
Kolbow 1 (2 ×), 83 (2 ×), 93 (2 ×)
Koldenagel 1
Köllen 38
Kolper 6
Koneke 46, 74 (2 ×)
Köneke 56, 74
Könicke 69
König 68
Konike 101
Konincke 74
Koningk 74
Kop 53
Kopas 95
Kopaß 22, 95, 98
Köpeke 12, 14, 28, 29 (2 ×)
Koper 85 (3 ×)
Köper 85
Kophke 73
Kopke 28, 29 (2 ×), 32, 33
Köpke 31, 36, 105
Köppe 51 (3 ×)
Kopp(e)low, v. 92, 93, 95, 102
Koppelow 103 (2 ×)
Kort Clausen 25
Korte 78
Korteclawes 25
Korter 96
Korthaß 83 (3 ×)
Korthe 78 (3 ×)
Korting 96
Korttenake 22
Koß 65, 66 (5 ×), 69, 70
Kosse 66, 69 (6 ×), 70
Koße 65, 66
Koßfelt 12
Koßmann 19
Köster 12
Kosteuell 1
Kotzsche 56
Koucher 20, 23, 31 (2 ×), 74 (2 ×)
Krambeer 74 (2 ×), 79 (7 ×), 87
Kramber 1, 3, 27, 79 (10 ×), 81
Kram(m)oß 31
Krammoutz 29
Kranß 62 (3 ×)
Krantz 61, 62, 66
Kratze 103
Kratzman 87
Kregken 22
Kreß 56
Krich 1
Krieman 4
Kriß 38
Krochaell 73
Kröchel 70, 75
Kröcher 73
Kroeger 87 (2 ×)
Kroep 46
Kroger 1, 5 (2 ×), 80, 91
Kröger 5 (4 ×), 95, 101
Krogman 12
Krogmann 25
Krop 46
Krope 45
Krosch 69, 70
Krosche 69
Kroschenn 69
Krowp 71
Krueger 87
Krüeger 12
Krüger 5 (2 ×), 64 (2 ×), 95 (2 ×), 96
Krull 6, 39 (4 ×), 59, 61 (4 ×), 81, 93 (2 ×)
Kruse 78 (4 ×), 93, 96
Krusendorff 16
Kruße 35 A, 78 (2 ×)
Kruthman 1
Krützendorf 16

Kühle 45
Külper 6
Külße 102
Kune 79
Kunhe 3 (2 ×)
Künne 3
Kunnhe 1
Kupfelth 12 (2 ×)
Kurrebuck 1
Kusel 74 (3 ×)
Kusell 74 (2 ×)
Kußell 6
Kwre 22
Kyß 38 (2 ×)

L

Lafrentz 60 (3 ×)
Lambrecht 12, 49 (2 ×), 62
Lanckhoff 105
Land 19 (2 ×)
Landow 83 (2 ×)
Lange 9, 46, 58, 68
Lange Hans 60
Läßman 12
Lauck 85 (2 ×), 96
Laucke 85 (3 ×), 99, 101
Laucke(n) 101
Laudahn 78 (2 ×)
Laudan 48, 63, 66, 67 (2 ×), 69 (8 ×), 78 (4 ×)
Laudann 69
Laurentze 60 (2 ×)
Lauß 36
Lauwke 101 (4 ×)
Lauwrentze 60, 67
Lawke 90 (2 ×)
Leist 20
Leiste 19 (2 ×), 20 (2 ×)
Leisten 19
Lembcke 74, 79 (2 ×), 90
Lembcken 28
Lembke 27, 28 (2 ×), 79, 80, 96, 105
Lemcke 75
Lemke 1
Lemmcke 93 (2 ×)
Lemmeke 27, 28 (4 ×)
Lendt 79 (8 ×)
Lente 79, 95 (3 ×), 97 (4 ×), 102
Lenthe 1
Lentte 97
Lepell 91
Leßeman 12
Leusath 17
Leutke 39, 40
Leutzate 20
Leverentz 60 (2 ×)
Lew 77
Lewpken 22 (2 ×)
Liencke 81 (2 ×)
Lilie 105
Lillie 103, 105
Lindenschmiedt 2
Lindenschmit 17
Linicke 81 (2 ×)
Lißе 22
Liwe 22
Lobbin 42
Lobien 23, 38 (2 ×)
Lobek 22
Lobß 75
Lock 96 (3 ×)
Locke 96
Loeßen 48
Loßen 48
Loudann 69 (6 ×)
Louke 85
Louwe 77 (2 ×)
Lowdann 69
Lowe 77
Lowke 1
Lowtze 77
Löwkemöller 46
Lubbeke 15 (2 ×)
Lübck 103
Lübcke 13, 89
Lübien 28
Lubin 38
Lubke 83 (6 ×)
Lübke 13, 66, 69 (2 ×), 83 (5 ×)
Lüblow 12
Lucke 41
Ludeke 1
Ludeman 12, 17, 43 (2 ×), 105
Lüdeman 14, 43 (2 ×), 90 (3 ×), 95, 105 (3 ×)
Ludemann 14
Lüdemann 3, 25, 43, 105
Lüder 90 (2 ×)
Lüdert 93
Lüdje 51
Lüdtke 29
Luedeman 14
Lüedeman 12
Lüedkens 19
Lues 36
Lüete 63
Luetke 21, 56 (2 ×)
Lüettcke 57
Lühtke 56
Lütcke 42, 55
Lüte 40
Lütekens 57
Lüten 45
Lütge 39 (2 ×), 40 (2 ×), 56
Lütge(n) 56 (2 ×)
Lütgens 59 (3 ×)
Lüthe 63
Luthke 1 (3 ×), 2 (3 ×)
Lütje 9 (2 ×), 41, 75, 76
Lütke 39 (3 ×), 45, 56 (5 ×), 57, 59 (4 ×), 68 (4 ×)
Lutke 5, 39 (3 ×), 40, 45 (4 ×), 48, 49, 57, 60, 63 (3 ×), 68 (3 ×), 70, 91
Lütken 48, 55
Lütte 76
Lutter 97
Lützow, von 87, 90, 94
Lwkas 22
Lwpke 22
Lwpken 22

M

Machell 29
Madaus 93 (4 ×)
Madauß 90, 99, 103 (2 ×)
Maddauß 93
Mäden 3
Mahnke 84

Malchau 67
Malcke 25
Maleke 1, 25, 73 (2 ×)
Mallin, von 102
Maltzann 102
Mancke 38
Mann 1 /(20), 28
Man(sche) 1
Marckwardt 7
Marckwert 42 (2 ×)
Marckwertt 42 (2 ×)
Marniz 9
Marquard 14
Marquardt 74 (3 ×)
Marquart 42, 74
Martens 45
Martienßen 1/(166)
Maßow 62
Matter 1
Mattihs 51
Mauneke 56
Mawe 27
Mazke 36
Meckehlnburgk 65
Mecklenburg 96
Meiesche 7
Meincke 98
Meinecke 53, 71
Meineke 1 (2 ×), 2, 46, 57, 71 (2 ×)
Meineken 53 (2 ×)
Meinerß 96
Mellman 6, 12, 79 (2 ×)
Mellmann 73
Mercquerth 42 (2 ×)
Mernitze 1
Mertens 1
Meuneke 56
Mewze 22 (8 ×)
Meybohm 65, 66
Meyborch 105
Meyborg 105
Meyer 25 (2 ×), 28, 36, 47 (4 ×), 51 (2 ×), 62, 64, 77, 79, 85, 86, 103
Michael 7, 36
Michaels 1/153
Micheel 29
Michel 30, 36
Michell 19, 36 (2 ×)
Miehlck 12
Miest 90
Mikelyß 22 (2 ×)
Milas 97
Milasse 1
Milatz 12, 32
Moddewitzen 93
Moer 30
Mohr 52 (2 ×)
Mohre 52
Molde 12
Molleman 1
Mollemann 85
Moller 1 (2 ×), 6, 22, 25, 41 (2 ×), 53, 67 (2 ×), 81 (2 ×), 83 (3 ×), 102
Möller 2, 6, 9, 14, 25, 30, 41, 44 (2 ×), 56, 67 (6 ×), 68, 70, 81 (3 ×), 86, 89, 91, 95 (2 ×), 96, 102 (4 ×), 104 (2 ×), 105 (2 ×)
Mollman 79
Mols 81
Moltman 102 (3 ×)
Moneke 63
Morder 91
Mörder 4 (2 ×), 83, 90 (3 ×)
Muchau 25, 40, 93 (2 ×)
Muchauw 15
Mucho 105
Muchow 25, 36, 86, 90, 93, 105 (2 ×)
Mueß 86, 93
Munggerkuhl 95
Muller 104, 105 (3 ×)
Müller 71, 79 (2 ×), 102
Mullsow 81
Mulsow 81 (2 ×)
Mulßow 81
Munckerkuhl 98
Mundt 5, 15, 78
Mungerkuhl 95
Munth 80
Müsse 35 B
Mychhel 22
Mythke 22

N

Nagel 67
Naht 51
Neick 81
Neicke 81 (3 ×)
Neigebur 101
Neryke 22
Neubaur 91 (2 ×)
Neuman 14, 95, 96
Neumann 9
Neyke 81 (2 ×)
Neymann 23
Niebaur 14, 73
Niebuhr 4, 9, 87 (2 ×), 91 (2 ×), 101
Niebur 1 (3 ×), 9, 12, 14, 73
Niebur(sche) 1
Niefindt 43 (2 ×), 105
Nieland 62
Nieman 26, 27 (6 ×), 83, 90, 97 (2 ×)
Niemann 26, 27 (2 ×), 42, 60
Niemans 42
Nienkerken, von 105
Ni(e)sch 23
Niesche 12 (2 ×), 23
Niscke 2
Noetken 58
Nonyschke 22
Nyebuhr 73
Nyeman 39
Nyemann 83

O

Ohrtman 89
Ohrtmann 81 (2 ×)
Oldach 49 (2 ×)
Oldag 67, 74
Olm 104
Olvers 91
Orthman 1
Orthmann 15
Ortman 81, 83
Otte 4, 22, 83
Ottens 19 (3 ×)

Otthe 3
Otto 3 (2 ×), 75, 93 (2 ×)
Owstin 73

P

Pagel 56 (2 ×), 101
Pägel 65 (4 ×)
Pageß 68
Pahl 19
Pahlm 71 (2 ×)
Pain 91
Palast 20 (2 ×)
Palatz 48, 52 (2 ×), 70 (2 ×)
Palausche 20
Palaze 20
Paletz 74 (2 ×)
Paletze 70, 71
Palis 70
Palitz 70
Palm 57 (2 ×)
Palowsche 20
Pancke 3, 5 (2 ×), 12, 13, 43, 44, 87
Pandecke 35 A
Pandecke(n) 35 A
Pandeke 3, 5 (3 ×), 16, 19, 27 (6 ×), 29 (2 ×), 42 (3 ×), 44
Pandicke 23
Paning 16
Pannig 42, 44
Panten 35 A
Pantman 77 (2 ×)
Pantz 89
Pantze 38
Paroth 86 (2 ×)
Paßow 12
Pätau 33
Pätow 61
Pattenkopff 17
Paul 4, 86 (2 ×)
Paulls 56
Paulsen 68
Pegel 56 (3 ×), 65 (4 ×), 68
Pegell 56 (6 ×), 68
Peinen 89
Pelzer 22
Penn 48
Pennig 48, 52 (4 ×)
Penning 19, 20 (2 ×), 30 (2 ×), 35 A, 42
Penningk 12, 35 A, 48
Penns 42
Pentz 53, 56
Pentz, v. 46, 49, 50, 53, 54, 55, 56, 58, 60, 62 (2 ×), 64, 65 (4 ×)
Pentze 38
Perseke 1
Peter 73
Peters 12
Pfeilcke 104
Piel 64 (2 ×)
Piest 93 (2 ×), 95 (2 ×), 97 (3 ×)
Pilck 55
Pilcke 36
Pileke 58
Pileke(n) 58
Pilekh 55
Pilligk 56
Pingesten 1
Piper 60
Pist 83 (2 ×), 93, 97 (2 ×)
Pisth 1
Plahn 75
Platt 93
Platte 93 (2 ×)
Plessen, von 102
Plochouet 1
Ploghovet 85
Pluckehan 104
Plückhaan 83
Plückhaen 95
Plückhahn 95 (2 ×)
Plughouet 85 (2 ×)
Pochien 44
Podatz 38
Poddeien 81 (4 ×)
Puddein 81 (2 ×)
Podein 81 (2 ×)
Poradt 1
Poreib 22
Poreibe 93
Porep 15, 95 (2 ×), 96 (7 ×)
Possengell 69 (4 ×)
Posteke 12 (2 ×)
Posterich 33
Potter 7
Powell 1, 87
Prengnitz 20 (2 ×)
Prentzelow 1
Pressentin, v. 105
Prieß 12, 96
Prigenitz 15
Prignitz 17, 18 (3 ×), 19, 23
Prignitze 7, 18, 20
Prignitz(en) 18
Prill 95
Prille 90 (3 ×)
Pringnitz 21, 23
Pröhl 32
Prösch 27
Prösche 14
Proßche 45 (2 ×)
Prouesange(sche) 1
Prüeß 48
Puls 55 (2 ×), 56, 58
Pulß 56, 58
Puribbe 103
Putlitz, Gans zu 92
Pyllick 41
Pynnow, v. 87
Pyribbe 103

Q

Quirling 97 (2 ×), 101, 104

R

Rabe 83 (3 ×), 86 (4 ×)
Raben 86, 89
Rademacher 23
Radtsagk 1
Raetsack 4
Raf 104
Rafe 85, 86
Rahtsack 87, 97, 103 (2 ×)
Rambow 83 (6 ×)
Ramme 18
Rammin 3

Randeke 39 (3 ×)
Ranß 53
Rantz 38
Rantze 36, 40 (2 ×), 52, 53 (2 ×)
Ranze 36
Ratcken 42
Rathman 81
Rathsack 9, 97, 103 (2 ×), 104 (2 ×), 105
Ratke 12 (2 ×), 42 (2 ×)
Ratsack 97, 103 (3 ×)
Ratßagk 105
Ratzack 25 (3 ×)
Raue 83, 85
Rave 96
Reckehalse(sche) 1
Reibe 38 (3 ×), 52
Reichert 87
Reimer 1, 41 (7x), 68
Reimers 41
Reincke 13, 14, 51
Reineke 1 (2 ×), 27, 67 (3 ×)
Reineken(sche) 1
Reisner 1/21
Rembstede 97
Rendeke 39
Restorf, von 95
Reuse 90
Reymer 41
Rhambow 83 (5 ×)
Rheibe 37
Rhoele 83 (2 ×)
Ribbe 23
Ribe 38 (3 ×), 102
Richert 1, 87
Richerth 3
Riebe 21, 86, 93 (2 ×)
Riechert 4, 6, 9
Rieg 21
Ritzmann 56
Robeler 1
Rock 70, 71 (4 ×)
Rocke 70
Rocken 71
Rodatze 1 (3 ×)
Rode 7
Rodehorst 38 (2 ×)
Roeck 69
Röel 105
Roek 63 (2 ×)
Roell 83 (2 ×)
Röfer 43
Rogge 95 (3 ×)
Roggeman 69
Rogk 71
Rogke 71
Rogman 69 (3 ×)
Rohde 58
Röhl 56, 57
Röhlcke 63
Röhleke 2, 63
Rohr 36, 57
Rohr, von 90, 94, 95
Röhr 56
Roke 63
Rolcke 63 (2 ×)
Rölcke 70 (2 ×)
Roleke 1, 2 (2 ×)
Ronnekendorpf(sche) 1
Roock 63, 79
Roock(en) 65
Rösch 20, 21, 23 (2 ×)
Rose 91
Rösecke 23 (2 ×)
Roseke 23
Roskule, von 95
Rößcke 12, 17, 103
Rotgardt 78
Rötker 42
Rotsack 22
Ruckitt 71
Ruhkiet 71
Ruhkyte 68
Rukidte 46
Rukit 46 (3 ×)
Rukite 47 (2 ×), 67
Rukith 49, 71 (2 ×)
Rukithe 46
Rumpf 75
Rust 55
Rybe 3, 64

S

Saaße 44 (2 ×)
Sabben 46
Sabel 102
Sachßel 12
Sachtleben 9
Safahn(s) 76
Safan 69 (2 ×)
Saffahn 75
Saffan 46, 66, 69 (2 ×), 70, 76
Saffann 69
Saffencke 56, 60
Säger 59
Sanbarg 17
Sander 17, 68 (2 ×), 71
Sandberg 15
Sandtberg 5 (2 ×), 15, 17 (2 ×), 42 (2 ×)
Sannbargs 42
Sanske 71
Santbarch 9
Santberch 17 (2 ×)
Santhbarch 15
Santhberch 15 (2 ×)
Santke 48
Saphenk 61
Saphenke 61 (2 ×)
Sasch 28, 65, 70
Sasche 25 (3 ×), 28 (2 ×), 29, 30 (4 ×), 36 (2 ×), 41 (2 ×), 42, 70 (3 ×)
Saske 22, 24 (3 ×), 32, 39 (7 ×), 48 (3 ×), 61, 63, 70, 71
Saß 46 (2 ×)
Saßche 45
Sasse 1, 41
Saße 36
Saßke 38, 39 (6 ×), 48, 63 (2 ×), 65 (5 ×), 70
Saull 12
Sauman 71
Schacht 96
Scharnkop(s) 91
Scharp 61 (3 ×)
Scharpe 58, 61 (3×)
Scharpingk 55
Scharrenhop 3
Schatzer 35 A
Schefer 17
Scheffer 7

Schell 53 (2 ×), 105
Schelle 89, 93 (3 ×), 95, 105 (2 ×)
Schepeler 74
Scheper 5 (2 ×), 6 (3 ×), 15 (2 ×), 25 (3 ×), 28, 40
Schere 17 (2 ×), 27 (2 ×), 32 (4 ×)
Scherpke 66
Scheueke 45 (2 ×)
Scheue(sch) 3
Schieleke 89
Schliman 1
Schlubeck 30
Schlubecke 29
Schluter 22, 103
Schlüter 102, 103 (2 ×)
Schmädge 86
Schmal 22
Schmall 22
Schmetke 14
Schmettcke 14
Schmid 56
Schmidt 30, 42, 48, 81 (2 ×), 83 (2 ×), 97 (9 ×)
Schmitt 97
Schnelle 3
Schnider 71
Schnieter 96
Schoep 66 (2 ×), 69 (2 ×)
Scholtz 75
Schomaker 22
Schoof 51
Schop 47, 66, 69 (2 ×)
Schope 68
Schoop 77
Schreiber 44 (2 ×)
Schrieber 44 (2 ×)
Schriefer 44 (3 ×)
Schriebers 44
Schriefer 35 A
Schriuer 1
Schroder 1 (3 ×), 12, 22, 80, 81, 85
Schröder 4 (2 ×), 25, 29, 30, 60, 63, 68 (3 ×), 71, 77, 80 (2 ×), 90, 93, 95 (3 ×), 96, 97 (3 ×), 98, 101, 105 (2 ×)
Schroeder 71, 90
Schröeder 97, 98, 99
Schuddebast 35 A, 35 B
Schüddebast 35 A (2 ×)
Schuer 13, 19, 47, 48, 36 (2 ×), 52 (5 ×)
Schuhr 45, 47, 52 (6 ×), 56
Schuhre 52
Schuld 56, 98
Schuldt 12, 13, 21, 30, 33 (4 ×), 35 A, 36, 56 (2 ×), 105 (2 ×)
Schulenborg 33, 35A
Schülerman 51
Schult 3, 20, 25, 47, 66 (2 ×), 67, 68 (2 ×), 69 (4 ×), 73, 74 (3 ×), 75 (2 ×), 77, 79 (2 ×)
Schulte 1 (5 ×), 2, 18 (3 ×), 19 (2 ×), 20, 21, 22 (4 ×), 23 (9 ×), 25, 30, (2 ×), 31, 33, 35 A, 35 B (2 ×), 36 (3 ×), 40, 47, 48 (2 ×), 52, 70, 73 (2 ×), 74 (3 ×), 93, 97, 103
Schult(en) 3
Schulte(sche) 1 (3 ×)
Schulthe 66, 77, 78, 80, 81 (2 ×)
Schultz 2, 10, 12 (2 ×), 26 (2 ×), 27, 30 (2 ×), 32, 42 (3 ×), 43 (3 ×), 44 (6 ×), 74, 77 (3 ×), 78, 79 (5 ×), 80, 81 (3 ×), 83 (3 ×), 90 (7 ×), 91, 93, 95 (3 ×), 96 (2 ×), 97 (3 ×), 98 (2 ×), 99, 103, 105 (4 ×)
Schultze 2 (6 ×), 10 (2 ×), 14, 16, 17, 19 (4 ×), 20 (2 ×), 21 (3 ×), 23 (6 ×), 25, 26 (2 ×), 27, 30 (2 ×), 31, 32, 35 A (3 ×), 37, 39, 40, 42 (8 ×), 43 (3 ×), 44 (3 ×), 56 (9 ×), 57, 73 (3 ×), 77, 79 (6 ×), 80 (2 ×), 83, 86 (3 ×), 89, 93 (3 ×), 96, 97, 99, 102, 104, 105 (6 ×)
Schultzen 32
Schulz 55, 66 (4 ×), 68 (2 ×), 69 (4 ×), 103
Schulze 75, 101
Schumagker 22
Schüneman 86
Schur 45, 52 (2 ×)
Schütt 13, 87
Schutte 7
Schütte 7, 12, 13, 90
Schwager 91
Schwartebyer 22
Schwartz 56, 59
Schwartze 93
Schwenck 54
Schwerinicke 80
Schwerinkenn 77
Schwiger 68
Schwlte 22
Schwmaker 22
Schwormstedt(en) 86
Sculte 3 (2 ×), 25 (2 ×)
Seeger 30 (3 ×)
Seehase 77
Sefeke 48
Seger 12, 30, 59
Sehlandt 48 (5 ×), 56, 60 (3 ×)
Seitz 47
Sell 70
Selle 46, 70 (2 ×)
Sellemann 30
Sengeflade(sche) 1
Sengel 69
Seybert 19
Siege 70 (2 ×)
Siehen 93
Siehl 20 (2 ×)
Siehle 73
Siehm 38
Siehn, von 71 (3 ×)
Siehne 68
Siel 73 (2 ×)
Siele 18 (2 ×), 21, 23 (3 ×)
Sieman 86
Siemeke 56 (7 ×)
Sienen, von 71 (2 ×)
Sieverdt 32
Simeke 38 (4 ×), 56 (6 ×)

Simon 71
Sinen, von 63
Sircke 71
Sleht 95
Slepkow 1
Sleuter 105
Sliman 1
Sluter 102
Smacke 12
Smedt 1
Smid 95
Soedtke 68
Soes 19
Soeß 19
Sohm 85, 87
Soltman 29
Soltow 56
Sommer 1
Sophey 91
Sophie 93 (2 ×)
Spannier 86
Sperling, von 87
Springborn 30, 55
Staff 78
Stallbohm 3
Stapelfeldt 5, 9, 86
Statman(s) 12
Steffan 47, 54
Steffann 83
Steffen 47, 53 (3 ×), 54 (2 ×), 58, 74
Steffen (s) 81
Steffens 40
Stein 41
Steinbock 86
Steinbuck 81
Steinfaß 27
Steinfatt 27
Steinhueß 81
Steinkop 13
Steinkopf 2 (5 ×), 12, 14, 16, 73
Steinkopff 14, 16, 23, 24
Steke 22 (2 ×), 52 (4 ×)
Stenbarch 5, 9
Stender 21
Stenkop 1
Steffen 74
Stephens 40
Stoffers 44
Stoldt 85
Stolt 41, 80
Stolte 27, 32 (2 ×), 41 (3 ×), 70, (2 ×), 71, 79 (5 ×), 85 (2 ×)
Stolten 27
Stoltze 32 (2 ×)
Stöphen 47
Streuell 27
Strohm 38 (2 ×), 103
Strom 36, 38 (3 ×), 39
Strufe 67 (2 ×), 68, 93 (2 ×)
Struffe 48
Struve 53
Stuske 68
Styll 22
Stylle 22
Suckauw 87
Suckaw 91
Suckow 105
Suerbeer 28
Suhr 91, 95, 96
Suhrbehr 41
Suhrck 91
Suhre 1
Sülke 68
Sultemelck 25
Suter 41 (8 ×)
Süvert 7
Swartz 12
Swartze 101
Syl 22
Syll 22
Sylle 22
Syuert 1
Szander 69
Szom 81
Szultzer 24, 27 (2 ×), 28
Szußemille 83

T

Talche 51
Tanke 93
Tasche 78
Tebel 51
Techant 67
Techmer 73, 89
Techow 79
Teeß 44, 71, 80
Teetze 71
Tege 99
Tehstorff 103
Tesmar 18
Teßloff 56
Tetz 41, 44 (3 ×), 71, 79
Tetze 12, 44 (3 ×)
Teßmer 28
Tetzmer 28
Theeß 12
Theis 35 B
Thesmar 20
Theßmar 20
Thidemann 81
Thiede 60
Thiele 31
Thies 1
Thomas 12, 14, 15, 85, 87
Thomaß 14, 17
Thombs 12, 27
Thombß 17
Thoms 3
Thomß 15 (2 ×)
Tide 43, 48, 64, 77, 79
Tideman 70
Tidemann 81, 83 (2 ×)
Tiede 12, 26, 40, 43, 48 (4 ×), 60 (2 ×), 65 (2 ×), 68 (5 ×), 73 (2 ×), 75 (2 ×), 79 (3 ×), 101
Tiedeman 70 (7 ×), 73, 81, 83, 101
Tiedemann 73, 81 (2 ×)
Tiedeman(ß) 73
Tiede(n) 79 (2 ×)
Tiehleke 86
Tielcke 85 (2 ×)
Tielke 83
Ties 91
Tieß 3, 83 (2 ×), 91
Tileke 85, 91
Tilse 103 (3 ×), 104 (3 ×)
Timme 10, 26 (3 ×), 63 (2 ×), 70 (2 ×)
Timmerman 10, 44 (9 ×), 45, 68, 70, 89 (2 ×)

Tinke 41
Toddien 44
Toddin 43 (2 ×), 44 (3 ×), 67 (2 ×), 69
Töede 98
Tohms 15
Tohrbahn 101
Tomsen 51
Top 81 (4 ×)
Topf 81
Topff 24 (4 ×), 28, 81 (4 ×)
Topp 90
Torbahn 12, 96
Torban 1
Torbann 101 (2 ×)
Trampter 87
Trechow 1 (2 ×)
Treggow 95
Treise 29, 35 B
Treuenfels, von 53, 94
Trippelfueß 96
Troßler 1
Trüper 86
Tüscher 98
Tüßke 98
Tyde 1 (3 ×), 73 (2 ×)
Tyleke 1
Tzeggell 12
Tzernicke 77 (2 ×)
Tzincke 1 (4 ×)
Tzincke(sche) 1

U

Ulrich 81 (2 ×), 83 (2 ×), 104

V

Valandt 67 (2 ×)
Varklauen 21
Varklaus 21
Veder 18, 20 (3 ×)
Vehe 35 A (4 ×)
Vehland 45
Vehlandt 65, 67 (2 ×)
Vehrnicke 49
Veje 5
Velandt 47
Velant 16
Verchlase 21
Verchlatz 12, 16, 26
Vergklas 19
Vergklaß 20 (2 ×)
Vergklos 21
Verklaß 19
Vick 54
Vicke 15, 52 (4 ×), 53 (2 ×), 56 (2 ×), 66 (3 ×), 70
Vietz 56
Vischer(sche) 1
Vischol 91
Vocke 1, 21
Volckstäte 96
Voghe 25 (2 ×)
Voje 25 (2 ×)
Völcker 32
Vollmer 91
Vollstede 96
Volsch 12
Völschck 12 (2 ×)
Volsche 12
Vonsinen 90
Voss 7, 73
Voß 65, 74
Voy 25
Voye 15, 25 (2 ×)

W

Wachals 90
Wacker 39, 52 (3 ×)
Wades 22
Wage 21
Waggun 85
Wake 1
Walschleue 1
Walyzge 22
Wanckelmodt 1
Wantzenbergk 81 (2 ×)
Warnck 16, 19 (2 ×)
Warncke 9, 46, 71, 74, 81
Warneck 19
Warnecke 20, 23 (3 ×), 36
Warneke 12 (3 ×), 16, 29 (2x)
Warneken 20
Warnke 74
Weber 38, 39, 52, 55, 61
Weding 12 (2 ×)
Wefer 55
Wegener 7, 12 (3 ×), 13, 27 (7 ×), 43, 73, 81, 82, 83 (5 ×)
Wegener(s) 27
Wegner 73 (2 ×)
Weisick 70
Weisig 71 (4 ×)
Weisige 71
Weißenberg 67
Wendelberch 65
Wendt 22, 60 (4 ×)
Wenkstern, von 19
Wenth 56
Wenthe 19
Wentt 77
Wernecke 20, 23, 31
Werneke 1 (2 ×), 13, 20 (2 ×)
Wernyk 22
Wernyke 22 (3 ×)
Wesche 56
Westpfahlen 83
Westphal 79, 96
Westphalen 96, 98
Weuer 38
Wichmann 25 (2 ×)
Wickborn 81
Widauw 13 (2 ×), 15, 25
Widow 6, 9, 13 (3 ×), 25 (2 ×), 27 (2 ×)
Wiedauen 15, 25
Wiedaw 43
Wiedow 43, 79
Wiencke 4, 39, 58
Wieneke 56 (4 ×), 89
Wieneken 56
Wiese 91 (3 ×)
Wilck 28 (3 ×), 87
Wilcke 28 (2 ×), 87
Wilcken 21, 25
Wilde 83 (4 ×), 85 (3 ×)
Wilke 12, 28
Willebrandt 1
Willeke 1, 19 (4 ×), 21 (2 ×), 23 (2 ×)

Williesche 33
Willyke 22 (2 ×)
Wineke 1 (2 ×), 56 (3 ×), 58
Winter 1
Winterfeld 95
Winterfeld, von 88, 90, 95, 96, 100
Winterfelt 1
Wischer 41, 45
Wiscker 45
Wiß 22
Wiße 22
Withkop 1
Witstock 77
Witt 5, 9
Witte 1, 89 (2 ×), 97
Wittekop 95
Wittekoph 73
Wittekoppesch 13
Wittingh 83
Wittkop 95
Wobber 83
Woler 75
Wolert 83
Wolff 22
Wolgast 54, 62
Wollgast 102
Wolter 1 (2 ×), 83 (2 ×), 93
Wormstädt 9
Wulff 68
Wullenweber 12
Wülner 12
Wulter 41
Wussicke 78
Wytte 97

Z

Zabell 99
Zacheel 90
Zachel 90 (2 ×)
Zarncke 77 (2 ×), 78, 79 (3 ×)
Zauenck 54 (3 ×)
Zauenke 61 (3 ×)
Zernitz 12
Zicker, von 86, 88
Zierke 71
Ziese 95
Zimmerman 44 (4 ×)
Zimmermann 44
Zom 85
Zwerin 22

Papier | Fördert gute Waldnutzung
FSC® C083411

Kolibri 360 GmbH
Ferdinand-Jühlke-Straße 7
99095 Erfurt, Deutschland
produktsicherheit@kolibri360.de